M

方　慧 / 编著

# Maya 三维动画实用案例制作（微课视频版）

清華大学出版社
北京

## 内 容 简 介

本书是一本专门为使用 Maya 进行三维动画制作的用户所编写的学习用书。

本书主要内容分为 Maya 界面及基础操作简介、多边形建模技术、NURBS 建模技术、灯光技术、材质与渲染技术、纹理与贴图技术、动画技术、角色面部表情绑定、角色肢体绑定、角色动画制作 10 章。书中详细讲解了 Maya 软件的实际操作和三维动画制作的具体流程。

本书内容兼顾理论与实践，知识和技能全面且实用，内容设置由浅入深，不仅可以作为高等院校三维动画制作相关课程的教材，也可以作为对三维动画制作有兴趣的读者的参考资料。



**图书在版编目（CIP）数据**

Maya 三维动画实用案例制作：微课视频版 / 方慧编著 . -- 北京：清华大学出版社，2024. 10. -- ISBN 978-7-302-67266-1

Ⅰ. TP391.414

中国国家版本馆 CIP 数据核字第 2024SQ0159 号

**责任编辑**：张龙卿
**封面设计**：刘代书　陈昊靓
**责任校对**：李　梅
**责任印制**：宋　林

**出版发行**：清华大学出版社
**网　　址**：https://www.tup.com.cn, https://www.wqxuetang.com
**地　　址**：北京清华大学学研大厦 A 座　　**邮　　编**：100084
**社 总 机**：010-83470000　　**邮　　购**：010-62786544
**投稿与读者服务**：010-62776969, c-service@tup.tsinghua.edu.cn
**质量反馈**：010-62772015, zhiliang@tup.tsinghua.edu.cn
**印 装 者**：三河市铭诚印务有限公司
**经　　销**：全国新华书店
**开　　本**：185mm×260mm　　**印　　张**：16.75　　**字　　数**：375 千字
**版　　次**：2024 年 10 月第 1 版　　**印　　次**：2024 年 10 月第 1 次印刷
**定　　价**：89.00 元

---

产品编号：107560-01

# 前　言

Maya 是一款主流的三维动画制作软件，由于它具有人性化的界面设计及强大的动画功能，所以该软件成为学习及制作三维动画的首选软件之一。本书在内容编排上从基础知识点和命令入手，结合三维动画制作流程，通过前后相互关联的案例讲解三维动画制作的方法和步骤，内容由浅入深、循序渐进，旨在帮助读者了解和掌握三维动画制作的流程和方法。

本书最大的优势在于，能够将 Maya 的建模模块、渲染模块、动画模块相结合，通过三维动画的制作，讲解如何进行三维场景模型创建、三维角色模型创建、灯光设置、材质及渲染设置、UV 拆分、贴图烘焙及绘制、面部绑定、肢体绑定和动画制作。内容一气呵成，覆盖整个三维动画制作的核心环节。

本书采用图文并茂的方式对 Maya 基本操作和三维动画案例进行讲解，步骤完整清晰，读者按照步骤进行操作，就能够快速掌握三维动画制作方法。本书内容全面且实用，注重实践操作。

本书编著者常年从事三维动画制作课程的教学，具有丰富的实践经验和较高的实操能力，同时本书凝结了编著者多年的教学经验。本书能顺利出版，要特别感谢尹霁佳老师对本书三维角色造型的设计。

本书是 2022 年全国高等院校计算机基础教育研究会计算机基础教育教学研究项目“基于 SPOC 的三维动画课程群建设研究”的最终成果，项目编号为 2022-AFCEC-541。

为了帮助读者更加直观地进行学习，本书配套资源包括所有讲解过程中运用的素材、文件及案例讲解视频，供读者参照使用。

由于编著者水平有限，书中难免有不准确之处，敬请读者批评指正。

编著者

2024 年 5 月

# 目　录

# 第1章　Maya界面及基础操作简介

Maya 是由美国 Autodesk 公司出品的三维动画软件，广泛应用于栏目包装、影视特效、游戏动画制作、建筑表现等领域。Maya 功能完善，包括建模、渲染、绑定、动画、FX 等模块，具备人性化界面、工作灵活、易于上手、工作效率高、渲染效果好等优点。

本章对 Maya 软件界面、视图操作、对象操作进行介绍，方便读者掌握 Maya 的基本操作。

**知识点：**

- 熟悉 Maya 工作界面；
- 掌握场景对象基础操作。

## 1.1　Maya 工作界面

Maya 工作界面一般由菜单栏、状态栏、工具架、工具栏、通道盒 / 层编辑器、建模工具包、属性编辑器、时间滑块、命令行、帮助行组成。

启动 Maya 后，工作界面如图 1-1 所示。

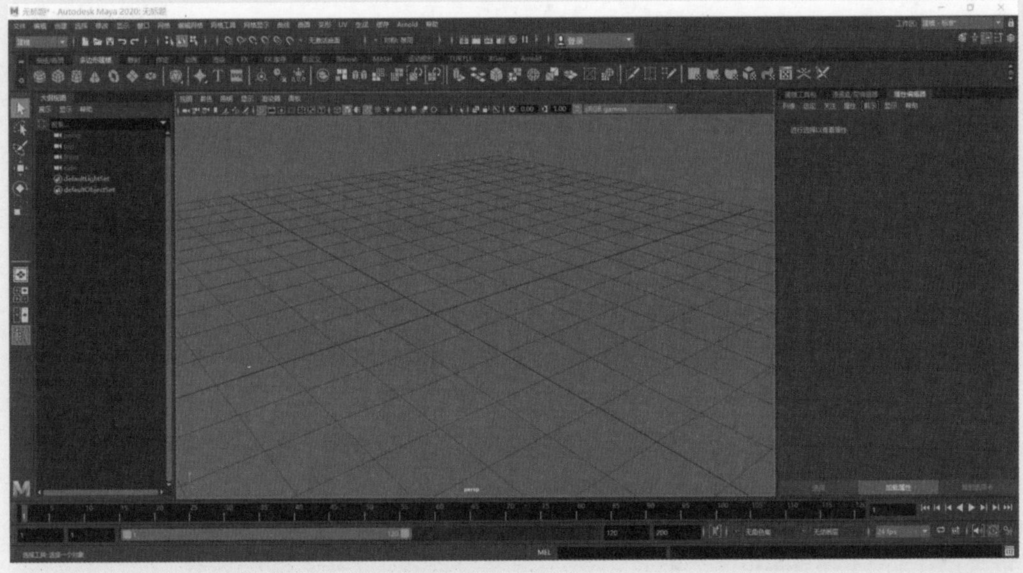

图 1-1　Maya 工作界面

### 1.1.1　菜单栏

Maya 比较独特，不同于其他软件，其菜单栏通过菜单集进行管理。在菜单栏中，【文件】、【编辑】、【创建】、【选择】、【修改】、【显示】、【窗口】 7 个公共菜单始终不变，

其他的菜单会根据【状态栏】中【建模】、【绑定】、【动画】、FX、【渲染】状态的不同，菜单集会有所不同。

【建模】菜单集如图 1-2 所示。

文件 编辑 创建 选择 修改 显示 窗口 网格 编辑网格 网格工具 网格显示 曲线 曲面 变形 UV 生成 缓存 Arnold 帮助

图 1-2 【建模】菜单集

【绑定】菜单集如图 1-3 所示。

文件 编辑 创建 选择 修改 显示 窗口 骨架 蒙皮 变形 约束 控制 缓存 Arnold 帮助

图 1-3 【绑定】菜单集

【动画】菜单集如图 1-4 所示。

文件 编辑 创建 选择 修改 显示 窗口 关键帧 播放 音频 可视化 变形 约束 缓存 Arnold 帮助

图 1-4 【动画】菜单集

FX 菜单集如图 1-5 所示。

文件 编辑 创建 选择 修改 显示 窗口 nParticle 流体 nCloth nHair nConstraint nCache 场/解算器 效果 缓存 Arnold 帮助

图 1-5 FX 菜单集

【渲染】菜单集如图 1-6 所示。

文件 编辑 创建 选择 修改 显示 窗口 照明/着色 纹理 渲染 卡通 立体 缓存 Arnold 帮助

图 1-6 【渲染】菜单集

### 1.1.2 状态栏

状态栏位于菜单栏下方，如图 1-7 所示。在状态栏中包含许多使用频率高的命令图标，在状态栏中图标可以显示及隐藏。

图 1-7 状态栏

### 1.1.3 工具架

工具架在状态栏下方，如图 1-8 所示。工具架中包含 Maya 各个模块下常用的使用命令，其使用命令以图标形式显示。需要使用某个命令时，只需要单击该图标，即可选择相应命令。

图 1-8 工具架

### 1.1.4 工具栏

工具栏位于界面的左侧，如图 1-9 所示。其中工具依次为选择工具▶、套索工具、绘制选择工具、移动工具、旋转工具、缩放工具。

### 1.1.5　通道盒 / 层编辑器

通道盒位于界面的右侧，用于编辑对象属性。在默认未选择编辑对象时，其通道盒内无属性及属性参数，如图 1-10 所示。当选择了编辑对象后，通道盒中会出现相应属性及属性参数，如图 1-11 所示。

图 1-9　工具栏

图 1-10　无命令的通道盒

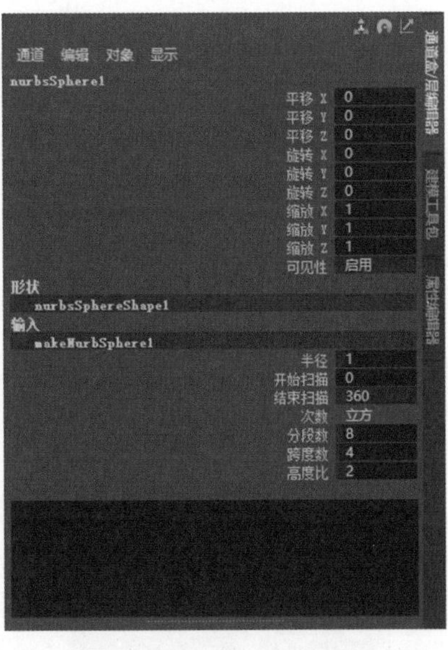


图 1-11　有命令的通道盒

在通道盒中选择相应的属性，直接输入数值进行参数设置，如图 1-12 所示。也可以选择需要修改的属性，然后将光标移动到视图窗口，按住鼠标中键并左右拖动，修改参数数值，如图 1-13 所示。或者将光标移动到该属性参数值区域，当光标变为左右箭头时，按住鼠标左键不放并左右拖动，即可修改参数数值。

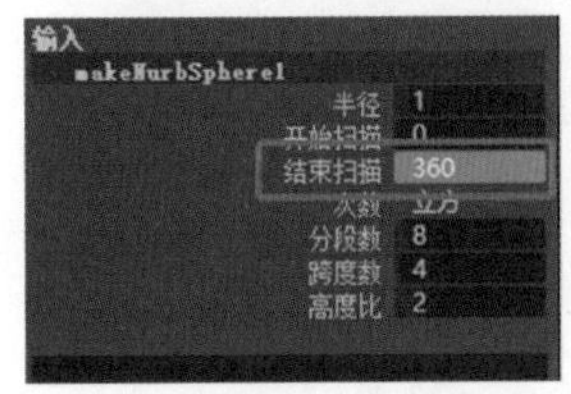


图 1-12　输入数值修改参数

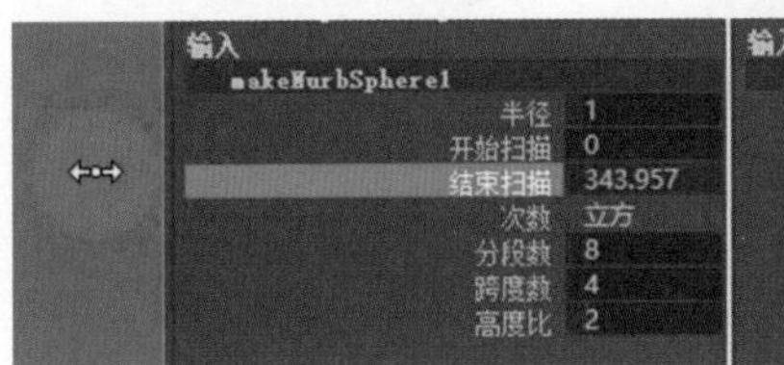


图 1-13　拖动鼠标修改参数

在通道盒下端为层编辑器，如图 1-14 所示。可以通过层编辑器对场景中的对象进行管理。相关图标作用如下。

- ：在列表中向上移动当前层。
- ：在列表中向下移动当前层。
- ：创建新层。
- ：创建新层并将选定的对象放入该新层中。

图 1-14　层编辑器

### 1.1.6 建模工具包

建模工具包如图 1-15 所示。建模工具包中集成了常见的多边形建模命令，通过该面板可以方便快捷地进入多边形的对象、顶点、边、面及 UV 模式，从而对多边形模型进行修改。

### 1.1.7 属性编辑器

属性编辑器如图 1-16 所示，在属性编辑器中可以修改所选对象的属性。

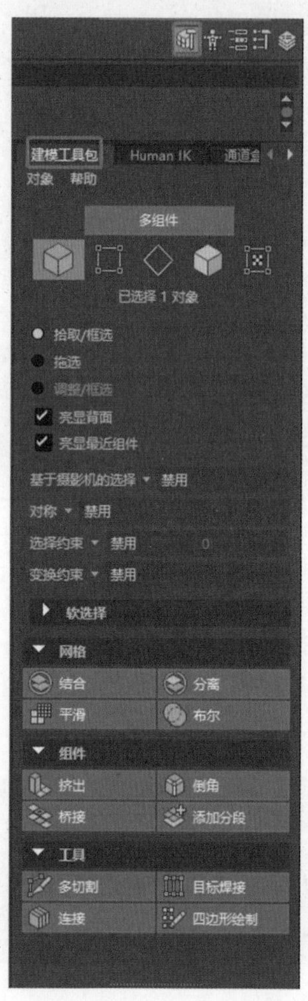


图 1-15 建模工具包

图 1-16 属性编辑器

### 1.1.8 时间滑块

时间滑块如图 1-17 所示。时间滑块用于显示时间范围。在制作动画时，既可以滑动时间滑块设置关键帧，也可以选定对象上设置的关键帧；既可以拖动滑块预览动画效果，也可以单击播放按钮▶预览动画效果。在时间滑块中还包括了播放控件，依次是转至播放范围开头、后退一帧、后退到前一关键帧、向后播放、向前播放、向前到下一关键帧、前进一帧、转至播放范围末尾。

图 1-17　时间滑块

### 1.1.9　范围滑块

范围滑块如图 1-18 所示。在范围滑块中可以设置预览动画的时间范围。在范围滑块中还包括动画 / 角色菜单，用于切换动画层和当前角色集。

图 1-18　范围滑块

### 1.1.10　命令行

命令行如图 1-19 所示。在左侧输入 MEL 语句后，右侧反馈 MEL 语句执行后的效果。

图 1-19　命令行

### 1.1.11　帮助行

帮助行如图 1-20 所示，主要显示工具和菜单项，同时也能显示执行的命令。

图 1-20　帮助行

## 1.2　视 图 操 作

### 1.2.1　视图切换

当 Maya 启动后，在默认情况下视图显示的是 persp（透视）图。可根据需要切换到如 front（前）视图等其他视图。视图切换可以按住 Space 键不放，然后在出现的热盒（Hotbox）中将光标放置在中间的 Maya 按钮上，单击或右击，在弹出的视图命令中选择需要切换的命令，即可完成视图切换。单击进行的视图切换如图 1-21 所示。

视图切换还可以直接单击面板上的布局图标进行视图切换。例如，单击四个视图图标，视图会切换到四个视图面板状态，再将光标移动到需要显示的视图窗口中，然后按 Space 键，视图就切换到光标所在的视图面板。

### 1.2.2　移动、旋转和推拉视图

在 Maya 中为了方便操作，视图可以进行移动、旋转和推拉。将光标放置在透视图中，按“Alt+ 鼠标中键”组合键，可以移动视图，如图 1-22 所示；按“Alt+ 鼠标左键”组合键，可以旋转视图，如图 1-23 所示；按“Alt+ 鼠标右键”组合键，可以推拉视图，如图 1-24 所示。

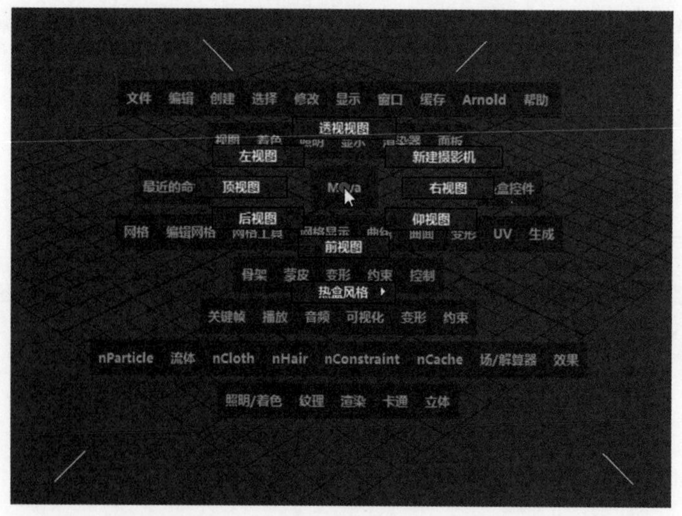


图 1-21　单击进行视图切换

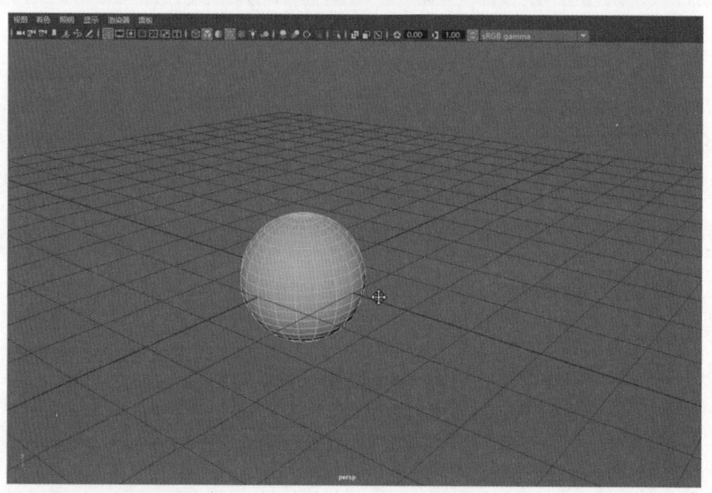

图 1-22　移动视图

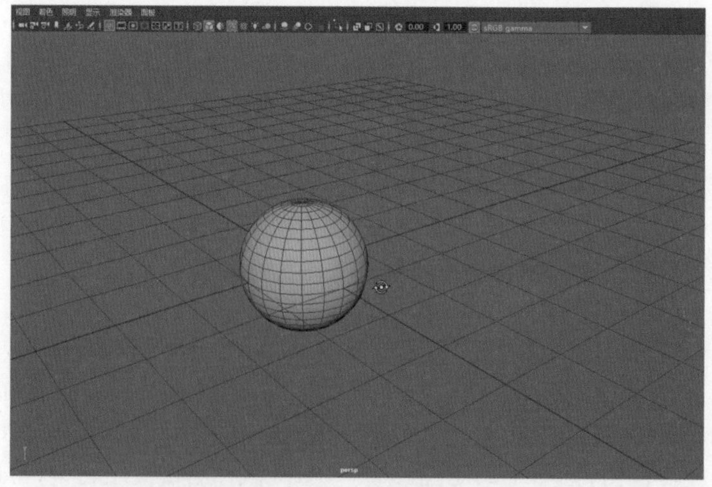

图 1-23　旋转视图

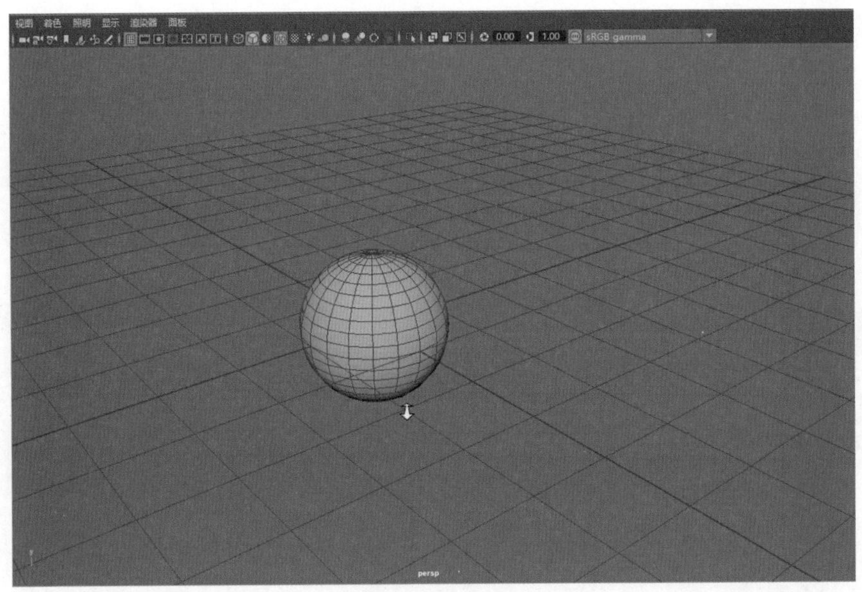


图 1-24 推拉视图

### 1.2.3 视图布局调整

在使用 Maya 时，可以根据操作的需求，自行地调整视图布局。

视图布局的调整有两种方法，第一种方法是在视图面板顶部的菜单栏中选择【面板】→【布局】命令，然后在子菜单中选择需要的命令，如图 1-25 所示。第二种方法是在界面左侧的快速布局按钮上右击，在弹出的快捷菜单中选择对应的命令切换视图，如图 1-26 所示。

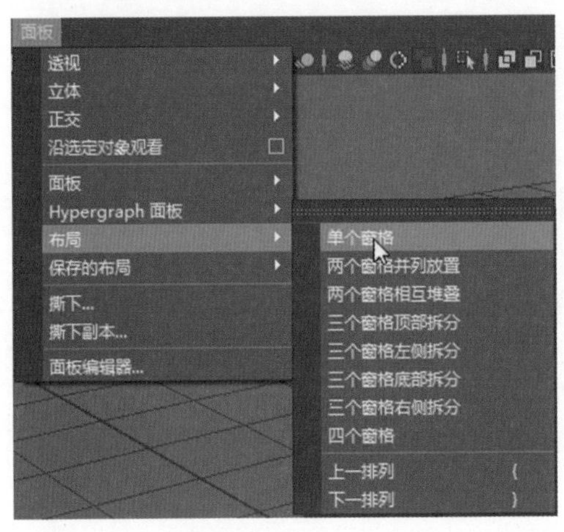


图 1-25 选择【面板】→【布局】命令

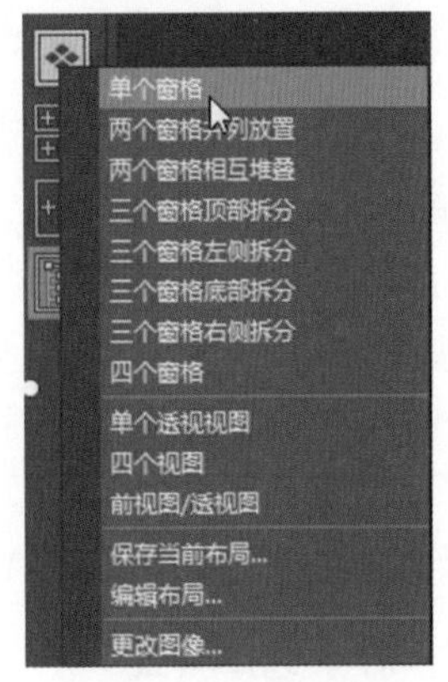


图 1-26 在布局按钮上右击

当选择了视图的布局命令后，还可以自行调节各视图的大小。将光标移动到视图窗口交界处，当光标变为或状态时，按住鼠标左键不放，然后上下或者左右移动光标，即可调整视图窗口的大小，如图 1-27 所示。

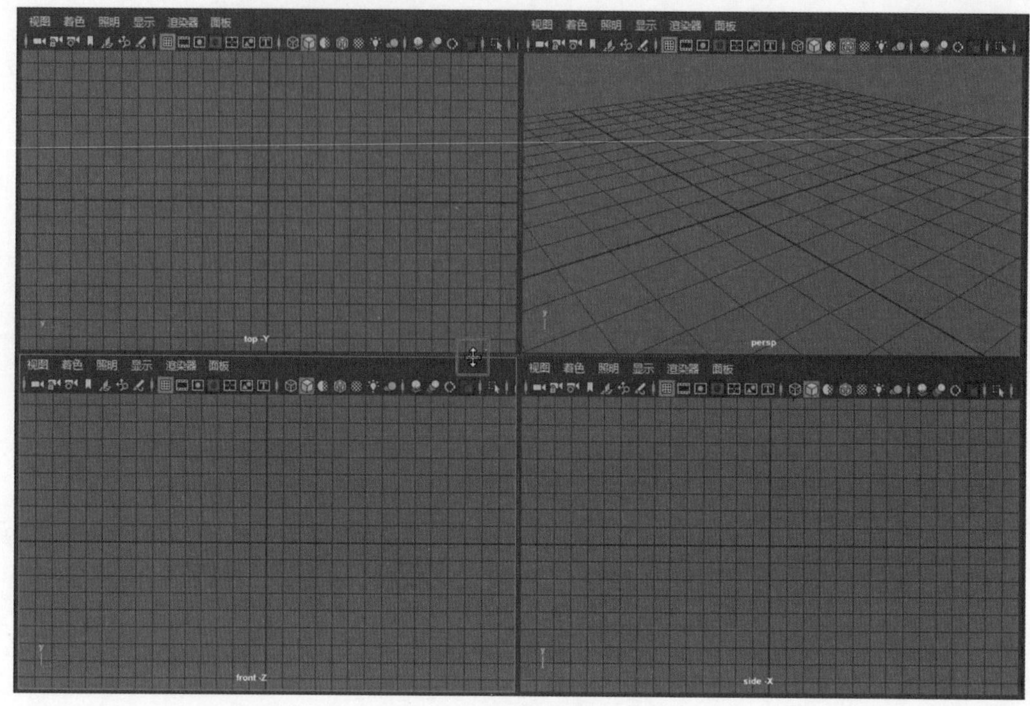

图 1-27　调整视图窗口的大小

## 1.3　对 象 操 作

### 1.3.1　对象选择

Maya 的选择模式分为“层次与组合”“对象”和“组件”。在状态栏中单击不同的选择模式图标，可选择不同的模式。

#### 1．层次与组合选择模式

单击“按层次与组合选择”图标，可以快速选择成组的组对象。当要取消选择时，将鼠标光标在视图的空白位置单击，即可取消选择。

例如创建一个 NURBS 立方体，该立方体创建之初就是一个组。单击“按层次与组合选择”图标，然后在视图区域单击该 NURBS 立方体任意一个面后，Maya 直接选择该 NURBS 立方体组，如图 1-28 所示。

当需要选择组时，还可以直接在【大纲视图】中选择组。

#### 2．对象选择模式

单击“按对象类型选择”图标，可以快速选择单个或多个物体对象。当需要多选物体对象时，可以使用框选或者按住 Shift 键加选的方式选择。当需要减选物体对象时，可按住 Ctrl 键进行减选。

例如，创建一个 NURBS 立方体，单击“按对象类型选择”图标，然后在视图区域框选，Maya 直接选择该 NURBS 立方体组下的所有 NURBS 曲面，最后一个被选择的曲面以绿色线框显示，如图 1-29 所示。

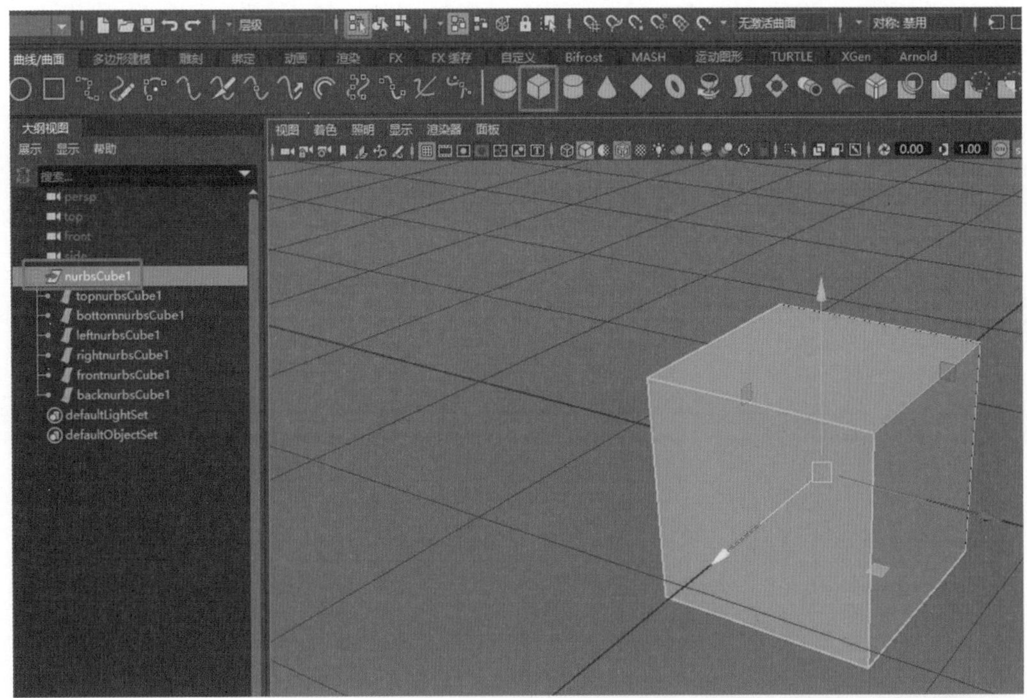


图 1-28　选择 NURBS 立方体组

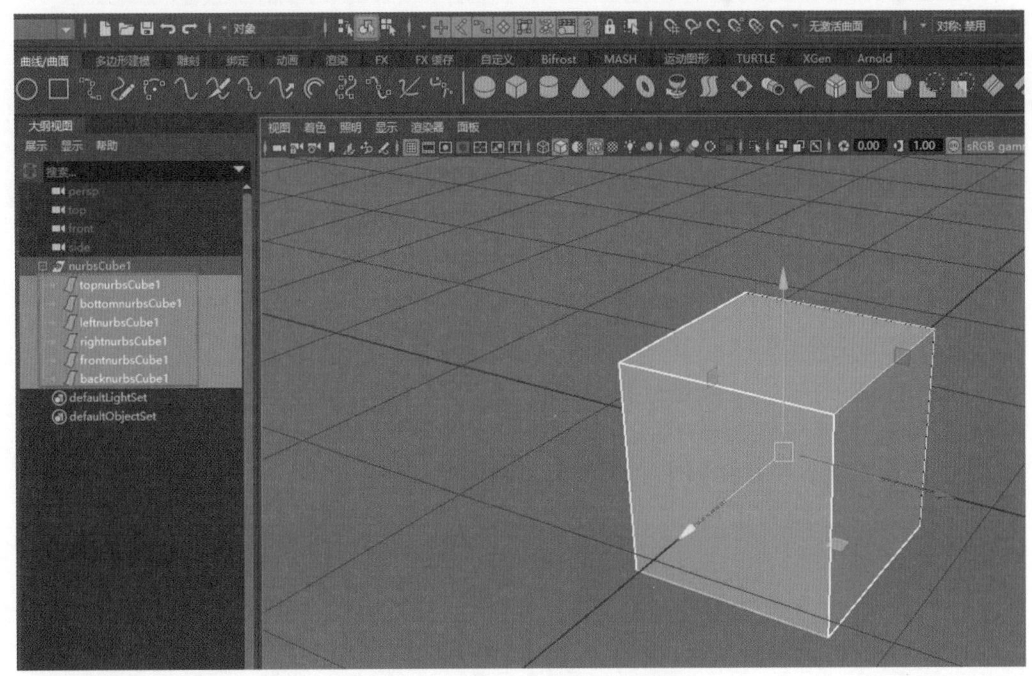


图 1-29　选择 NURBS 曲面对象

还可以直接在大纲视图中选择单个或多个物体对象。

### 3．组件选择模式

单击“按组件类型选择”图标，可以选择物体对象的组件部分。例如，多边形

模型的组件有顶点、边和面。当创建一个多边形球体时，单击“按组件类型选择”图标，视图中单击多边形球体后，多边形模型的顶点会显示出来，如图 1-30 所示。

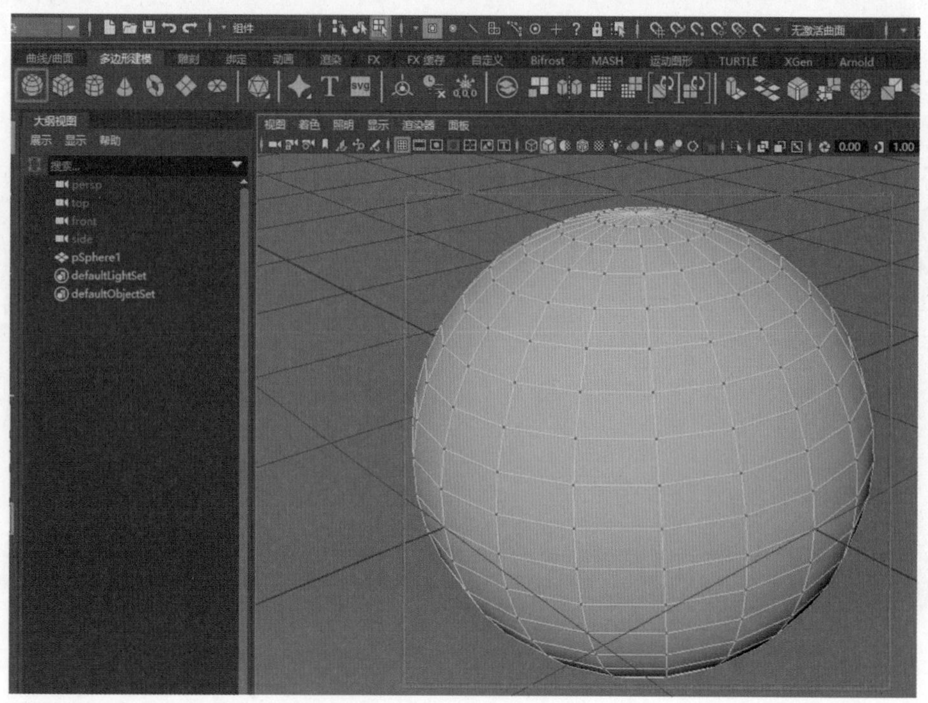


图 1-30　顶点组件选择模式

## 1.3.2　移动、旋转和缩放对象

在 Maya 中对物体对象可以进行移动、旋转和缩放操作。

方法一：使用移动工具、旋转工具和缩放工具。使用方法是先选择对应的工具，然后选择物体对象，之后执行对应的操作即可。

方法二：使用快捷键。移动工具的快捷键是 W；旋转工具的快捷键是 E；缩放工具的快捷键是 R。

在 Maya 中对物体对象进行移动操作、旋转操作和缩放操作后，其控制手柄显示的状态不同。移动工具控制手柄的状态如图 1-31 所示；旋转工具控制手柄的状态如图 1-32 所示；缩放工具控制手柄的状态如图 1-33 所示。

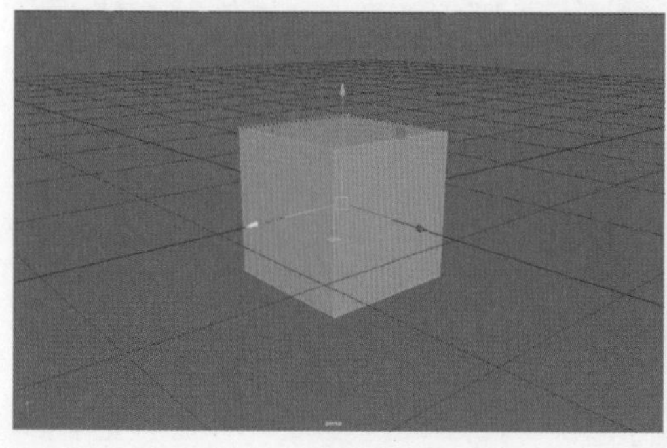

图 1-31　移动工具控制手柄状态

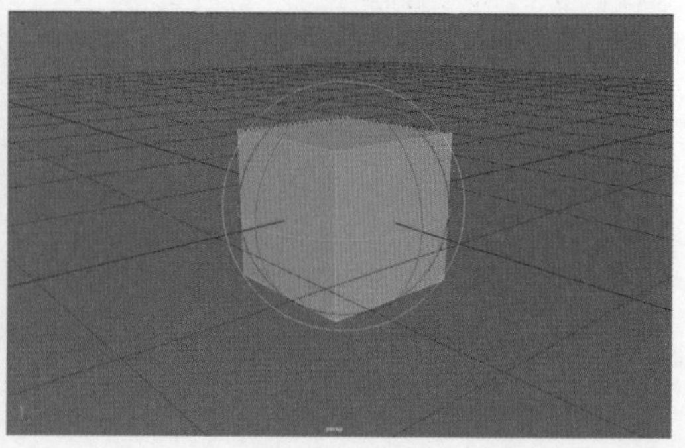

图 1-32　旋转工具控制手柄状态

有时在进行建模时，需要使用“软选择”功能对模型顶点、边或面进行微调。选择需要调整的顶点、边或面后，用“软选择”功能能够带动周边的网格结构进行移动、旋转或缩放，这样可以在模型上调整出柔和的过渡效果，其快捷键是B。也可以双击选择工具、移动工具、旋转工具、缩放工具等图标，在【工具设置】面板中勾选【软选择】选项，即可将“软选择”功能打开，如图1-34所示。

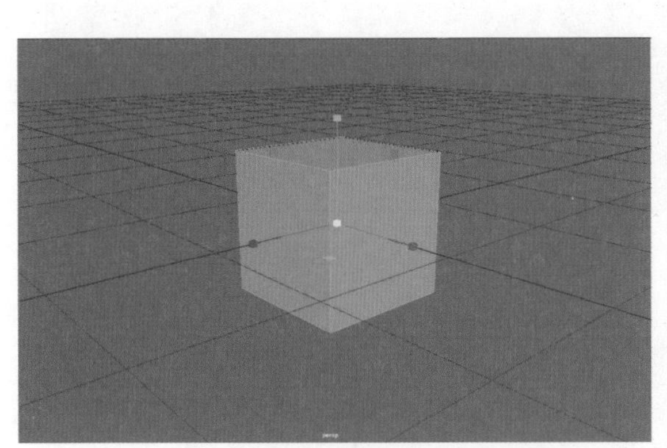

图1-33　缩放工具控制手柄状态

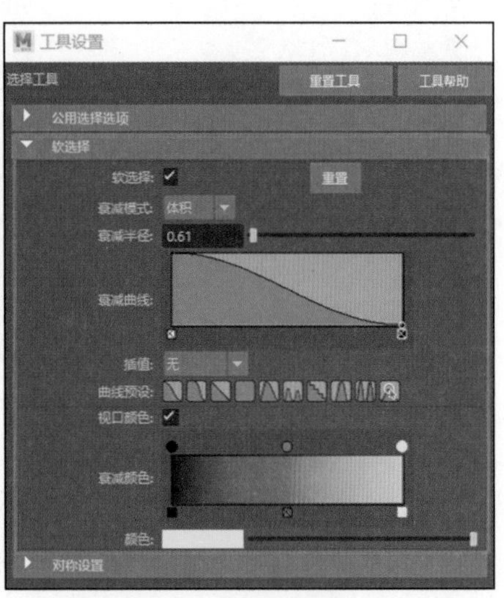


图1-34　打开“软选择”功能

### 1.3.3　修改对象属性及复制对象

在Maya中可以在通道盒或者属性编辑器中修改对象的属性参数。

Maya提供了多种复制对象的方法。

方法一：复制。选择模型对象，选择【编辑】→【复制】命令，如图1-35所示，即可完成对象的复制。其快捷键是Ctrl+D。

方法二：特殊复制。选择【编辑】→【特殊复制】命令并单击该命令后的方框，如图1-36所示，之后调出【特殊复制选项】面板，如图1-37所示。【特殊复制】命令的快捷键为Ctrl+Shift+D。

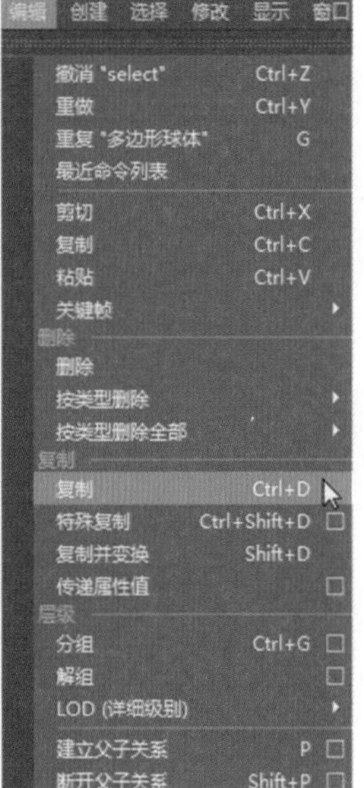


图1-35　选择【编辑】→【复制】命令

选择需要进行特殊复制的对象物体，在【特殊复制选项】面板中设置相应的参数，然后单击【特殊复制】或【应用】按钮，即可完成特殊复制。

【案例1】新建多边形立方体，如图1-38所示。然后调出【特殊复制选项】面板，在该面板中将【平移】设置为“0.0000, 1.0000,0.0000”，【旋转】设置为“0.0000,45.0000,0.0000”，【缩放】设置为“0.8000, 0.8000,0.8000”，【副本数】设置为8，如图1-39所示。其参数含义是：复制8个立方体，每个立方体在前一个立方体的基础上，在Y轴中平移1个单位，沿Y轴旋转45°，整体缩小20%。

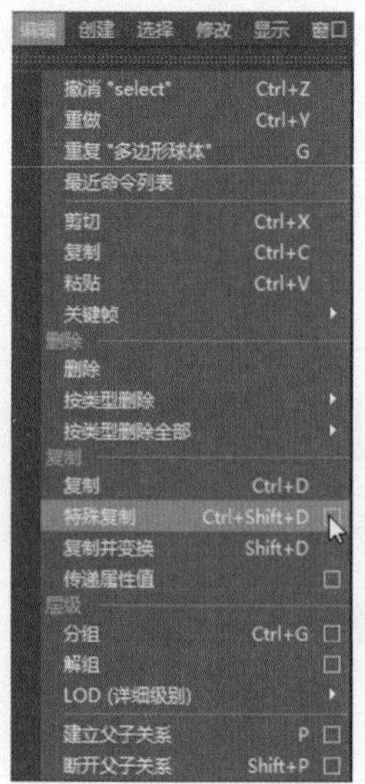


图 1-36 单击【特殊复制】命令后的方框

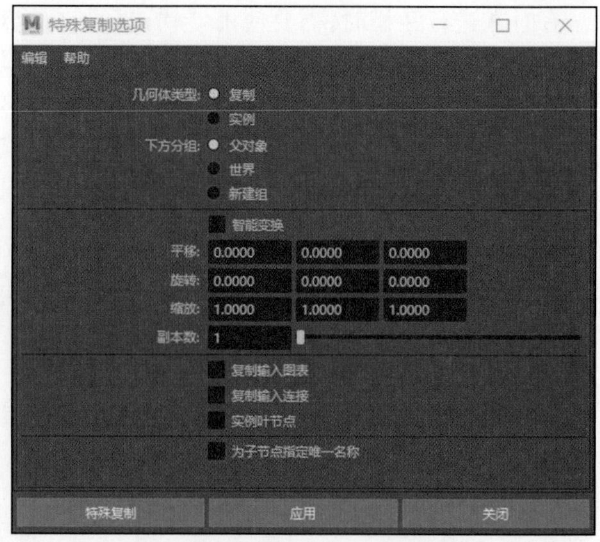


图 1-37 【特殊复制选项】面板

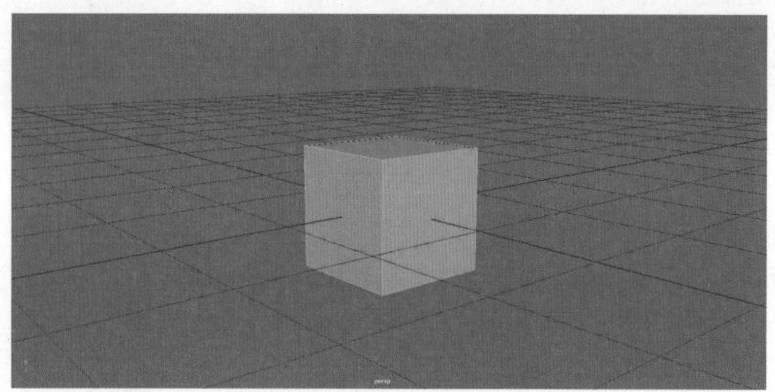

图 1-38 新建多边形立方体

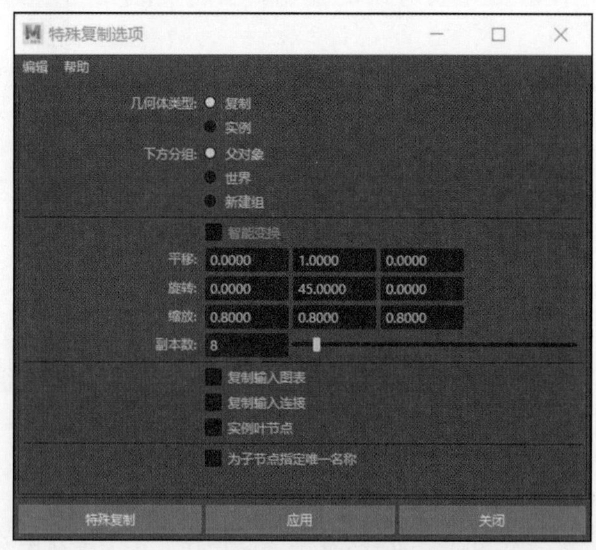


图 1-39 设置【特殊复制选项】面板参数

单击【应用】按钮,特殊复制后的效果如图 1-40 所示。

图 1-40　特殊复制后的效果

方法三：复制并变换。选择【编辑】→【复制并变换】命令,可以快速复制出间距相同的物体。该命令的快捷键为 Shift+D。

【案例 2】新建多边形球体,如图 1-41 所示。

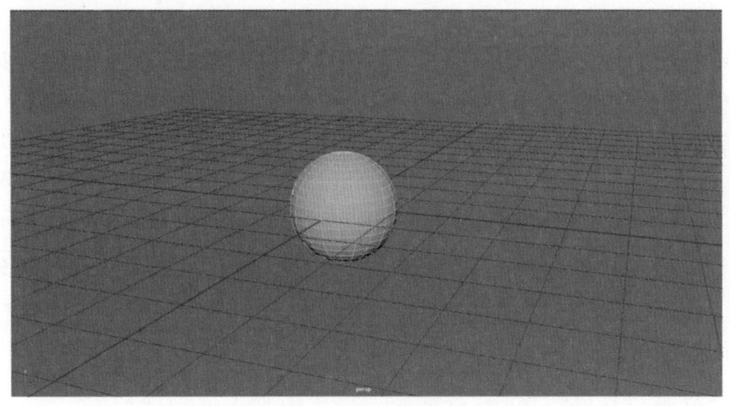

图 1-41　新建多边形球体

选择多边形球体,先按 Ctrl+D 组合键对该球体进行复制,之后按 W 键对该球体进行位移操作,效果如图 1-42 所示。

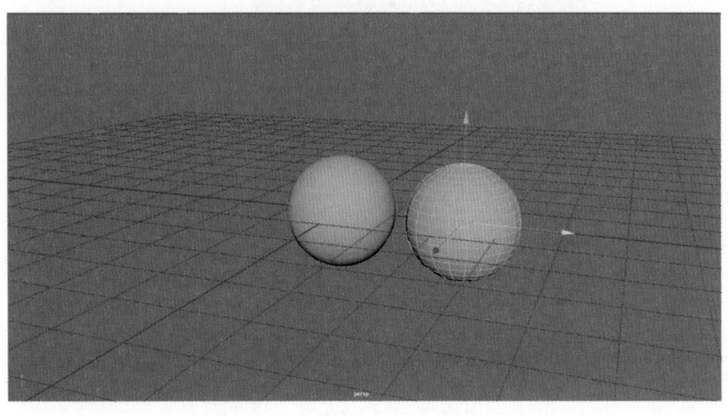

图 1-42　复制并位移后的球体

然后多次按 Shift+D 组合键对球体进行复制并变换，复制出来的多边形球体之间的间距是相同的，如图 1-43 所示。

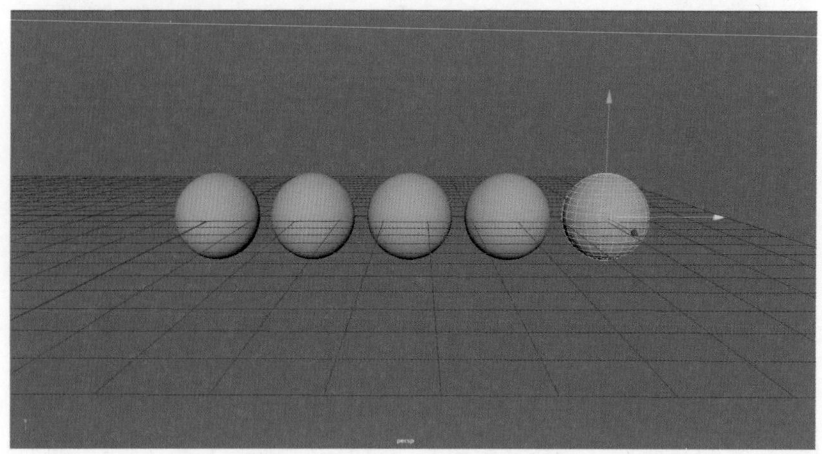

图 1-43　复制并变换的最终效果

### 1.3.4　群组及父子关系

在 Maya 中一个物体对象如果是由多个物体对象构成的，一般会让其成组，作为一个群组对象。设置方法是选择所有需要成组的物体对象，然后按 Ctrl+G 组合键，或者选择【编辑】→【分组】命令。当需要解组时，选择【编辑】→【解组】命令。需要注意的是，打组后物体对象之间还是相对独立的。

在 Maya 中两个物体对象之间如果需要设置从属关系，则需要将它们设置为父子级。具体设置方法是：首先选择子级物体对象，然后按 Shift 键加选父级物体对象，之后按快捷键 P，即可将两个物体对象设置为父子级。需要注意的是，在父子级关系中选择父级物体对象并对其进行操作时，子级物体对象也会执行相同的操作。但是如果选择子级物体对象对其进行操作，其操作命令不影响父级物体对象。

群组关系和父子关系是有区别的。在群组关系中各个物体对象是同一级的；而在父子关系中物体对象是从属关系。群组关系和父子关系的区别如图 1-44 所示。

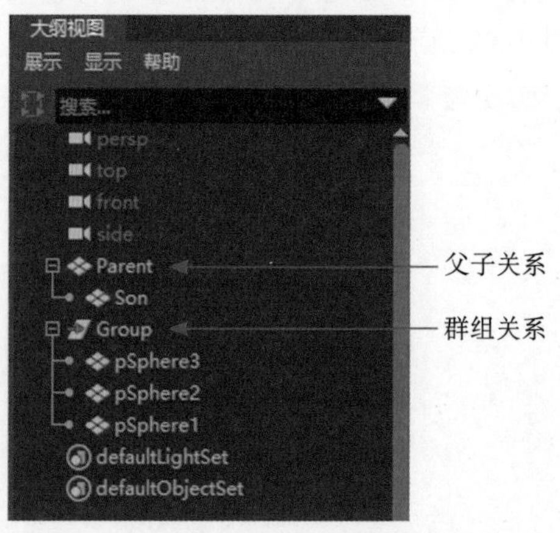


图 1-44　群组关系和父子关系的区别

# 第2章　多边形建模技术

多边形建模技术是一种常见的三维模型制作技术，广泛应用于电影制作、游戏开发等领域。在多边形建模中其组件分为顶点、边和面。在三维空间中通过顶点与顶点连接成边，由边和边形成面，再由面形成物体模型形态。

本章对 Maya 中的多边形建模技术进行介绍，以便读者掌握 Maya 的多边形建模基本操作。

**知识点：**

- 掌握多边形建模基础知识；
- 掌握修改多边形基本几何体的方法；
- 掌握创建多边形模型的方法。

## 2.1　多边形建模概述

多边形建模是创建三维模型的一种常用建模方法，具有很多优点，如操作灵活性高、计算效率高、可实现细节丰富的几何形状等。

多边形建模的主要思路是将物体分解为多个多边形的面片，通过调整面片顶点的位置、大小和方向构建出整个物体的形态。在多边形建模过程中可以根据需要添加、删除或修改顶点、边或面，以实现所需的几何形状。

### 1. 多边形的基本组件

Maya 中多边形的基本组件是顶点、边和面，如图 2-1 所示。

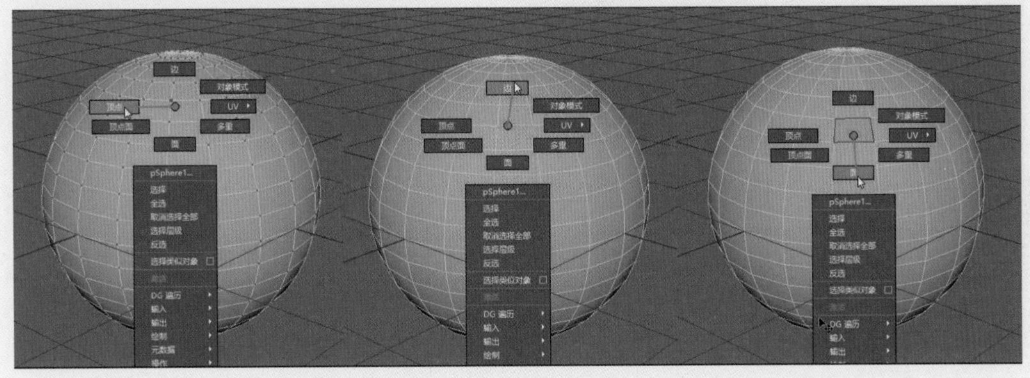


图 2-1　多边形基本组件

顶点：选择多边形物体，右击，在弹出的菜单中选择【顶点】命令，然后选择对应的顶点。也可以在对象模式或者其他组件模型状态下按快捷键 F9，快速进入多边形的顶点模式。

边：选择多边形物体，右击，在弹出的菜单中选择【边】命令，然后选择对应的边。也可以在对象模式或者其他组件模型状态下按快捷键F10，快速进入多边形的边模式。

面：选择多边形物体，右击，在弹出的菜单中选择【面】命令，然后选择对应的面。也可以在对象模式或者其他组件模型状态下按快捷键F11，快速进入多边形的面模式。

### 2. UV 组件

除顶点、边和面组件外，多边形模型还包括 UV 组件。

选择多边形物体，右击，在弹出的菜单中选择 UV 命令，可以选择多边形的 UV 纹理坐标。或者按快捷键 F12，快速进入多边形的 UV 模式。在此需要注意的是，对多边形 UV 进行编辑需要在【UV 编辑器】中完成。

当需要从组件模式转换到对象模式时，可以右击，在弹出的菜单中选择【对象模式】命令，或者按快捷键 F8，可以快速切换到对象模式选择状态。

# 2.2 多边形物体的创建与编辑

## 2.2.1 多边形基本体的创建

在 Maya 中有以下几种创建多边形基本体的方法。

方法一：选择【创建】→【多边形基本体】命令，如图 2-2 所示，在出现的菜单中选择需要创建的多边形基本体，即可创建一个多边形基本体模型。

方法二：在工具架上找到【多边形建模】选项卡，如图 2-3 所示。单击对应基本体模型的图标，即可创建一个多边形基本体模型。

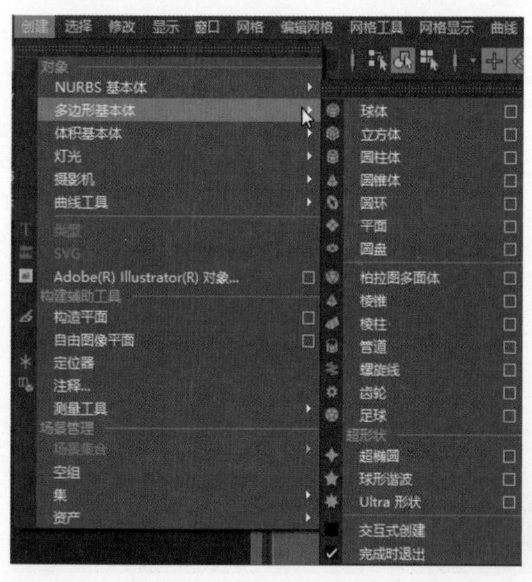


图 2-2 选择【创建】→【多边形基本体】命令

图 2-3 【多边形建模】选项卡

方法三：在视图中按住 Shift 键不放，右击，在弹出的菜单栏中选择需要创建的多边形基本体模型命令，即可创建一个多边形基本体模型。创建多边形的快捷菜单如图 2-4 所示。

### 2.2.2 多边形基本体参数调整

多边形基本体创建成功后，可以在通道盒或属性编辑器中对其参数进行修改。

下面以多边形圆柱体为例讲解多边形基本体参数调整方法。

选择【创建】→【多边形基本体】→【圆柱体】命令，创建一个多边形圆柱体。在通道盒中找到【输入】选项。将【输入】选项展开，在展开的 polyCylinder1 中可以修改对应参数，如图 2-5 所示。

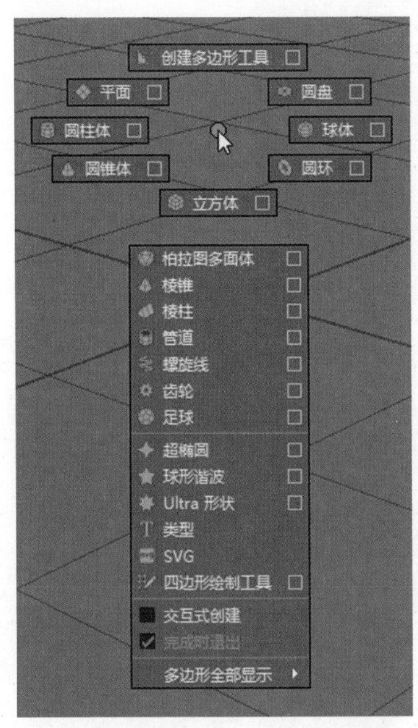


图 2-4　创建多边形的快捷菜单

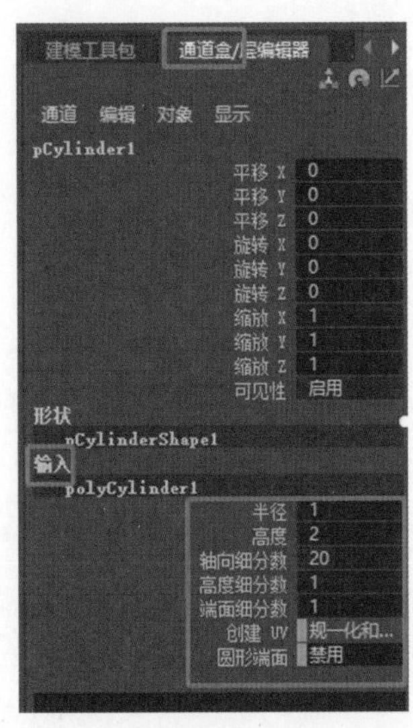


图 2-5　多边形圆柱体的通道盒内参数的修改

或者按 Ctrl+A 组合键，在属性编辑器中找到 polyCylinder1 选项卡下的【多边形圆柱体历史】选项区，可以在该选项区中调整多边形基本体的参数，如图 2-6 所示。

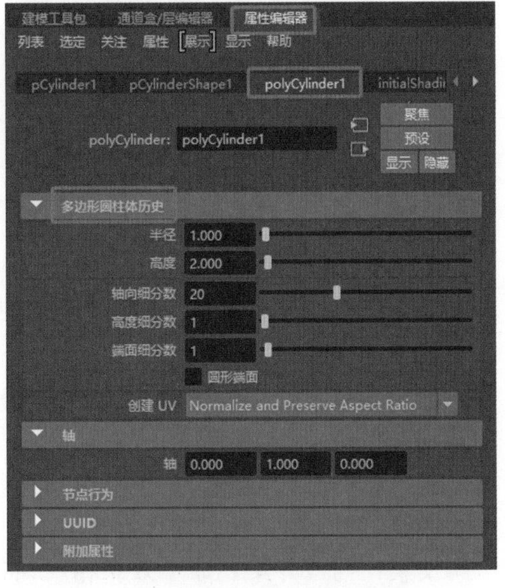


图 2-6　【多边形圆柱体历史】选项区内修改参数

如果需要制作一个胶囊，可以将多边形圆柱体的“圆形端面”打开，之后调整【端面细分数】、【半径】、【高度】等参数。圆柱体参数修改过程及效果如图 2-7 所示。

其他多边形基本体参数修改方法相似，在此不再赘述。

### 2.2.3 【网格】菜单

在 Maya 中可以运用【网格】菜单中的命令对多边形网格进行修改。【网格】菜单如图 2-8 所示。

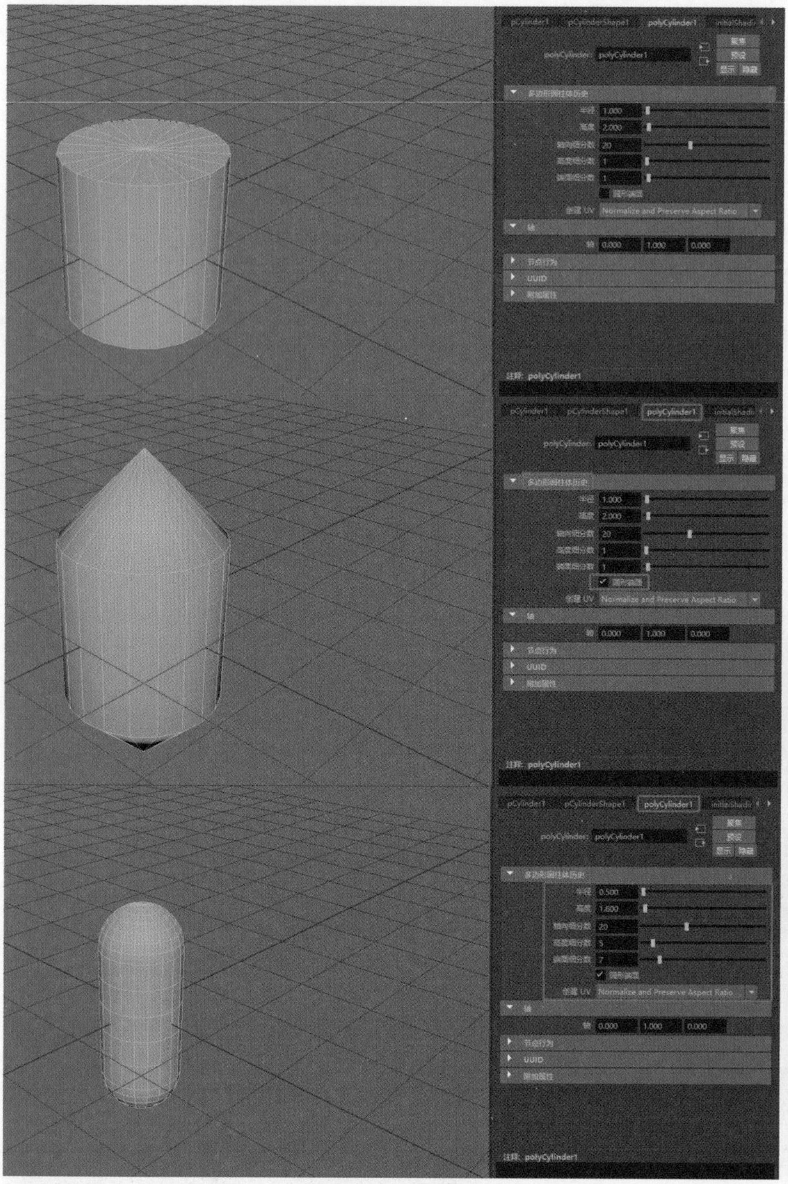

图 2-7　圆柱体参数修改过程及效果

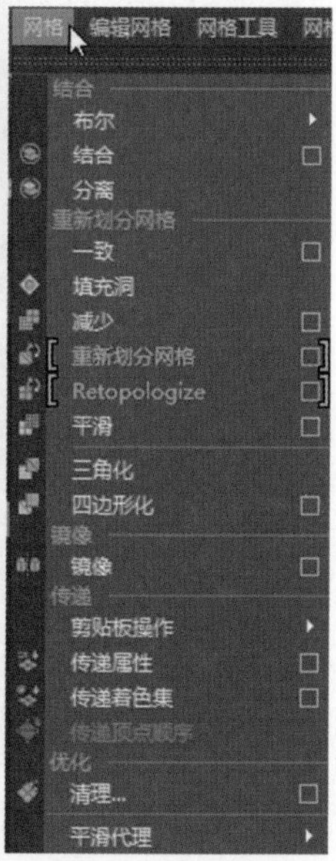

图 2-8　【网格】菜单

• 布尔：该命令中包含【并集】、【差集】和【交集】三个子命令。【布尔】命令如图 2-9 所示。通过此命令，可以快速地将多个多边形对象以相加、相减或相交效果组合成新的多边形对象。

并集：将重叠或相交的多边形网格部分删除，保留其余部分多边形网格。

差集：在首先选择的多边形网格的基础上，删除多个多边形网格相交的部分。

交集：与【并集】命令效果相反，将重叠或相交的多边形网格部分保留，删除其余部分。

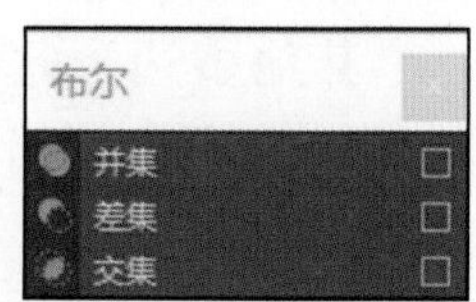


图 2-9　【布尔】命令

以多边形球体物体 A 和多边形立方体物体 B 为例，在 A 和 B 相交的情况下，首先选择物体 A，然后选择物体 B，分别执行【并集】、【差集】和【交集】三个命令，其最终效果如图 2-10 所示。

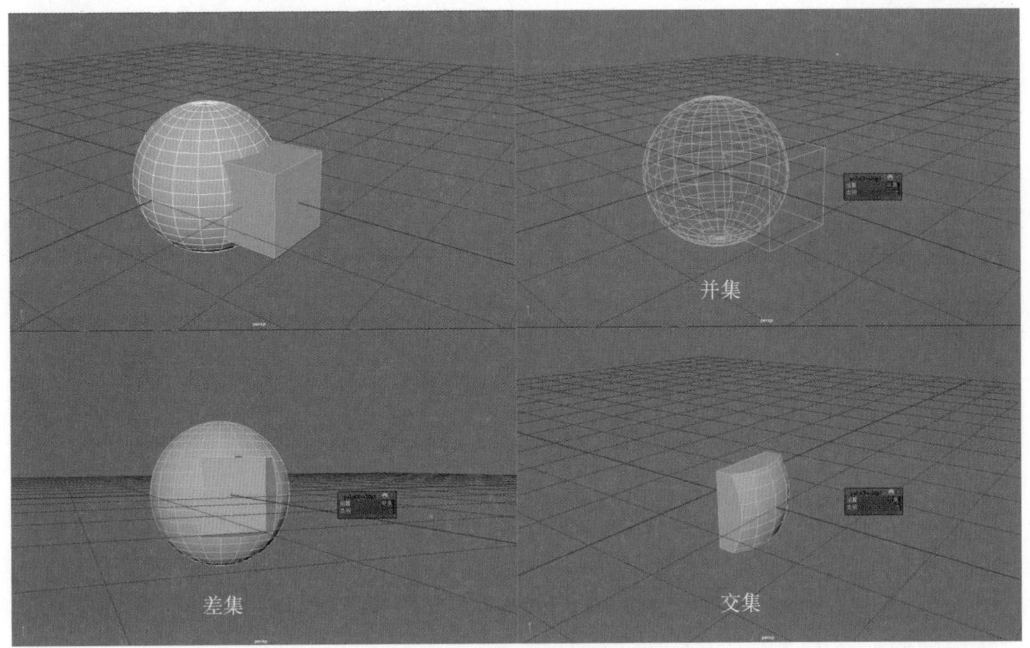


图 2-10 三种【布尔】命令效果

• 结合：将多个多边形对象结合为一个多边形对象。应用【结合】命令前后对比如图 2-11 所示。

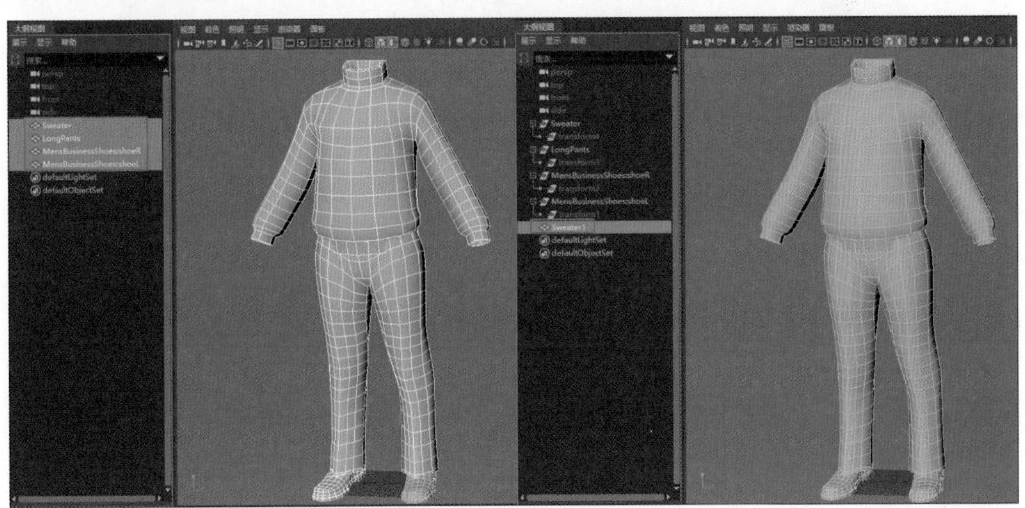

图 2-11 应用【结合】命令前后对比

• 分离：可以理解为【结合】命令的反向操作，执行该命令，由多个多边形对象结合的网格模型分离为多个独立的多边形对象。应用【分离】命令前后对比如图 2-12 所示。

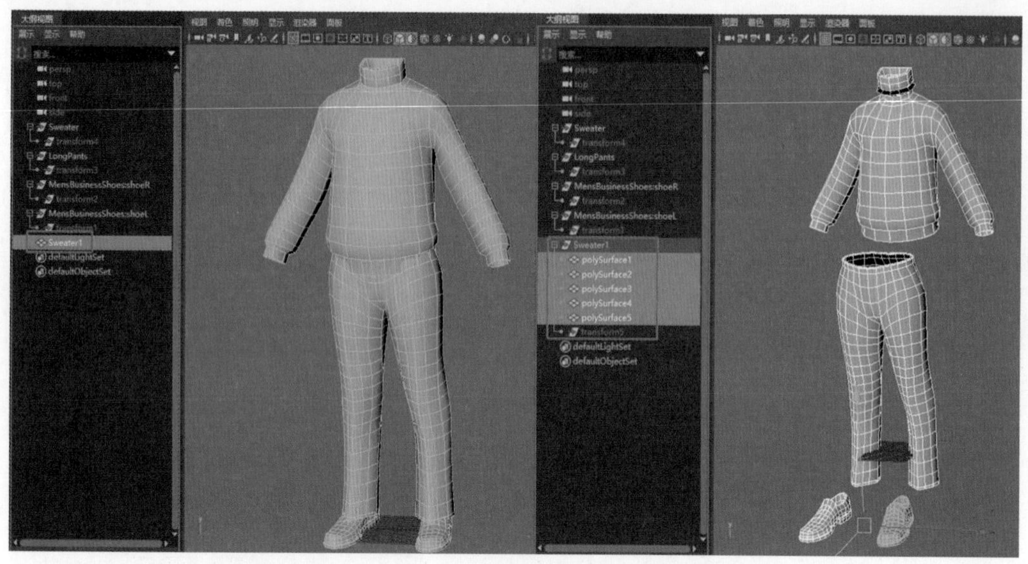


图 2-12　应用【分离】命令前后对比

• 一致：使当前选择与激活面保持一致。

• 填充洞：当多边形网格表面有空洞时，执行该命令，可以自动在空缺部分创建一个新的面。应用【填充洞】命令前后对比如图 2-13 所示。

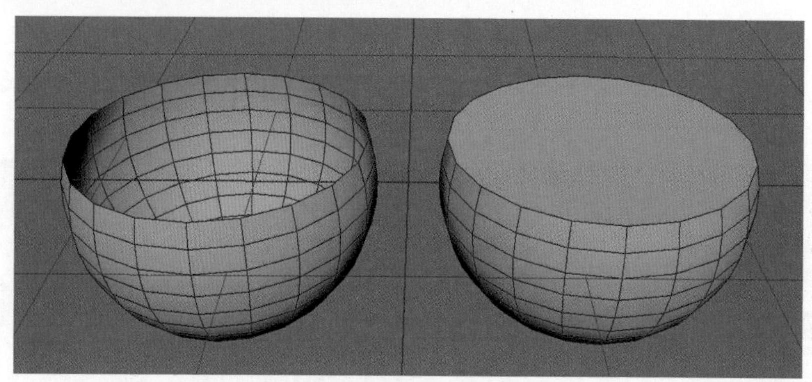

图 2-13　应用【填充洞】命令前后对比

• 减少：与【平滑】命令相反，可以简化所选择的多边形网格的面数。

• 重新划分网格：通过将非三角形面分割成三角形，重新定义网格或选定组件的拓扑。

• Retopologize ：该命令用于清理模型，将多边形网格转换为四面体的同时保留原形状。

• 平滑：选择多边形模型，执行该命令后，该多边形模型就会以增加几倍面数的方式使模型表面变得光滑、细致。应用【平滑】命令前后对比如图 2-14 所示。

• 三角化：将多边形网格的面转换成三角面。应用【三角化】命令前后对比如图 2-15 所示。

• 四边形化：将多边形网格的面转换成四边面，应用【四边形化】命令前后对比如图 2-16 所示。

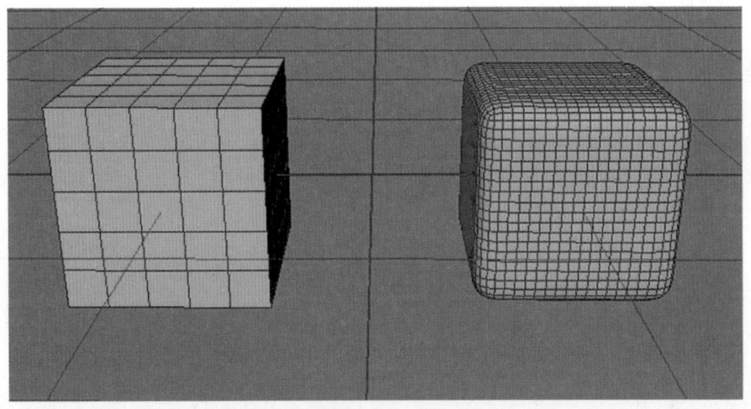

图 2-14　应用【平滑】命令前后对比

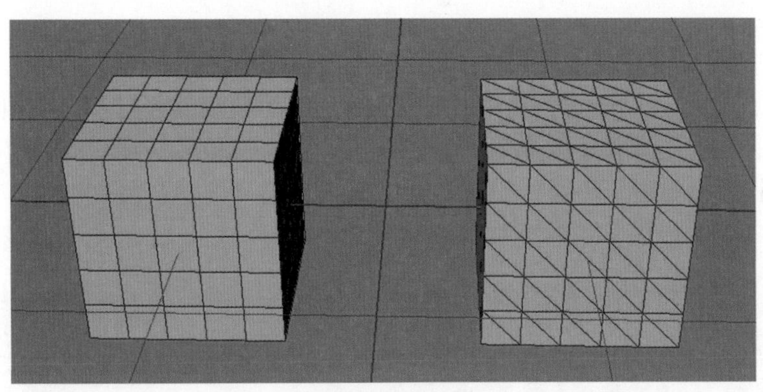

图 2-15　应用【三角化】命令前后对比

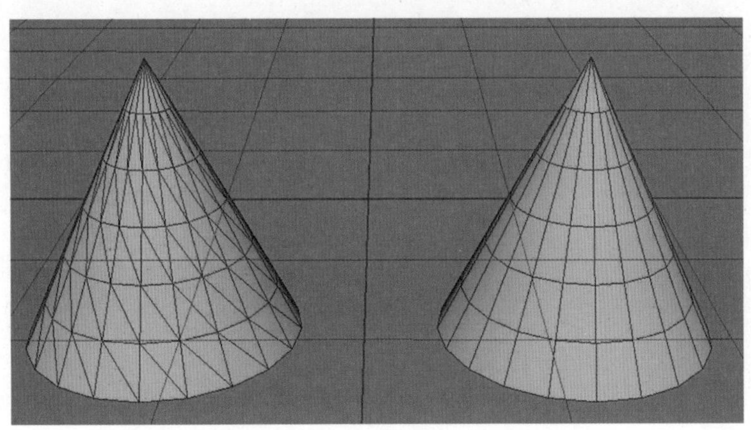

图 2-16　应用【四边形化】命令前后对比

• 镜像：通过设定镜像轴，可以以镜像方式复制模型。应用【镜像】命令前后对比如图 2-17 所示。

• 剪贴板操作：包括【复制属性】、【粘贴属性】和【清空剪贴板】三个子命令。

复制属性：将某个面的颜色、UV 或着色器属性复制到临时剪贴板。

粘贴属性：将复制的某个面的颜色、UV 或着色器属性从一个多边形网格粘贴到另一个多边形网格的面上。

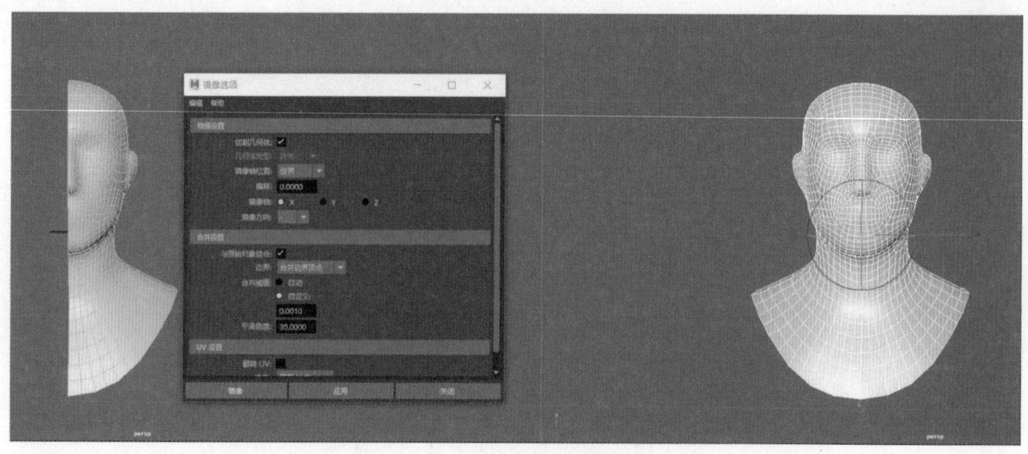

图 2-17　应用【镜像】命令前后对比

清空剪贴板：清空复制的颜色、UV 或着色器属性。

• 传递属性：可以通过该命令传递 UV 信息、逐点颜色数据等。例如，当需要传递 UV 信息时，首先选择已经展好 UV 的模型，然后选择需要展 UV 的模型，之后在【传递属性】面板中设置参数。设置完参数之后单击【应用】按钮，此时两个模型拥有了相同的 UV。传递 UV 过程如图 2-18 所示。

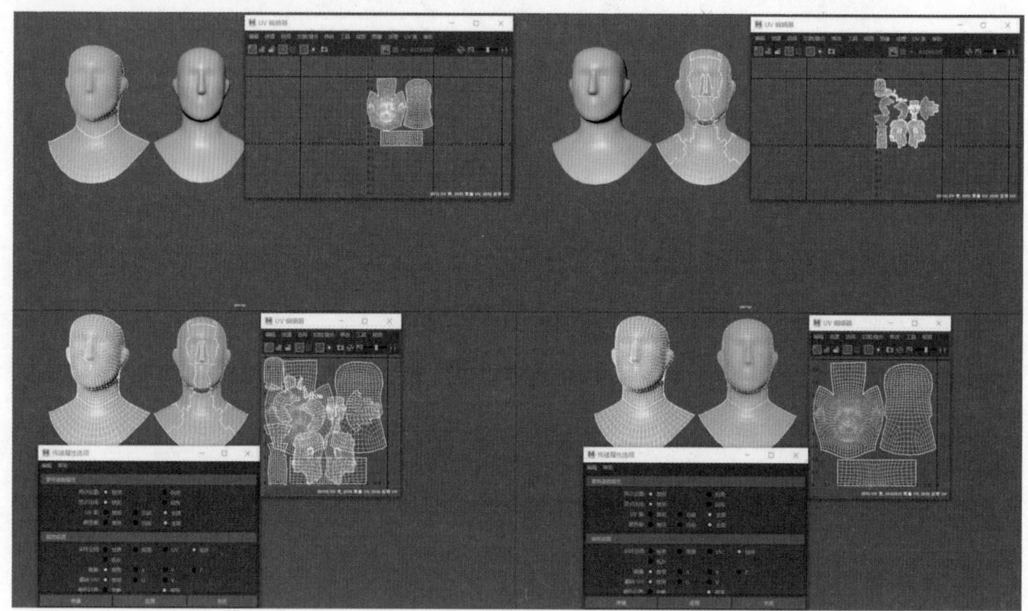

图 2-18　传递 UV 过程

• 传递着色集：可以在两个具有不同拓扑结构的多边形网格对象之间传递着色数据。例如可以将着色数据从一个具有颜色的多边形球体传递到多边形圆锥体上。传递着色集效果如图 2-19 所示。

• 传递顶点顺序：将顶点 ID 顺序从一个网格传递到另一个网格。

• 清理：按照【清理选项】面板中的设定对多边形网格进行细分修正、移除几何体等。

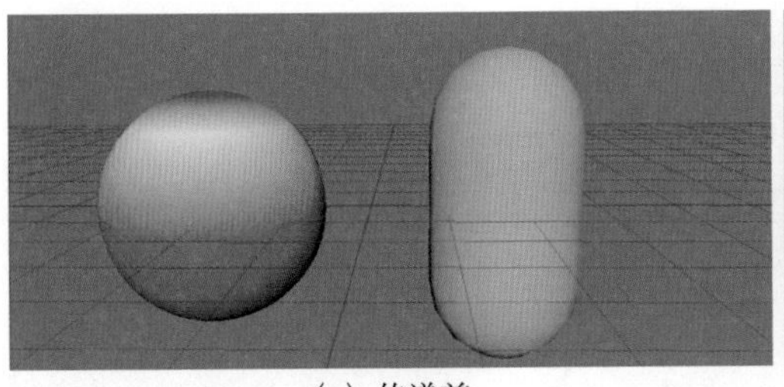

(a) 传递前

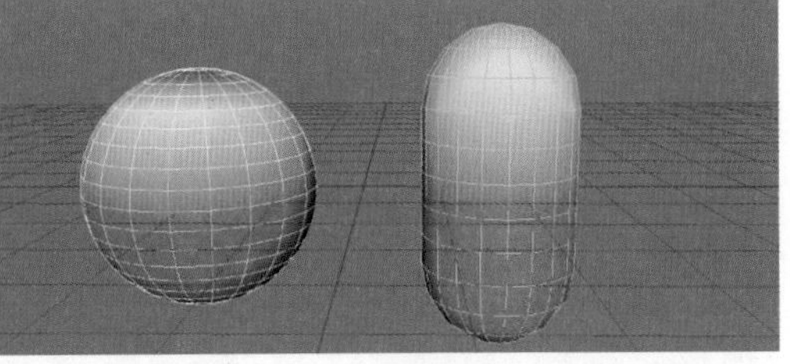

(b) 传递后

图 2-19　传递着色集效果

• 平滑代理：选择该命令后，原始多边形物体和平滑后的多边形模型同时显示。在默认情况下，原始多边形模型为半透明状，可以查看平滑后的模型效果。调整原始多边形模型的顶点、边或面，平滑后的多边形模型同步改变。

## 2.2.4 【编辑网格】菜单

在 Maya 中可以运用【编辑网格】菜单中的命令对多边形网格进行编辑。【编辑网格】菜单如图 2-20 所示。

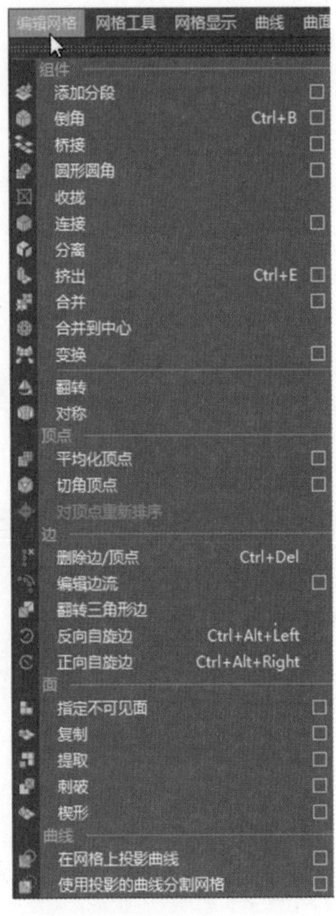


图 2-20　【编辑网格】菜单

• 添加分段：对多边形模型增加细分级别，在“分段”属性中设置细分级别。应用【添加分段】命令前后对比如图 2-21 所示。

• 倒角：沿选定的边或者面创建倒角。通过修改【分数】、【分段】、【深度】、【斜接】、【斜接方向】、【切角】参数值设置倒角效果。应用【倒角】命令前后对比如图 2-22 所示。

• 桥接：在两组边或者面之间创建桥接面。通过修改【分段】、【锥化】、【扭曲】、【方向（源）】、【方向（目标）】、【桥接偏移】、【曲线类型】参数设置桥接效果。应用【桥接】命令前后对比如图 2-23 所示。

• 圆形圆角：将选定组件的顶点组织成与多边形网格面对齐的圆。应用【圆形圆角】命令前后对比如图 2-24 所示。

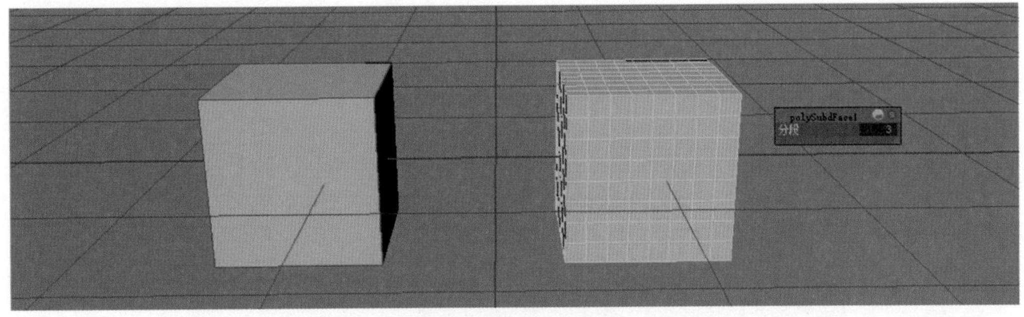


图 2-21　应用【添加分段】命令前后对比

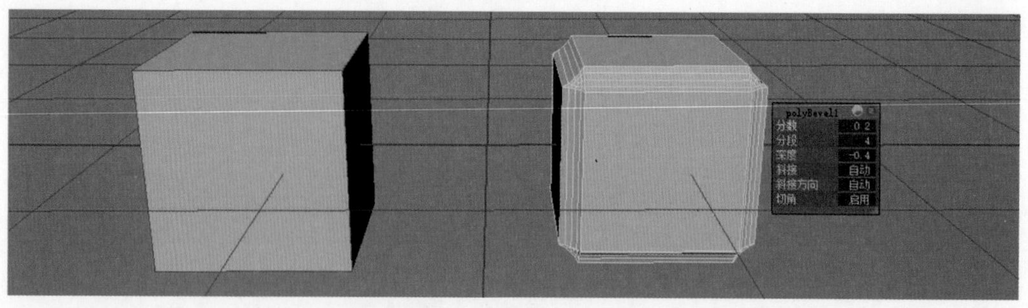


图 2-22 应用【倒角】命令前后对比

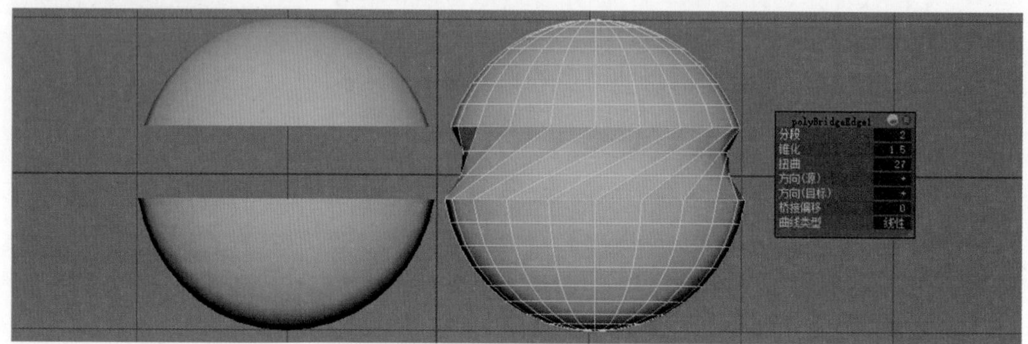


图 2-23 应用【桥接】命令前后对比

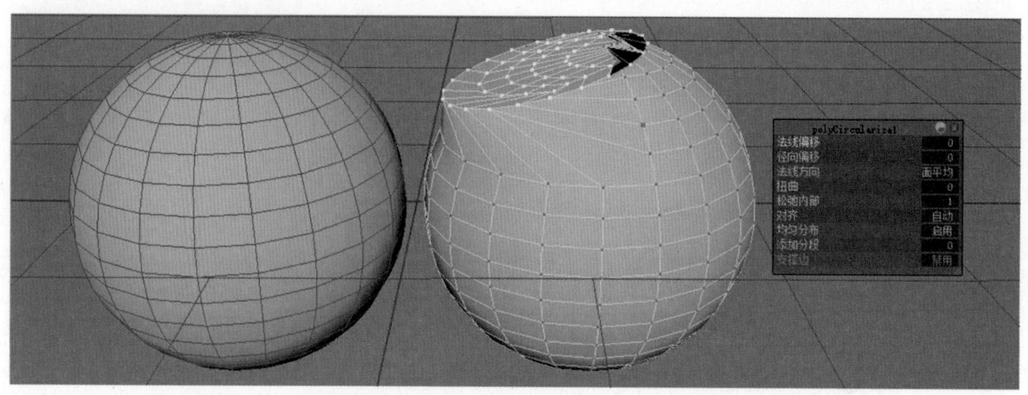


图 2-24 应用【圆形圆角】命令前后对比

• 收拢：通过合并相邻顶点来移除选定组件。例如，选择需要收拢的面，选择该命令后，组成该面的顶点合并。应用【收拢】命令前后对比如图 2-25 所示。

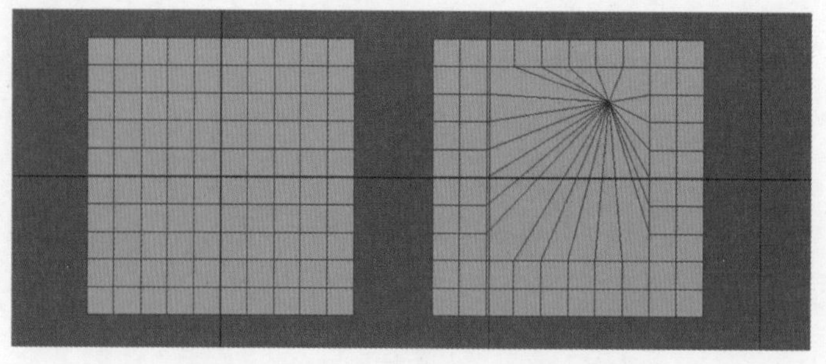

图 2-25 应用【收拢】命令前后对比

• 连接：通过连接顶点、边或面，达到切割面的作用。应用【连接】命令前后对比如图 2-26 所示。

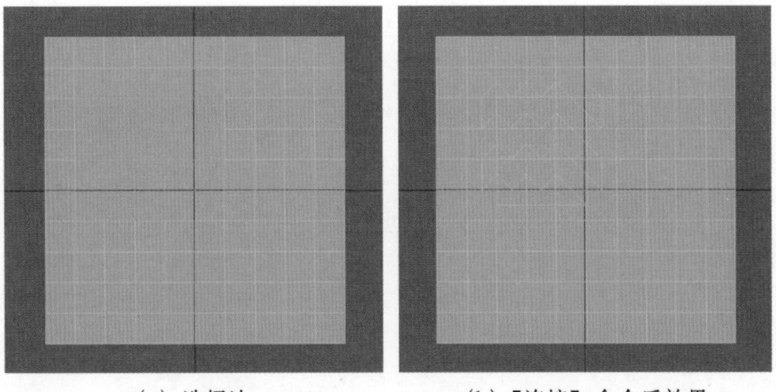

(a) 选择边　　(b)【连接】命令后效果

图 2-26　应用【连接】命令前后对比

• 分离：在一个多边形网格中选择需要分离的面，然后选择该命令，可以将该面分离出来。应用【分离】命令前后对比如图 2-27 所示。

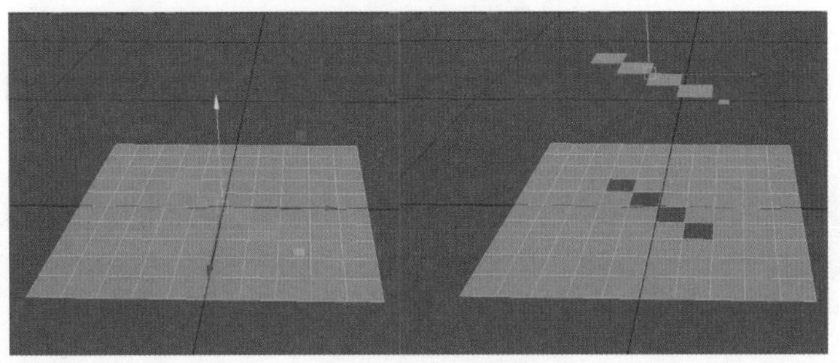

图 2-27　应用【分离】命令前后对比

• 挤出：在多边形网格物体上选择需要挤出的顶点、边或者面，可以挤出新的多边形。不同【挤出】效果如图 2-28 所示。【挤出】命令快捷键为 Ctrl+E。

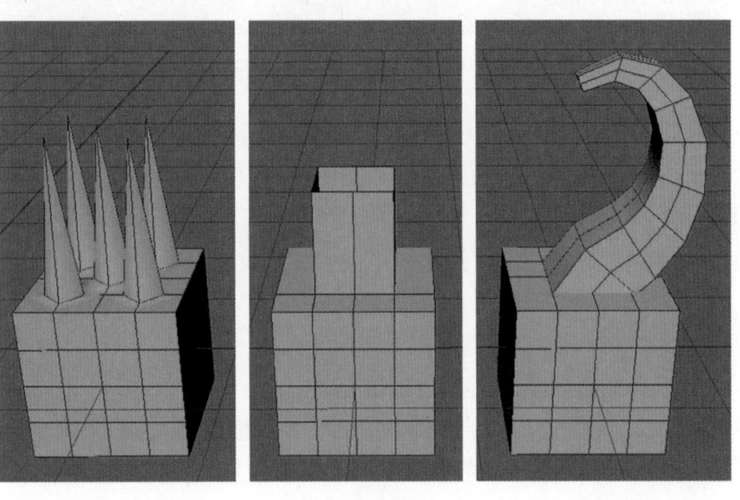

(a) 选择点挤出　　(b) 选择边挤出　　(c) 选择面挤出

图 2-28　不同【挤出】效果

在使用该命令时要对【保持面的连续性】选项格外注意。当选择多个面时，在【保持面的连续性】选项启用的状态下，挤出的面是一个整体；当【保持面的连续性】选项为禁用状态下，挤出的面以单个独立的面挤出。【保持面的连续性】选项开启与关闭时的效果对比如图 2-29 所示。

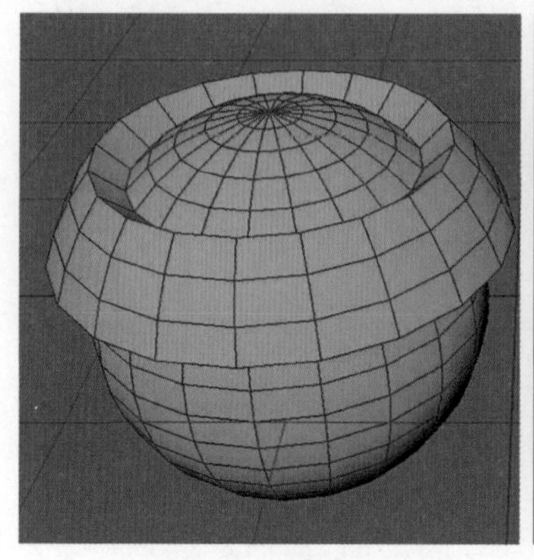

(a) 开启状态

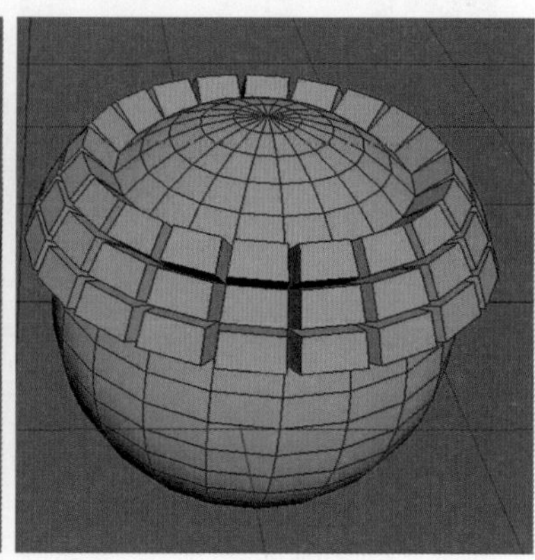

(b) 关闭状态

图 2-29 【保持面的连续性】选项开启与关闭时的效果对比

• 合并：在设置的阈值范围内，合并选定的边和顶点。应用【合并】命令前后对比如图 2-30 所示。

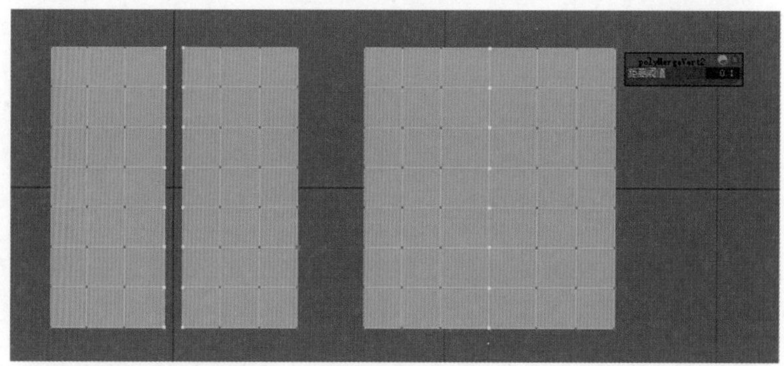

图 2-30 应用【合并】命令前后对比

• 合并到中心：选择需要合并的顶点、边或者面，选择该命令后，所选择的顶点、边或者面合并，生成的顶点在原始选择区域的中心。应用【合并到中心】命令前后对比如图 2-31 所示。

• 变换：对顶点、边或面进行移动、旋转和缩放操作。或者在 UV 编辑器中移动 UV。

• 翻转：沿拓扑对称轴翻转选定的网格组件。

• 对称：沿拓扑对称轴镜像选定的网格组件。

• 平均化顶点：该命令通过自动移动多边形网格的顶点来平滑多边形网格。在该命令中不增加多边形网格的顶点数量。

• 切角顶点：将一个顶点替换成一个平坦的多边形面。应用【切角顶点】命令前后对比如图 2-32 所示。

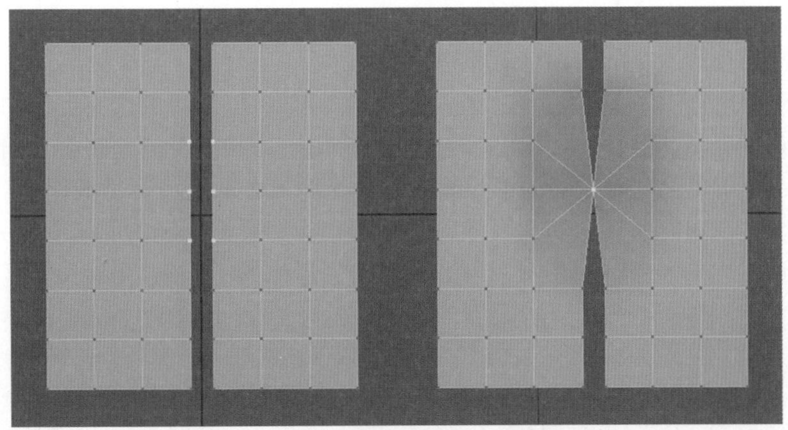

图 2-31　应用【合并到中心】命令前后对比

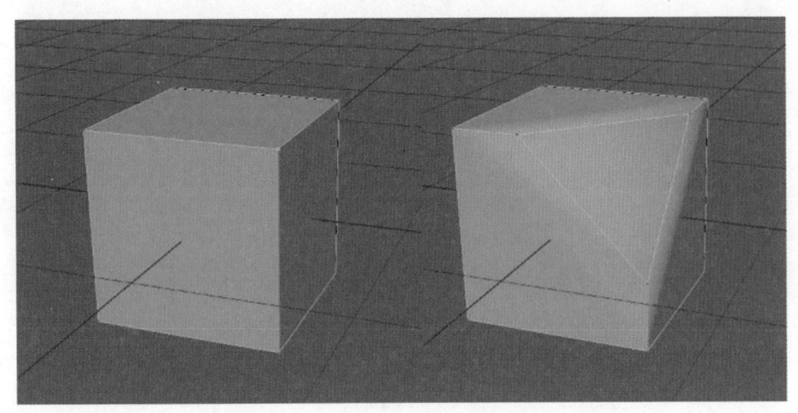

图 2-32　应用【切角顶点】命令前后对比

• 对顶点重新排序：在一个多边形网格中选择 3 个相邻的顶点，然后选择该命令，重新排列顶点的 ID 顺序。

• 删除边 / 顶点：选择需要删除的顶点或边，选择该命令，将选择的顶点或边从多边形网格中删除，快捷键为 Ctrl+Del。在多边形建模中要删除顶点或边时，一定要执行该命令，不能直接按 Delete 键删除。应用【删除边 / 顶点】命令前后对比如图 2-33 所示。

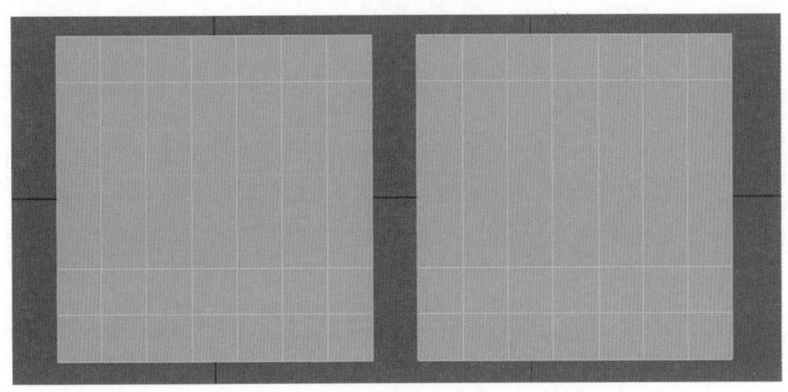

图 2-33　应用【删除边 / 顶点】命令前后对比

- 编辑边流：以选定边的周围曲率为基准移动边。
- 翻转三角形边：翻转两个三角形之间的边。
- 反向自旋边：选择需要反向旋转的边，选择该命令，选择的边将会反向自旋转。
- 正向自旋边：选择需要正向旋转的边，选择该命令，选择的边将会正向自旋转。
- 指定不可见面：将选定的面设置成不可见面或者取消不可见操作。
- 复制：选择需要复制的面组件，选择该命令，将会把选定的面复制出来，生成一个新的多边形网格对象。应用【复制】命令前后对比如图 2-34 所示。

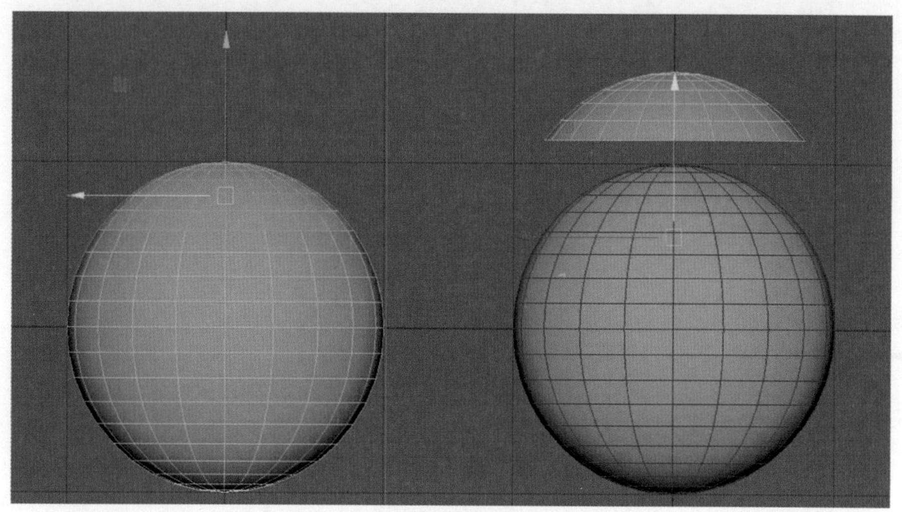

图 2-34　应用【复制】命令前后对比

- 提取：选择需要提取的面组件，选择该命令，将会将选定的面从之前的多边形网格对象中分离出来，形成一个新的多边形网格对象。应用【提取】命令前后对比如图 2-35 所示。

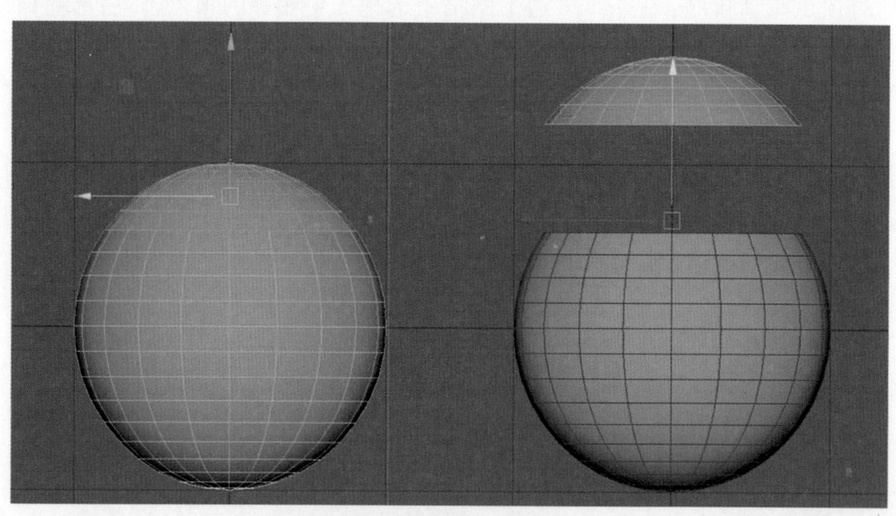

图 2-35　应用【提取】命令前后对比

- 刺破：在每个面的中心创建新的顶点。应用【刺破】命令前后对比如图 2-36 所示。

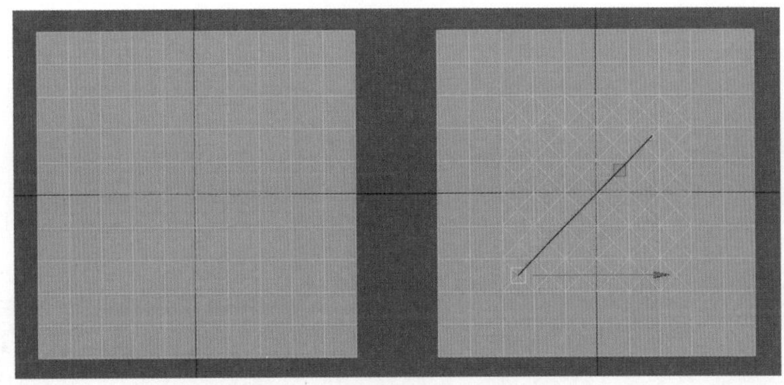

图 2-36　应用【刺破】命令前后对比

• 楔形：选择一个面以及一个或者多个边，选择该命令后，将会创建一个弧形。

• 在网格上投影曲线：将曲线投影到多边形网格上。应用【在网格上投影曲线】命令前后对比如图 2-37 所示。

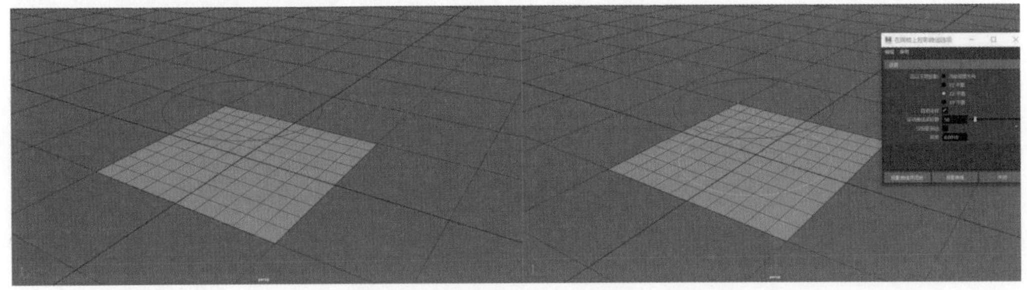

图 2-37　应用【在网格上投影曲线】命令前后对比

• 使用投影的曲线分割网格：曲线投影到多边形对象上后，选择该命令，投射的曲线将网格分割。应用【使用投影的曲线分割网格】命令前后对比如图 2-38 所示。

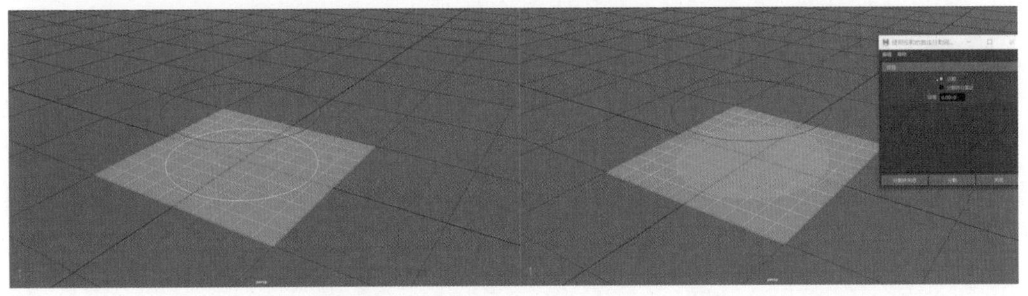

图 2-38　应用【使用投影的曲线分割网格】命令前后对比

### 2.2.5　【网格工具】菜单

【网格工具】菜单如图 2-39 所示。

• 隐藏建模工具包：开启 / 关闭建模工具包。

• 附加到多边形：首先选择该命令，然后单击多边形网格的边界边，之后在两个面之间生成一个面。图中箭头会指示边的方向，按 Enter 键可结束操作。应用【附加到多边形】命令前后对比如图 2-40 所示。

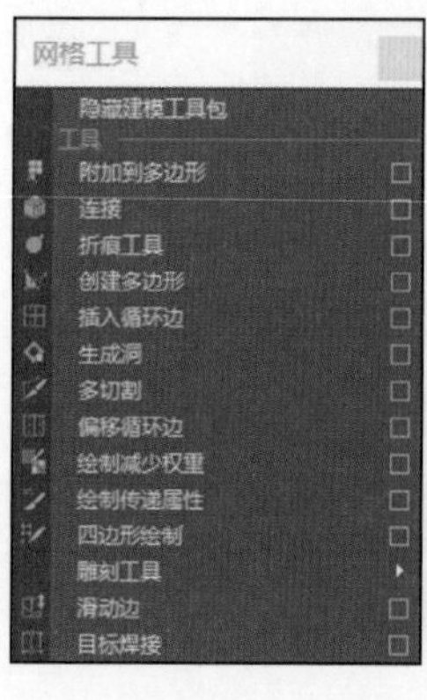


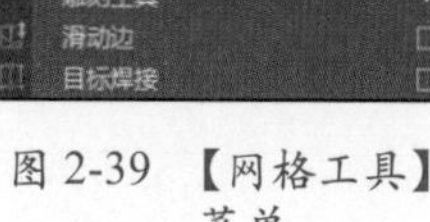

图 2-39 【网格工具】菜单

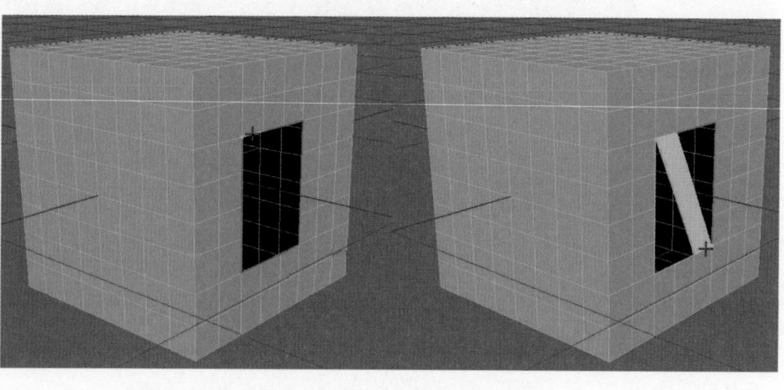

图 2-40 应用【附加到多边形】命令前后对比

• 连接：连接共享相同面的顶点或边。应用【连接】命令前后对比如图 2-41 所示。

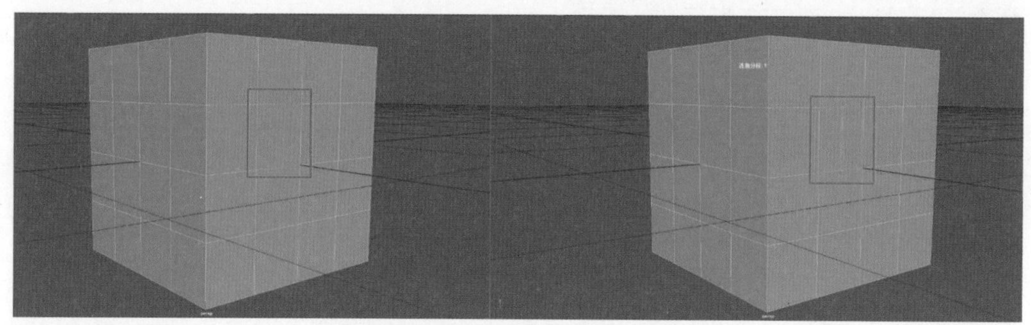

图 2-41 应用【连接】命令前后对比

• 折痕工具：该命令能够在多边形网格对象上生成边和顶点的折痕效果。使用方法是首先选择该命令，然后选择需要折痕的组件，然后滑动鼠标中键编辑折痕数值。应用【折痕工具】命令前后对比如图 2-42 所示。

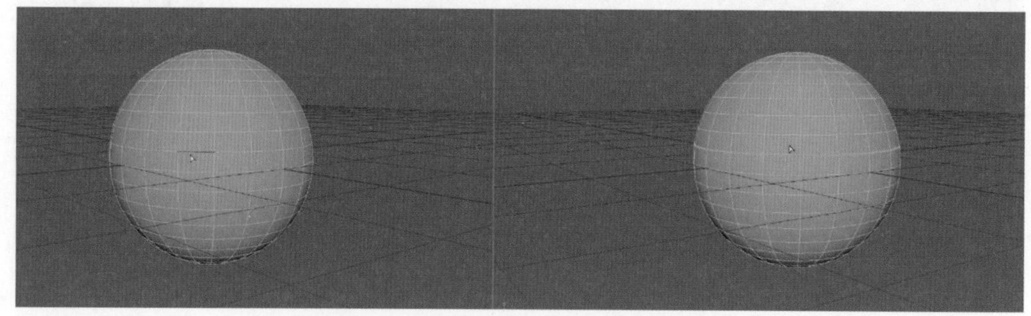

图 2-42 应用【折痕工具】命令前后对比

• 创建多边形：通过设置顶点来创建独立的多边形。使用方法是首先选择该命令，然后依次单击创建顶点，之后按 Enter 键完成多边形创建。应用【创建多边形】命令效果如图 2-43 所示。

• 插入循环边：在多边形网格物体上插入循环边。应用【插入循环边】命令效果如图 2-44 所示。

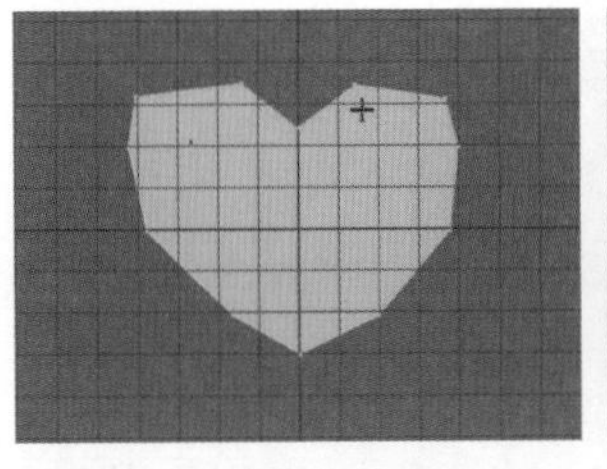

图 2-43 应用【创建多边形】命令效果

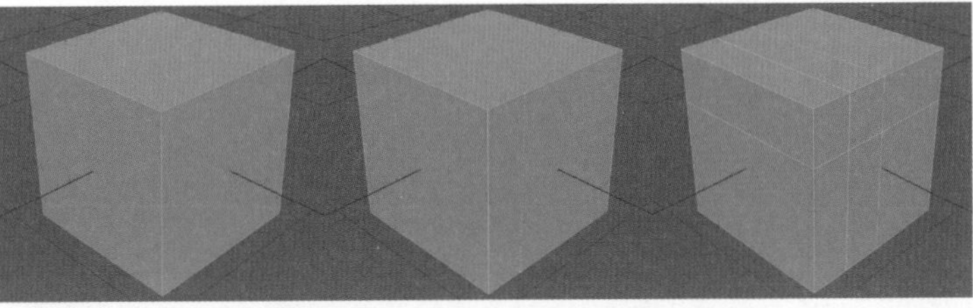

图 2-44 应用【插入循环边】命令效果

- 生成洞：在多边形的一个面中创建一个洞。
- 多切割：在多边形上切割、插入边。应用【多切割】命令效果如图 2-45 所示。

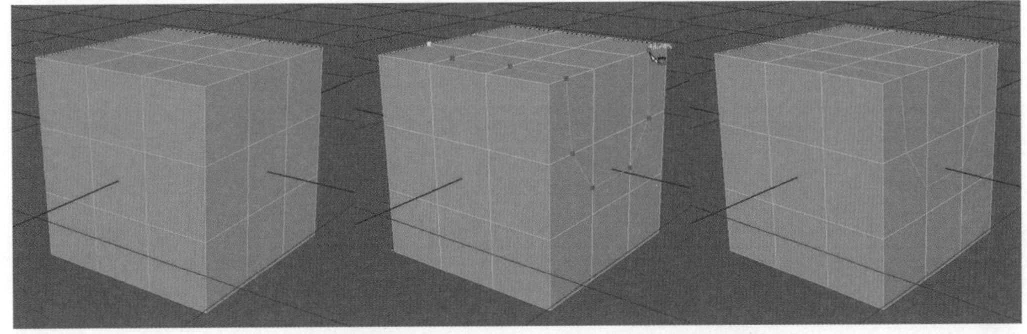

图 2-45 应用【多切割】命令效果

- 偏移循环边：在选择的边两侧插入两条循环边。应用【偏移循环边】命令效果如图 2-46 所示。

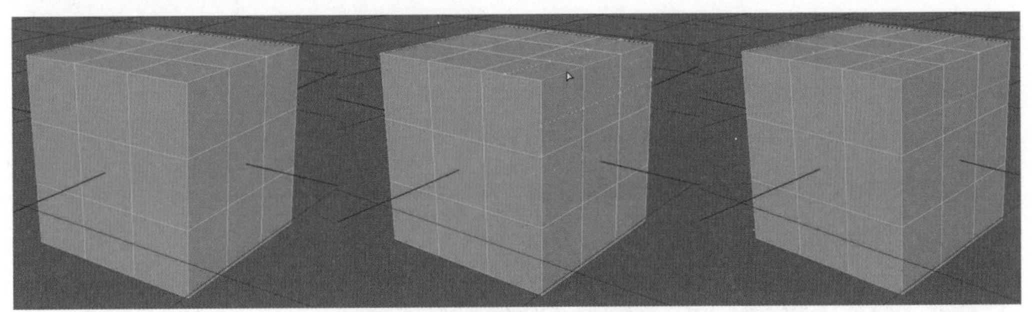

图 2-46 应用【偏移循环边】命令效果

- 绘制减少权重：该命令与【网格】→【减少】命令一起使用时，通过笔刷绘制需要减少多边形网格的区域。
- 绘制传递属性：绘制【传递属性】命令的区域。
- 四边形绘制：在激活对象上创建顶点，以创建新面对激活对象进行重新拓扑。
- 雕刻工具：使用雕刻工具可以在多边形网格上通过不同的笔刷雕刻多边形模型的形状，以此辅助多边形建模。
- 滑动边：选择需要滑动的边，之后选择该命令，然后按住鼠标中键滑动。应用【滑动边】命令效果如图 2-47 所示。

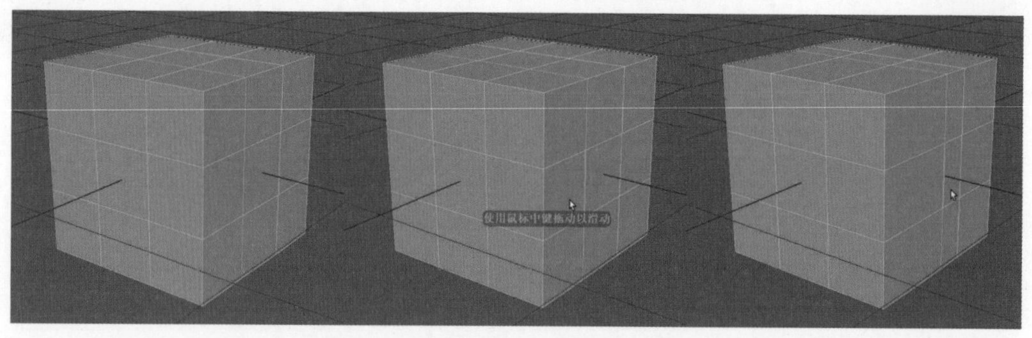

图 2-47 应用【滑动边】命令效果

• 目标焊接：将两个边或顶点合并成一个组件。首先进入组件级别（顶点或者边），之后选择该命令，选择需要焊接的两个组件，即可进行合并。应用【目标焊接】命令效果如图 2-48 所示。

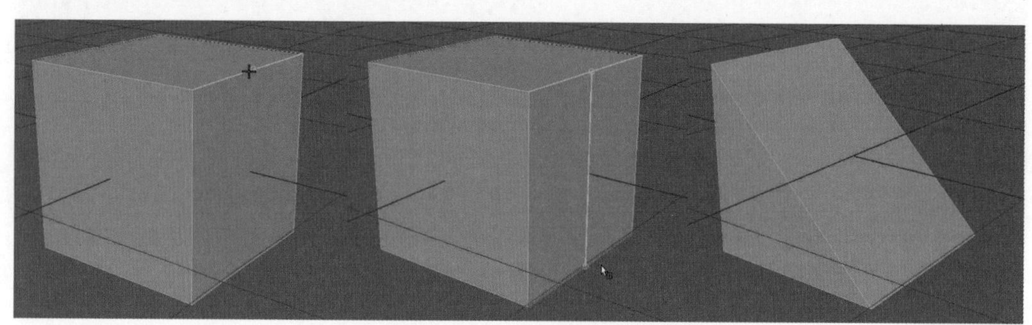

图 2-48 应用【目标焊接】命令效果

## 2.3 场景模型的创建

本案例的白模渲染效果图，如图 2-49 所示。

图 2-49 白模渲染效果图

场景模型的创建 .mp4

场景模型制作步骤如下。

步骤 1：项目的创建及设置。首先选择【文件】→【项目窗口】命令，在打开的【项目窗口】中设置项目的名称、存放路径，如图 2-50 所示。

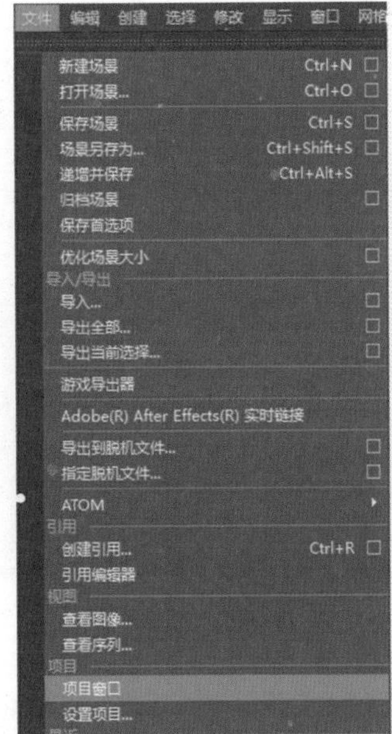

图 2-50　项目创建过程

项目创建完成后，选择【文件】→【设置项目】命令，在【设置项目】窗口中选择 CartoonScene 文件夹，然后单击【设置】按钮，如图 2-51 所示。

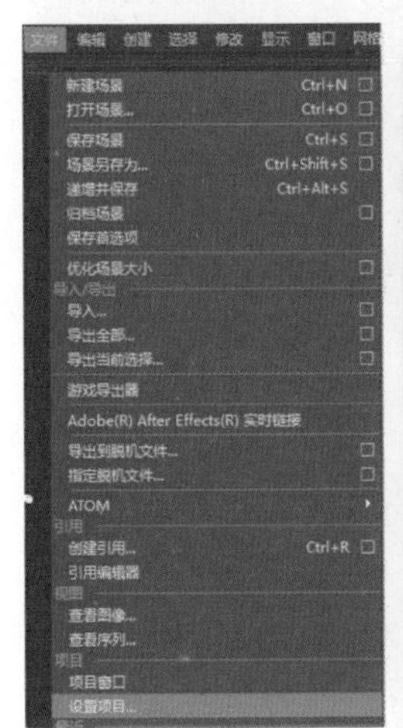

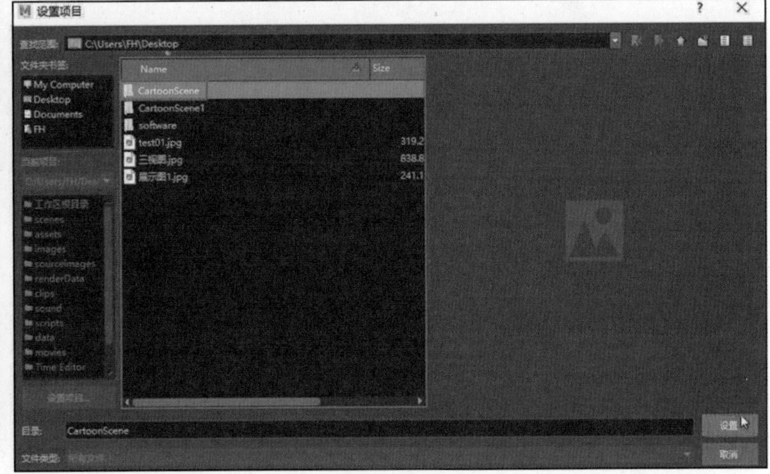


图 2-51　设置项目过程

步骤 2：太阳模型制作。依据参考图，首先新建多边形球体，在【通道盒】中将该多边形球体的【缩放 X】、【缩放 Y】、【缩放 Z】设置为 35，如图 2-52 所示。

之后创建多边形圆锥体，在【通道盒】中调整圆锥体的【半径】、【高度】、【轴向细分数】、【高度细分数】、【端面细分数】、【平移 X】、【旋转 Z】、【缩放 X】、【缩放 Y】及【缩放 Z】属性值，如图 2-53 所示。

修改多边形圆锥体中心点。首先按 Insert 键，然后按住 X 键不放，再按住鼠标左键将中心点吸附到世界坐标中心，之后松开 X 键及鼠标左键，最后按一次 Insert 键结束。移动中心点过程如图 2-54 所示。

图 2-52　多边形球体参数设置

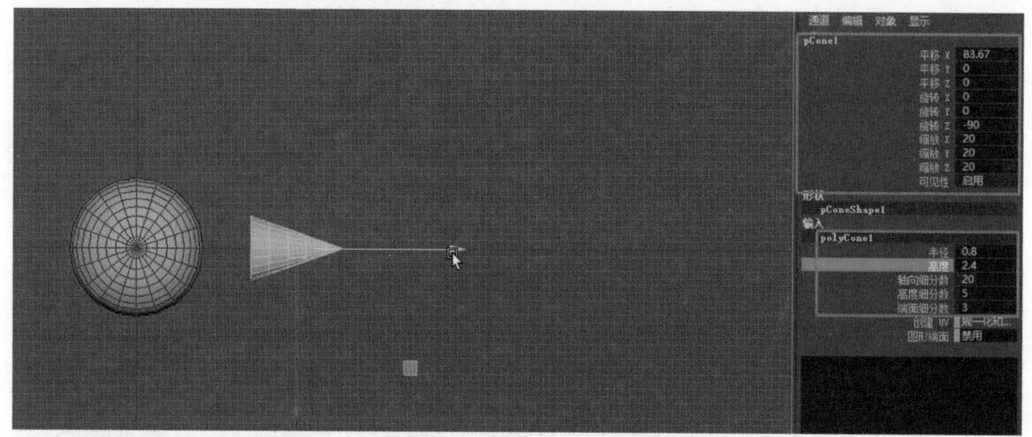


图 2-53　多边形圆锥体参数设置

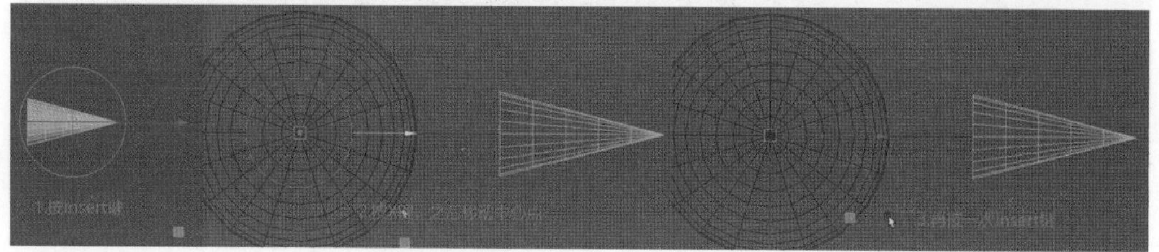

图 2-54　移动中心点过程

中心点修改后，在【编辑】→【特殊复制】命令后单击方框图标■，将【特殊复制选项】面板调出，修改其中的参数，然后单击【应用】按钮。【特殊复制选项】面板设置及最终效果如图 2-55 所示。

下面进行眼镜制作。

新建多边形圆柱体，调整多边形圆柱体的各项参数，将其放置在合适位置。多边形圆柱体参数设置及效果如图 2-56 所示。

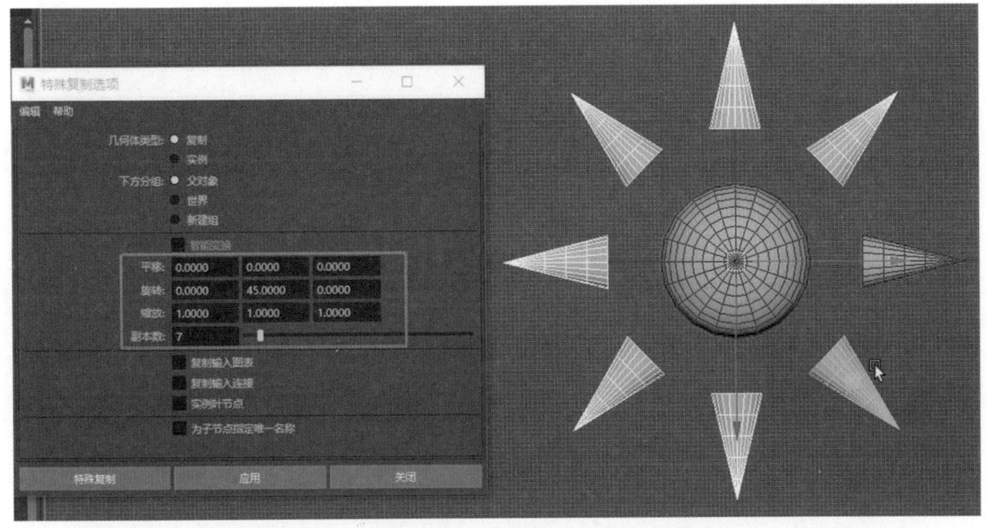


图 2-55 【特殊复制选项】面板设置及最终效果

图 2-56　多边形圆柱体参数设置及效果

选择此多边形圆柱体，选择【网格】→【镜像】命令，在【镜像选项】面板中根据场景中的位置设置参数。【镜像】命令参数设置完后，单击【镜像】或【应用】按钮，完成模型镜像。【镜像选项】面板中参数设置及镜像后效果如图 2-57 所示。

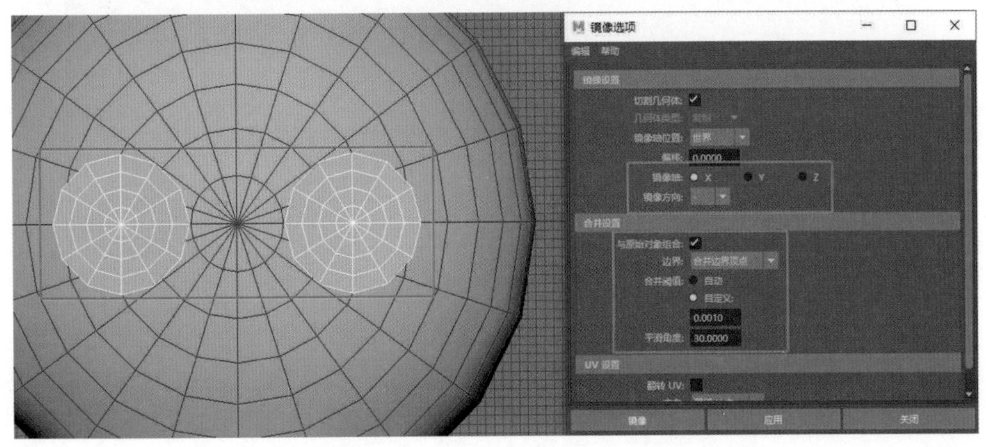


图 2-57 【镜像选项】面板中参数设置及镜像后效果

删除需要桥接部位的面，如图 2-58 所示。

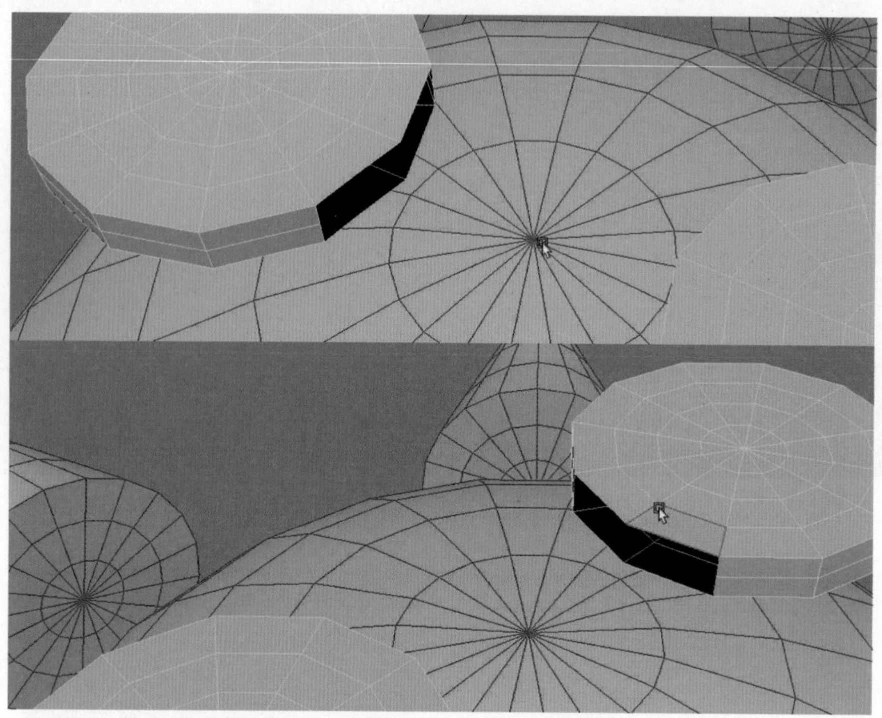

图 2-58　删除需要桥接部位的面

进入边模式，选择需要桥接的边，然后选择【编辑网格】→【桥接】命令，调节参数，完成眼镜的制作。桥接过程如图 2-59 所示。

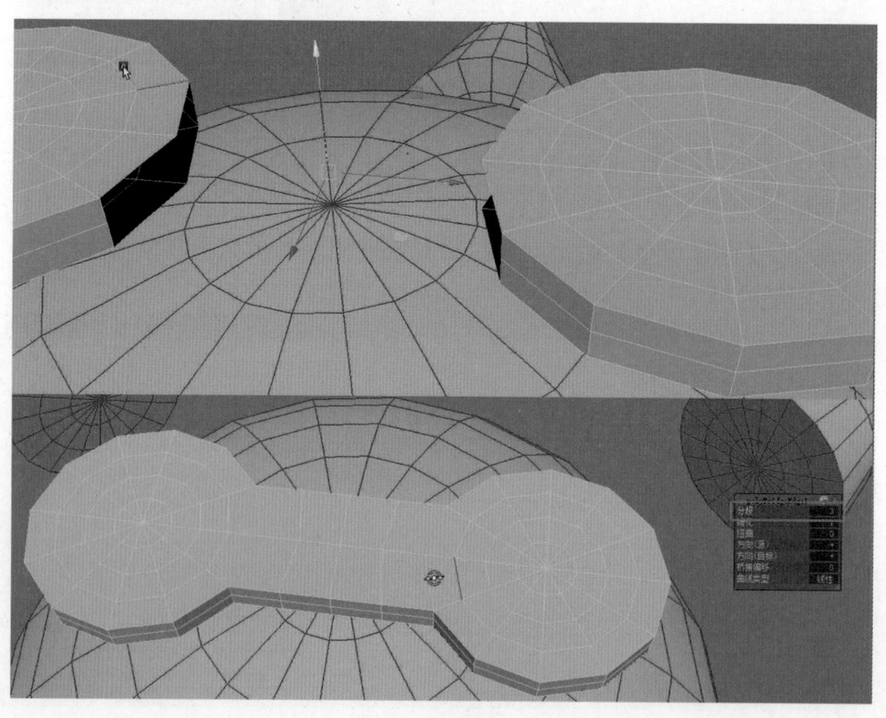

图 2-59　桥接过程

之后选择边，再选择【编辑网格】→【倒角】命令，调整倒角参数，完成眼镜模型制作。倒角过程及效果如图 2-60 所示。

图 2-60　倒角过程及效果

选择所有的模型，按 Ctrl+G 组合键将该步骤中所有模型打组，并将该组重命名为 sun。然后选择该组，在【层编辑器】中单击创建新层并将选定对象放入该层的图标 上，将该组放入新创建的层中，之后将该层的可显示性 V 关闭。将模型组 sun 放入 layer1 层中，如图 2-61 所示。

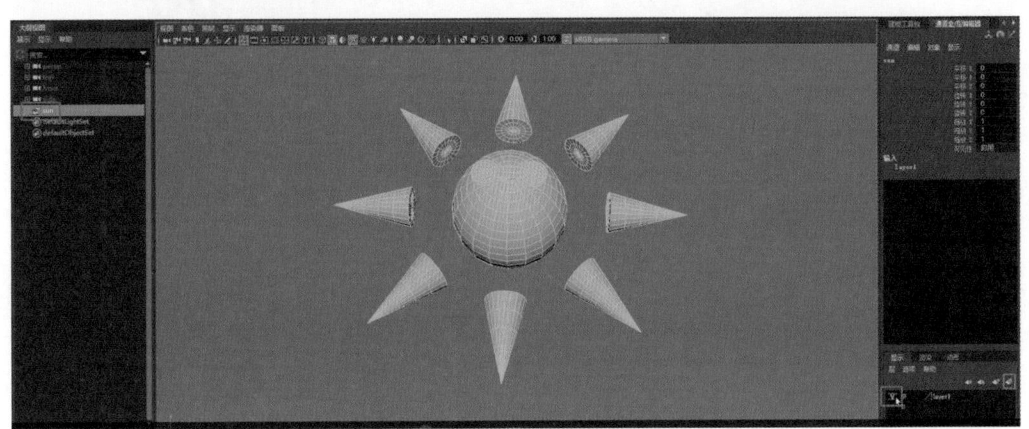

图 2-61　将模型组 sun 放入 layer1 层中

步骤 3：星星模型制作。选择【创建】→【多边形基本体】→【棱柱】命令，创建棱柱多边形物体，之后调整其大小、历史参数。棱柱基本参数设置及完成后效果如图 2-62 所示。

选择创建的棱柱多边形物体，之后进入面模式，选择其侧面的 5 个面，选择【挤出】命令。在第一次选择【挤出】命令时，将该命令中的【保持面的连续性】设置为“禁用”，然后挤出面。面挤出后，适当地对挤出的面进行缩放调整和参数调整。第一次【挤出】命令的操作过程如图 2-63 所示。

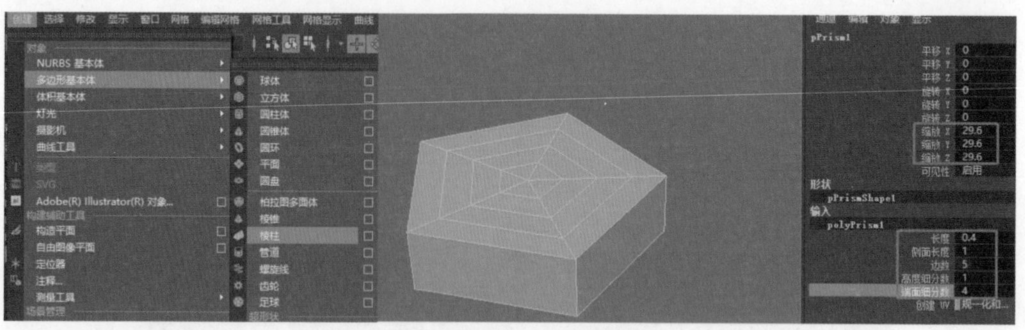

图 2-62　棱柱基本参数设置及完成后效果

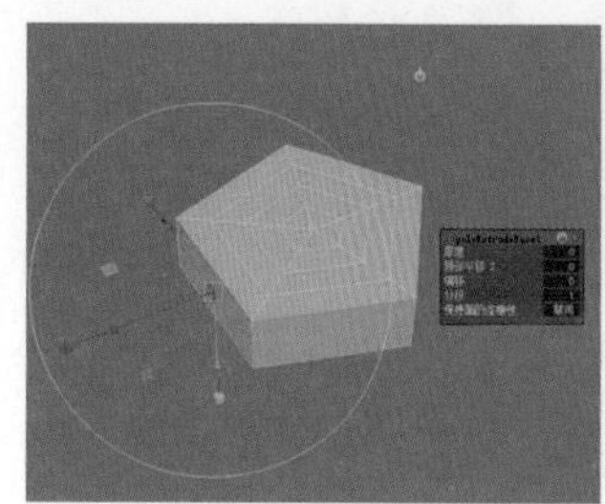
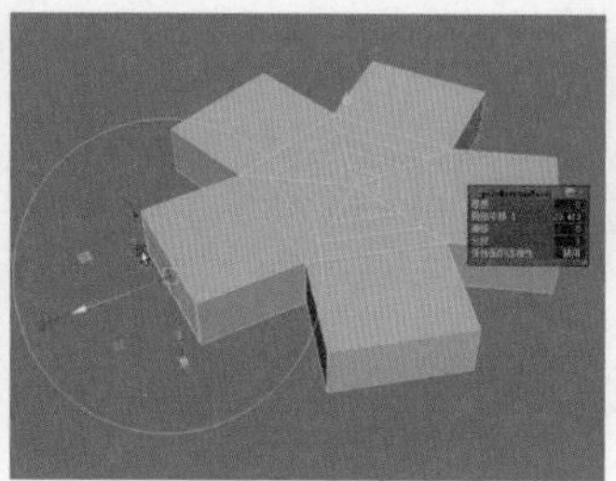
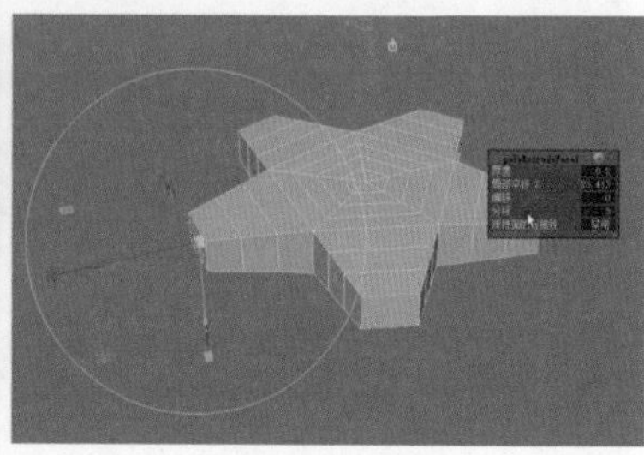

图 2-63　第一次【挤出】命令的操作过程

之后再一次选择【挤出】命令，并根据星星形状调整模型的外形，如图 2-64 所示。

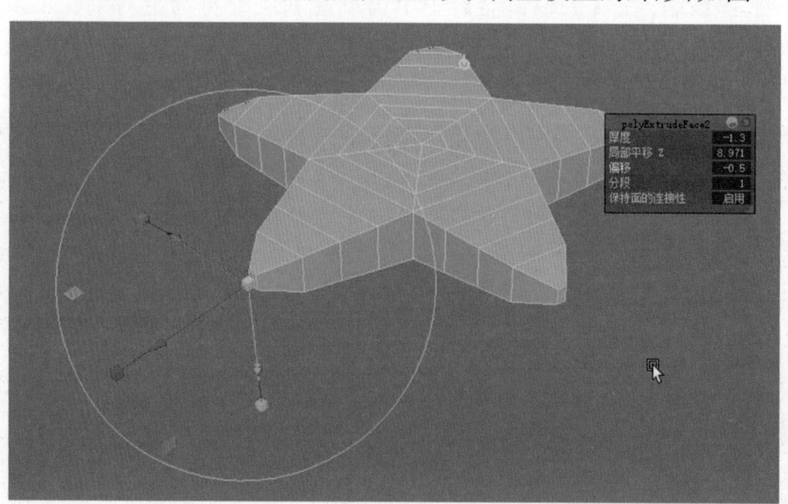


图 2-64　星星模型挤出后效果

选择【网格工具】→【插入循环边】命令，对模型添加边。然后选择模型的边缘边，选择【倒角】命令。插入循环边及选择【倒角】命令的制作过程及效果如图 2-65 所示。

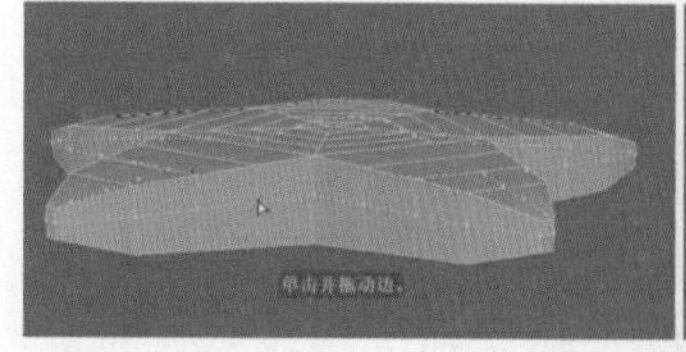
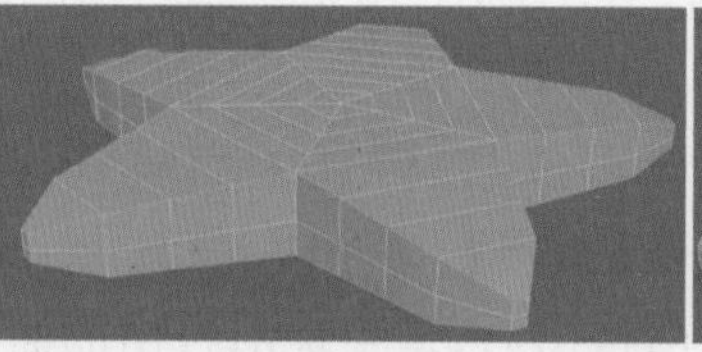
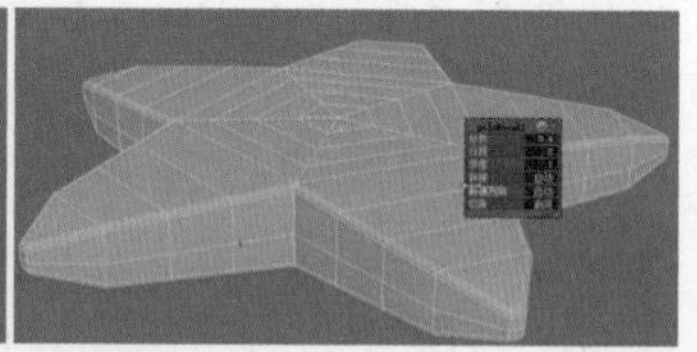

图 2-65　插入循环边及选择【倒角】命令的制作过程及效果

选择星星模型并将其重命名为 star，将光标移动到【层编辑器】的 layer1 层上，右击，在弹出的菜单中选择【添加选定对象】命令，将其放入 layer1 层中隐藏。

步骤 4：星球模型制作。首先创建多边形球体并调整参数，然后创建多边形圆环并调整参数，将该两个多边形物体组合成星球，如图 2-66 所示。

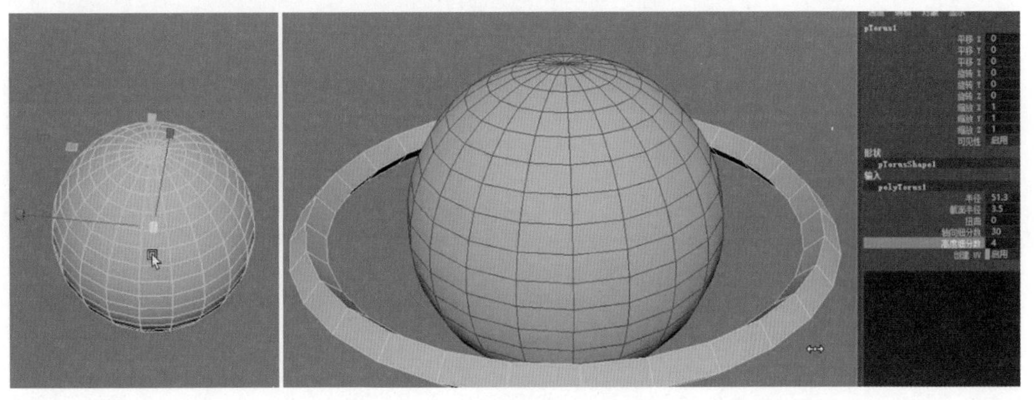

图 2-66 星球模型制作过程

选择多边形球体和多边形圆环，按 Ctrl+G 组合键将该步骤中所有模型打组，并将该组重命名为 planet。选择 planet 模型组，将光标移动到【层编辑器】的 layer1 层上，右击，在弹出的菜单中选择【添加选定对象】命令，将其放入 layer1 层中隐藏。

步骤 5：飞碟模型制作。首先创建圆柱体多边形，之后调整圆柱体历史参数。进入边模式，选择多边形侧面的循环线，按 R 键将缩放工具调出，再双击选择循环边，对循环边进行等比缩放，调整飞碟侧面的模型效果。飞碟模型制作过程之一如图 2-67 所示。

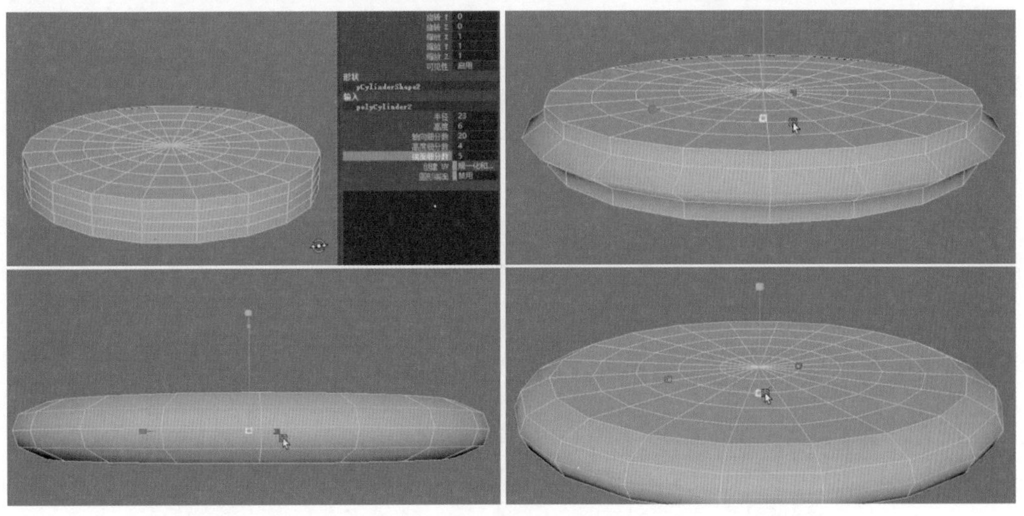

图 2-67 飞碟模型制作过程之一

选择圆柱体多边形上端的面，然后多次选择【挤出】命令，通过移动、缩放挤出的面，制作飞碟上端的凸起部分。凸起部分制作完成后，选择【插入循环边】命令，然后调整循环边的大小、位置，以此调整飞碟模型外形。飞碟模型制作过程之二如图 2-68 所示。

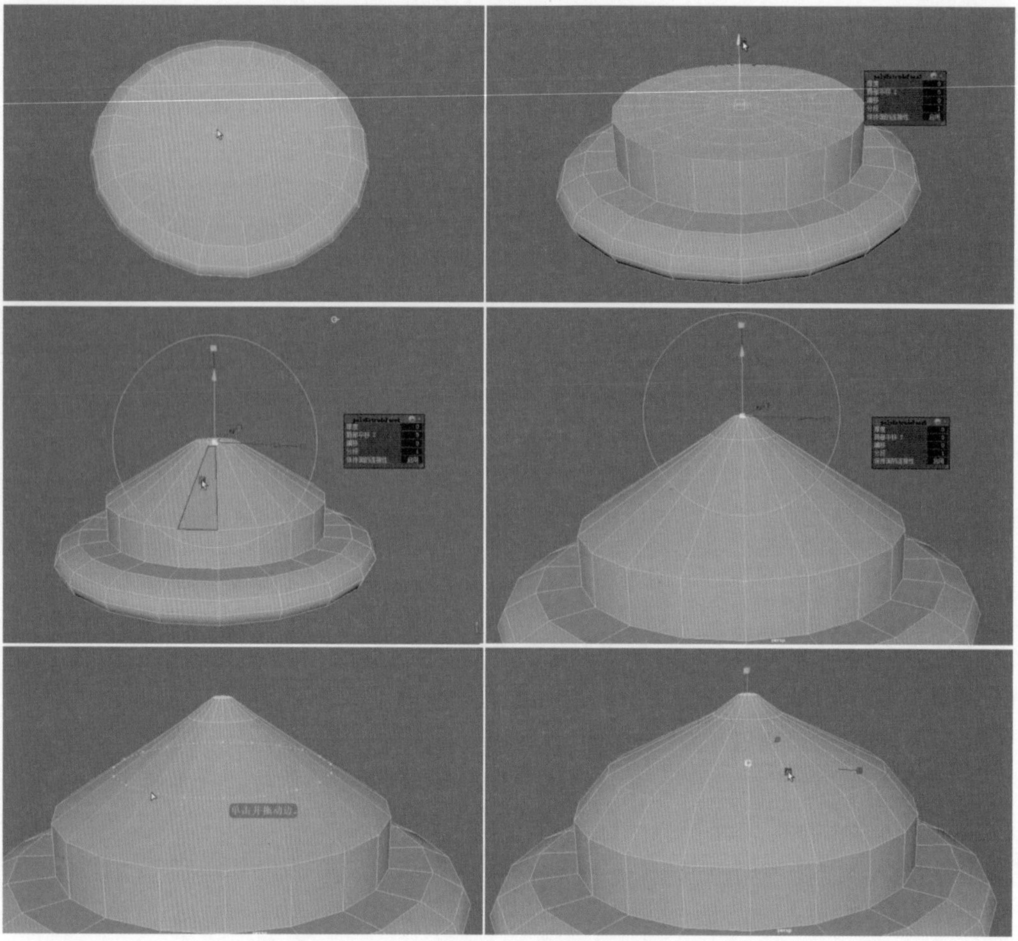

图 2-68　飞碟模型制作过程之二

飞碟下端的部分也是通过上述方法制作完成的。

最后对整体进行微调。可以进入顶点模式，调整顶点的位置可以修改飞碟的外形。飞碟模型最终效果如图 2-69 所示。

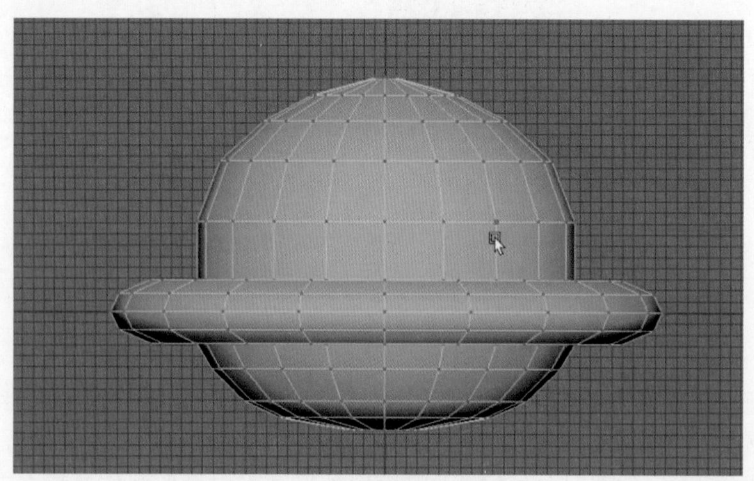

图 2-69　飞碟模型最终效果

选择飞碟模型并将其重命名为 feixingqi1，将光标移动到【层编辑器】的 layer1 层上，右击，在弹出的菜单中选择【添加选定对象】命令，将其放入 layer1 层中隐藏。

步骤 6：火箭模型制作。创建多边形圆柱体并调整圆柱体历史参数。之后选择上端全部的面，多次选择【挤出】命令，制作出火箭头部效果。火箭模型制作过程之一如图 2-70 所示。

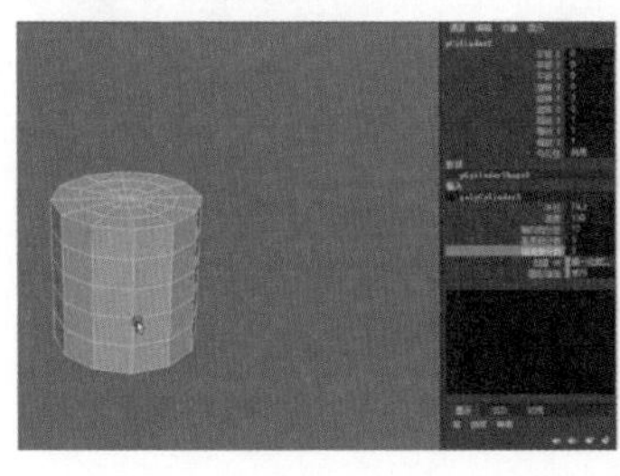
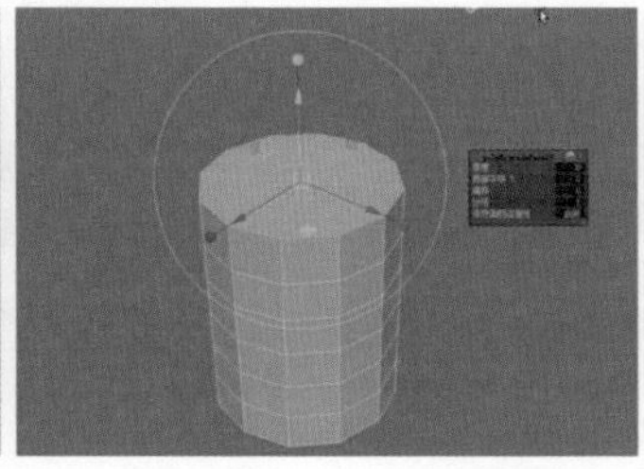
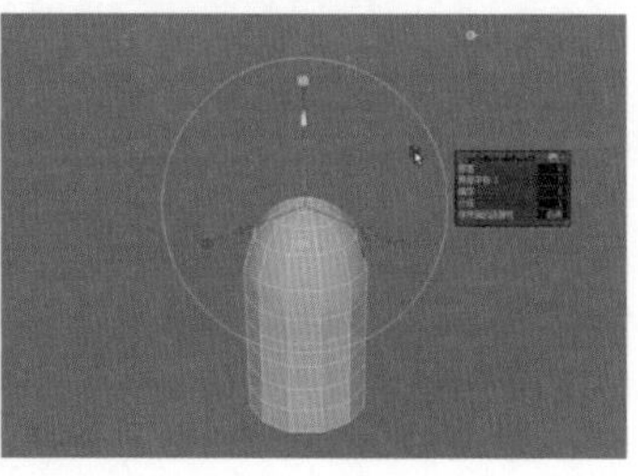

图 2-70 火箭模型制作过程之一

之后选择需要制作火箭的尾端，选择对应的面，多次选择【挤出】命令，并对挤出的面进行调整。火箭模型制作过程之二如图 2-71 所示。

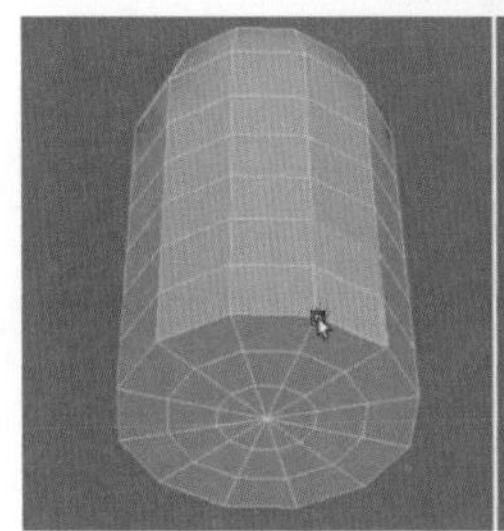
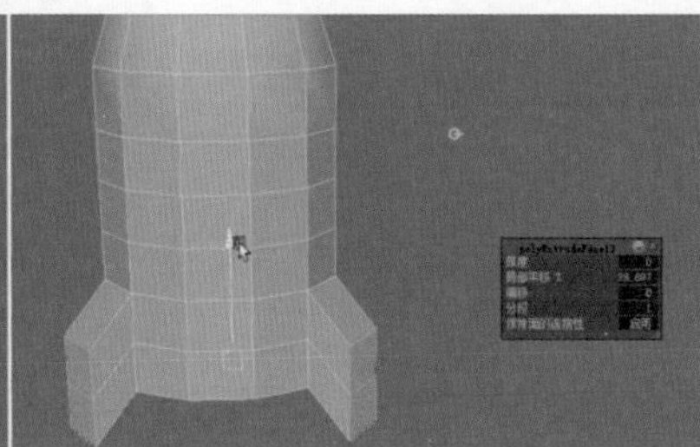
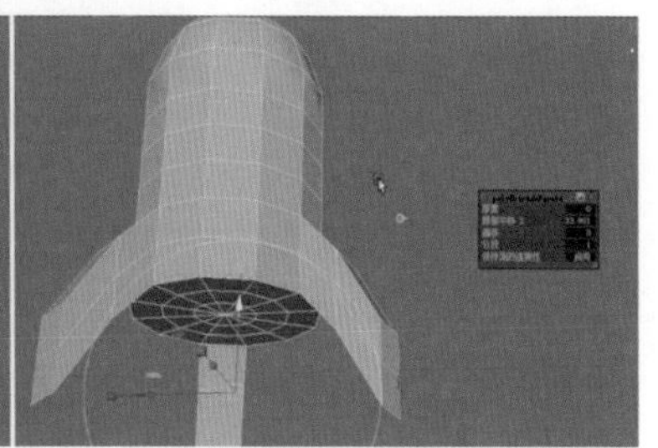

图 2-71 火箭模型制作过程之二

现在对模型的外形进行微调。选择模型顶点、循环边，然后以位移、等比缩放的方法调整模型的外形。同时在微调过程中也可以选择【挤出】命令，进一步对模型进行微调。火箭模型微调过程如图 2-72 所示。

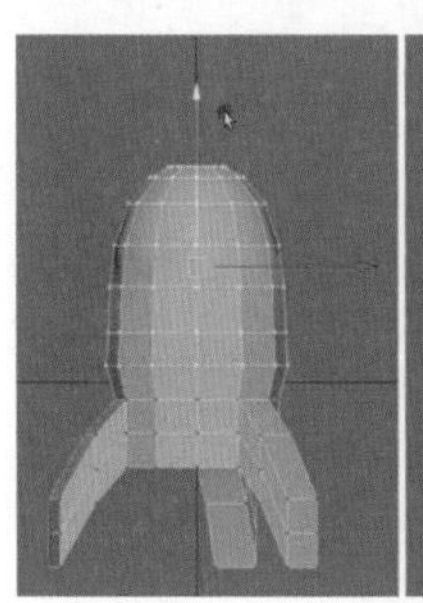
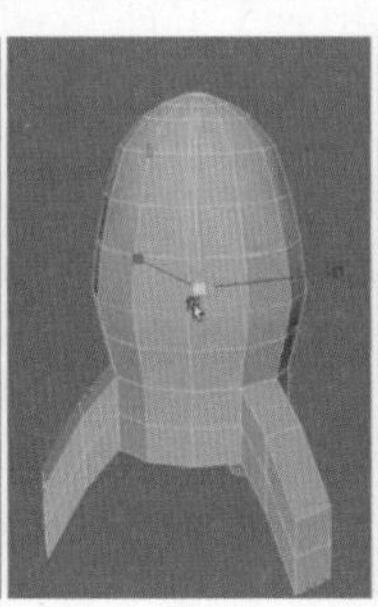
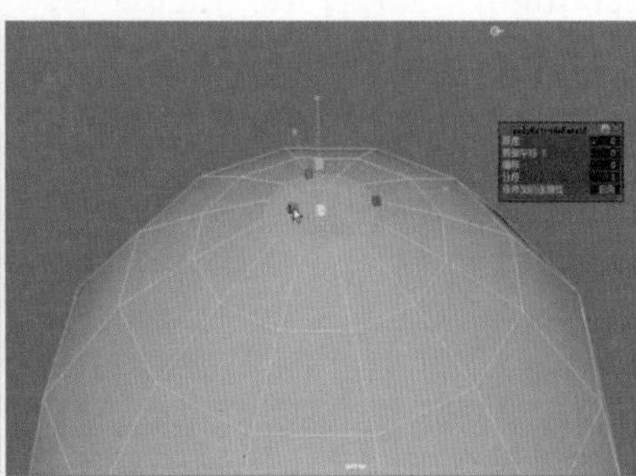
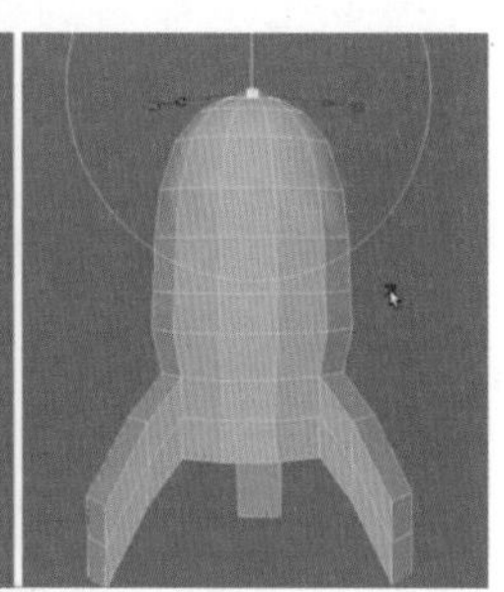

图 2-72 火箭模型微调过程

下面介绍窗户模型及玻璃模型的制作。

窗户模型用多边形圆环制作，首先创建多边形圆环，之后对其历史参数进行调整。玻璃模型使用多边形圆盘制作，首先创建多边形圆盘，之后对其历史参数进行调整。将多边形圆盘移动到多边形圆环内部，确保多边形圆盘不超出多边形圆环范围。然后选择多边形圆环和多边形圆盘，按 Ctrl+G 组合键将窗户模型和玻璃模型形成一

个组，并将该组重命名为 feixingqichuangzi。

选择 feixingqichuangzi 组，调整位移、方向，将其放置在适当位置。之后按 Ctrl+D 组合键，复制此模型组，然后调整复制组的大小和位置，完成窗户及玻璃的制作。窗户模型及玻璃模型制作过程如图 2-73 所示。

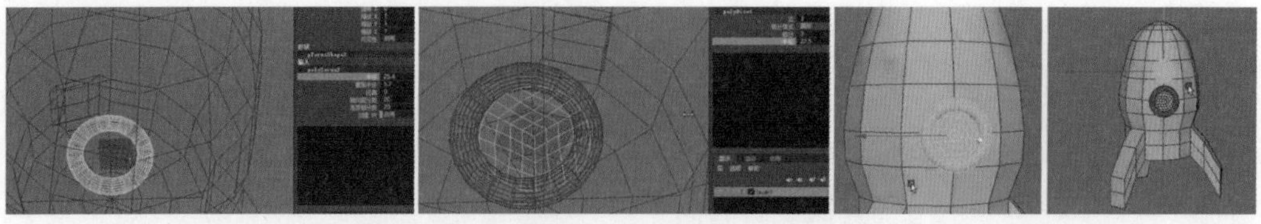

图 2-73　窗户模型及玻璃模型制作过程

之后创建多个多边形球体，通过调整多边形球体的位置和大小制作火箭喷射的气体效果。最终模型效果如图 2-74 所示。

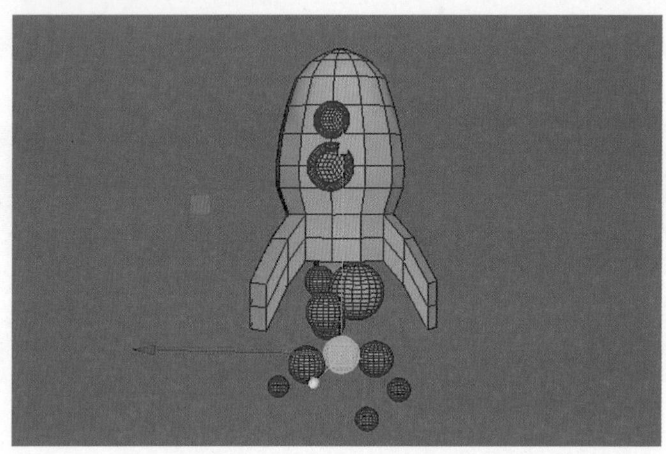

图 2-74　最终模型效果

选择该步骤创建的所有模型，按 Ctrl+G 组合键将该步骤中所有模型形成一个组，并将该组重命名为 feixingqi1。选择 feixingqi1 模型组，将光标移动到【层编辑器】的 layer1 层上，右击，在弹出的菜单中选择【添加选定对象】命令，将其放入 layer1 层中隐藏。

步骤 7：飞船模型制作。创建多边形圆柱体，之后调整圆柱体历史参数。再选择上端全部的面，多次选择【挤出】命令，制作出飞船头部效果。飞船模型制作过程之一如图 2-75 所示。

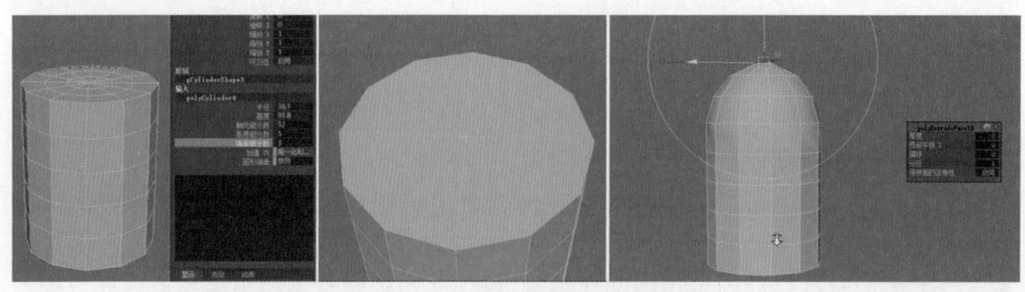

图 2-75　飞船模型制作过程之一

接着制作飞机翅膀。选择飞机翅膀部分的面，然后多次选择【挤出】命令，调整挤出面的大小、位置，制作出飞机翅膀。飞船模型制作过程之二如图 2-76 所示。

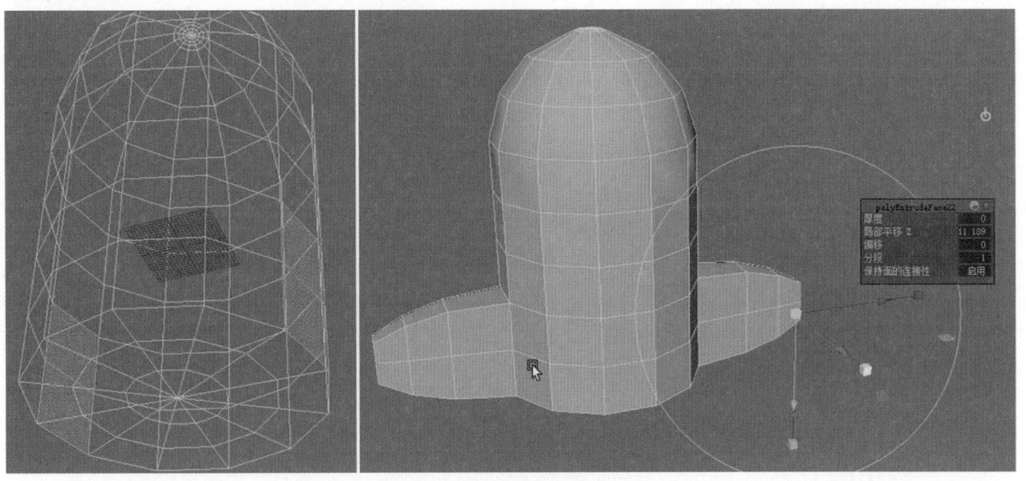


图 2-76　飞船模型制作过程之二

制作尾翼。选择尾翼部分的面，然后多次选择【挤出】命令，调整挤出面的大小、位置，制作出飞机尾翼。飞船模型制作过程之三如图 2-77 所示。

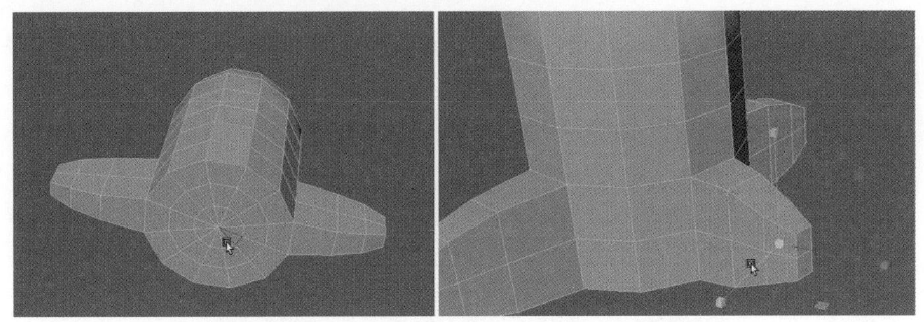

图 2-77　飞船模型制作过程之三

选择下端所有面，运用制作飞船头部相同的方法制作飞船的尾部。飞船模型制作过程之四如图 2-78 所示。

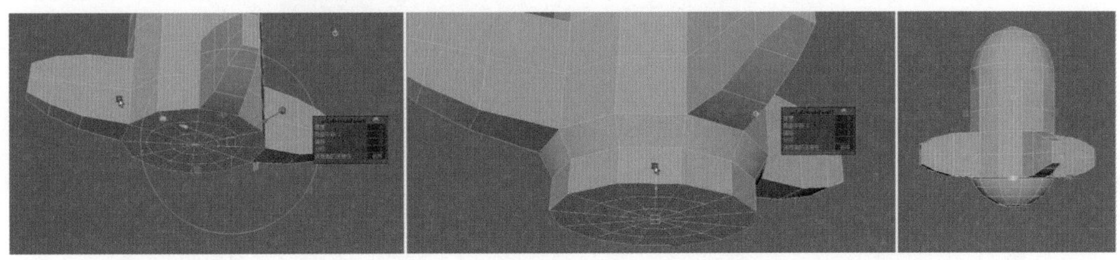

图 2-78　飞船模型制作过程之四

制作机身两侧窗户。选择需要制作窗户部分的面，多次选择【挤出】命令制作出窗口。在此需要提醒的是，在第一次进行挤压时，需要将【保持面的连续性】选项设置为“禁止”。之后再多次选择【挤出】命令制作窗户。飞船模型制作过程之五如图 2-79 所示。

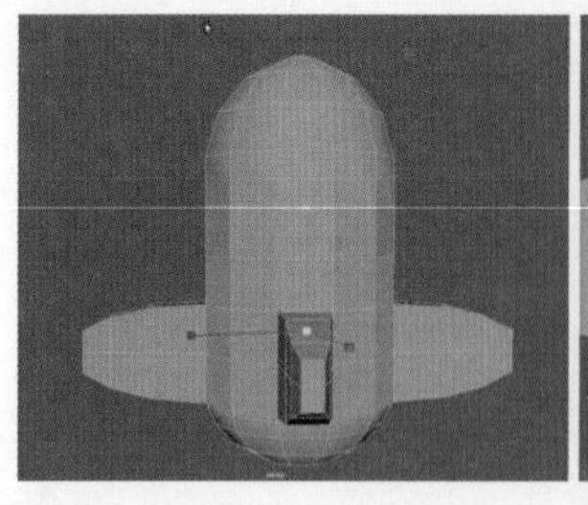
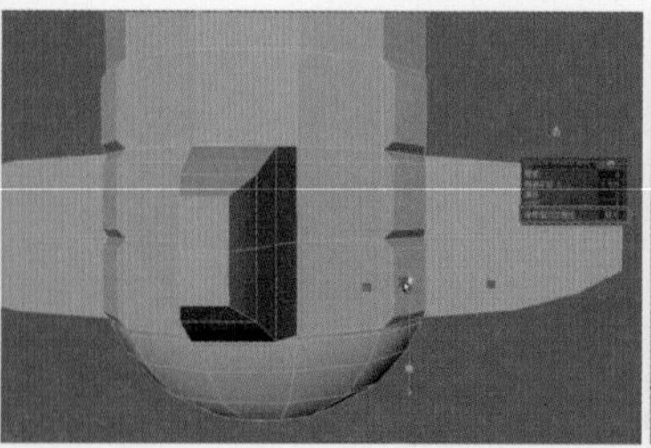

图 2-79　飞船模型制作过程之五

制作机身头部窗户。该部分的模型制作和机身两侧窗户制作方法相同。首先选择需要挤出的面，然后多次选择【挤出】命令，通过其控制手柄调整挤出面的大小、位置。不同之处在于，在该操作过程中，【挤出】命令中的【保持面的连续性】选项设置为“启用”。飞船模型制作过程之六如图 2-80 所示。

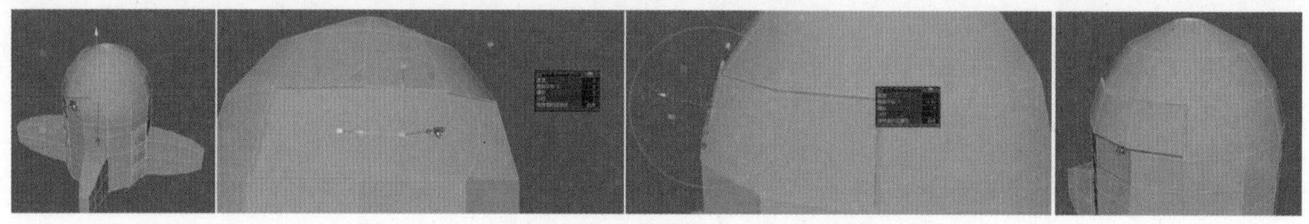

图 2-80　飞船模型制作过程之六

再创建多边形球体，通过调整位置和大小，制作飞船喷射的气体效果。最终模型效果如图 2-81 所示。

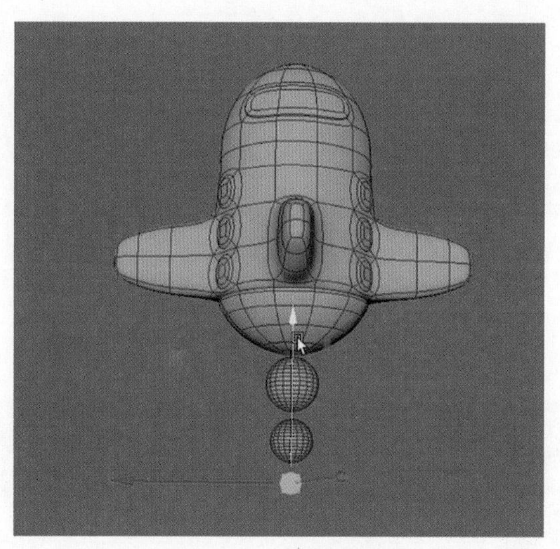

图 2-81　最终模型效果

选择该步骤创建的所有模型，按 Ctrl+G 组合键将该步骤中所有模型形成一个组，并将该组重命名为 feixingqi2。选择 feixingqi2 模型组，将光标移动到【层编辑器】的 layer1 层上，右击，在弹出的菜单中执行【添加选定对象】命令，将其放入 layer1 层中隐藏。

步骤 8：制作卫星模型。创建多边形圆柱体，再调整圆柱体历史参数。然后选择下端的面，通过多次选择【挤出】命令制作出下端的外形效果。之后用调节顶点的方法修改卫星的外形。接着选择上端的面，通过【挤出】命令制作上端的外形效果。卫星模型制作过程之一如图 2-82 所示。

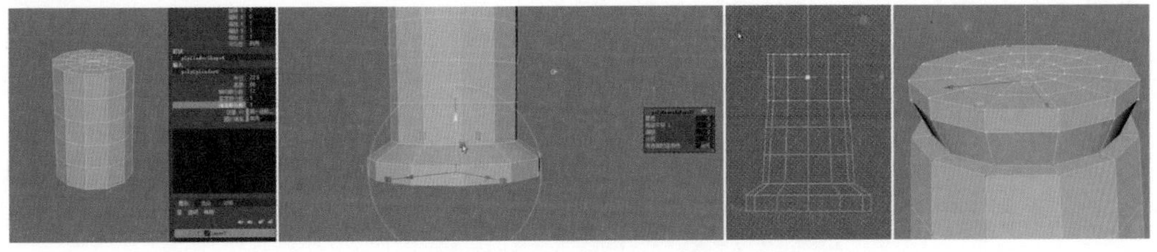

图 2-82　卫星模型制作过程之一

执行【网格工具】→【插入循环边】命令，增加模型细节。在此需要提醒的是，可以按 3 键将模型以预览圆滑之后的效果显示，之后根据预览效果添加循环边。卫星模型制作过程之二如图 2-83 所示。

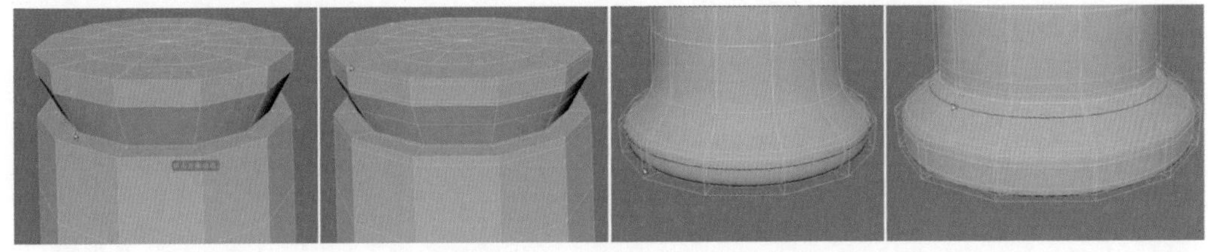

图 2-83　卫星模型制作过程之二

创建两个多边形球体，调整大小和位置，将它们放置在适当位置。卫星模型制作过程之三如图 2-84 所示。

图 2-84　卫星模型制作过程之三

太阳帆制作。创建立方体，之后调整圆柱体历史参数。进入面模式，选择需要挤出的面，执行第一次【挤出】命令。在此需要注意，此时需要将【挤出】命令中的【保持面的连续性】选项设置为“禁止”。之后再执行一次【挤出】命令，对面进行缩放、位移操作。卫星模型制作过程之四如图 2-85 所示。

选择【网格工具】→【插入循环边】命令，对太阳帆模型添加循环边。卫星模型制作过程之五如图 2-86 所示。

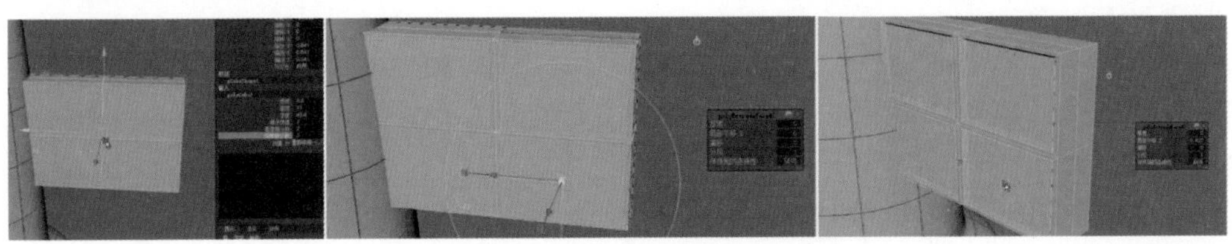

图 2-85　卫星模型制作过程之四

图 2-86　卫星模型制作过程之五

选择太阳帆模型，选择【网格】→【镜像】命令。在【镜像选项】面板中设置对应的参数，然后单击【应用】按钮，完成镜像。卫星模型制作过程之六如图 2-87 所示。

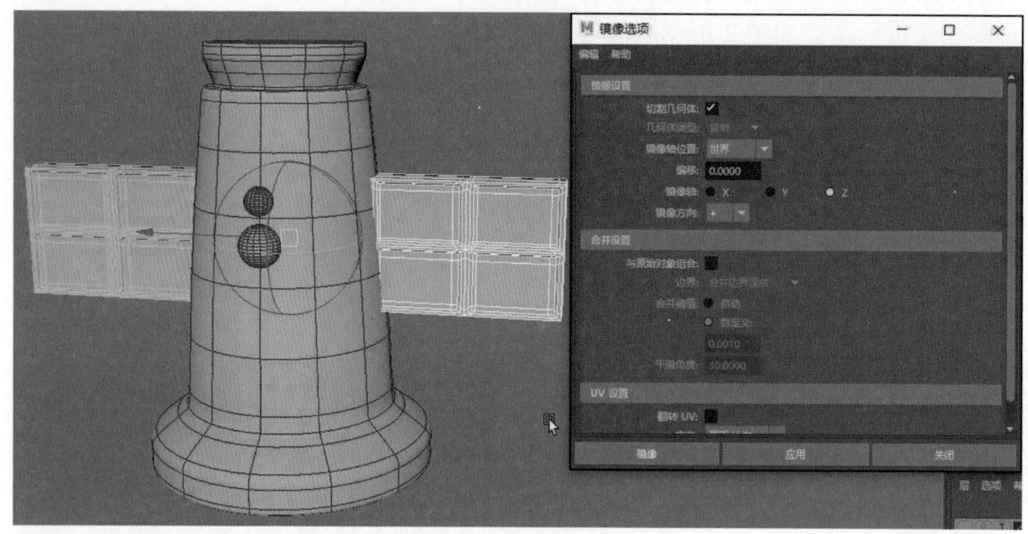


图 2-87　卫星模型制作过程之六

选择该步骤的所有模型，按 Ctrl+G 组合键使该步骤中所有模型形成一个组，并将该组重命名为 feixingqi3。选择 feixingqi3 模型组，将光标移动到【层编辑器】的 layer1 层上，右击，在弹出的菜单中选择【添加选定对象】命令，将其放入 layer1 层中隐藏。

步骤 9：导入角色模型，设置背景平面及参考图。选择【文件】→【导入】命令，将准备好的 char_pose.obj 文件导入。导入后将角色所有的模型全选，按 Ctrl+G 组合键使其形成一个组，并将该模型组重命名为 character。导入角色模型的效果如图 2-88 所示。

新建多边形平面，通过移动工具、旋转工具、缩放工具对其大小及位置进行调整。将其放置在场景的最后方，作为场景的背景平面，并将其重命名为 BG。背景平面如图 2-89 所示。

在前视图中选择【视图】→【图像平面】→【导入图像】命令，在【打开】面板中选择准备好的 test01.jpg 文件。之后在【属性编辑器】面板中调整其大小和位置，如图 2-90 所示。

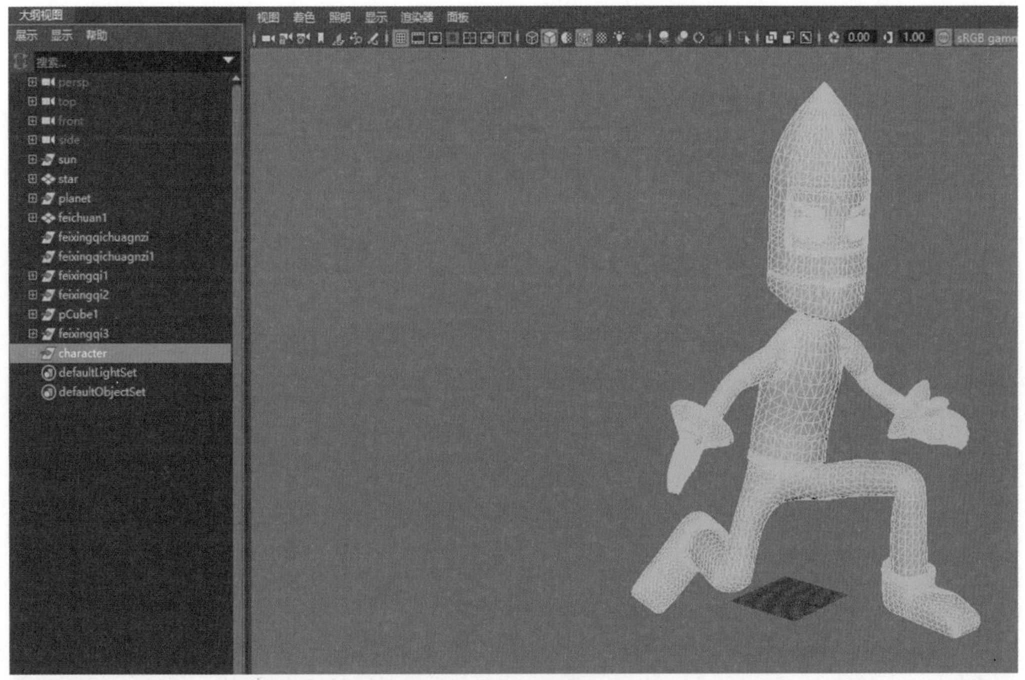


图 2-88　导入角色模型的效果

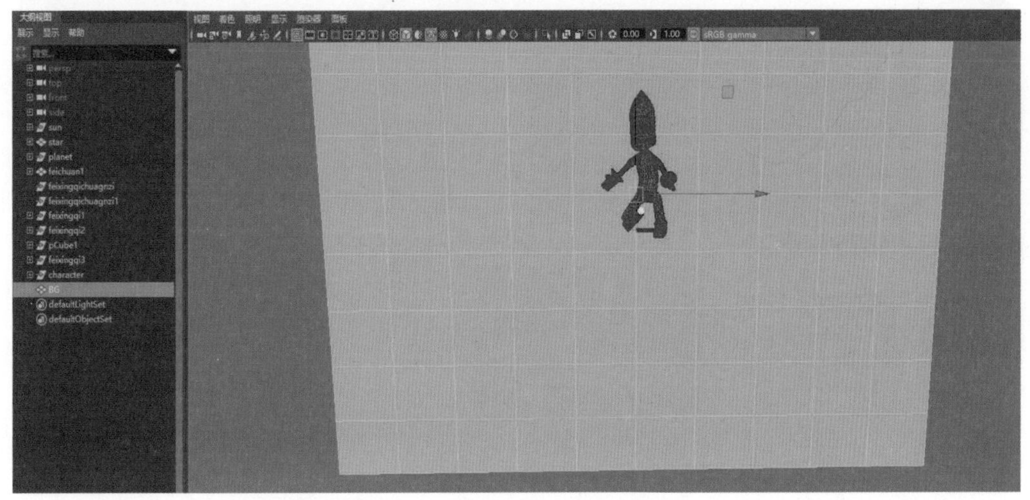

图 2-89　背景平面

步骤 10：设置摄影机。选择【创建】→【摄影机】→【摄影机】命令，新建 camera1 摄影机。选择 camera1 摄影机，在透视图面板中选择【面板】→【沿选定对象观看】命令，之后再选择【视图】→【摄影机设置】→【分辨率门】命令，将分辨率框调出。调整摄影机的位置，将 camera1 的分辨率框和参考图大致对齐。之后选择 camera1 摄影机，在【通道盒】中选择“平移 X/Y/Z”“旋转 X/Y/Z”“缩放 X/Y/Z”“可见性”属性，右击，在弹出的菜单中选择【锁定选定项】命令。最后选择【面板】→【透视】→ Persp 命令，退出 camera1 摄影机视角。摄影机设置过程如图 2-91 所示。

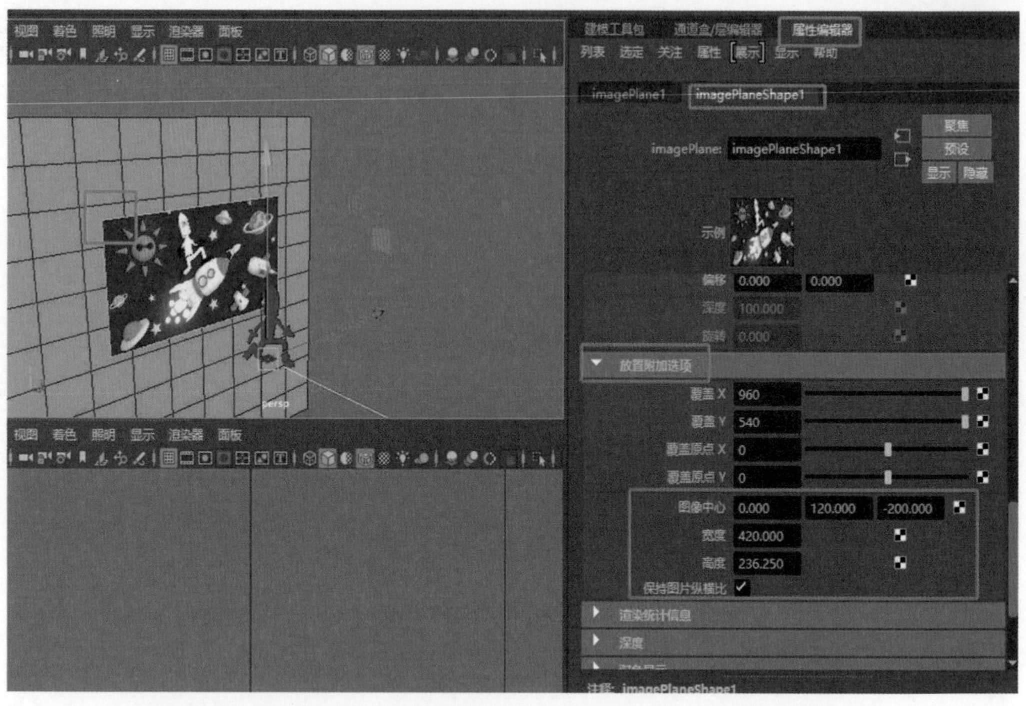

图 2-90 参考图设置

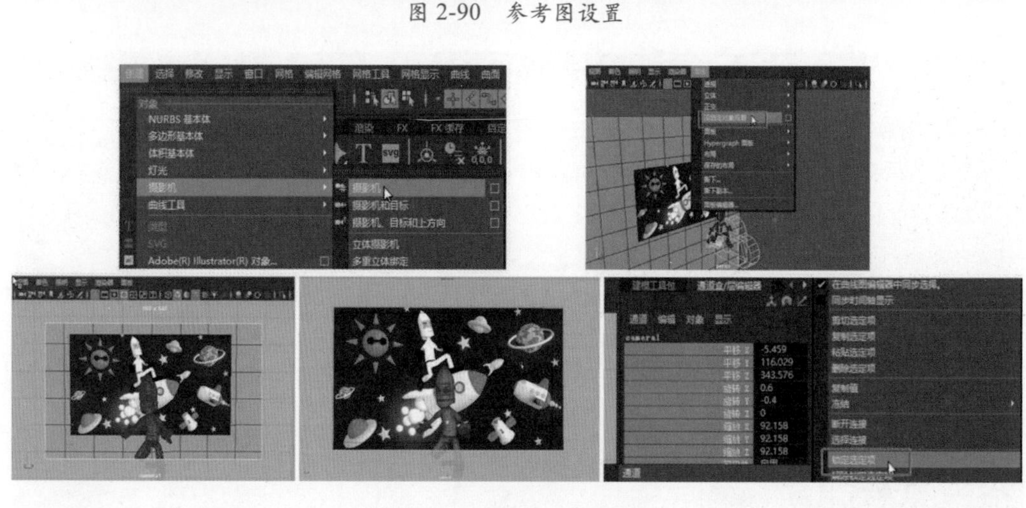

图 2-91 摄影机设置过程

步骤 11：模型摆放。在【层编辑器】中选择 layer1 层，单击 V 按钮，将隐藏的模型显示出来。之后根据参考图，以模型组为单位，通过移动工具、旋转工具、缩放工具对模型进行摆放。其中星星模型、星球模型和飞碟模型在参考图中有多个，所以选择对应的模型组，按 Ctrl+D 组合键对模型组进行复制，之后再根据参考图的位置放置模型。最终摆放效果如图 2-92 所示。

步骤 12：依次选择场景中的模型，选择【网格】→【平滑】命令，模型平滑后效果如图 2-93 所示。

步骤 13：白模渲染。单击 Hpyershade 图标，打开 Hpyershade 面板，在该面板中创建 aiAmbientOcclusion 材质球，如图 2-94 所示。

图 2-92　最终摆放效果

图 2-93　模型平滑后效果

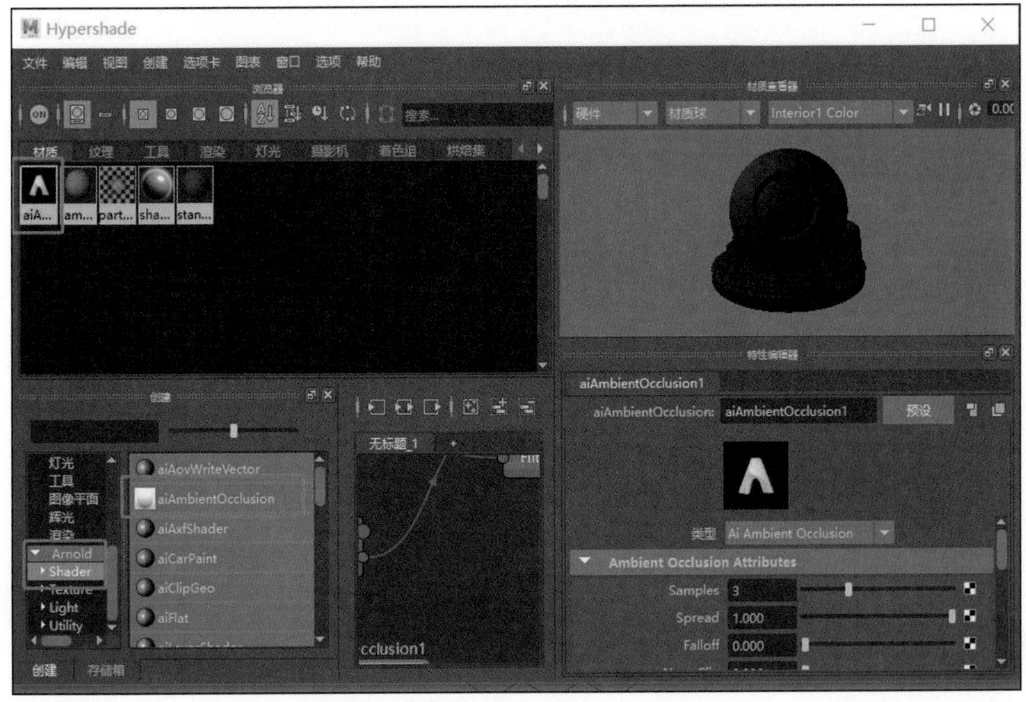


图 2-94　创建 aiAmbientOcclusion 材质球

选择场景中除 BG 背景平面的所有模型，在 Hpyershade 面板的【材质】标签中将光标移动到新创建的 aiAmbientOcclusion 材质球上，然后右击，在弹出的菜单中选择【为当前选择指定材质】命令，将 aiAmbientOcclusion 材质球赋予所选择的模型，如图 2-95 所示。

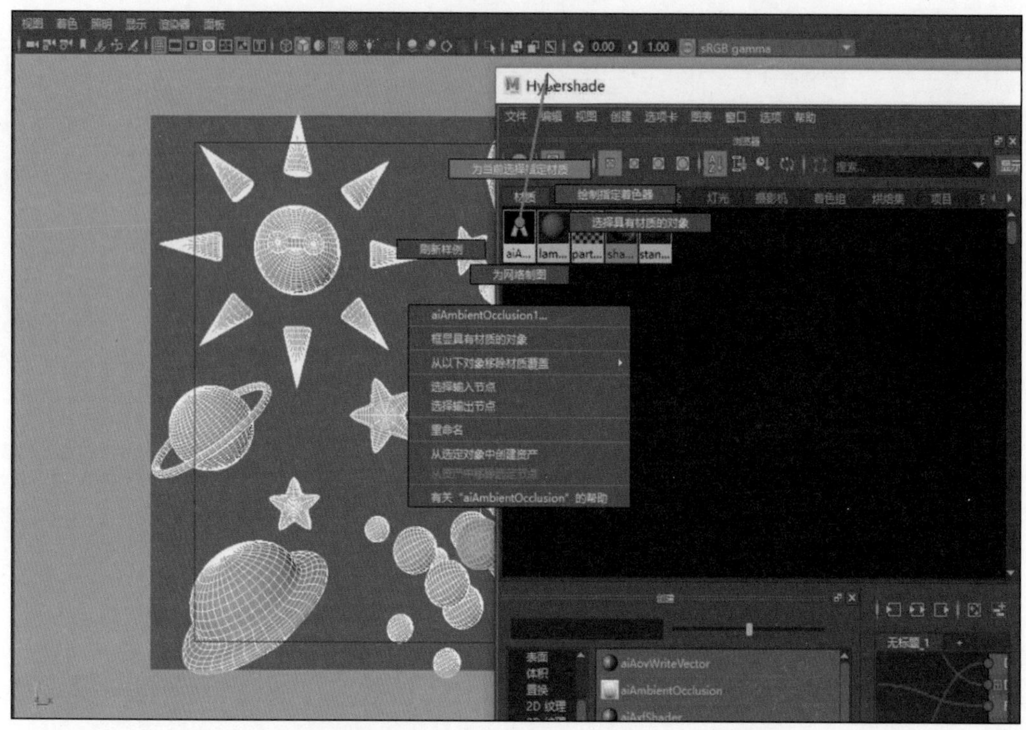


图 2-95　指定 aiAmbientOcclusion 材质球

之后单击渲染视图图标，在【渲染视图】面板中选择【渲染】→【渲染】→camera1 命令，以 Arnold Renderer 为渲染器渲染白模。场景白模效果如图 2-96 所示。

图 2-96　场景白模效果

## 2.4　角色模型的创建

本案例的白模渲染效果如图 2-97 所示。

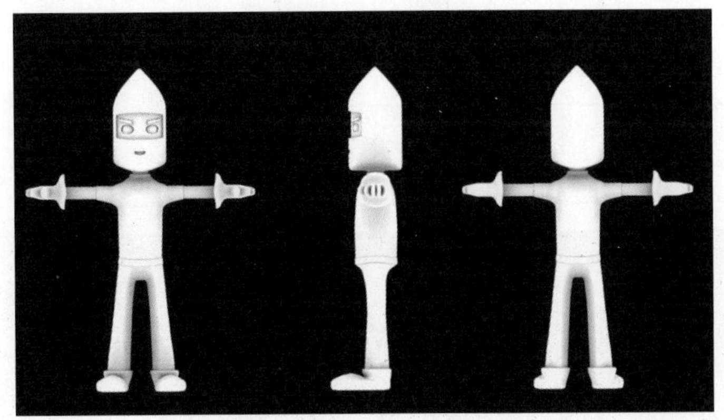

角色模型的创建 .mp4

图 2-97　白模渲染效果

角色模型制作步骤如下。

步骤 1：项目及参考图设置。首先选择【文件】→【项目窗口】，在【项目窗口】设置项目的名称、存放路径，如图 2-98 所示。

图 2-98　项目创建过程

将 character_back.jpg、character_front.jpg、character_side.jpg 三张参考图放置到 character 文件夹中的 sourceimages 子文件夹内，如图 2-99 所示。

项目设置完成后，选择【文件】→【设置项目】命令，在【设置项目】窗口中选择 character 文件夹，然后单击【设置】按钮，如图 2-100 所示。

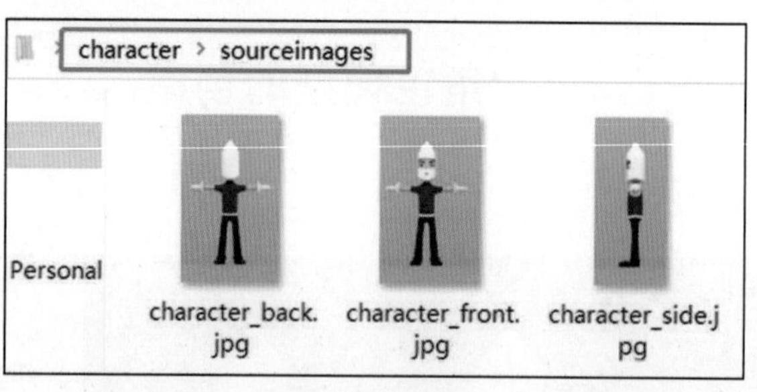


图 2-99　存放参考图

图 2-100　项目设置过程

参考图设置。分别在前视图和侧视图中选择【视图】→【图像平面】→【导入图像】命令，将 character_front.jpg 和 character_side.jpg 两张参考图分别导入前视图和侧视图中。之后选择对应的参考图，进入【属性编辑器】面板，找到参考图对应的 imagePlaneShape1 和 imagePlaneShape2 标签，修改“放置附加选项”中的“图像中心”参数。参考图设置过程如图 2-101 所示。

**提示**：调整参考图的位置时要注意两点，一是角色的脚要在栅格之上；二是因为角色是左右对称的，所以character_front.jpg图也需要调整成以Y轴对称的状态。

步骤 2：身体模型创建。首先创建多边形圆柱体，将其【轴向细分数】设置为 12，【高度细分数】设置为 5，【端面细分数】设置为 0。然后按 Delete 键将多边形圆柱体的上下两个端面删除。之后使用移动工具将整个多边形圆柱体沿 Y 轴移动一定的距离，使之与参考图的身体部分对齐。身体模型制作过程之一如图 2-102 所示。

根据参考图，通过移动工具、缩放工具将多边形圆柱体调整至适当位置。然后通过移动工具、旋转工具在前视图和侧视图中调节顶点的位置，制作身体外形。身体模型制作过程之二如图 2-103 所示。

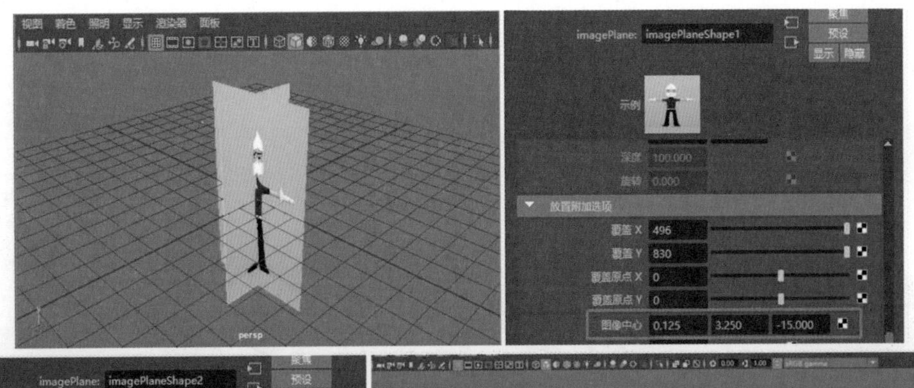


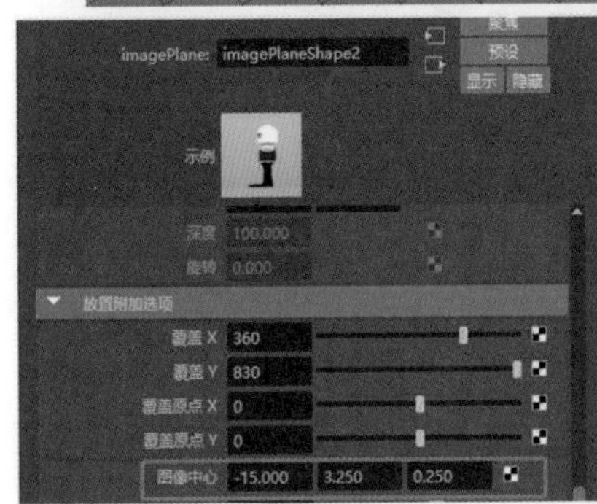


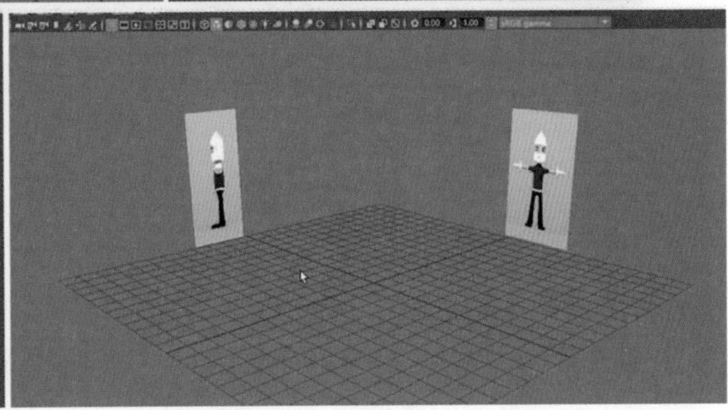

图 2-101　参考图设置过程

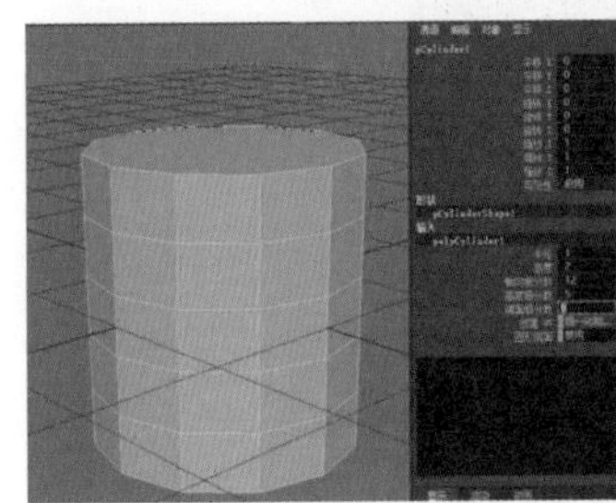
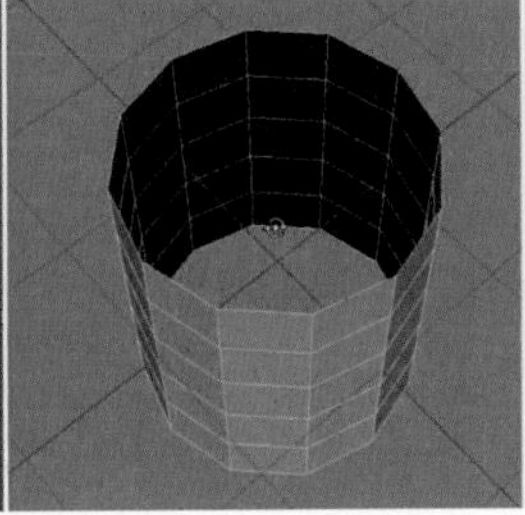
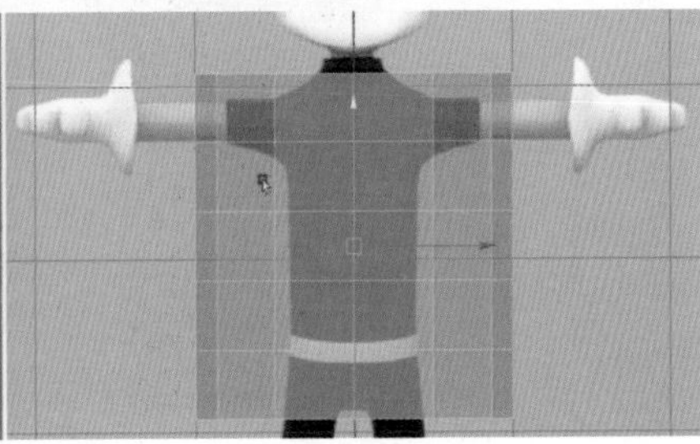

图 2-102　身体模型制作过程之一

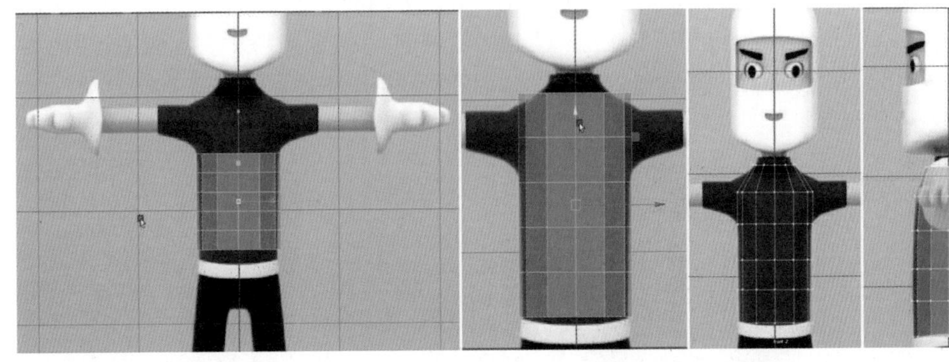

图 2-103　身体模型制作过程之二

步骤 3：手臂及腿部连接准备。在多边形圆柱体下端选择前后两条边，之后选择【编辑网格】→【桥接】命令，将前后两条边桥接上，并设置【桥接】命令中的【分段】数为 3。腿部连接准备过程之一如图 2-104 所示。

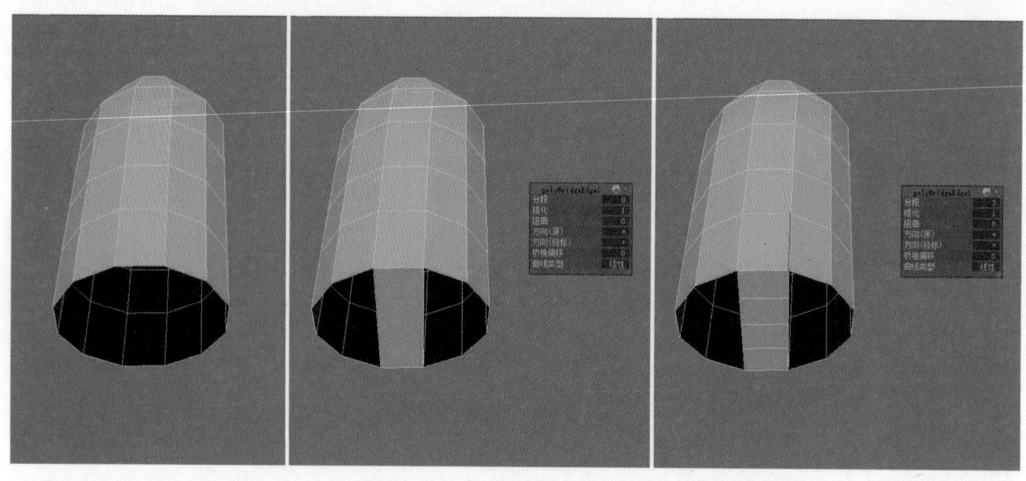

图 2-104　腿部连接准备过程之一

使用移动工具在前视图和侧视图中调整桥接后生成的顶点。腿部连接准备过程之二如图 2-105 所示。

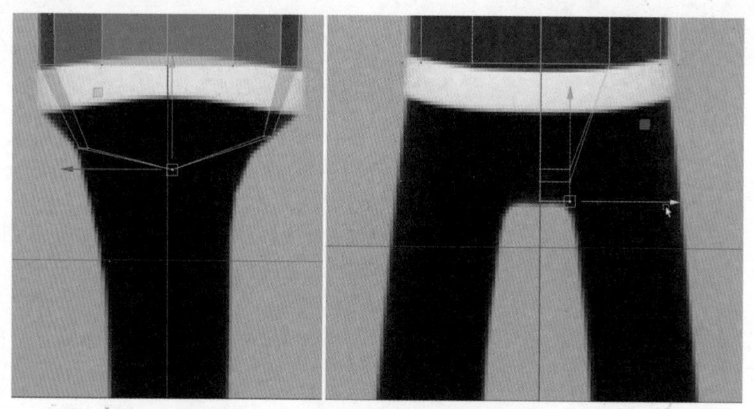

图 2-105　腿部连接准备过程之二

根据参考图，选择肩部的面，选择【编辑网格】→【挤出】命令，将选择的面向内挤出，同时调整挤出面的位置。之后按 Delete 键将选择的面删除。然后根据最终要求的身体效果，用移动工具调整顶点位置。手臂连接准备过程如图 2-106 所示。

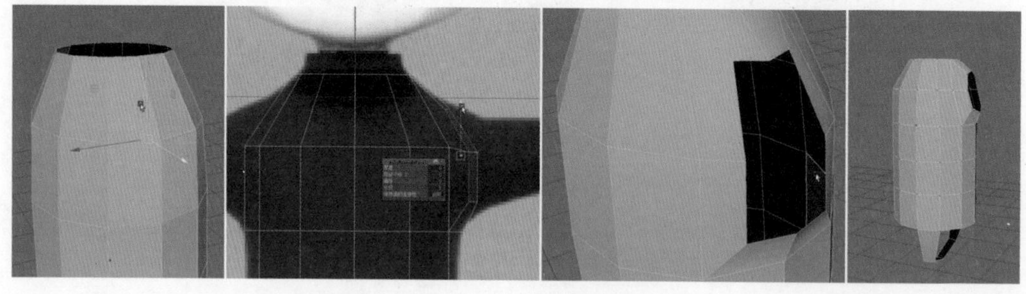

图 2-106　手臂连接准备过程

步骤 4：创建手臂模型。新建多边形圆柱体，将其【轴向细分数】设置为 8，【高度细分数】设置为 4，【端面细分数】设置为 0。然后将多边形圆柱体的上下两个

端面按 Delete 键删除。之后通过移动工具、旋转工具、缩放工具将此多边形圆柱体放置在参考图手臂部分。手臂模型创建过程之一如图 2-107 所示。

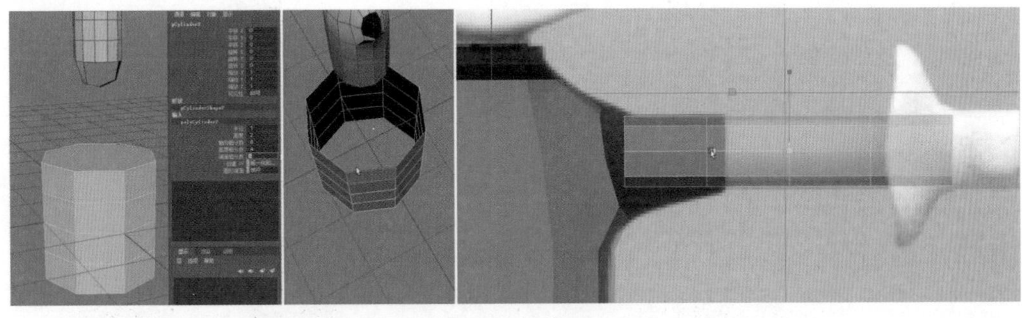

图 2-107　手臂模型创建过程之一

选择手臂和身体的多边形模型，然后选择【网格】→【结合】命令。之后选择手臂和身体相对应的两条边，选择【网格】→【桥接】命令，将手臂和身体连接起来。手臂模型创建过程之二如图 2-108 所示。

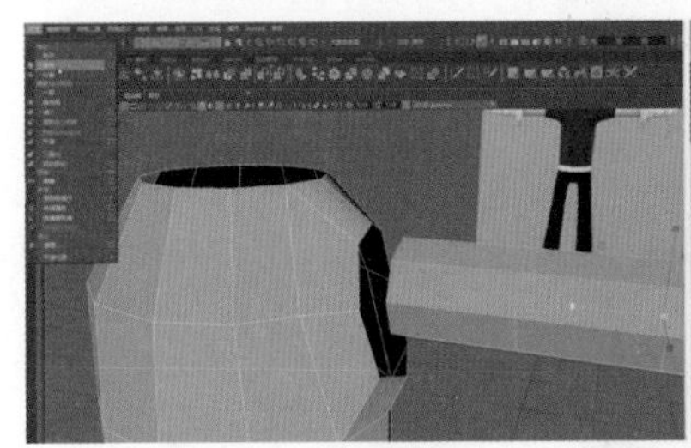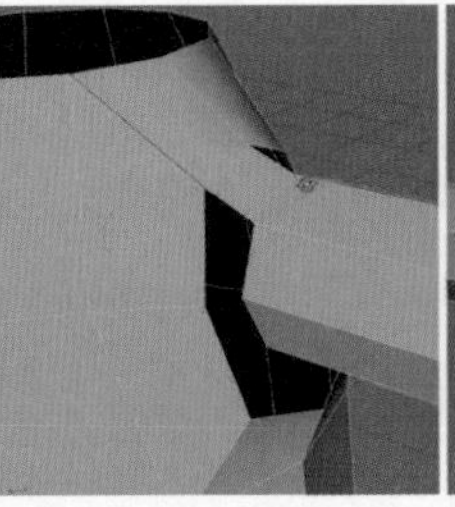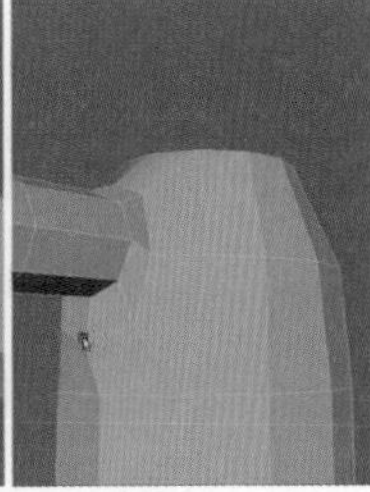

图 2-108　手臂模型创建过程之二

以 Y 轴为对称轴，选择未连接手臂的身体部分的面，然后按 Delete 键将选择的面删除。之后按照参考图，通过移动工具调整顶点位置，插入循环边增加模型细节，完成手臂模型的创建。手臂模型效果如图 2-109 所示。

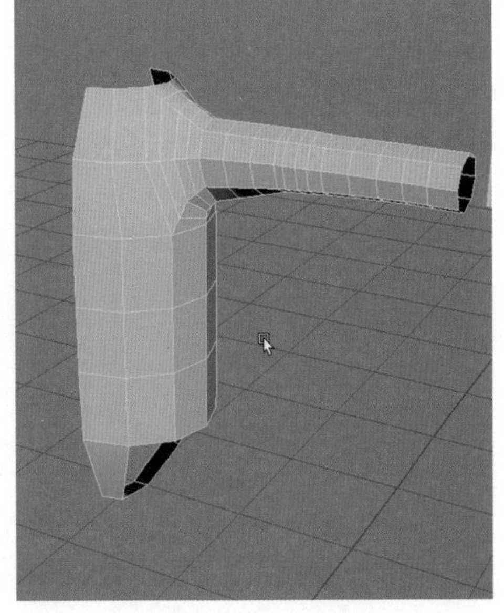

图 2-109　手臂模型效果

步骤 5：创建腿部模型。首先创建多边形圆柱体，将其【轴向细分数】设置为 8，【高度细分数】设置为 4，【端面细分数】设置为 0。然后按 Delete 键将多边形圆柱体的上下两个端面删除。之后根据参考图，通过移动工具、缩放工具将多边形圆柱体调整到合适位置。腿部模型创建过程之一如图 2-110 所示。

使用移动工具、缩放工具，在侧视图和前视图中依据参考图，调整腿部模型的顶点。腿部模型创建过程之二如图 2-111 所示。

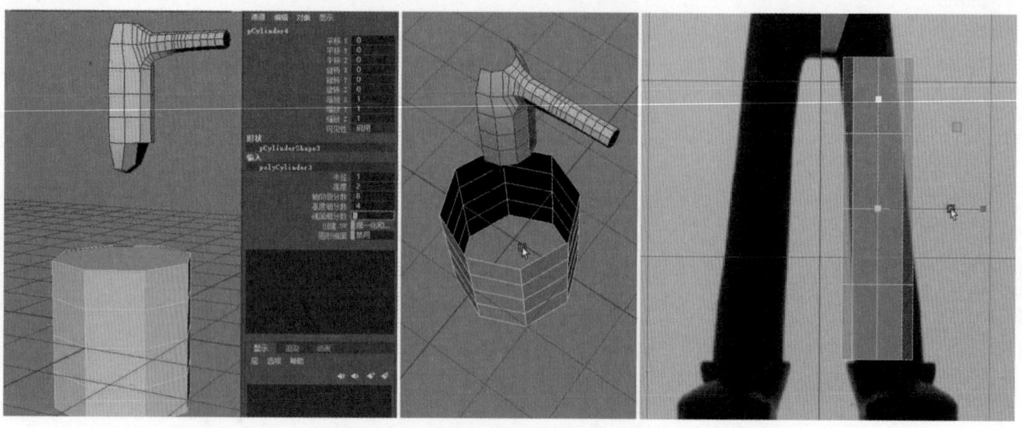

图 2-110　腿部模型创建过程之一

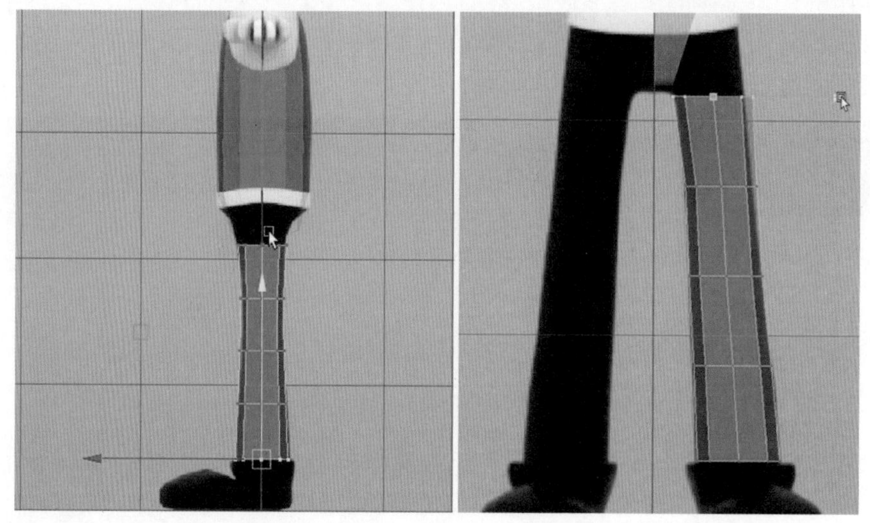

图 2-111　腿部模型创建过程之二

选择身体和腿部的多边形模型，选择【网格】→【结合】命令。之后选择身体和腿部相对应的两条边，选择【网格】→【桥接】命令，将身体和腿部连接起来。腿部模型创建过程之三如图 2-112 所示。

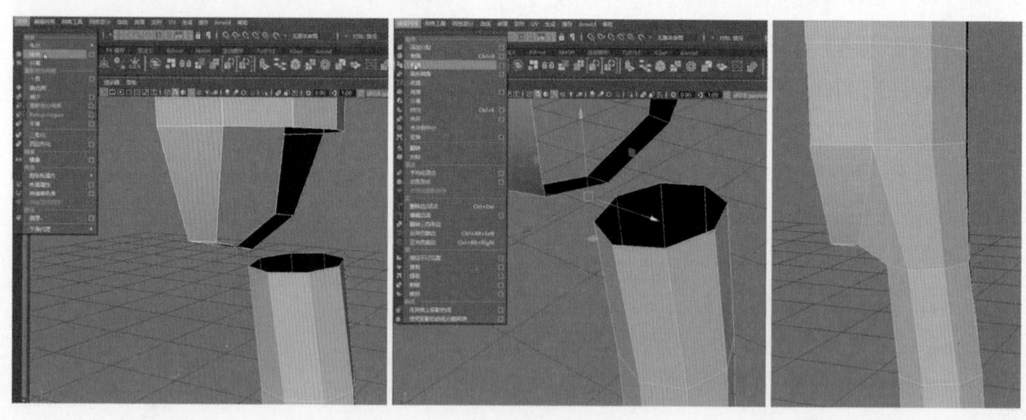

图 2-112　腿部模型创建过程之三

选择【网格工具】→【插入循环边】命令，增加腿部的边。根据参考图，通过调节顶点的方式细调脚部模型外形。腿部模型创建过程之四如图 2-113 所示。

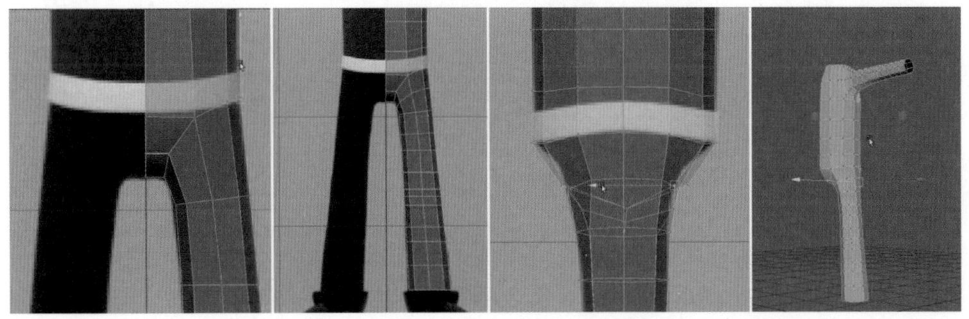

图 2-113　腿部模型创建过程之四

步骤 6：手套模型创建。创建多边形立方体，使用移动工具将其移动到参考图手套的位置。调节多边形立方体参数，【宽度】设置为 0.4，【高度】设置为 0.2，【深度】设置为 0.4，【细分宽度】设置为 3，【深度细分数】设置为 4。之后按 Delete 键将靠近手腕部分的 4 个面删除。手套模型创建过程之一如图 2-114 所示。

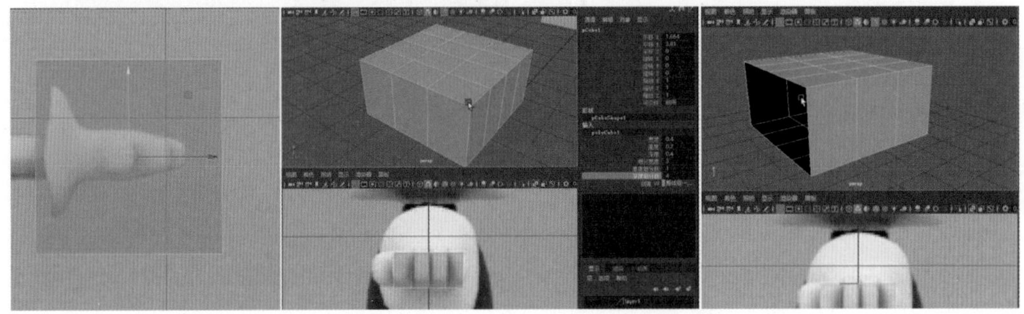

图 2-114　手套模型创建过程之一

选择大拇指所在的面，单击通道盒【多边形建模】中的【挤出】命令图标，通过多次挤出面及调整面大小、位置，制作大拇指。手套模型创建过程之二如图 2-115 所示。

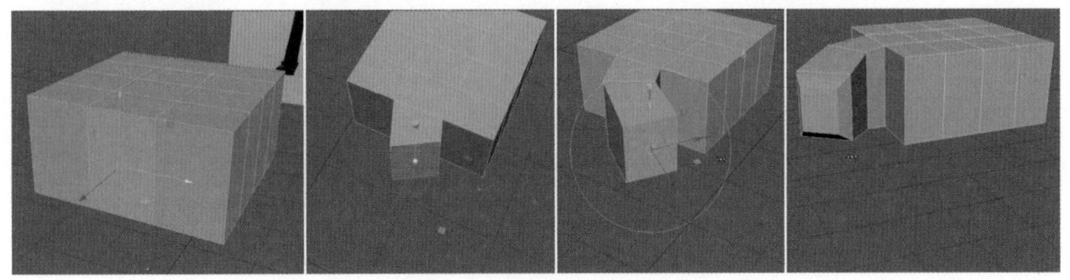

图 2-115　手套模型创建过程之二

四根手指的制作方法和大拇指相同，也是使用【挤出】命令，但是不同之处在于，第一次使用【挤出】命令时，需要将【挤出】命令的【保持面的连续性】设置为“禁止”。然后根据手指头的长度、粗细，使用移动工具、缩放工具对面进行调整，调整出长短粗细不一的效果。手套模型创建过程之三如图 2-116 所示。

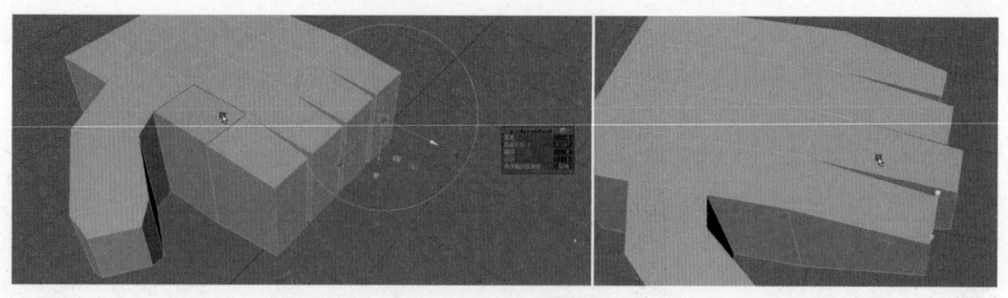

图 2-116　手套模型创建过程之三

按照骨骼结构为每根手指使用【添加循环边】命令，并在手套的侧面也使用【添加循环边】命令。之后通过调节顶点的方法，制作出手套的形状。手套模型创建过程之四如图 2-117 所示。

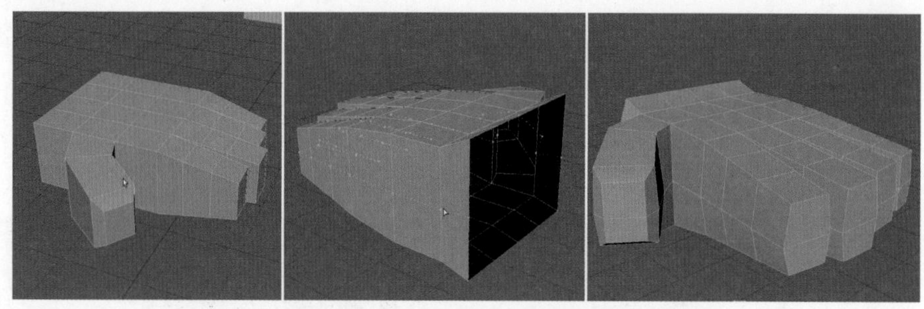

图 2-117　手套模型创建过程之四

选择靠近手腕部分的边，多次使用【挤出】命令，制作手套和手腕连接部分。挤出面后，选择【网格工具】→【附加到多边形】命令，将手套尾部的面补起来。之后通过调整顶点及插入循环边的方法调整模型外形和增加模型细节。手套模型创建过程之五如图 2-118 所示。

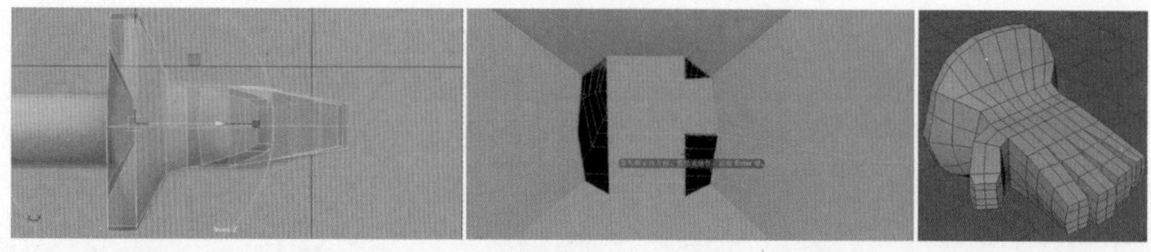

图 2-118　手套模型创建过程之五

步骤 7：创建鞋子模型。首先创建多边形立方体，之后使用移动工具将其移动到参考图左鞋的位置。调节多边形立方体参数，【细分宽度】设置为 4，【高度细分数】设置为 2，【深度细分数】设置为 4。之后对模型对象和顶点使用缩放工具、移动工具，根据参考图调整模型外观。鞋子模型创建过程之一如图 2-119 所示。

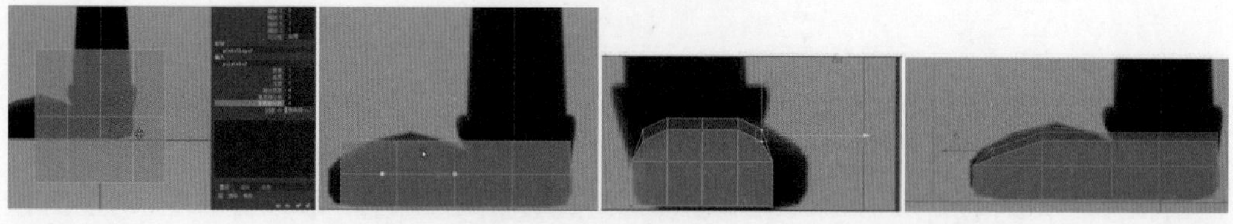

图 2-119　鞋子模型创建过程之一

选择靠近裤脚的 8 个面，然后选择【挤出】命令，将挤出的面向上移动，之后按 Delete 键将选择的面删除。鞋子模型创建过程之二如图 2-120 所示。

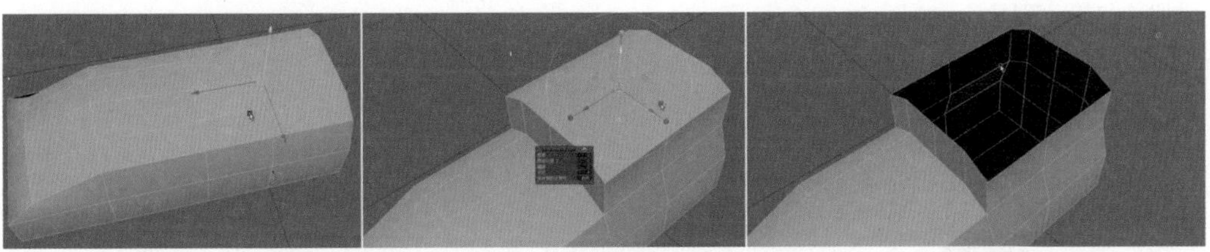

图 2-120　鞋子模型创建过程之二

使用移动工具、缩放工具调整鞋子模型的外形。鞋子模型创建过程之三如图 2-121 所示。

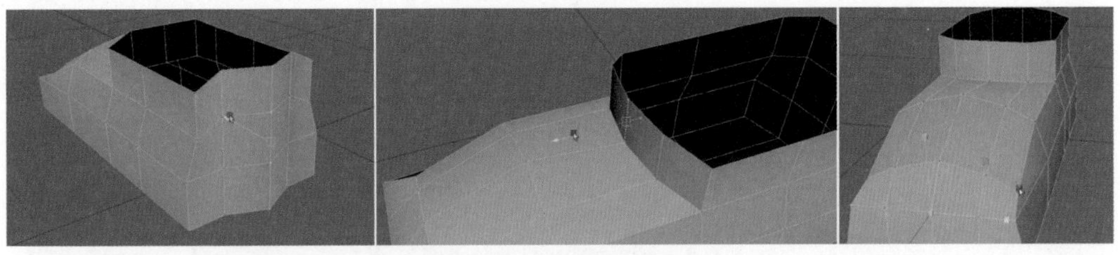

图 2-121　鞋子模型创建过程之三

选择鞋帮的边，多次选择【挤出】命令，完成鞋帮的制作。鞋子模型创建过程之四如图 2-122 所示。

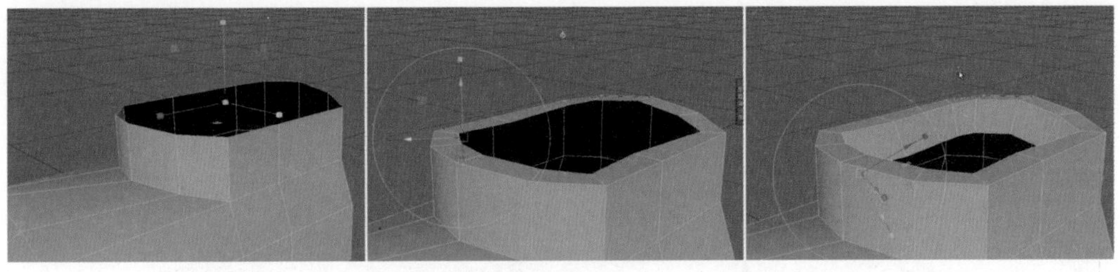

图 2-122　鞋子模型创建过程之四

之后通过添加循环边及调整顶点、边、面位置，修改鞋子的外形，完成鞋子模型的制作。鞋子模型创建过程之五如图 2-123 所示。

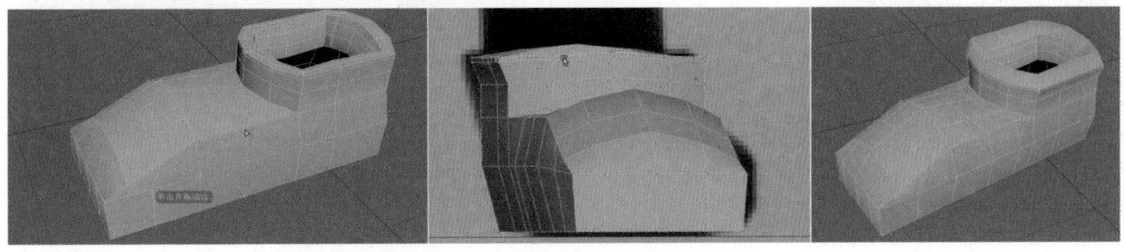

图 2-123　鞋子模型创建过程之五

步骤 8：创建头部模型。创建多边形圆柱体，使用移动工具将其沿 Y 轴移动到参考图头部位置。然后调节多边形圆柱体参数，【半径】设置为 0.48，【高度】

设置为 1.5，【轴向细分数】设置为 12，【高度细分数】设置为 6。根据参考图，在前视图和侧视图中对模型对象、顶点使用缩放工具、移动工具调整模型外观。头部模型创建过程之一如图 2-124 所示。

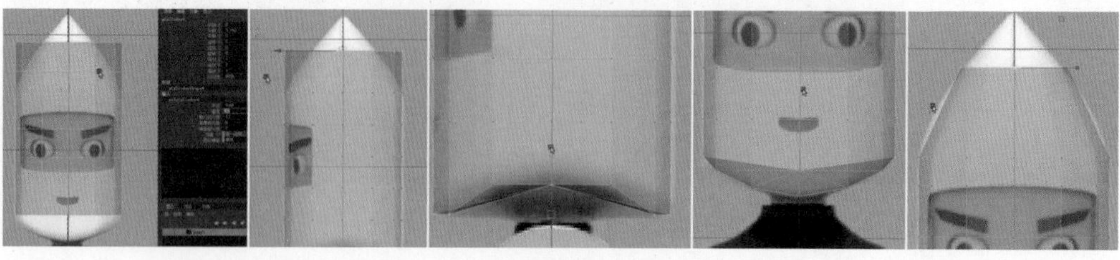

图 2-124　头部模型创建过程之一

选择【插入循环边】命令，在头顶部分插入循环边，选择插入的循环边，使用缩放工具按照参考图进行调整。之后选择顶端的面，使用【挤出】命令按照参考图效果制作头顶部分效果。头部模型创建过程之二如图 2-125 所示。

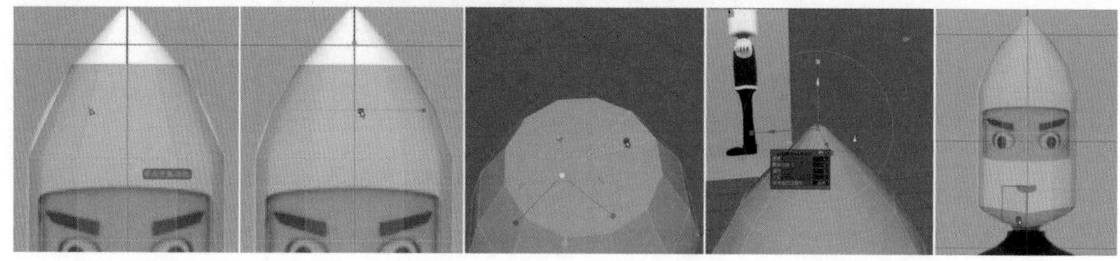

图 2-125　头部模型创建过程之二

选择下端的面，然后多次【挤压】命令，先向内挤压，确定脖子区域。之后向下挤压脖子，并调整脖子外形。调整完后，将下端的面删除。头部模型创建过程之三如图 2-126 所示。

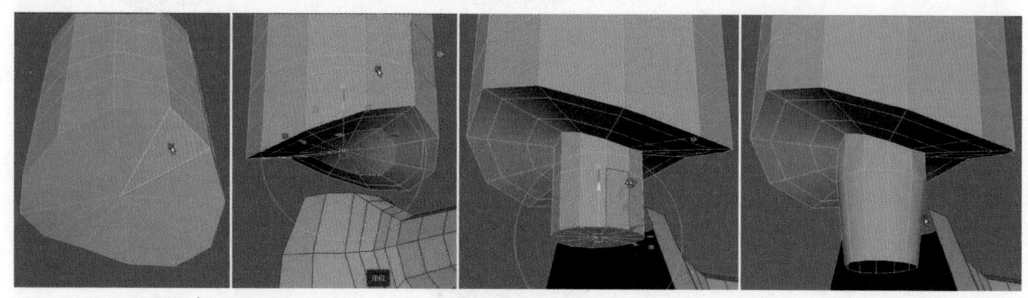

图 2-126　头部模型创建过程之三

步骤 9：创建面部模型。根据参考图，移动头部的循环边，确定面部制作区域。然后选择面部的 8 个面，多次使用【挤出】命令将选择的面向内挤压。面部模型创建过程之一如图 2-127 所示。

选择嘴巴部分的顶点，使用移动工具将嘴巴部分的点放置在嘴角位置。调整完后，选择【插入循环边】命令，确定上嘴唇和下嘴唇位置区域。面部模型创建过程之二如图 2-128 所示。

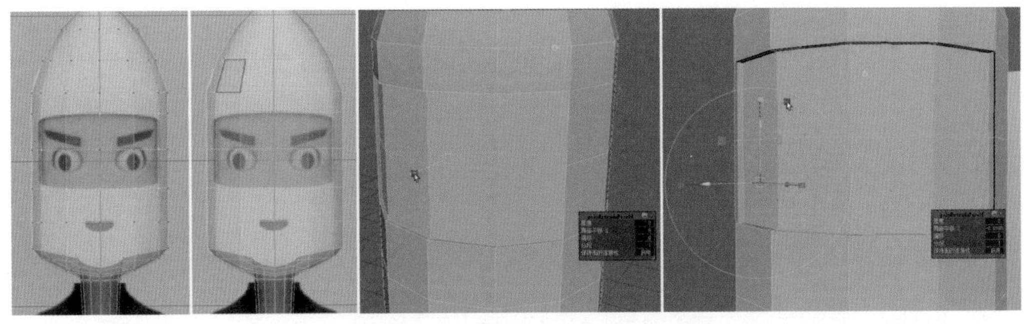

图 2-127　面部模型创建过程之一

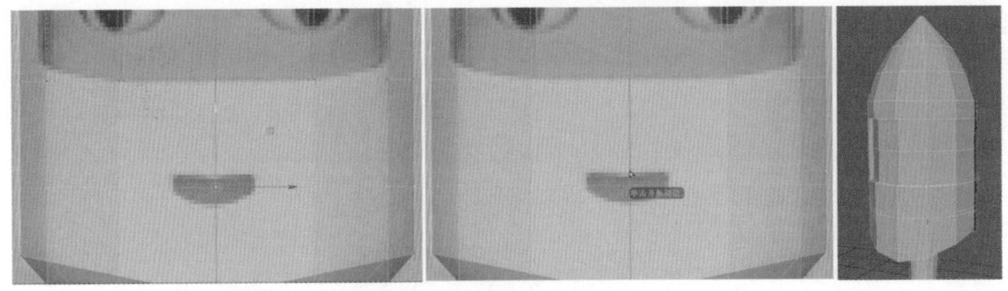

图 2-128　面部模型创建过程之二

选择嘴巴部分的 4 个面，多次使用【挤出】命令将选择的面向内挤压。根据参考图，结合移动工具、缩放工具，对嘴巴区域的顶点和边进行调整，完成嘴巴的制作。面部模型创建过程之三如图 2-129 所示。

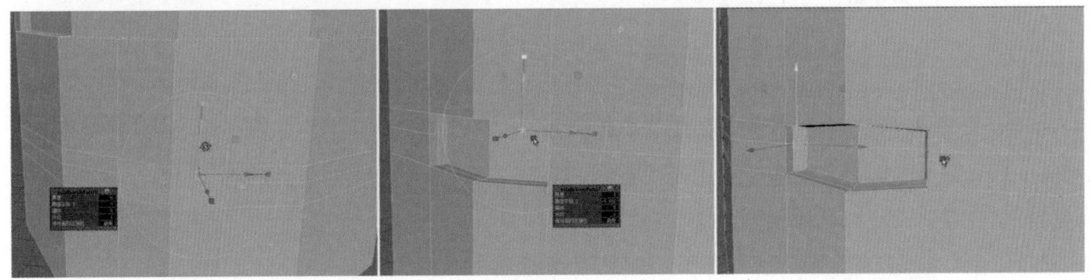

图 2-129　面部模型创建过程之三

调整眼睛部分的线，选择【插入循环边】命令，确定眼睛的位置。面部模型创建过程之四如图 2-130 所示。

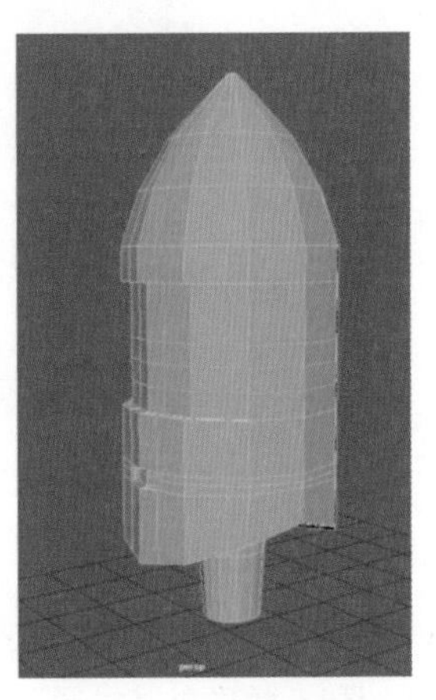

图 2-130　面部模型创建过程之四

之后根据参考图，选择左眼部分的 4 个面，使用【挤出】命令挤出左眼眼眶部分。使用移动工具，根据参考图的眼睛大小调整眼眶。面部模型创建过程之五如图 2-131 所示。

继续选择左眼部位的 4 个面，使用【挤出】命令向内部挤出面。之后按 Delete 键，将选择的面删除。面部模型创建过程之六如图 2-132 所示。

根据参考图，运用移动工具对左眼眶顶点进行调整。然后使用【插入循环边】命令，对左眼眶部分插入循环边。面部模型创建过程之七如图 2-133 所示。

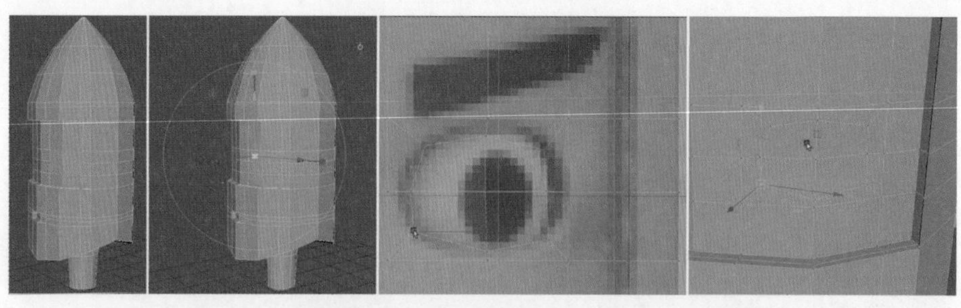

图 2-131　面部模型创建过程之五

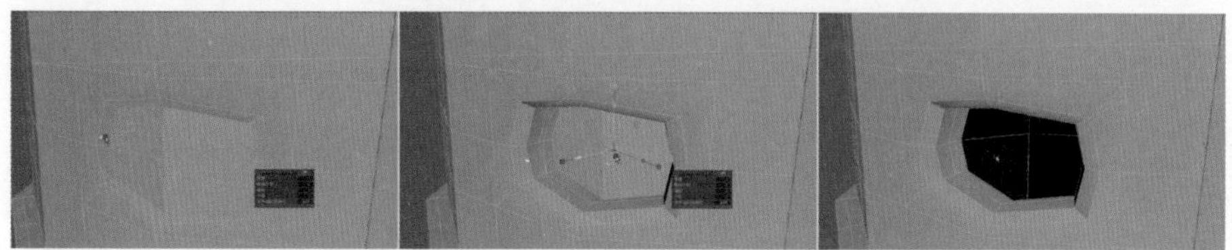

图 2-132　面部模型创建过程之六

图 2-133　面部模型创建过程之七

创建多边形球体，使用移动工具、旋转工具、缩放工具，将其放置在眼眶内。并在此根据眼球大小，使用移动工具对左眼眶部分的顶点进行调整。面部模型创建过程之八如图 2-134 所示。

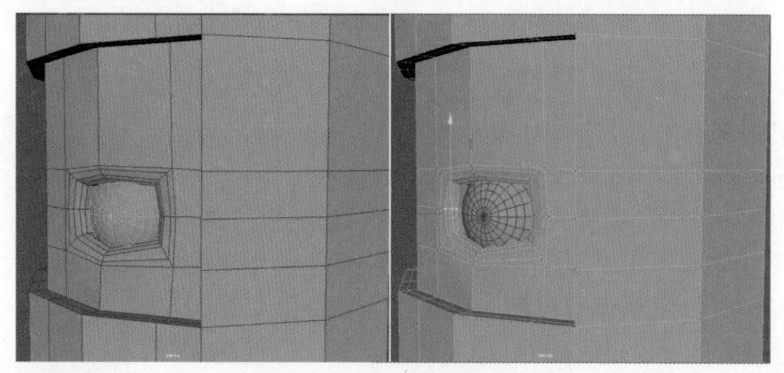

图 2-134　面部模型创建过程之八

创建多边形立方体。根据参考图，按照眉毛的外形，使用移动工具、旋转工具、缩放工具，移动、缩放、旋转立方体。之后使用【插入循环边】命令，为该立方体添加循环边，并通过调整顶点的方法制作眉毛。外形调整好后，使用【插入循环边】命令增加细节。面部模型创建过程之九如图 2-135 所示。

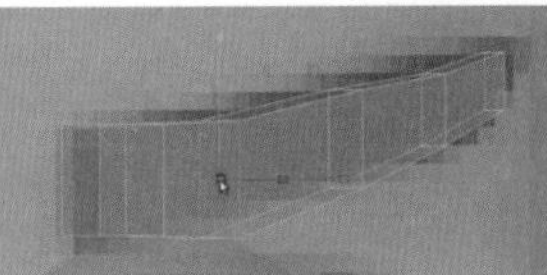

图 2-135　面部模型创建过程之九

以 Y 轴为对称轴，选择右边未制作眼眶部分的面，按 Delete 键将其删除。然后分别选择头部模型、左眼球模型和左边眉毛模型并使用【镜像】命令。在此需要注意的是，使用【镜像】命令时，需要根据场景的实际情况选择对称轴和方向。头部模型镜像前，首先框选头部边界的全部顶点，然后使用缩放工具将选择的顶点在 X 轴方向上压平整，之后使用移动工具按 X 键移动，将顶点吸附到 Y 轴上。最后在【镜像选项】面板中勾选【与原始对象组合】选项，【合并阈值】设置为“自定义：0.0010”，再进行镜像操作。眼球模型和眉毛模型镜像时不需要勾选【与原始对象组合】选项。面部模型创建过程之十如图 2-136 所示。

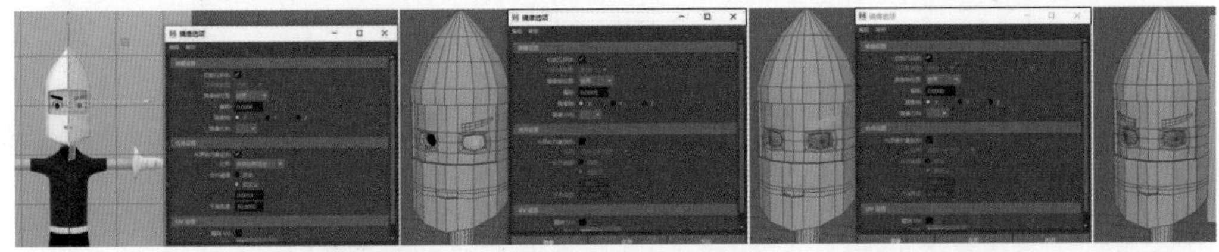

图 2-136　面部模型创建过程之十

步骤 10：创建服饰模型。使用【插入循环边】命令，在腰带部分添加循环边。使用移动工具，调整裤脚和鞋子顶点或者边，修正裤脚和鞋子之间穿帮的部分。服饰模型创建过程之一如图 2-137 所示。

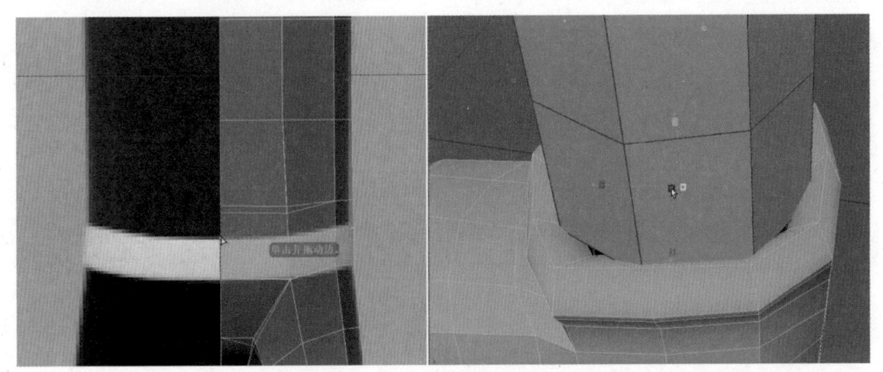

图 2-137　服饰模型创建过程之一

选择整个身体部分的模型、手套模型、鞋子模型，选择【镜像】命令。在身体部分镜像前，首先框选身体边界的全部顶点，然后使用缩放工具，将选择的顶点在 X 轴方向上压平整，之后使用移动工具，按 X 键移动，将顶点吸附到 Y 轴上。最后在【镜像选项】面板中勾选【与原始对象组合】选项，【合并阈值】设置为“自定义：0.0010”，再进行镜像操作。在进行手套模型、鞋子模型镜像时，取消选中【镜像选项】中的【与原始对象组合】的选项。服饰模型创建过程之二如图 2-138 所示。

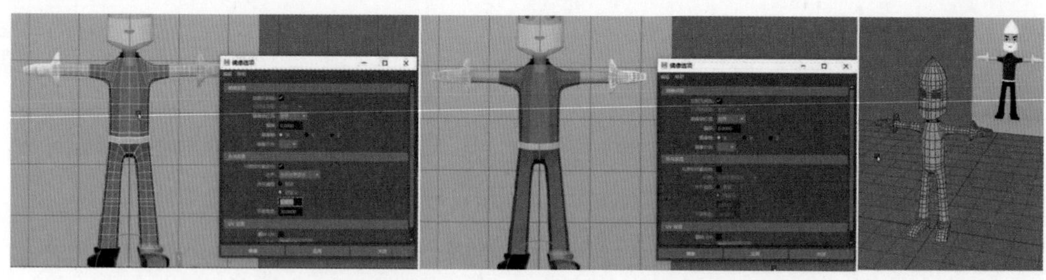

图 2-138　服饰模型创建过程之二

选择腰带部分的面，选择【编辑网格】→【复制】命令，将此部分的面进行复制。之后选择复制出的模型并使用【挤出】命令，将腰带部分挤出厚度。服饰模型创建过程之三如图 2-139 所示。之后使用【插入循环边】命令给此模型添加细节。

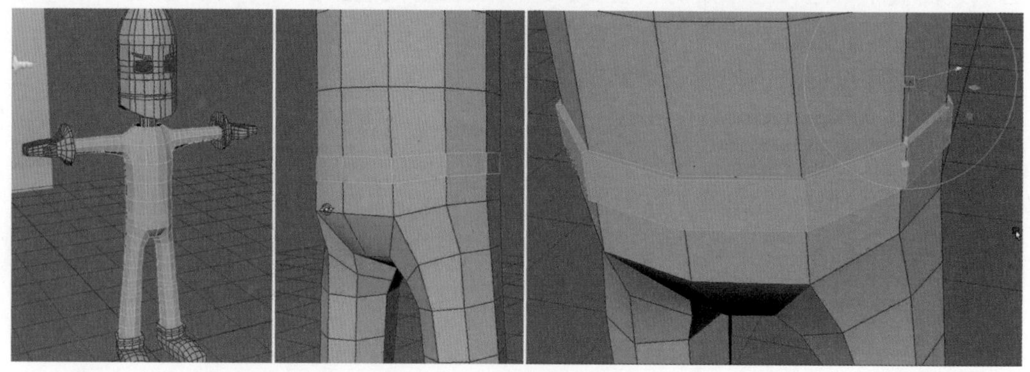

图 2-139　服饰模型创建过程之三

选择上衣部分的面，选择【编辑网格】→【提取】命令，将选择的面提取出来。服饰模型创建过程之四如图 2-140 所示。

图 2-140　服饰模型创建过程之四

选择手臂部分的面，运用同样的方法，选择【编辑网格】→【提取】命令，使左手臂、右手臂和裤子独立成为一个多边形网格对象。服饰模型创建过程之五如图 2-141 所示。

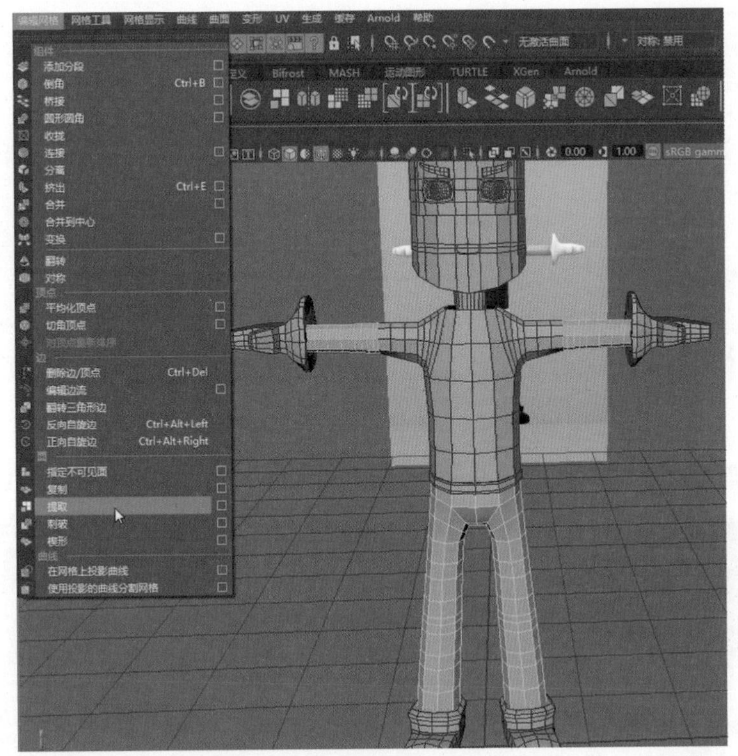


图 2-141　服饰模型创建过程之五

完善袖口细节。选择袖口的边，然后使用【挤出】命令制作袖口的厚度。为避免手臂和袖口部分重合造成穿帮，所以使用移动工具、缩放工具，通过调整左手臂顶点位置的方法调整手臂模型的粗细。服饰模型创建过程之六如图 2-142 所示。再选择【编辑】→【居中枢轴】命令，修改左手臂模型的中心点。

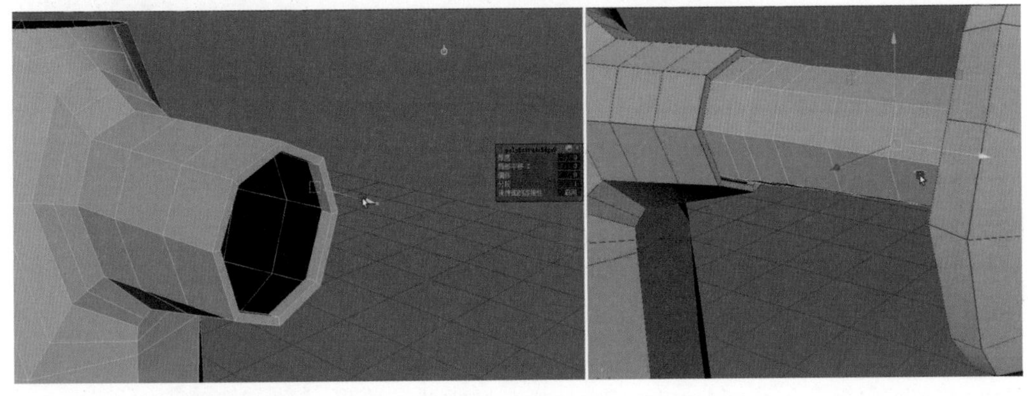

图 2-142　服饰模型创建过程之六

左手臂模型粗细调整完后，删除右手臂模型，然后选择左手臂模型并选择【镜像】命令，完成右手臂模型的镜像制作。

之后选择上衣领口的边，多次使用【挤出】命令完成领口部分的制作。然后选择上衣下端的边，使用【挤出】命令制作出衣服的厚度。服饰模型创建过程之七如图 2-143 所示。

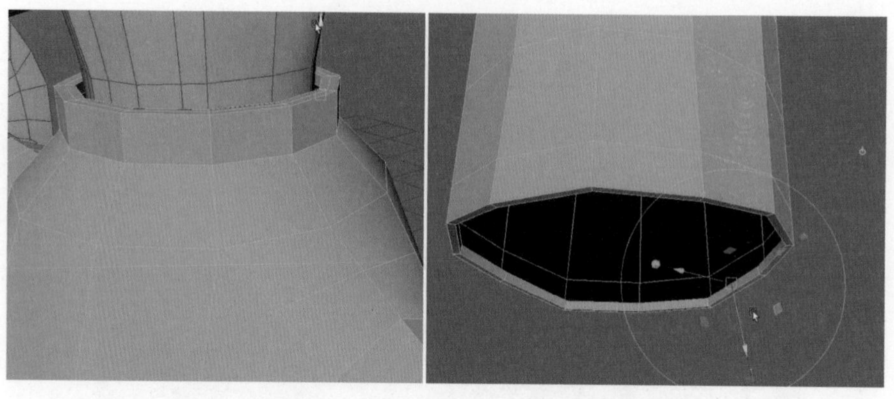

图 2-143　服饰模型创建过程之七

裤子的厚度也使用相同的方法制作。服饰模型创建过程之八如图 2-144 所示。

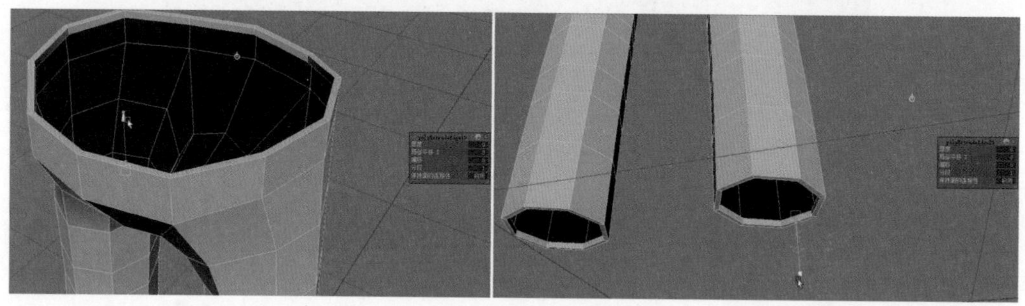

图 2-144　服饰模型创建过程之八

步骤 11：整理模型。运用汉语拼音对完成的多边形对象进行重命名。之后选择所有的模型，按 Ctrl+G 组合键形成一个组，并将该组重命名为 geo，如图 2-145 所示。

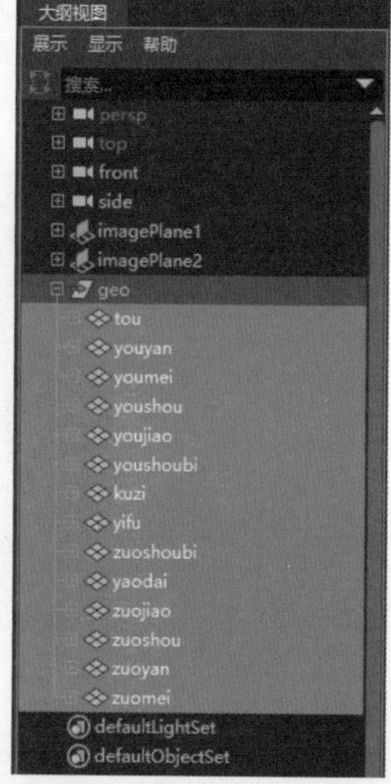


图 2-145　模型重命名

选择【窗口】→【常规编辑器】→【内容浏览器】命令，将【内容浏览器】面板打开。在 Examples → Modeling → Sculpting Base Meshes → Bipeds 中双击 RobotHumanoid.ma 文件图标，将 RobotHumanoid.ma 在场景中打开。

在【大纲视图】面板中选择 geo 组，使用缩放工具将 geo 模型组对照 RobotHumanoid 模型调整至合适位置，如图 2-146 所示。之后在【大纲视图】面板中删除 RobotHumanoid:robot 文件。

步骤 12：白模渲染。单击 Hpyershade 图标，打开 Hpyershade 面板并创建 aiAmbientOcclusion 材质球。选择所有的模型，在 Hpyershade 面板的【材质】选项卡中将光标移动到新创建的 aiAmbientOcclusion 材质球上，然后右

击，在弹出的菜单中选择【为当前选择指定材质】命令，将 aiAmbientOcclusion 材质球赋予所选择的模型。调整渲染角度，之后单击渲染视图图标，以 Arnold Renderer 为渲染器渲染白模。角色白模效果图如图 2-147 所示。

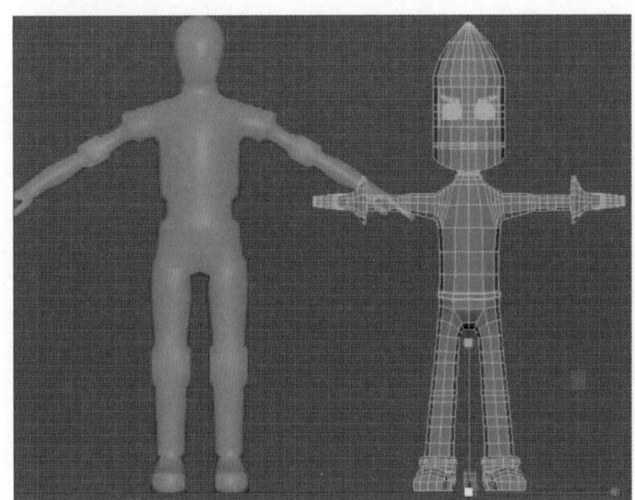

图 2-146　调整大小

图 2-147　角色白模效果图

# 第3章　NURBS建模技术

NURBS 建模技术是一种常见的三维模型制作技术，其建模思路是由曲线生成曲面。

本章对 Maya 中的 NURBS 建模技术进行介绍，以便读者掌握 NURBS 建模的基本操作。

**知识点：**

- 掌握 NURBS 建模基础知识；
- 掌握修改 NURBS 基本几何体的方法；
- 掌握创建与修改曲线的方法；
- 掌握生成曲面方法。

## 3.1　NURBS 建模概述

NURBS（non-uniform rational b-splines）是一种用于三维物体建模的数学表示方法。它使用一系列非均匀有理 B 样条曲线来描述物体的几何形状。因为构建曲面的曲线具有平滑的特征，所以使用该建模方式制作出来的模型精度较高。使用较少的点可以控制较大的曲面，其曲面表面相较于多边形模型而言更平滑。

NURBS 建模在工业建模方面有着得天独厚的优势，在汽车设计、电影特效等领域发挥了重要作用。

### 1．NURBS 曲线的基本元素

NURBS 曲线的基本元素如图 3-1 所示。

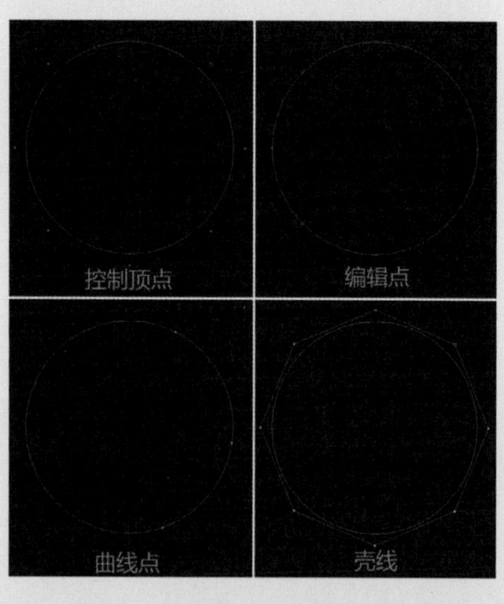


图 3-1　NURBS 曲线的基本元素

- 控制顶点：NURBS 曲线的控制顶点也称为 CV 控制点，是用来控制曲线形状的关键点，通过调整控制顶点的位置，可以改变曲线的弯曲和形态。可以按 Shift 键进行加选，从而选择多个控制顶点同时编辑。
- 编辑点：在 NURBS 曲线中编辑点是用于调整曲线形状的特殊点。与控制顶点类似，编辑点也是曲线的关键点。在 NURBS 曲线中编辑点以 X 为标识。
- 曲线点：曲线上的任意一点。创建 NURBS 曲线后，右击，在弹出的菜单中选择【曲线点】命令，之后在 NURBS 曲线上单击

或者按 Shift 键并同时单击，此时曲线上就会出现黄色的点，此点即为曲线点。曲线点不改变曲线形状，但是此点可以配合【曲线】菜单中的命令，将曲线分成两段，或者插入点。

- 壳线：两个控制顶点之间的连线段。
- 起始点：NURBS 曲线的第一个点是一个小方块标记▣，终点是最后一个点。
- 曲线方向：NURBS 曲线的第一个点是一个小方块标记▣，第二个点是 U 标记▣，沿着这两个点的方向为曲线方向。

### 2. NURBS 基本体

在 Maya 中提供了各种 NURBS 基本体和创建 NURBS 曲面的方法。NURBS 基本体如图 3-2 所示。

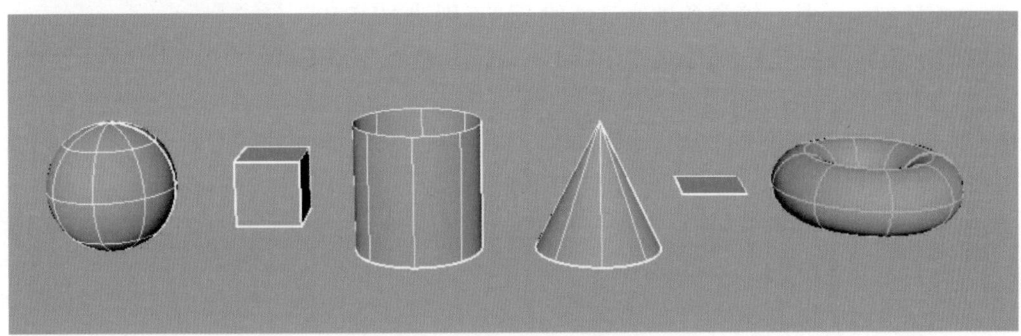

图 3-2　NURBS 基本体

### 3. NURBS 曲面的基本元素

NURBS 曲面的基本元素如图 3-3 所示。

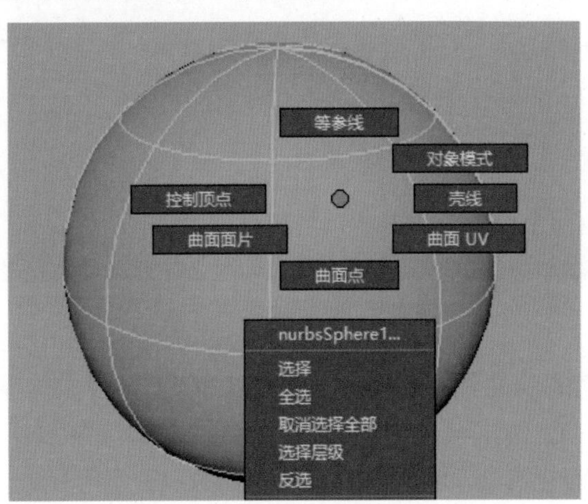


图 3-3　NURBS 曲面的基本元素

- 控制顶点：通过调整曲面上控制顶点的位置，控制曲面的形状。可以按 Shift 键进行加选，以便选择多个控制顶点同时编辑。
- 等参线：为 NURBS 曲面在 U 方向或 V 方向上的横截面。
- 壳线：连接控制顶点的线。当选择壳线后，就选择了与之相关的所有线。

• 曲面 UV：选择 NURBS 曲面物体，选择【显示】→ NURBS →【曲面原点】命令，在曲面上就会出现 U 和 V 的标识，可以查看曲面的 U 方向和 V 方向。

## 3.2 曲线的创建与编辑

### 3.2.1 曲线的创建工具

在 Maya 中有以下两种创建曲线的方法。

方法一：选择【创建】→【曲线工具】命令，在出现的菜单中选择需要创建的曲线工具相关命令，如图 3-4 所示，即可开始创建曲线。

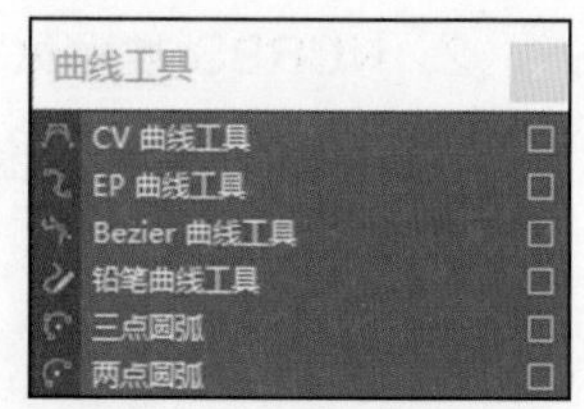


图 3-4 曲线工具相关命令

• CV 曲线工具：该命令是通过创建 CV 点创建 NURBS 曲线的。选择【创建】→【曲线工具】→【CV 曲线工具】命令，在顶视图（创建曲线时不要在透视图中绘制）单击创建 CV 点，当单击到第 3 个 CV 点时曲线形状出现，之后继续创建 CV 点。当需要结束曲线创建时，按 Enter 键，即可完成 NURBS 曲线创建，如图 3-5 所示。

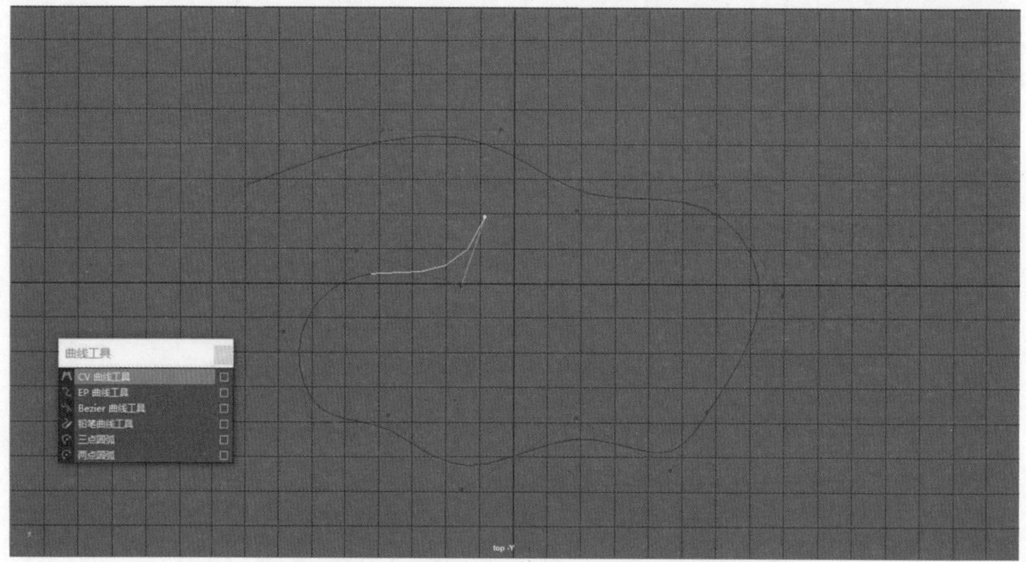


图 3-5 用【CV 曲线工具】命令创建 NURBS 曲线

当需要对创建完成的曲线进行编辑时，可以右击，在弹出的菜单中选择【控制顶点】命令，然后按 W 键，调出移动工具，选择需要调整的控制顶点，并移动控制顶点位置来调整曲线形状，即可对 NURBS 曲线进行调整。

• EP 曲线工具：该命令是通过创建编辑点创建 NURBS 曲线。选择【创建】→【曲线工具】→【EP 曲线工具】命令，在顶视图单击创建编辑点，如图 3-6 所示。当需要结束曲线创建时，按 Enter 键，即可完成 NURBS 曲线创建。

• Bezier 曲线工具：该命令通过放置 Bezier 定位点绘制曲线。创建时，可以通过编辑定位点的位置或操纵定位点上的切线控制手柄改变曲线形状。选择【创建】→【曲线工具】→【Bezier 曲线工具】命令，在顶视图单击创建曲线，如图 3-7 所示。当需要结束曲线创建时，按 Enter 键，即可完成 NURBS 曲线的创建。

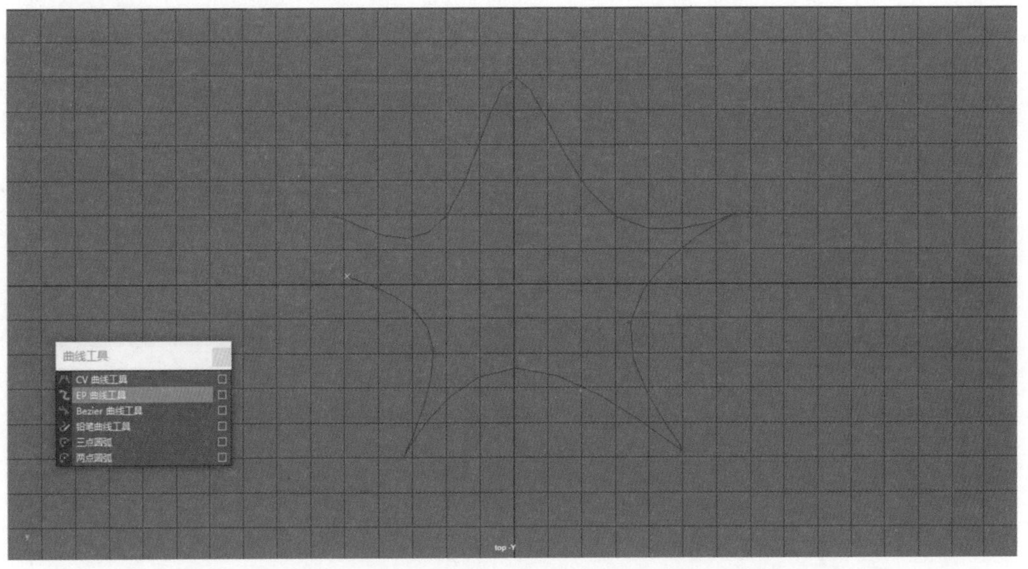


图 3-6　用【EP 曲线工具】命令创建 NURBS 曲线

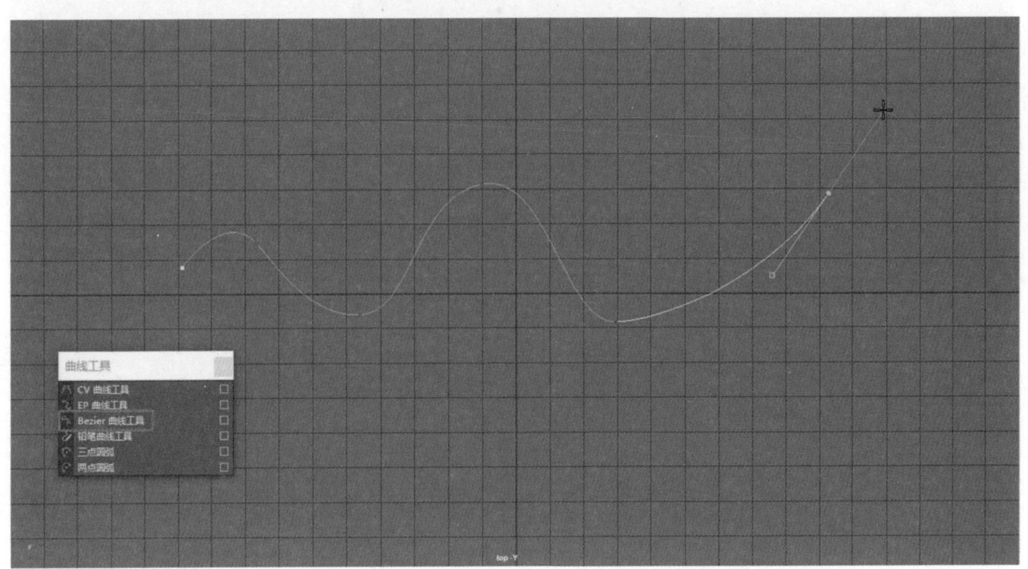


图 3-7　用【Bezier 曲线工具】命令创建 NURBS 曲线

- 铅笔曲线工具：使用【铅笔曲线工具】命令可以直接拖动鼠标完成 NURBS 曲线的创建。选择【创建】→【曲线工具】→【铅笔曲线工具】命令，在顶视图按住鼠标左键不放并拖动鼠标，即可创建曲线，如图 3-8 所示。当需要结束曲线创建时，直接松开鼠标左键，即可完成 NURBS 曲线的创建。
- 三点圆弧：通过指定的三个点创建 NURBS 圆弧。选择【创建】→【曲线工具】→【三点圆弧】命令，在顶视图分别单击来创建三个点，之后在顶视图中出现圆弧，如图 3-9 所示。按 Enter 键，即可完成 NURBS 曲线的创建。

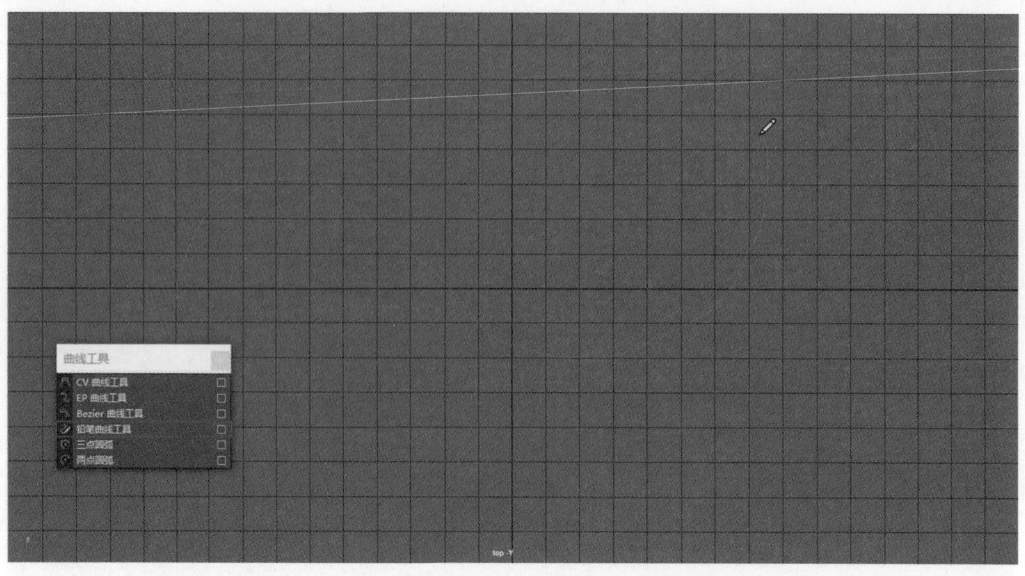


图 3-8　用【铅笔曲线工具】命令创建 NURBS 曲线

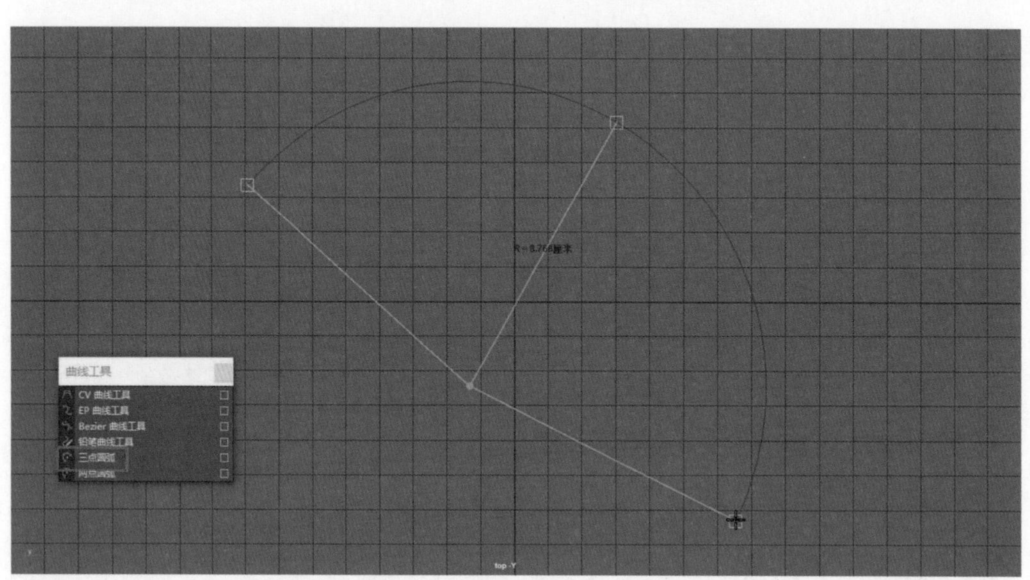


图 3-9　用【三点圆弧】命令创建 NURBS 曲线

- 两点圆弧：通过指定的两个点创建 NURBS 圆弧。操作方法与【三点圆弧】命令相同，在此不再赘述。

方法二：在【工具架】上找到【曲线 / 曲面】，单击对应创建曲线工具的图标，即可开始创建曲线。单击【工具架】→【曲线 / 曲面】中的创建曲线工具按钮图标，如图 3-10 所示。

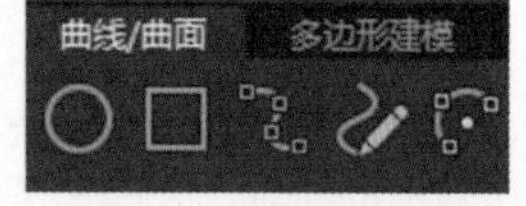


图 3-10　创建曲线工具按钮图标

### 3.2.2　【曲线】菜单

曲线创建完后，可以使用【曲线】菜单中的命令对曲线进行修改和编辑。【曲线】菜单如图 3-11 所示。

• 锁定长度：锁定选定曲线上 CV 点之间的距离。可以理解为锁定曲线的长度。

• 解除锁定长度：与【锁定长度】命令相反，解锁选定曲线上 CV 点之间的距离。

• 弯曲：弯曲选定曲线。

• 卷曲：卷曲选定曲线。

• 缩放曲率：缩放选定曲线的曲率。

• 平滑：对选定曲线进行平滑处理。

• 拉直：将选定曲线拉伸为一条直线。

• 复制曲面曲线：该命令可以直接复制曲面上的曲线。首先选择曲面物体，右击，在弹出的菜单中选择【等参线】命令，然后在曲面物体上选择需要复制的等参线，之后选择【复制曲面曲线】命令，即可完成曲线复制。复制曲面曲线过程如图 3-12 所示。

• 对齐：创建完两条曲线后，使用该命令可以保持曲线位置、切线、曲率的连续性。【对齐】命令操作过程如图 3-13 所示。

• 添加点工具：当绘制完一条曲线后发现还需要在此曲线上继续沿着最后一个点继续创建曲线，可以使用该命令。【添加点工具】命令操作过程如图 3-14 所示。

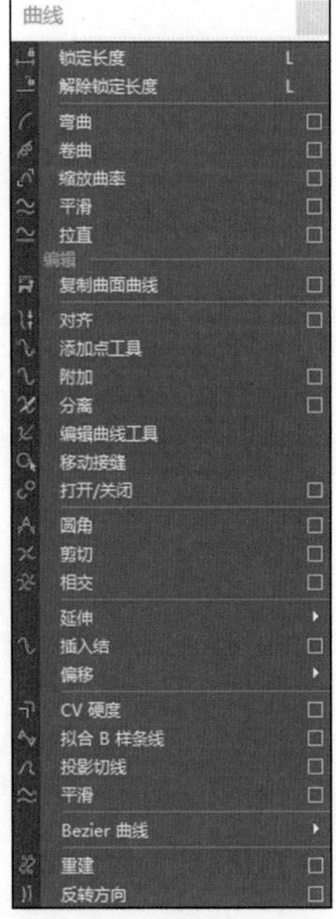


图 3-11 【曲线】菜单

图 3-12 复制曲面曲线过程

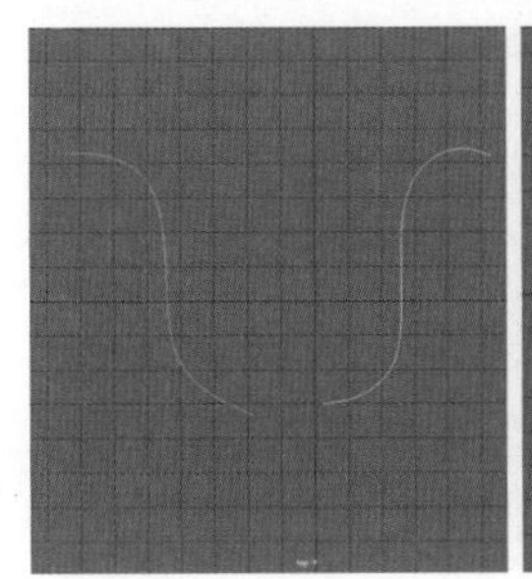
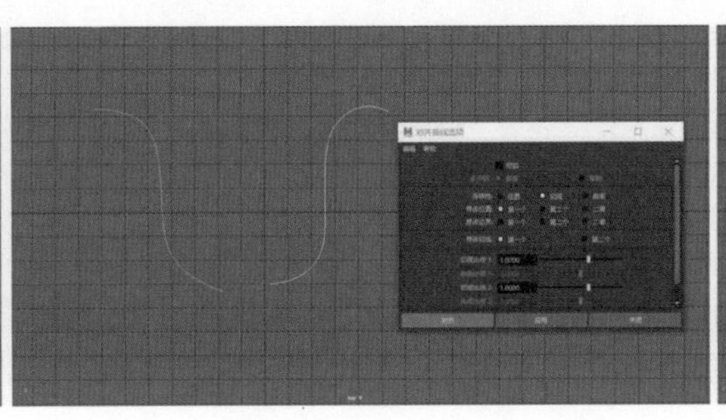
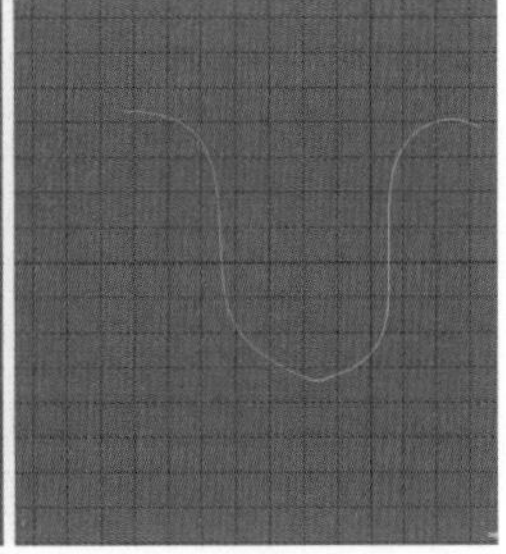

图 3-13 【对齐】命令操作过程

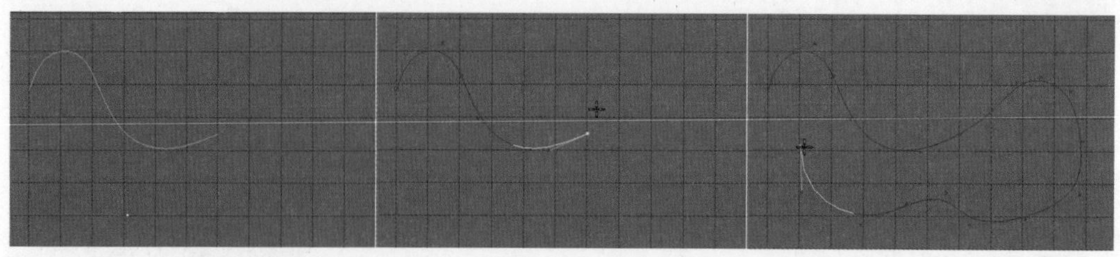

图 3-14 【添加点工具】命令操作过程

• 附加：使用此命令，可以将两条及两条以上曲线进行连接或者融合。在该命令的【附加曲线选项】面板中设置【附加方式】、【多点结】等参数，然后选择需要附加的曲线对象，即可以将曲线对象进行连接或者融合。【附加】命令操作过程如图 3-15 所示。

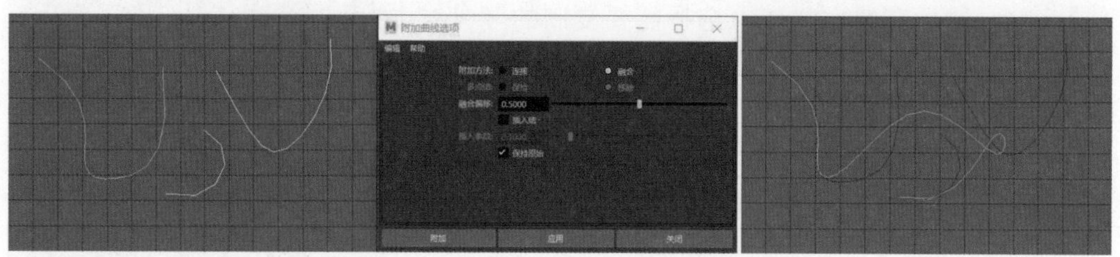

图 3-15 【附加】命令操作过程

• 分离：当需要将曲线断开时，可以使用该命令。首先右击，在弹出的菜单中选择【曲线点】命令，然后在曲线需要断开的位置处单击一次，也可以按 Shift 键并单击多个断开的位置，然后选择该命令，即可将一条曲线断开成两条或者多条曲线。【分离】命令操作过程如图 3-16 所示。

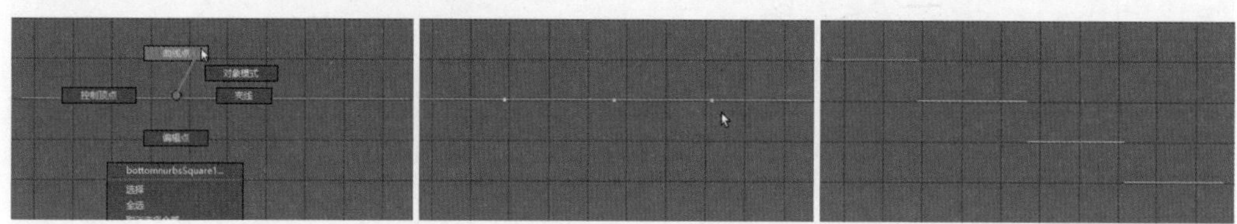

图 3-16 【分离】命令操作过程

• 编辑曲线工具：选择一条曲线或者曲面上的曲线，当需要编辑外部形状时，可以使用该命令。执行该命令，然后在需要编辑处单击一次，会出现可移动的控制手柄，之后移动手柄修改曲线外形。【编辑曲线工具】命令操作过程如图 3-17 所示。

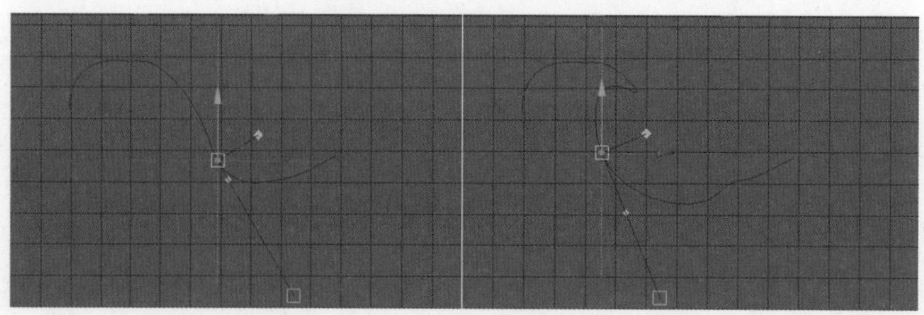

图 3-17 【编辑曲线工具】命令操作过程

• 移动接缝：选择要作为新接缝位置的曲线点，选择该命令，可以修改接缝点位置。【移动接缝】命令操作过程如图 3-18 所示。

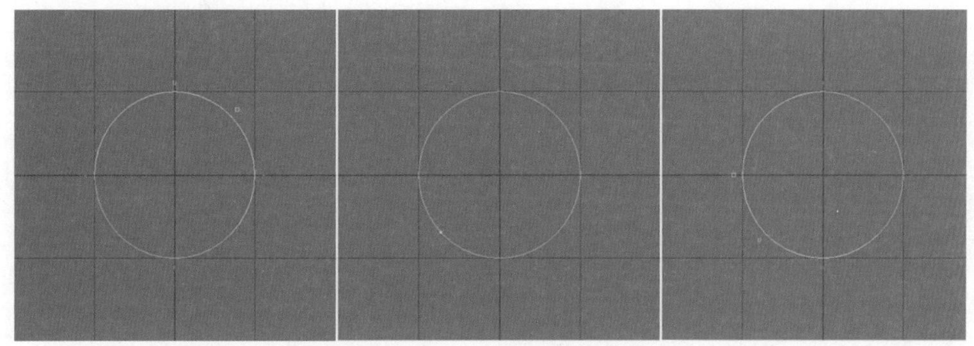

图 3-18　【移动接缝】命令操作过程

• 打开 / 关闭：使用该命令，可以将曲线闭合或打开。在工具栏中单击【曲线 / 曲面】中的创建 NURBS 圆形图标，创建的圆形是一条封闭的曲线，即该曲线的控制顶点是首尾相接的。选择该曲线，执行【曲线】→【打开 / 关闭】命令，封闭的曲线打开，成为非闭合曲线。打开曲线过程如图 3-19 所示。

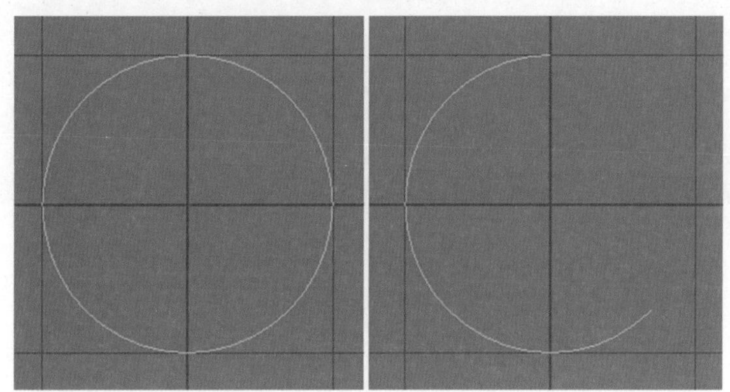

图 3-19　打开曲线过程

相反，选择非封闭曲线执行该命令，曲线会自动缝合。需要注意的是，【打开 / 关闭】命令中可以在【打开 / 关闭曲线选项】面板中设置形状、融合偏移等属性。

• 圆角：在两条相交曲线相交处生成一条圆角曲线。生成的圆角曲线效果可以在【圆角曲线选项】中设置。【圆角】命令操作过程如图 3-20 所示。

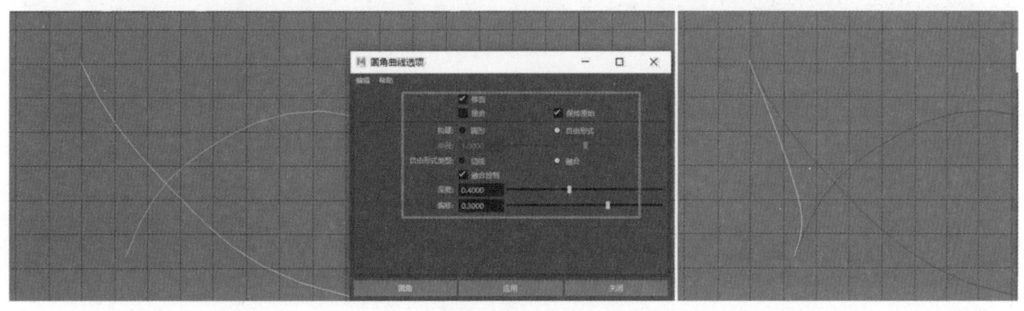


图 3-20　【圆角】命令操作过程

• 剪切：使多条相交曲线在相交点处切割。切割的效果可以在【切割曲线选项】中设置。【剪切】命令操作过程如图 3-21 所示。需要注意的是，图 3-21 中选择【剪切】命令后的曲线，是通过移动工具移动了的，主要目的是便于观看剪切结果。

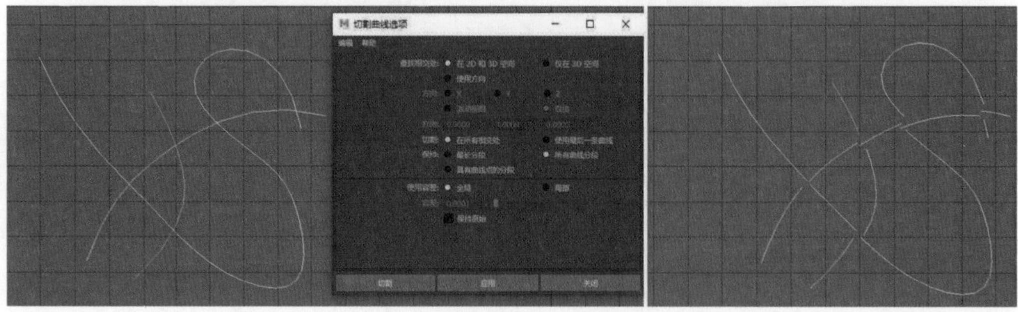

图 3-21 【剪切】命令操作过程

• 相交：选择两条或者多条曲线，最后一条曲线和其他所有曲线相交，生成 locator 相交点。相交的结果可以在【曲线相交选项】中设置。【相交】命令操作过程如图 3-22 所示。

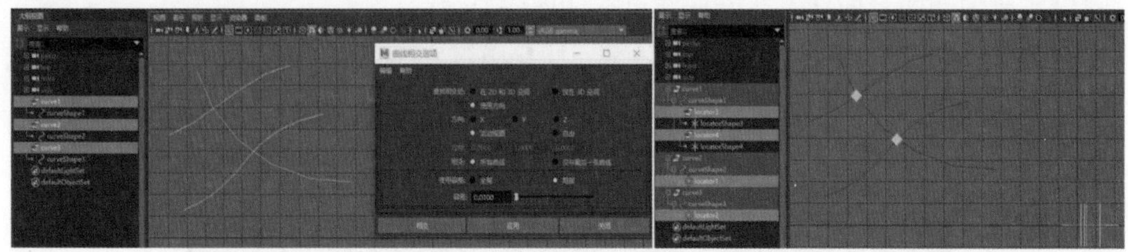

图 3-22 【相交】命令操作过程

• 延伸：该命令下有【延伸曲线】和【延伸曲面上的曲线】两个子命令。以【延伸曲线】命令为例讲解操作过程。选择曲线，在【延伸曲线选项】面板中设置延伸的参数，然后可以多次选择该命令将曲线延伸。【延伸曲线】命令操作过程如图 3-23 所示。

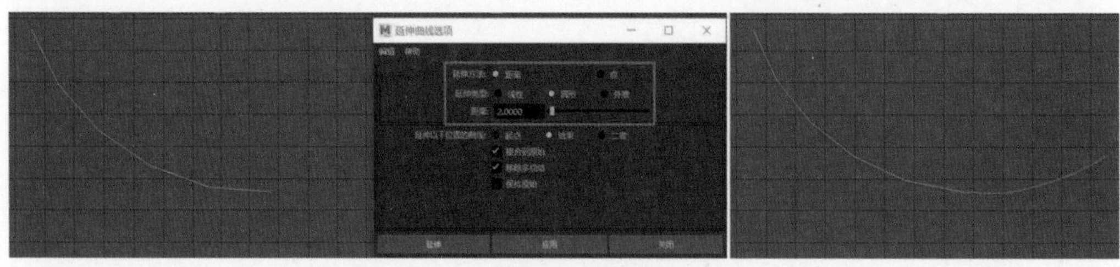

图 3-23 【延伸曲线】命令操作过程

• 插入结：在曲线上添加控制顶点。选择曲线，然后右击，在弹出的菜单中选择【曲线点】命令。在曲线上单击需要插入结的位置，之后选择该命令，控制顶点插入完成。【插入结】命令操作过程如图 3-24 所示。插入结的效果可以在【插入结选项】面板中设置。

• 偏移：该命令下有【偏移曲线】和【偏移曲面上的曲线】两个子命令。当需要制作一个曲线等距离偏移效果时，可以选择需要偏移的曲线，然后在【偏移曲线选项】面板中设置对应的参数，单击【应用】按钮即可。【偏移曲线】命令操作过程如图 3-25 所示。

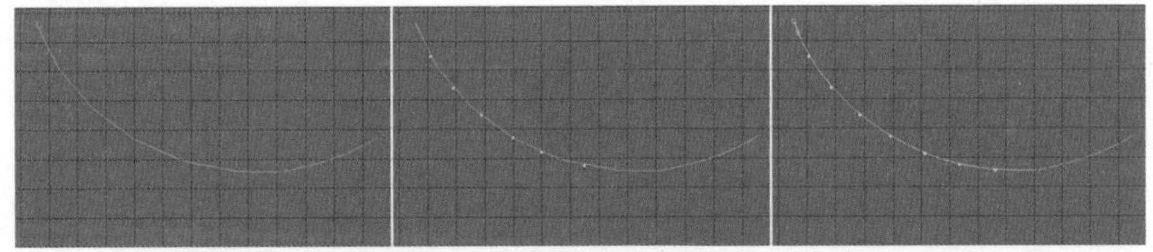

图 3-24　【插入结】命令操作过程

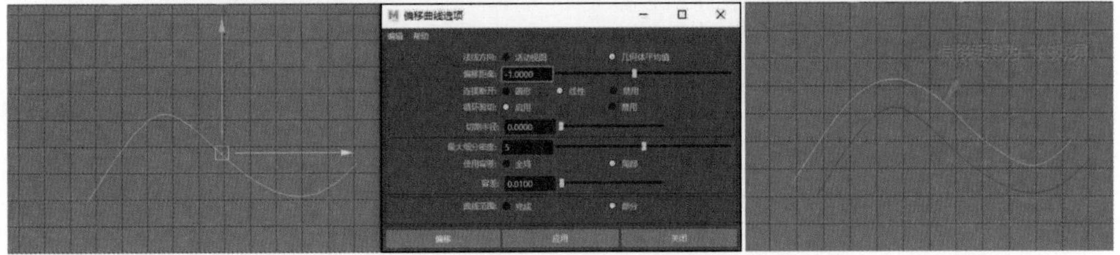

图 3-25　【偏移曲线】命令操作过程

当需要偏移曲面上的曲线时，首先右击，在弹出的菜单中选择【等参线】命令，之后在曲面上选择需要偏移的等参线，然后选择【偏移曲面上的曲线】命令即可。【偏移曲面上的曲线】命令操作过程如图 3-26 所示。

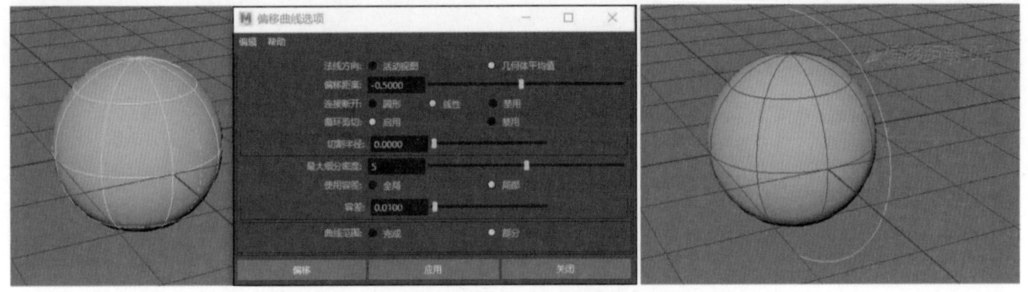


图 3-26　【偏移曲面上的曲线】命令操作过程

- CV 硬度：选择曲线上的控制顶点，然后选择该命令，能够将圆滑的曲线变成一个尖角。【CV 硬度】命令操作过程如图 3-27 所示。

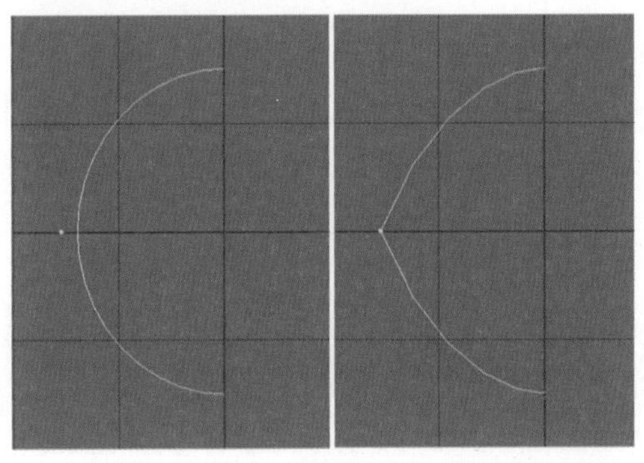

图 3-27　【CV 硬度】命令操作过程

• 拟合 B 样条线：根据选择的曲线或曲面上的曲线、等参线及修剪边，生成 B 样条线。【拟合 B 样条线】命令操作过程如图 3-28 所示。

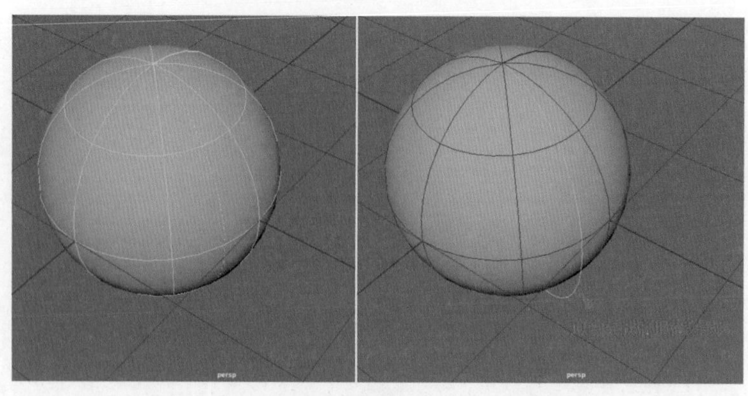


图 3-28 【拟合 B 样条线】命令操作过程

• 投影切线：可以改变曲线端点处的切线方向，使其与两条相交曲线或一曲面的切线方向一致。例如有三条曲线，curve2 和 curve3 两条曲线相交，第三条曲线 curve1 末端与另外两条曲线相交。依次选择 curve1、curve2 和 curve3 曲线，然后选择该命令，此时会发现 curve1 的末端切线方向与 curve2 和 curve3 相交曲线的切线方向一致。【投影切线】命令操作过程如图 3-29 所示。

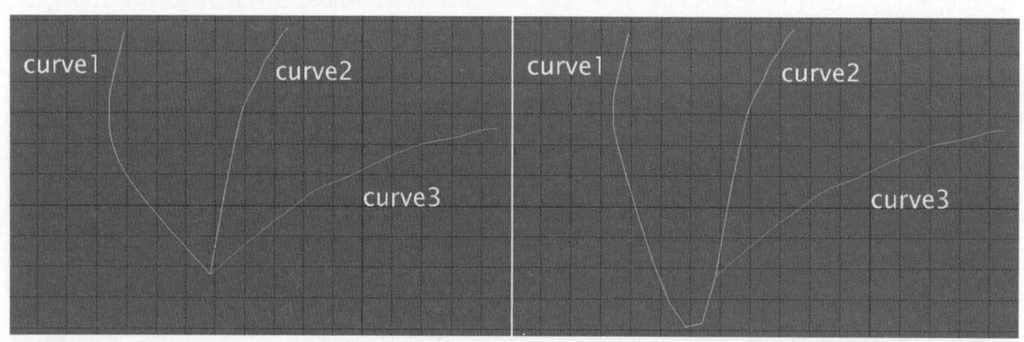


图 3-29 【投影切线】命令操作过程

• 平滑：曲线根据【平滑曲线选项】面板中【平滑度】参数值平滑曲线。首先选择曲线，然后设置【平滑曲线选项】面板中【平滑度】参数值，之后单击【应用】按钮，即可平滑曲线。

• Bezier 曲线：该命令下有【锚点预设】和【切线选项】子菜单。【锚点预设】中有 Bezier、【Bezier 角点】和【角点】子命令；【切线选项】中有【光滑锚点切线】、【断开锚点切线】、【平坦锚点切线】和【不平坦锚点切线】子命令。其功能是对运用了【Bezier 曲线工具】命令所创建的 Bezier 曲线的锚点、切点进行修改。例如，将一个锚点设置为 Bezier，首先右击，在弹出的菜单中选择【控制顶点】命令，再选择需要转换的控制顶点，选择【曲线】→【Bezier 曲线】→【锚点预设】→ Bezier 命令，控制顶点就转化为 Bezier。两者前后对比效果如图 3-30 所示。

• 重建：根据【重建曲线选项】面板中的参数设置重建曲线。【重建】命令操作过程如图 3-31 所示。

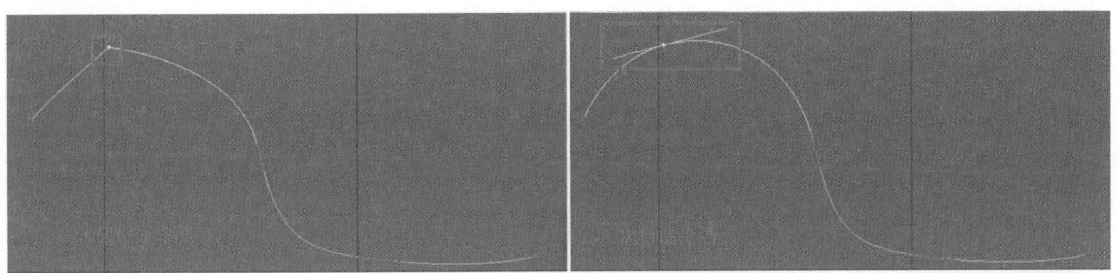

图 3-30　两者前后对比效果

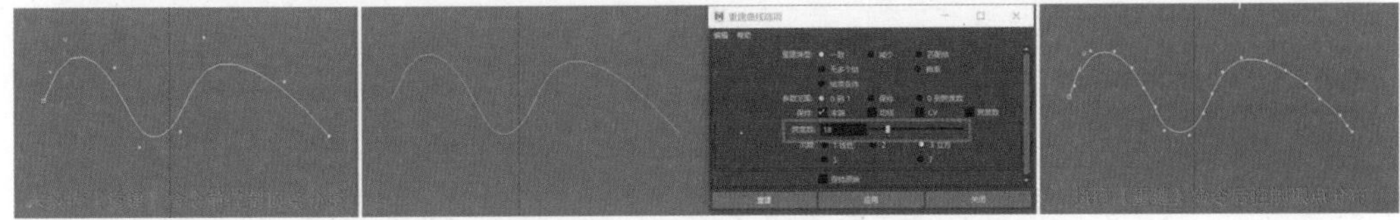

图 3-31　【重建】命令操作过程

- 反转方向：选择该命令，能够将曲线方向反转。

## 3.3　曲面的创建与编辑

### 3.3.1　曲面基本体的创建

在 Maya 中有以下两种创建 NURBS 基本体的方法。

方法一：选择【创建】→【NURBS 基本体】命令，如图 3-32 所示，在出现的菜单中选择需要创建的 NURBS 基本体，即可创建一个 NURBS 基本体模型。

方法二：在【工具架】上找到【曲线 / 曲面】，然后单击对应模型的图标，即可创建一个 NURBS 基本体模型。【曲线 / 曲面】中的 NURBS 基本体图标如图 3-33 所示。

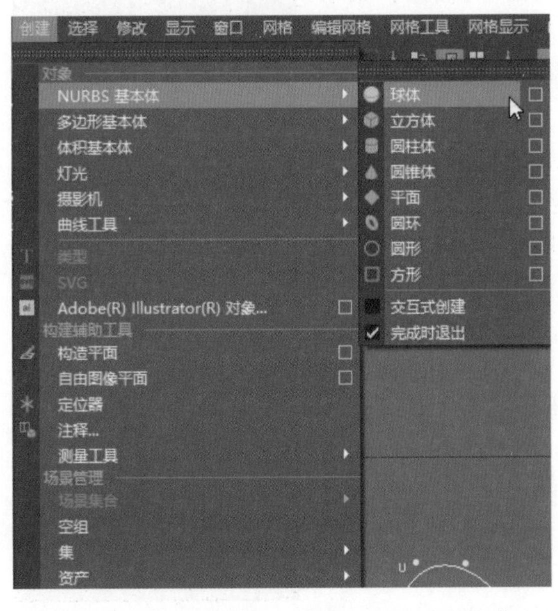


图 3-32　选择【创建】→【NURBS 基本体】命令

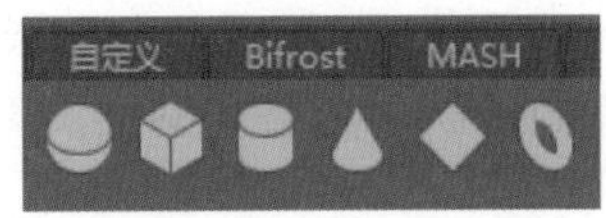


图 3-33　【曲线 / 曲面】中的 NURBS 基本体图标

创建 NURBS 基本体后，可以进入【属性编辑器】面板中修改其历史属性值。例如，选择【创建】→【NURBS 基本体】→【球体】命令后，进入【属性编辑器】中找到 makeNurbsSphere1 选项卡，修改【球体历史】属性，如图 3-34 所示。

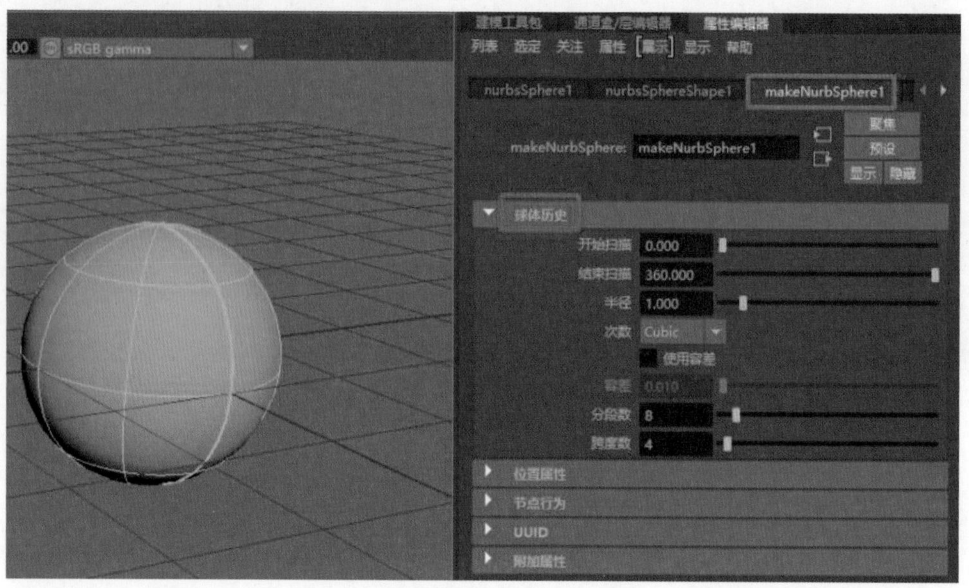


图 3-34　修改【球体历史】属性

需要注意的是，每一个 NURBS 基本体的历史参数会有所不同，需要根据实际情况进行调整。

### 3.3.2 【曲面】菜单

在 Maya 中除提供的 NURBS 基本体外，还可以使用【曲面】菜单中的命令生成曲面和编辑曲面。【曲面】菜单如图 3-35 所示。

- 放样：根据选择的多条曲线放样生成曲面模型。在该命令中曲线的选择顺序对曲面的生成有影响。例如，当需要创建一个水罐时，可以创建 6 个 NURBS 圆形曲线，调整每个 NURBS 圆形曲线的位置和大小，之后从下到上依次选择这 6 个 NURBS 圆形曲线，再选择【曲线】→【放样】命令，此时会生成一个水罐。水罐制作过程如图 3-36 所示。
- 平面：选择闭合曲线，然后在此曲线上生成平面。延续上述案例，水罐身体制作完成后，水罐底端的面是空的，所以选择最下端的 NURBS 圆形曲线，选择【曲线】→【平面】命令，水罐底部面生成效果如图 3-37 所示。但是需要注意的是，首先该命令的对象必须是闭合曲线，并且曲线所有的控制顶点必须共面。

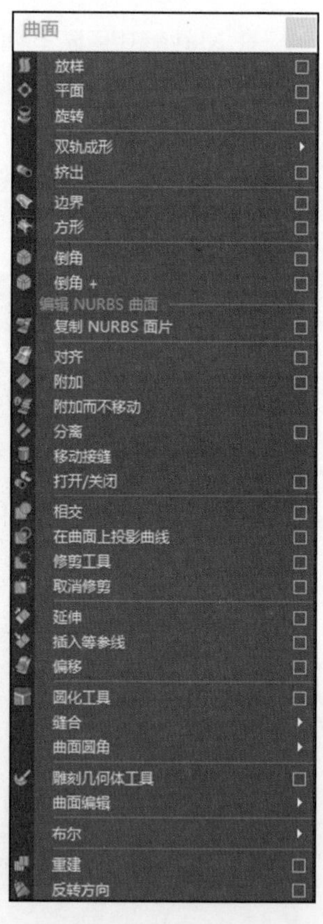


图 3-35　【曲面】菜单

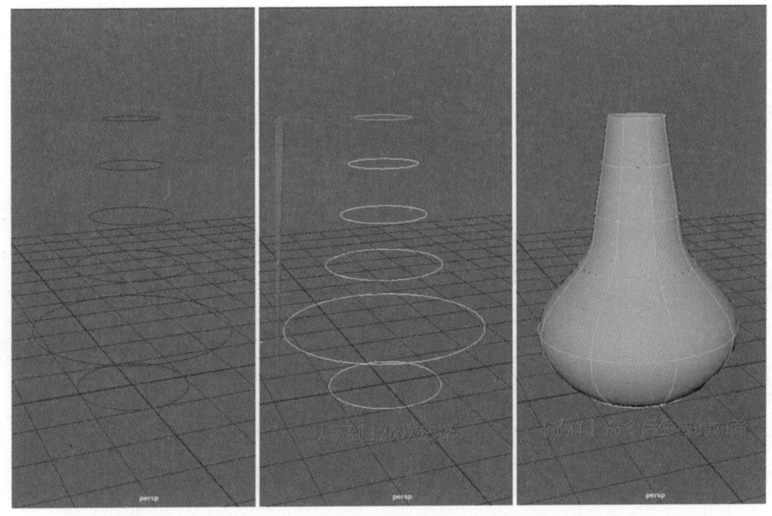
图 3-36　水罐制作过程

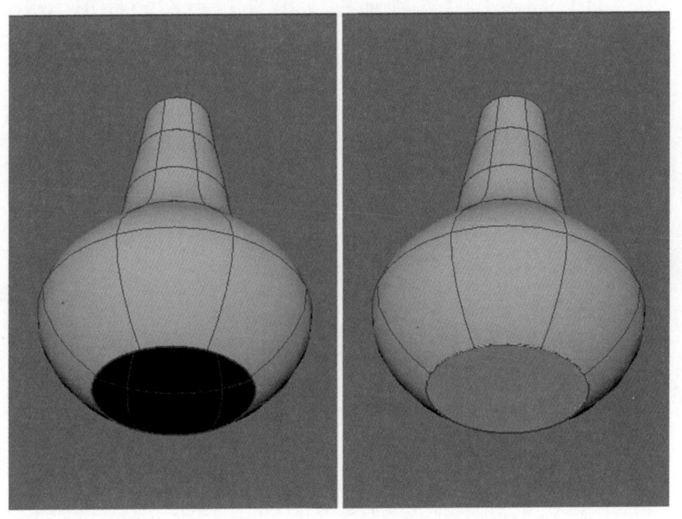
图 3-37　水罐底部面生成效果

• 旋转：选择曲线，然后通过选定的旋转轴生成曲面模型。此命令除了对称轴方向的合理选择外，还需要考虑旋转的中心点位置。例如，当需要创建一个玻璃杯时，首先选择【创建】→【曲线工具】→【CV 曲线工具】命令，在前视图中以 Y 轴为旋转轴，创建玻璃杯 1/4 的截面轮廓。选择曲线，单击【曲面】→【旋转】命令后的方框■，在弹出的【旋转选项】面板中设置参数，之后单击【应用】按钮，完成曲面的制作。玻璃杯制作过程如图 3-38 所示。

• 双轨成形：【双轨成形】命令中有【双轨成形 1 工具】、【双轨成形 2 工具】和【双轨成形 3+ 工具】3 个子命令。【双轨成形 1 工具】命令是选择 1 条轮廓线和 2 条轨道线生成曲面。【双轨成形 2 工具】命令是选择 2 条轮廓线和 2 条轨道线生成曲面。【双轨成形 3+ 工具】命令是选择 3 条或 3 条以上轮廓线和 2 条轨道线生成曲面。需要注意的是，使用该命令生成曲面时，轮廓线和轨道线要首尾相接。所以在创建曲线的第一个顶点和最后一个顶点时，按 C 键吸附曲线。

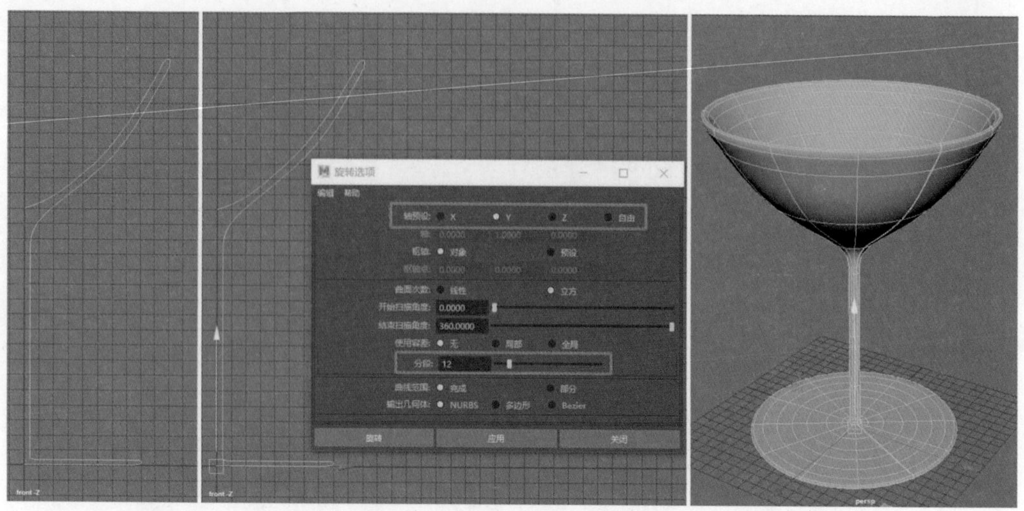

图 3-38　玻璃杯制作过程

【双轨成形 1 工具】命令和【双轨成形 2 工具】命令的使用方法相同，都是首先选中轮廓线，再按 Shift 键加选轨道线，然后选择相关命令。【双轨成形 2 工具】命令的使用方法如图 3-39 所示。

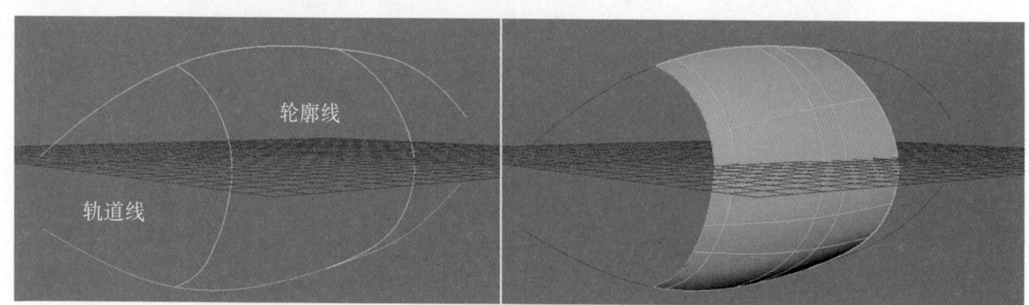


图 3-39　【双轨成形 2 工具】命令的使用方法

【双轨成形 3+ 工具】不同于前两种命令的使用方法，要先选择该命令，然后依次选择所有轮廓线，按 Enter 键，再选中两条轨道线，即可生成曲面。

• 挤出：使用该命令，可以使一条轮廓曲线沿着另一条路径曲线的方向创建出曲面。该命令的使用方法是：首先选中轮廓线，再按 Shift 键加选路径曲线，单击【曲面】→【挤出】命令后的方框■，在弹出的【挤出选项】面板中设置参数，然后单击【应用】按钮，即可生成曲面。【挤出】命令的使用方法如图 3-40 所示。

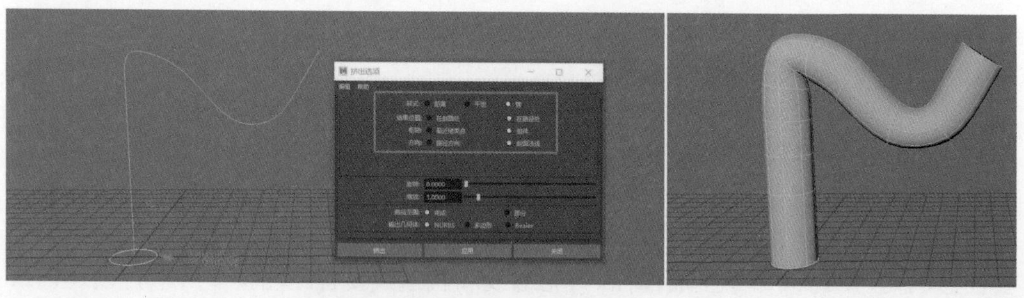

图 3-40　【挤出】命令的使用方法

• 边界：依据 3 条或 4 条边界线围出曲面的外形。选择该命令时，边界线不用相交。按 Shift 键选中边界曲线，最后选择该命令即可生成曲面。【边界】命令的使用方法如图 3-41 所示。

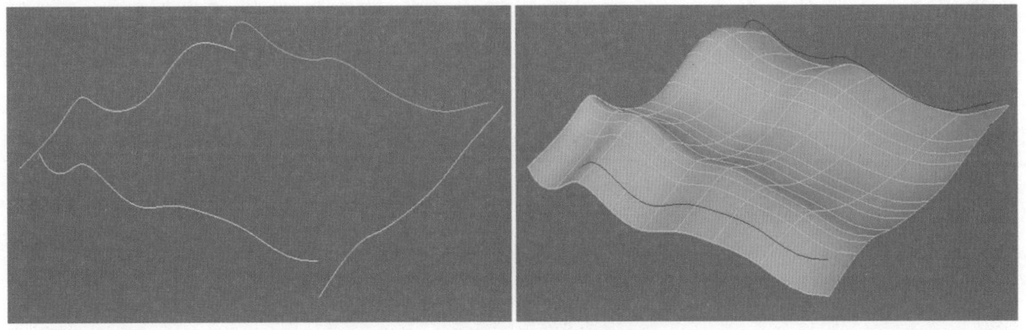

图 3-41 【边界】命令的使用方法

• 方形：用 4 条首尾相接的边界线创建出曲面。按 Shift 键选择曲线时必须以顺时针或逆时针的方向依次选择，不能跳跃选择。【方形】命令的使用方法如图 3-42 所示。

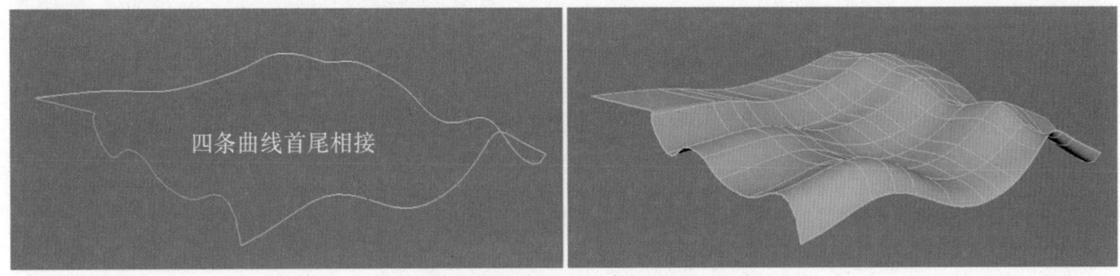


图 3-42 【方形】命令的使用方法

• 倒角：使用曲线挤压出带有倒角边的曲面。选择曲线，单击【曲面】→【倒角】命令后的方框■，在弹出的【倒角选项】面板中设置倒角参数，然后单击【倒角】按钮，即可生成倒角曲面。之后可以在【通道盒】中修改倒角参数。【倒角】命令的使用方法如图 3-43 所示。

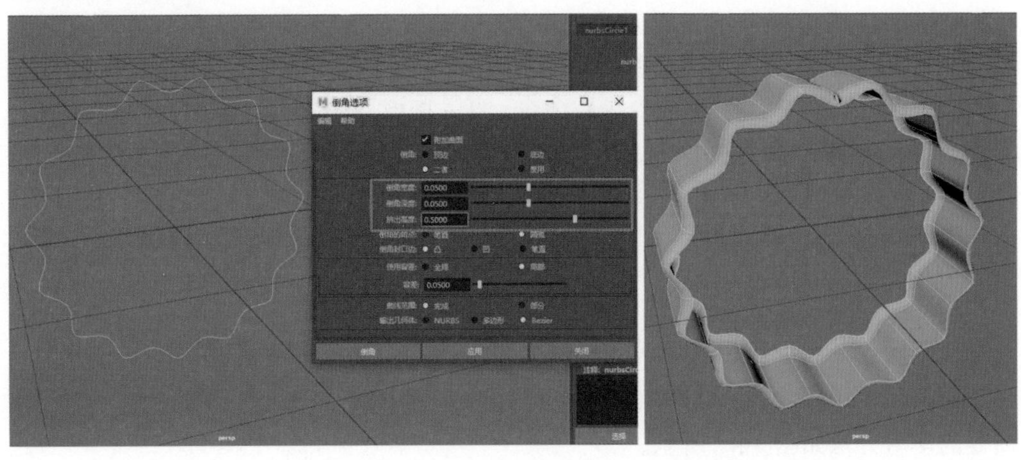


图 3-43 【倒角】命令的使用方法

• 倒角 +：与【倒角】命令相同，比【倒角】命令制作的效果更多。倒角的效果在【倒角 + 选项】面板中设置。

• 复制 NURBS 面片：复制 NURBS 曲面上的面片。首先右击，在弹出的菜单中选择【曲面面片】命令，之后选择需要复制的曲面面片，选择【曲面】→【复制 NURBS 面片】命令，即可将此曲面面片复制。【复制 NURBS 面片】命令的使用方法如图 3-44 所示。

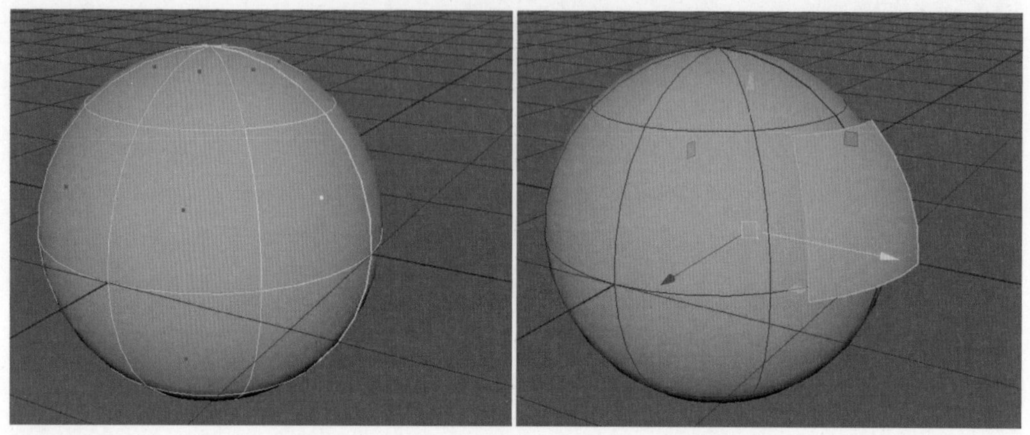

图 3-44 【复制 NURBS 面片】命令的使用方法

• 对齐：该命令主要用于将两个不同曲面的边界对齐。【对齐】命令的使用方法如图 3-45 所示。

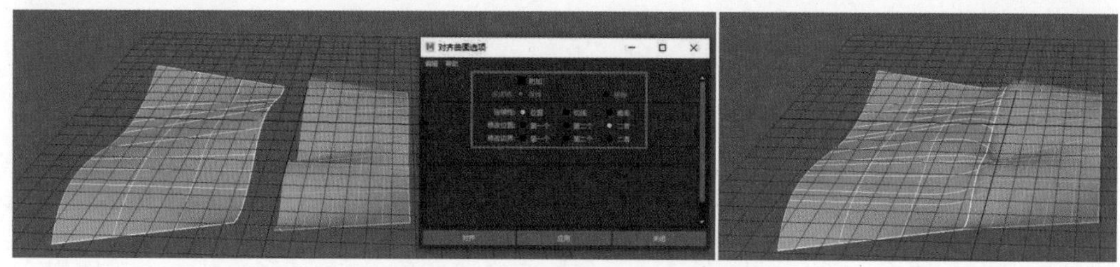

图 3-45 【对齐】命令的使用方法

• 附加：选择两个不同曲面的等参线，选择该命令后，会将这两个曲面结合成一个新的曲面。首先创建两个 NURBS 球体，将光标移动到一个 NURBS 球体后，右击，在弹出的菜单中选择【等参线】命令，然后在该 NURBS 球体中选择连接处的等参线。之后再将光标移动到另一个 NURBS 球体上，右击，在弹出的菜单中选择【等参线】命令，按住 Shift 键选择连接处的等参线，之后设置完【附加曲面选项】面板中参数后，单击【应用】按钮，完成两个曲面的结合。【附加】命令的使用方法如图 3-46 所示。

• 附加而不移动：选择两个曲面的等参线，在两个曲面之间生成一个结合曲面，但是不对原始曲面进行移动。使用方法与【附加】命令相同。

• 分离：选择曲面的等参线，然后选择该命令，能够在等参线处分离曲面。【分离】命令的使用方法如图 3-47 所示。

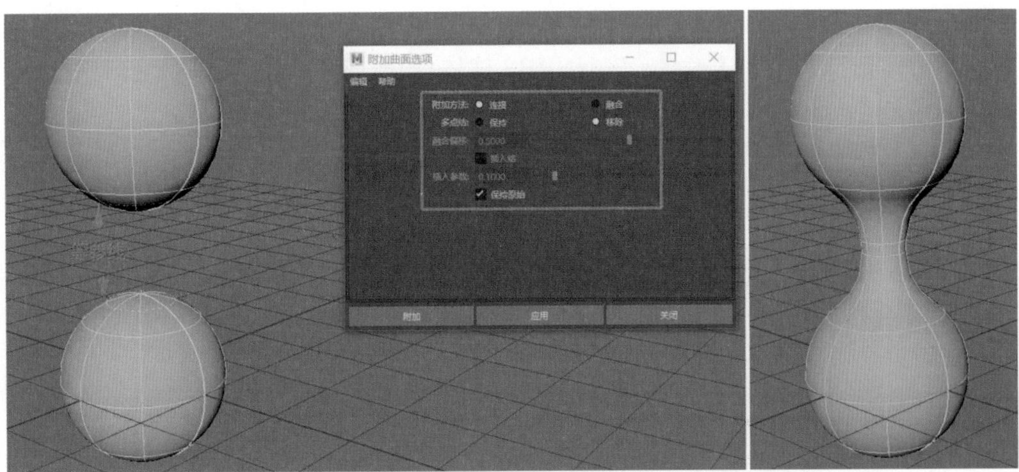


图 3-46　【附加】命令的使用方法

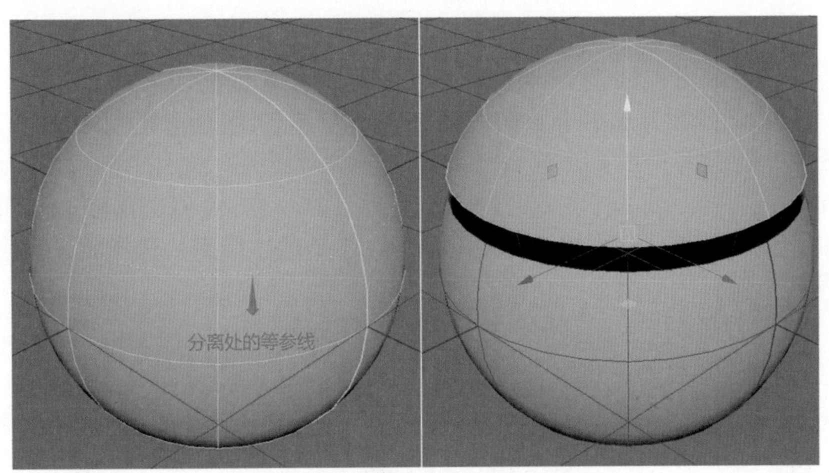


图 3-47　【分离】命令的使用方法

• 移动接缝：使用该命令可以移动 NURBS 曲面接缝的位置。右击，在弹出的菜单中选择【等参线】命令，之后将等参线移动到新的接缝处，选择该命令，接缝的位置进行了移动。【移动接缝】命令的使用方法如图 3-48 所示。

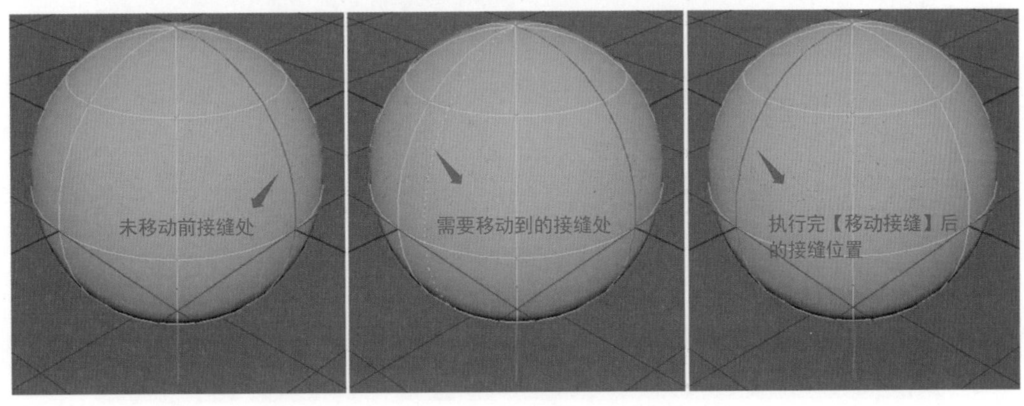


图 3-48　【移动接缝】命令的使用方法

• 打开 / 关闭：该命令用于闭合或打开曲面。创建一个 NURBS 球体，选择【曲面】→【打开 / 关闭】命令，该 NURBS 球体打开，成为非闭合曲面。打开曲面过程如图 3-49 所示。

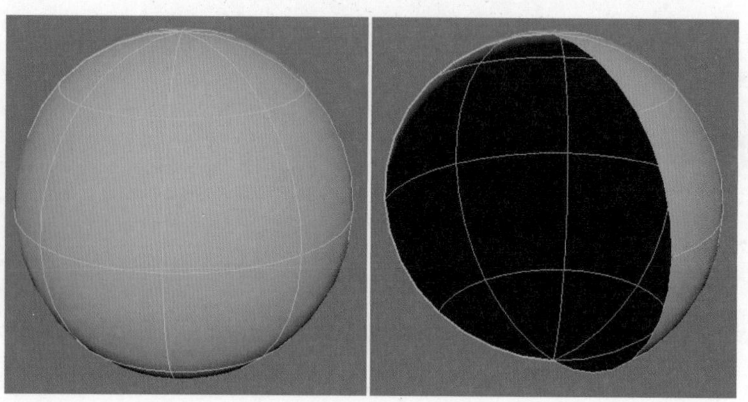

图 3-49　打开曲面过程

相反，对非封闭曲面执行该命令，曲面会自动缝合。需要注意的是，可以在【打开 / 关闭曲面选项】面板中设置曲面方向、保留形状、融合偏移等属性。

• 相交：选择两个或更多曲面（最后一个曲面和所有曲面相交），使用该命令，用于生成相交部分的曲线，然后结合【修剪工具】命令，对相交部分的曲面进行裁剪。例如，有 3 个相交曲面（2 个圆柱体曲面，1 个球体曲面），选择此 3 个曲面（最后选择球体曲面），然后选择【相交】命令，此时生成相交曲线。选择球体曲面，选择【修剪工具】命令，单击需要保留的曲面，之后按 Enter 键，完成操作。【相交】命令和【修剪工具】命令结合使用过程如图 3-50 所示。

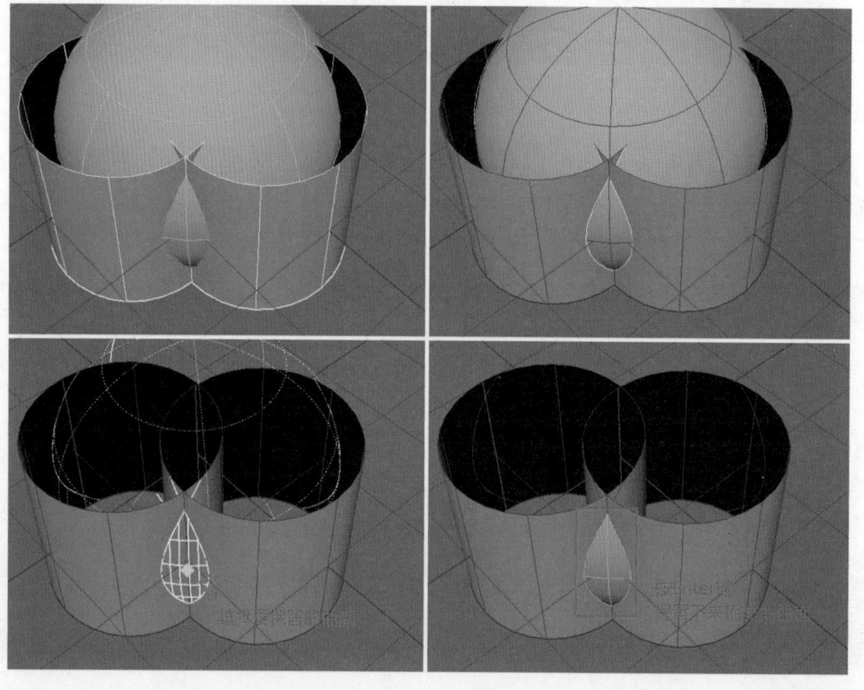

图 3-50　【相交】命令和【修剪工具】命令结合使用过程

• 在曲面上投影曲线：将曲线投射到曲面上生成新的曲线，然后结合【修剪工具】命令，对相交映射后的曲面进行裁剪。曲线的投影方式可以在【在曲面上投影曲线选项】面板中进行设置。如果想要复制投影到曲面所生成的曲线，可以使用【复制曲面曲线】命令将生成的曲线提取出来。例如，创建一个 NURBS 球体和 NURBS 圆形。选择 NURBS 圆形，右击，在弹出的菜单中选择【控制顶点】命令，然后按 Shift 键，每间隔一个控制顶点进行选择，之后使用缩放工具将选择的 4 个控制顶点向内缩放。之后选择 NURBS 球体和 NURBS 圆形，单击【曲面】→【在曲面上投影曲线】命令后的方框▣，在弹出的【在曲面上投影曲线选项】面板中设置投影方式，单击【应用】按钮，将曲线投影到曲面上。【在曲面上投影曲线】命令的使用方法如图 3-51 所示。

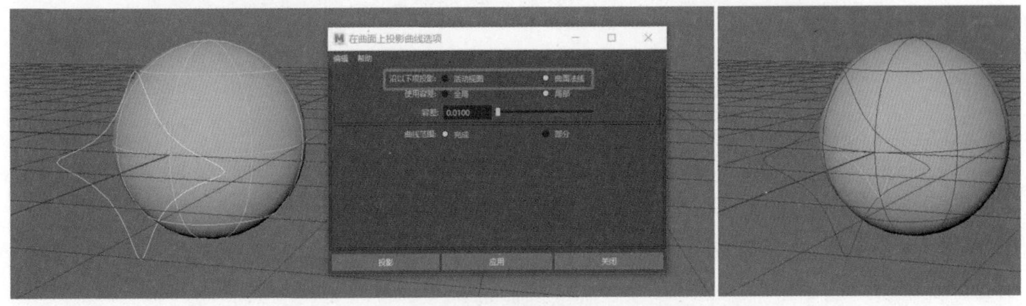


图 3-51　【在曲面上投影曲线】命令的使用方法

• 修剪工具：该命令一般在选择了【曲面】→【相交】命令或【曲面】→【在曲面上投影曲线】命令后使用，可以将曲面剪裁。接着上述案例继续讲解。当曲线投影到曲面后，选择 NURBS 球体，然后选择该命令后，整个球体会变成白色虚线的球体，单击选择需要保留的面，之后保留面的线变成白色实线，再按 Enter 键进行剪裁。【修剪工具】命令的使用方法如图 3-52 所示。

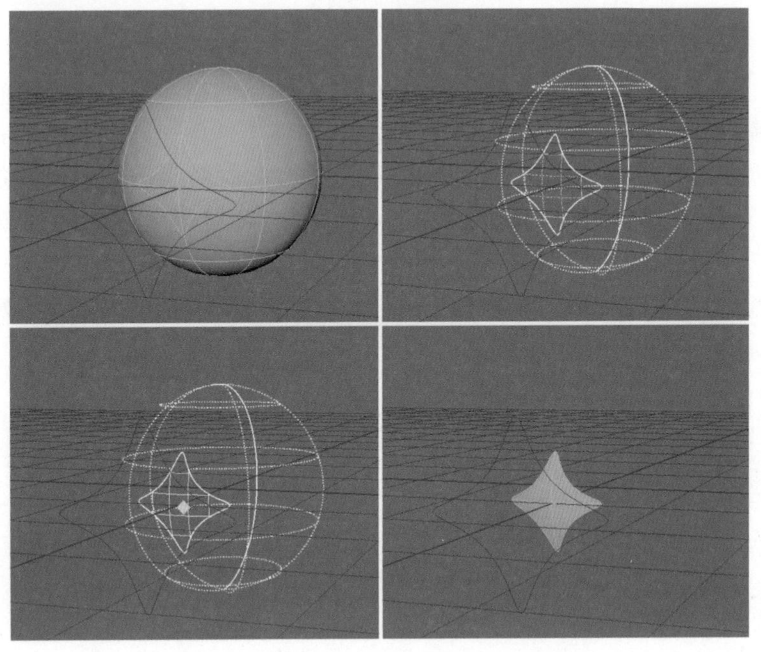

图 3-52　【修剪工具】命令的使用方法

• 取消修剪：该命令可以将被裁剪的曲面恢复至裁剪之前的状态。选择裁剪的面，然后选择【取消修剪】命令即可。【取消修剪】命令的使用方法如图 3-53 所示。

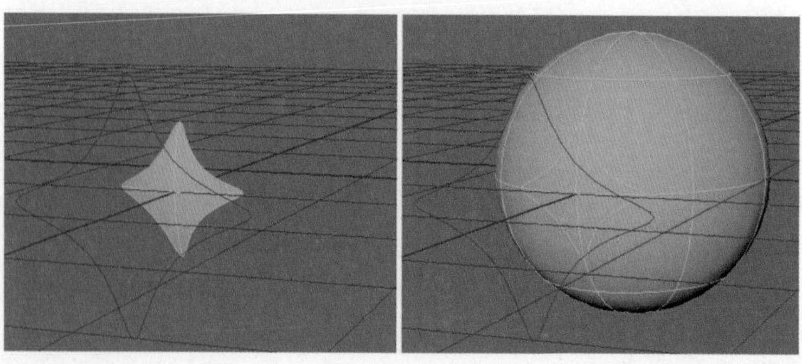

图 3-53 【取消修剪】命令的使用方法

• 延伸：在曲面的 U 方向或 V 方向上延伸出曲面，延伸的曲面与原曲面保持连续性。创建一个 NURBS 平面，然后选择该命令，可以将 NURBS 平面在 U 方向或 V 方向进行延伸。可以在【延伸曲面选项】面板中设置延伸的类型、距离、方向等。【延伸】命令的使用方法如图 3-54 所示。

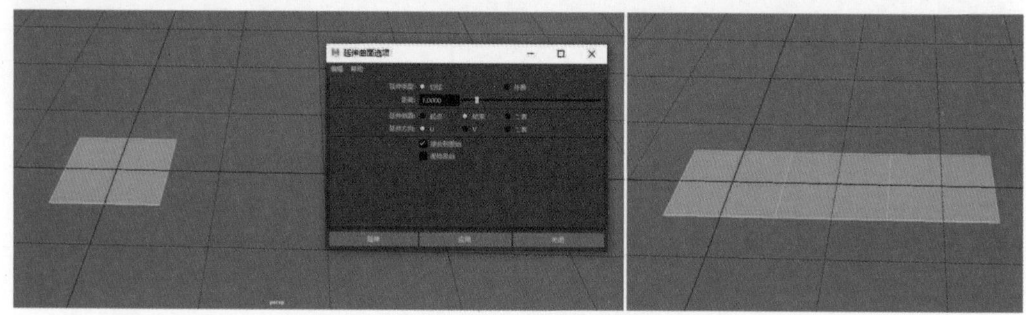

图 3-54 【延伸】命令的使用方法

• 插入等参线：在曲面上新增等参线。首先选择曲面，右击，在弹出的菜单中选择【等参线】命令，然后按住鼠标左键不放，在曲面上选中已有的等参线并拖动。之后拖动到需要添加等参线的位置后松开鼠标左键，此时曲面上会出现一条黄色的虚线，之后再选择该命令，完成等参线插入。【插入等参线】命令的使用方法如图 3-55 所示。

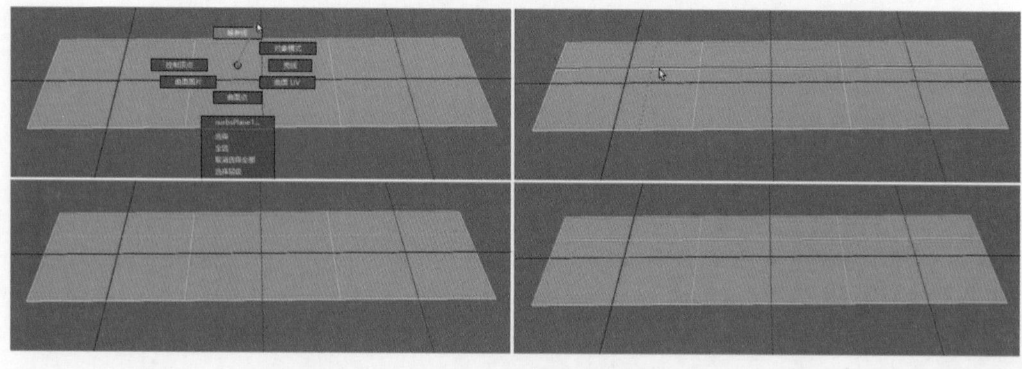

图 3-55 【插入等参线】命令的使用方法

• 偏移：沿曲面的法线方向，复制出新的曲面。在【偏移曲面选项】面板中设置偏移方法和偏移距离。

• 圆化工具：用于将相交的 NURBS 边界产生圆滑的过渡。新建 NURBS 立方体，在不选择该 NURBS 立方体的状态下，选择该命令。之后在视窗中按鼠标左键框选需要圆化的曲面边缘，此时在两个曲面间出现一个黄色的半径调节器，将光标放置在黄色半径调节器的菱形点上，按住鼠标左键不放并进行拖动，调整圆化半径，之后按 Enter 键完成圆角效果。【圆化工具】命令的使用方法如图 3-56 所示。

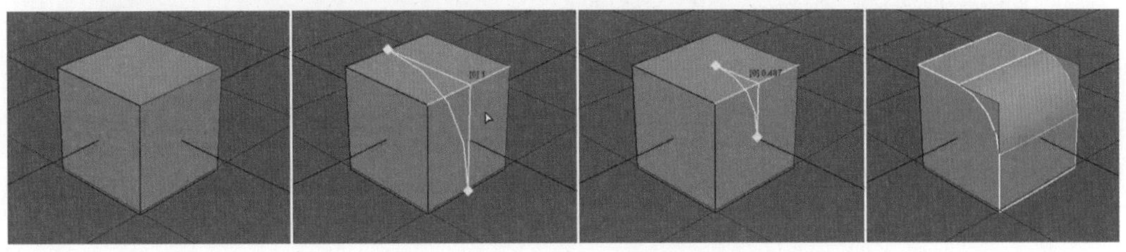

图 3-56 【圆化工具】命令的使用方法

• 缝合：可以将曲面进行缝合。在该命令下有【缝合曲面点】、【缝合边工具】和【全局缝合】三个子命令。下面以【缝合边工具】命令为例讲解使用方法。首先选择两个曲面的等参边界边，然后选择该命令，两个曲面缝合。【缝合边工具】命令的使用方法如图 3-57 所示。

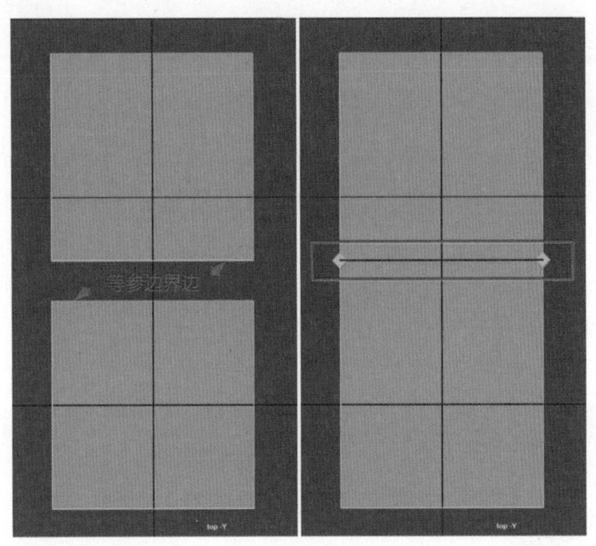


图 3-57 【缝合边工具】命令的使用方法

• 曲面圆角：使曲面间产生光滑的过渡，包括了【圆形圆角】、【自由形式圆角】和【圆角融合工具】3 个子命令。选择【圆形圆角】命令时，曲面必须相交。选择【自由形式圆角】命令时，曲面可以相交或不相交。下面以【自由形式圆角】命令为例讲解使用方法。分别选择两个曲面需要制作圆角的等参线，之后选择该命令即可生成光滑的过渡曲面。【自由形式圆角】命令的使用方法如图 3-58 所示。

• 雕刻几何体工具：运用笔刷绘制的方法对 NURBS 曲面物体进行雕刻，从而制作出需要的模型效果。

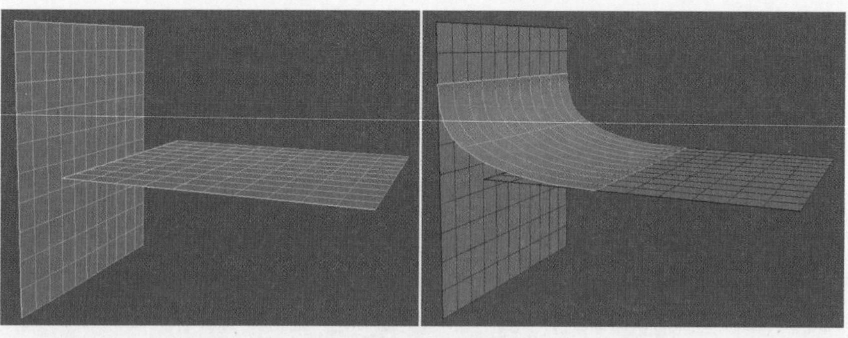

图 3-58 【自由形式圆角】命令的使用方法

• 曲面编辑：该命令通过控制手柄改变曲面上的控制点，进而对曲面进行控制和编辑。该命令中有【曲面编辑工具】、【断开切线】和【平滑切线】三个子命令。【曲面编辑工具】编辑曲面前后效果如图 3-59 所示。

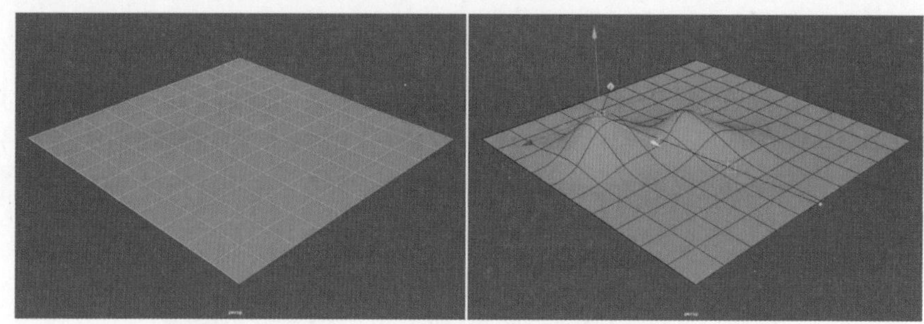

图 3-59 【曲面编辑工具】编辑曲面前后效果

• 布尔：该命令中包含【并集工具】、【差集工具】和【交集工具】三个子命令。与【网格】→【布尔】中的命令相似，对 NURBS 曲面进行并集、差集和交集的计算。

• 重建：由于曲线生成曲面时存在不平均的曲线分布，从而影响了曲面的进一步编辑和模型效果。为了解决这个问题，可以采用重建曲面命令，将曲线分布更加均匀和合理。【重建】命令应用前后的对比如图 3-60 所示。

• 反转方向：执行该命令，能够反转曲面方向。

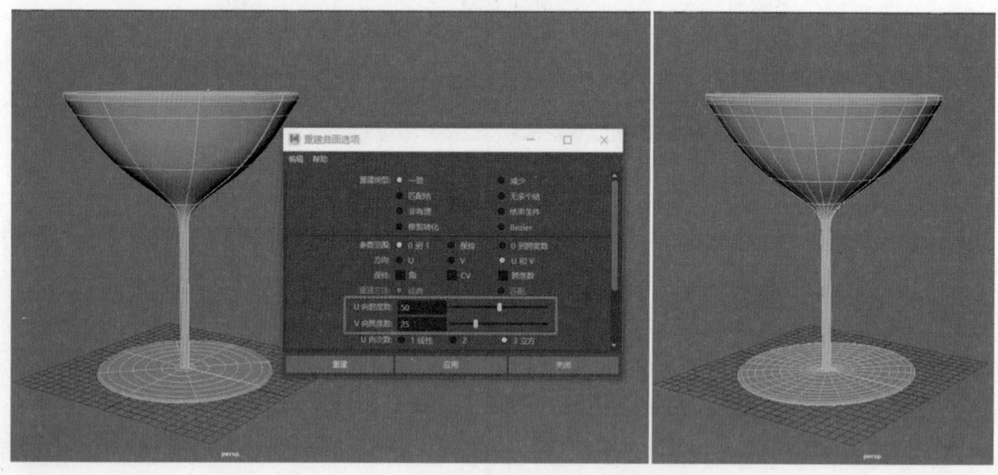

图 3-60 【重建】命令应用前后的对比

## 3.4　LOGO 模型的创建

本案例的白模渲染效果图如图 3-61 所示。

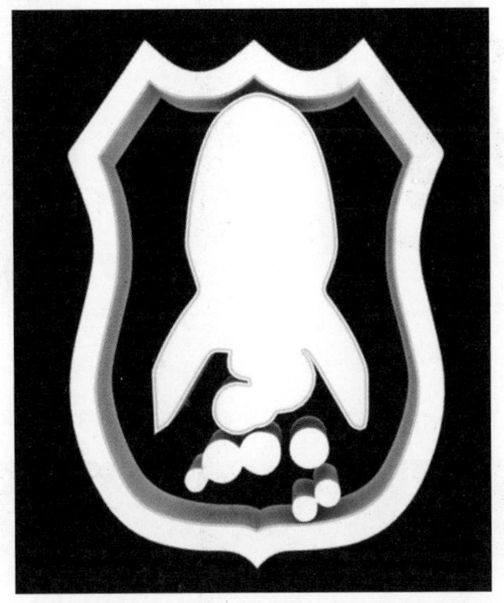

图 3-61　白模渲染效果图

LOGO 模型创建 .mp4

下面介绍 LOGO 模型的制作步骤。

步骤 1：项目及参考图设置。首先选择【文件】→【项目窗口】，在【项目窗口】设置项目的名称、存放路径，如图 3-62 所示。

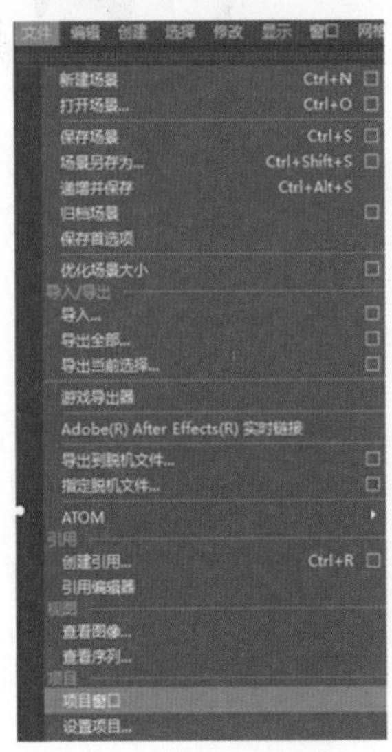


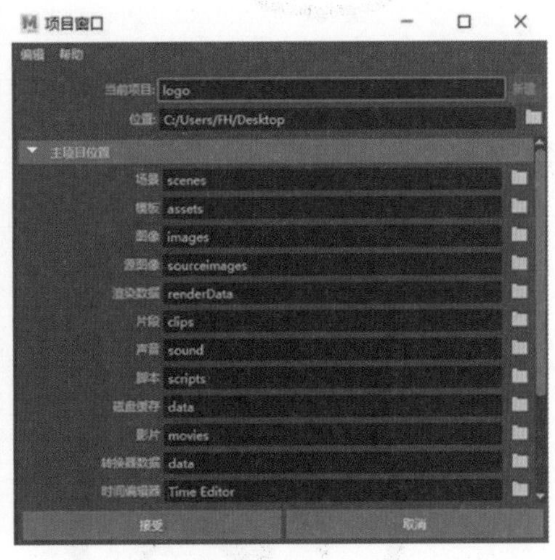


图 3-62　项目创建

步骤 2：使用 Adobe Illustrator 制作曲线。启动 Adobe Illustrator，选择【文件】→【打开】命令，在【打开】对话框中选择 logo.jpg 文件，将 logo.jpg 文件在 Adobe Illustrator 中打开，如图 3-63 所示。

图 3-63　打开 logo.jpg 文件

选中图片，然后依次单击【图像描摹】和【扩展】命令按钮，如图 3-64 所示。

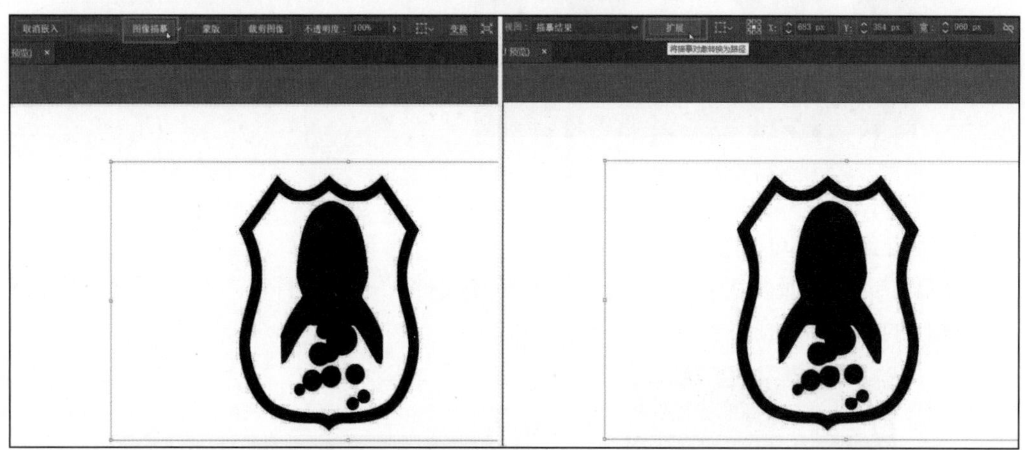

图 3-64　依次单击【图像描摹】和【扩展】命令按钮

选择组，右击并选择【取消编组】命令，如图 3-65 所示。

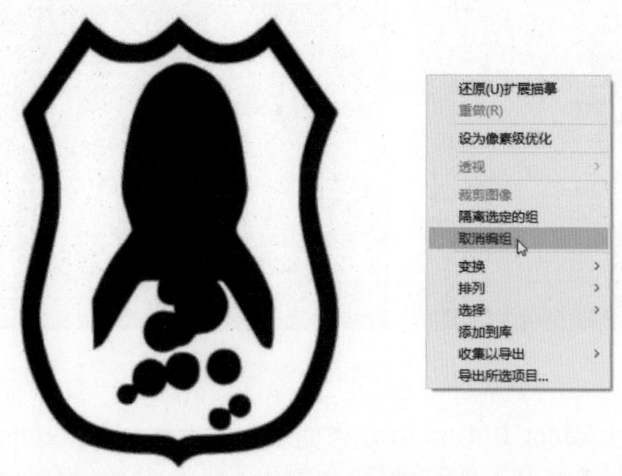


图 3-65　选择【取消编组】命令

选择【文件】→【新建】命令，新建一个文件。之后在 logo.jpg 文件中依次将黑色部分选取，按 Ctrl+C 组合键对所选取的部分进行复制。之后在新文件中按 Ctrl+V 组合键粘贴，如图 3-66 所示。

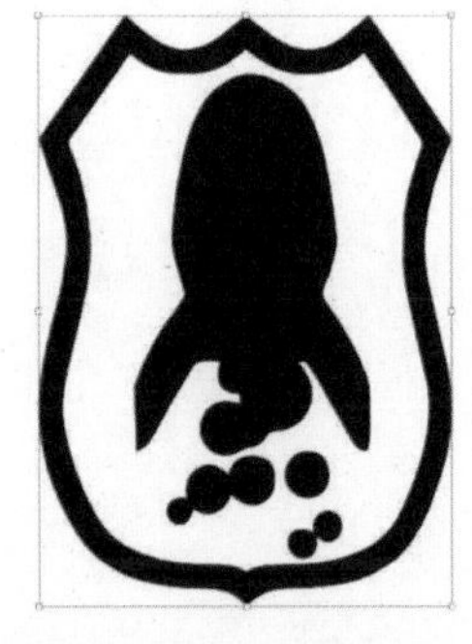
图 3-66　新建文件中的图像

选择【文件】→【存储】命令，将新建文件保存。在【存储为】对话框中将其命名为 logo.ai，并设置存放路径。在弹出的【Illustrator 选项】对话框中将版本设置为低版本的 Illustrator8，之后单击【确定】按钮，在出现的提示对话框中单击【确定】按钮。文件保存过程如图 3-67 所示。

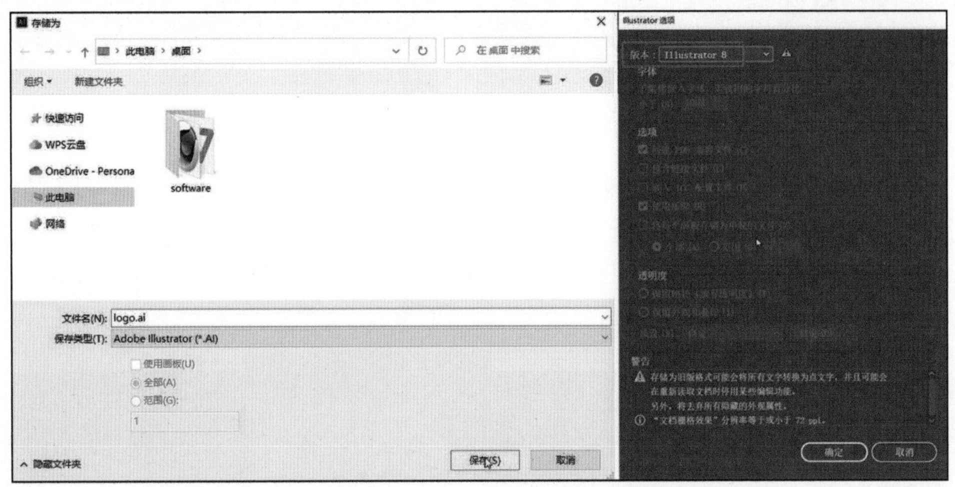

图 3-67　文件保存过程

步骤 3：导入曲线文件到 Maya 中。选择【文件】→【导入】命令，在【打开】对话框中选择 logo.ai 文件，将 logo.ai 文件导入 Maya 中，如图 3-68 所示。

图 3-68　导入 logo.ai 文件后效果

选择所有的曲线，然后使用移动工具，在前视图中将曲线移动到合适位置。之后再选择【修改】→【中心枢轴】命令，将曲线的中心点分别居中。在前视图中移动曲线的效果如图 3-69 所示。曲线中心点居中的效果如图 3-70 所示。

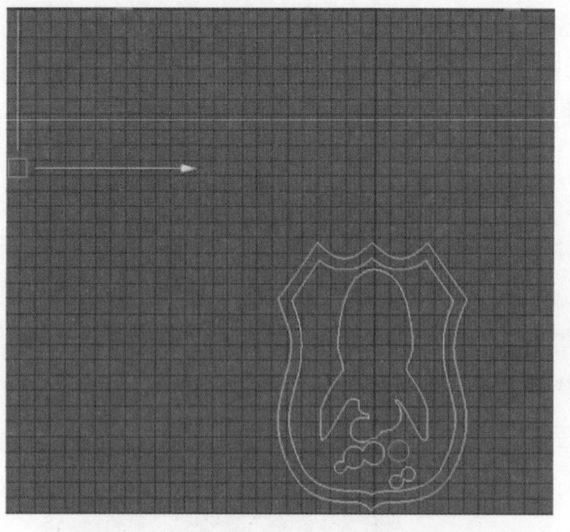

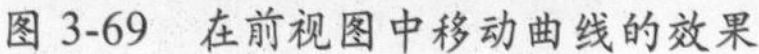

图 3-69 在前视图中移动曲线的效果

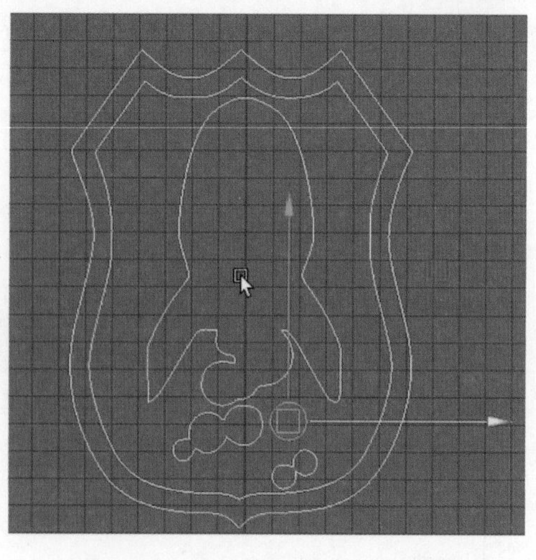

图 3-70 曲线中心点居中的效果

步骤 4：制作模型。选择需要倒角的两条边框曲线，单击【曲面】→【倒角 +】后面的方框■，打开【倒角 + 选项】面板。在【倒角 + 选项】面板中设置挤出距离、倒角样式等参数，然后单击【应用】按钮，完成边框模型创建。边框曲线制作模型过程如图 3-71 所示。

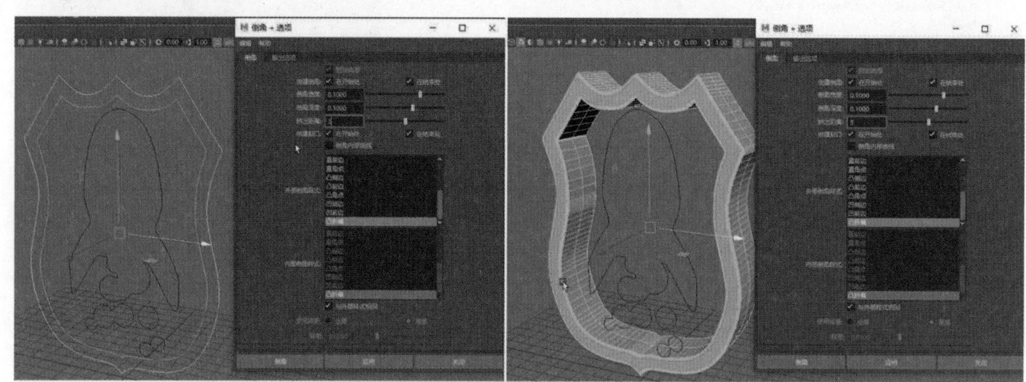

图 3-71 边框曲线制作模型过程

之后使用相同的方法，选择对应的曲线，在【倒角 + 选项】面板中设置挤出距离、倒角样式等参数，完成模型的制作。后续模型制作过程如图 3-72 所示。

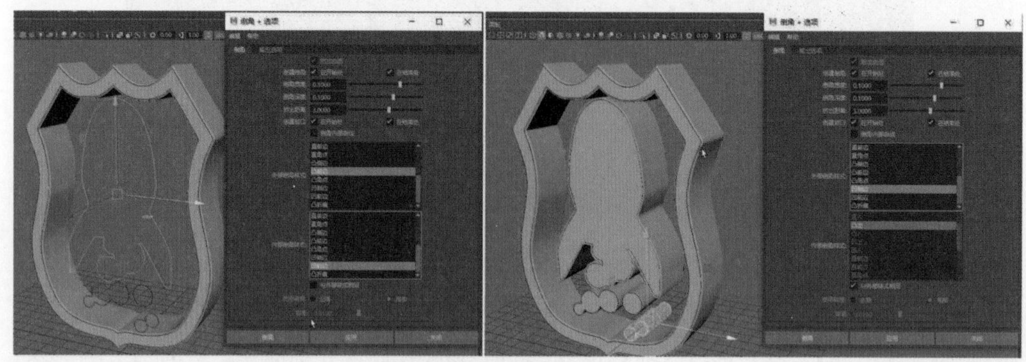

图 3-72 后续模型制作过程

步骤5：白模渲染。单击Hpyershade图标，打开Hpyershade面板并创建aiAmbientOcclusion材质球。选择所有的模型，在Hpyershade面板的【材质】选项卡中，将光标移动到新创建的aiAmbientOcclusion材质球上，然后右击，在弹出的菜单中选择【为当前选择指定材质】命令，将aiAmbientOcclusion材质球赋予所选择的模型。调整渲染角度，之后单击渲染视图图标，以Arnold Renderer为渲染器渲染白模。Logo白模效果图如图3-73所示。

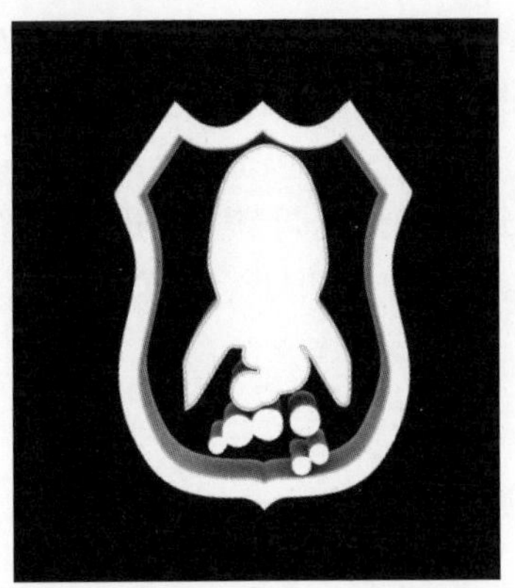

图3-73 Logo白模效果图

# 第4章　灯 光 技 术

在三维动画制作中，模型制作完成后，需要对模型所处的环境进行模拟，此时就需要设置灯光。灯光技术在三维动画制作中非常重要，它可以为场景添加逼真感和提升情感氛围。

本章对 Maya 中的灯光分类、创建、调节方法进行介绍，并通过案例讲解灯光设置方法，以便使读者了解和掌握 Maya 中的灯光技术。

**知识点：**

- 掌握灯光创建的方法；
- 掌握不同灯光应用范围及调节方法。

## 4.1　灯 光 概 述

光是一种电磁波，人可以感知到的电磁波称为可见光，是波长在 400 ～ 700 纳米的光谱范围。在这个范围内，不同波长的光呈现出不同的颜色。从波长最短到最长，可见光的颜色依次为紫色、蓝色、青色、绿色、黄色、橙色和红色。

为了在三维动画软件中模拟出现实世界的光影效果，需要使用灯光。灯光的三要素有灯光颜色、灯光强度和灯光方向。灯光颜色体现在冷暖色调、饱和度上；灯光强度体现在灯光亮度上；灯光方向体现在光与物体的方向，分为顺光、顺侧光、侧光、逆光、顶光和底光。

## 4.2　灯光的创建及操作

在 Maya 中使用灯光可以模拟出现实世界的光影效果。当新建一个场景时，Maya 会默认创建一盏灯光。当场景中创建灯光后，此默认灯光关闭。除自身提供的灯光外，插件渲染器也提供了灯光。

在 Maya 中创建灯光的方法有多种，可以使用菜单命令，如选择【创建】→【灯光】命令创建 Maya 灯光，或选择 Arnold → Light 命令创建 Arnold 灯光。创建灯光的菜单命令如图 4-1 所示。

也可以在 Hypershade 面板中的【创建】选项卡中找到 Maya →【灯光】节点，创建 Maya 灯光，如图 4-2 所示；或在 Arnold → Light 节点中创建 Arnold 灯光。

还可以在【工具架】中找到【渲染】或 Aronld，单击对应的灯光图标即可创建灯光，如图 4-3 所示。

灯光创建完成后，在视图区域和【大纲视图】中会出现对应的灯光。Maya 灯光如图 4-4 所示。

图 4-1　创建灯光的菜单命令

图 4-2　在 Hypershade 面板中创建灯光

(a) Maya 灯光图标　　(b) Arnold 灯光图标

图 4-3　在【工具架】中单击图标创建灯光

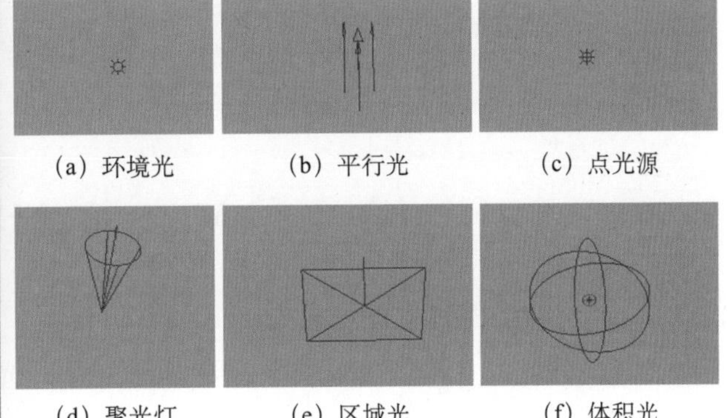

(a) 环境光　(b) 平行光　(c) 点光源

(d) 聚光灯　(e) 区域光　(f) 体积光

图 4-4　Maya 灯光

下面以聚光灯为例讲解灯光的调整方法。

选择【创建】→【灯光】→【聚光灯】命令，创建一盏聚光灯。选择此聚光灯，按 Ctrl+A 组合键打开【属性编辑器】面板，在 spotLightShape1 标签中对灯光属性参数进行调整。

聚光灯对应的【属性编辑器】面板如图 4-5 所示。

控制灯光的方法有以下三种。

方法一：使用移动工具、旋转工具、缩放工具控制灯光。

方法二：按 T 键，激活控制灯光的控制手柄，然后通过控制灯光照射目标点调整目标点方向。灯光控制手柄如图 4-6 所示。

方法三：选择聚光灯，在视图中选择【面板】→【沿选定对象观看】命令，进入聚光灯的第一视角，然后通过调整照射位置控制灯光，如图 4-7 所示。

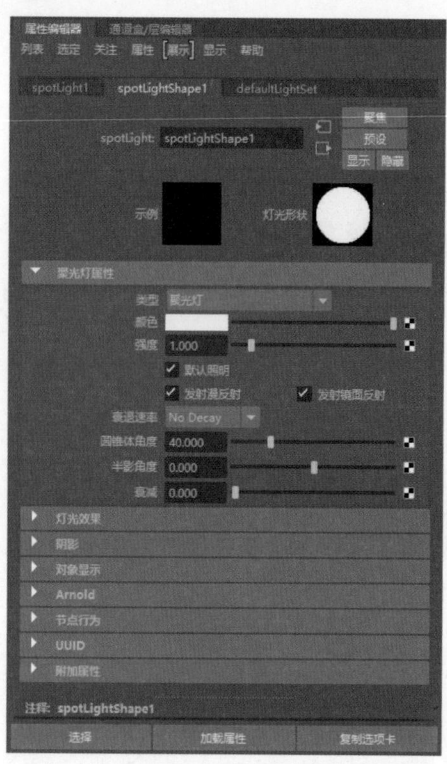


图 4-5　聚光灯对应的【属性编辑器】面板

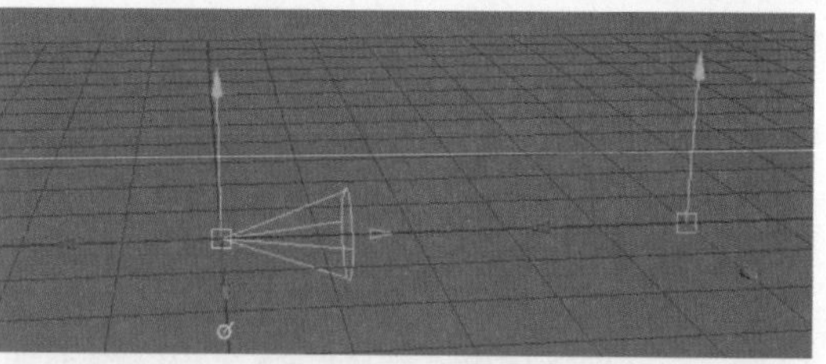

图 4-6　灯光控制手柄

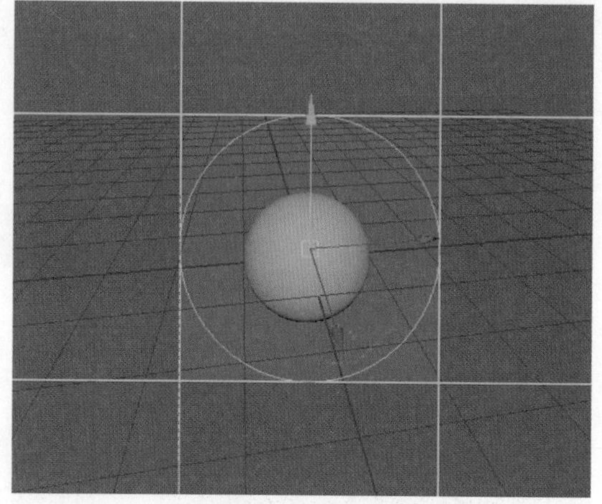

图 4-7　从聚光灯第一视角控制灯光

## 4.3　Maya 中的灯光

### 1．Maya 提供的 6 种灯光

Maya 提供的 6 种灯光分别是“环境光”“平行光”“点光源”“聚光灯”“区域光”和“体积光”。

• 环境光：用于模拟环境光线对物体的照射效果，一般不作为主光源。该灯光是从光源处向四周均匀发射光线。环境光及其照射效果如图 4-8 所示。

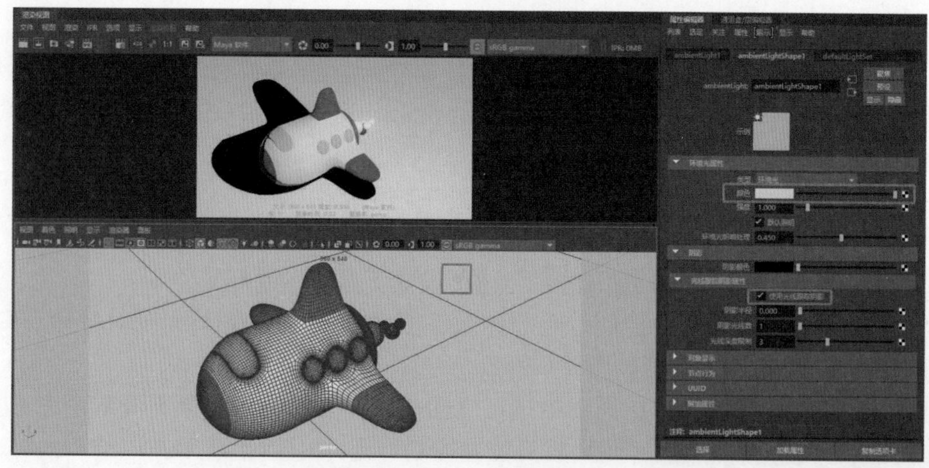

图 4-8　环境光及其照射效果

• 平行光：用于模拟远距离灯光照射效果，例如太阳光线。该灯光的箭头代表灯光方向，它以平行的方向均匀地发射光线。平行光及其照射效果如图 4-9 所示。

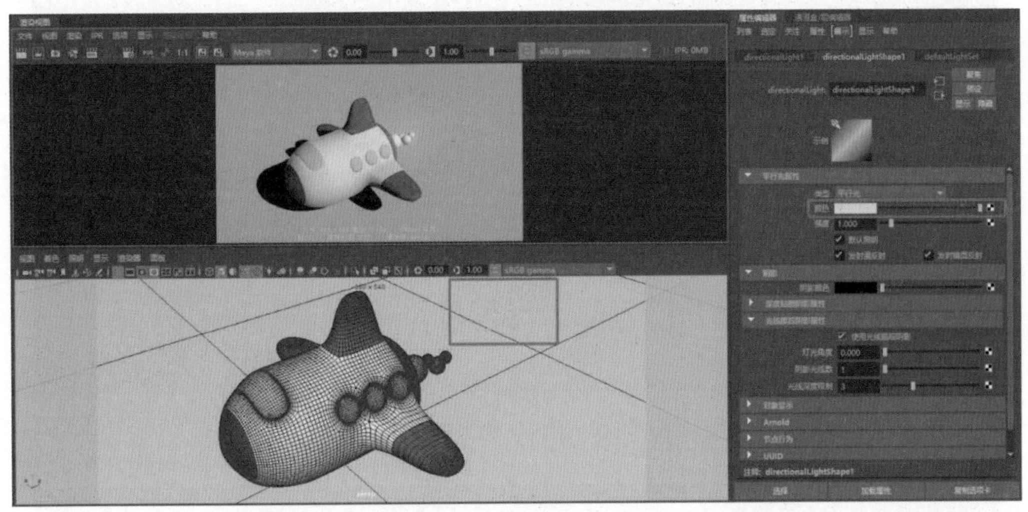

图 4-9　平行光及其照射效果

• 点光源：用于模拟白炽灯泡、蜡烛等小范围由光源中心向四周发射光线的效果。点光源及其照射效果如图 4-10 所示。

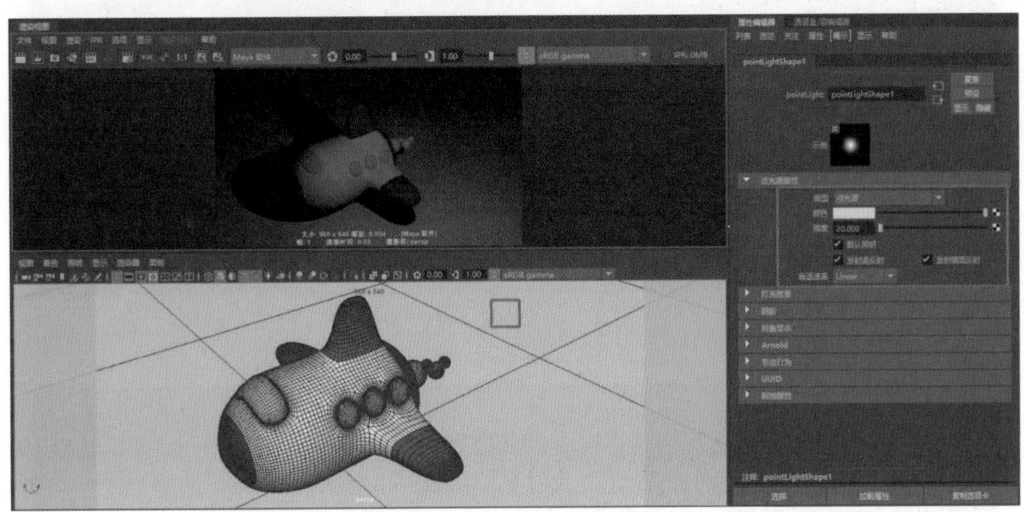

图 4-10　点光源及其照射效果

• 聚光灯：用于模拟手电筒、射灯等具有圆锥形区域范围的灯光效果，其光线从圆锥体均匀地发射光线。聚光灯及其照射效果如图 4-11 所示。

• 区域光：也被称为面光源，常用于模拟电视屏幕、计算机显示器、室内窗户照明效果。此灯光的灯光亮度与其“强度”属性有关，还与其自身的尺寸大小有关。该灯光效果最接近真实效果，但是计算机渲染负担大。区域光及其照射效果如图 4-12 所示。

• 体积光：用于照亮一定体积区域内物体。可以调整灯光形状，模拟不同的体积效果。体积光及其照射效果如图 4-13 所示。

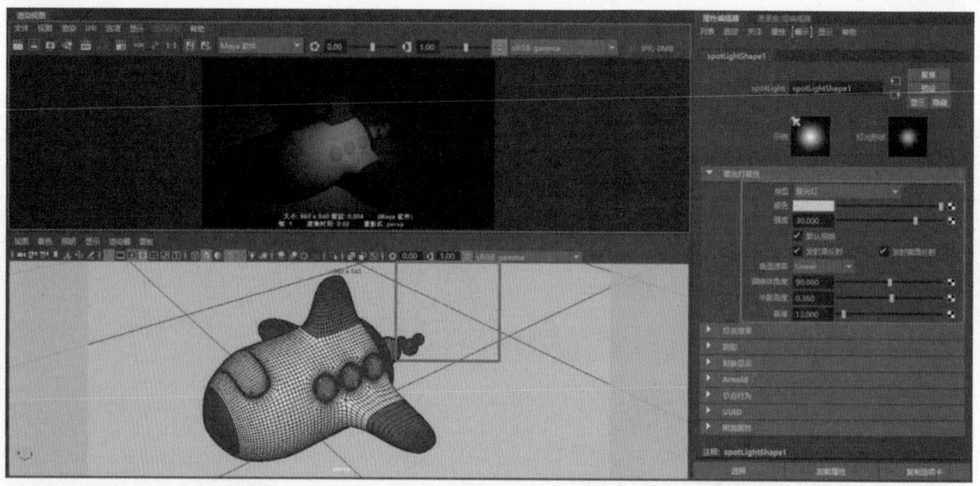

图 4-11　聚光灯及其照射效果

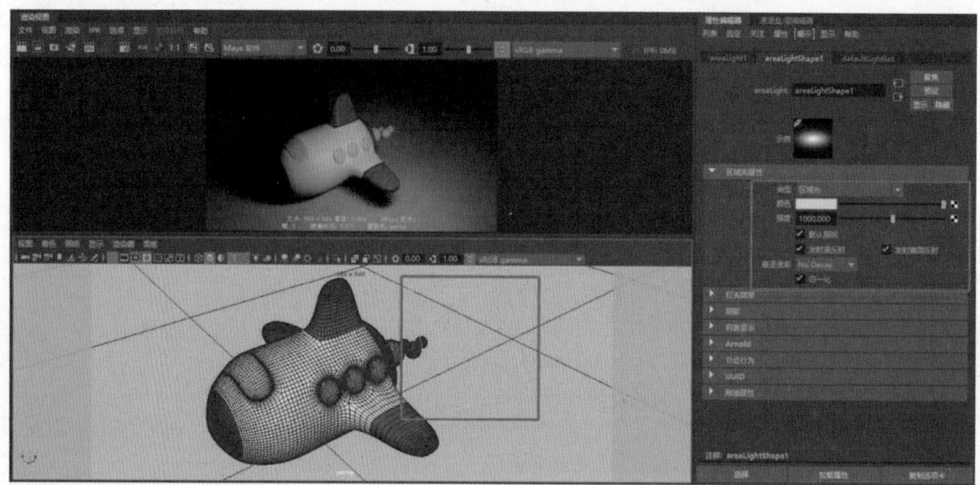

图 4-12　区域光及其照射效果

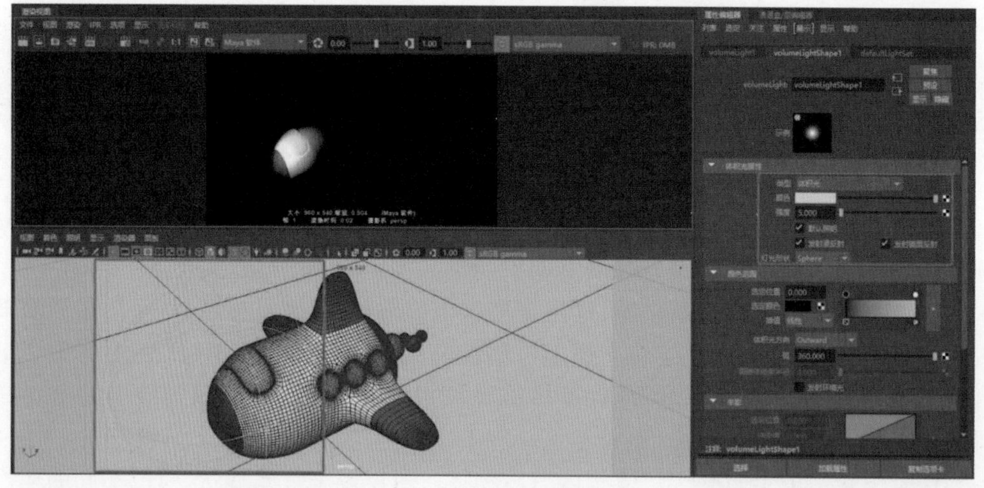

图 4-13　体积光及其照射效果

2．聚光灯的属性

聚光灯的属性较为全面，所以以聚光灯为例讲解灯光属性。聚光灯【属性编辑器】面板如图 4-14 所示。

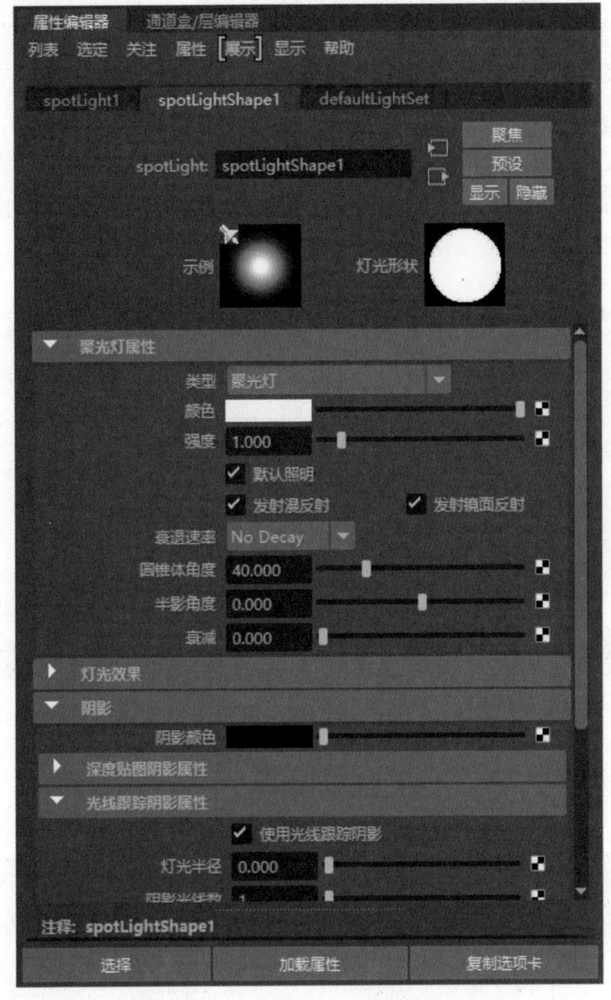


图 4-14 聚光灯【属性编辑器】面板

类型：可以在此切换灯光类型。

颜色：设置灯光的颜色。

强度：设置灯光的光照强度。

默认照明：默认情况下勾选该选项，可以类比为一个灯光的开关。如果不勾选该选项，则此灯光对整个场景中的所有物体不起照明作用；反之，对整个场景中的所有物体起照明作用。

发射漫反射：默认情况下勾选该选项。如果不选择该选项，则整个场景中该灯光无漫反射效果。勾选与不勾选【发射漫反射】选项的效果如图 4-15 所示。

发射镜面反射：默认情况下勾选该选项。如果不选中该选项，则整个场景中该灯光无镜面反射效果。勾选与不勾选【发射镜面反射】选项的效果如图 4-16 所示。

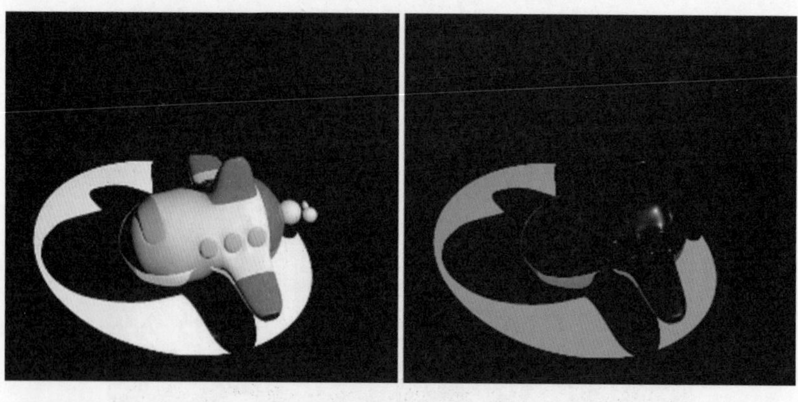

图 4-15　勾选与不勾选【反射漫反射】选项的效果

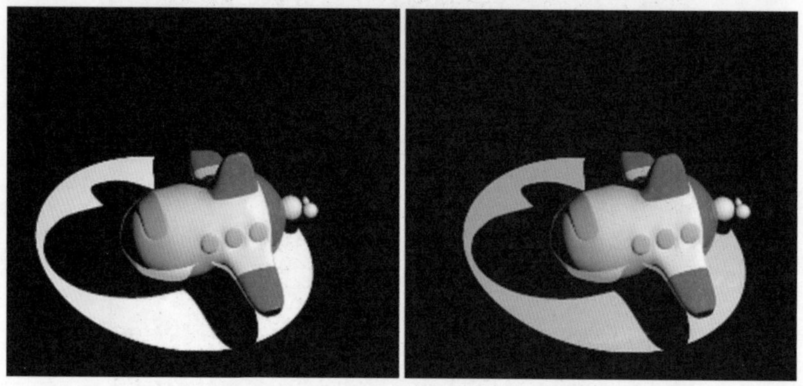

图 4-16　勾选与不勾选【发射镜面反射】选项的效果

衰退速率：控制灯光强度随距离而衰减的速度。不同衰退速率效果如图 4-17 所示。

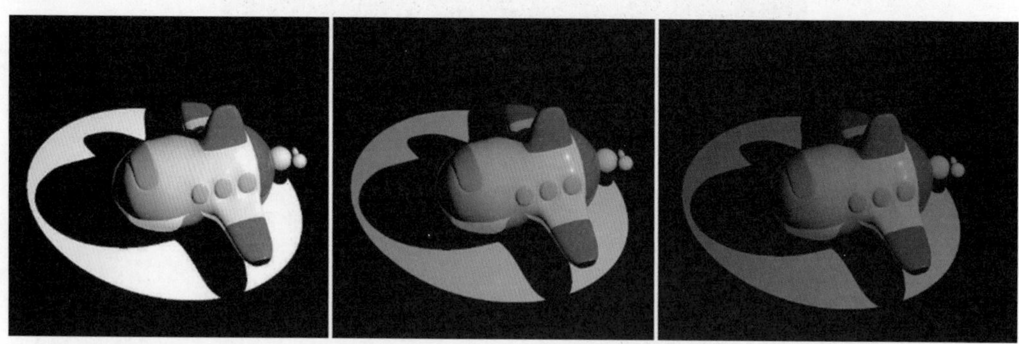

(a) 强度为 1 且无衰减　(b) 强度为 100 且为 Linear 衰减　(c) 强度为 10000 且为 Quadratic 衰减

图 4-17　不同衰退速率效果

圆锥体角度：控制聚光灯照射角度，可以理解为照射区域范围的控制，可调范围是 0.006° ~ 179.994°。圆锥体角度变化对比如图 4-18 所示。

半影角度：控制聚光灯投射边缘的虚化程度，可调范围 −179.994° ~ 179.994°。半影角度变化对比如图 4-19 所示。

衰减：控制灯光由中心向边缘衰减速率。衰减变化对比如图 4-20 所示。

(a) 圆锥体角度为 40

(b) 圆锥体角度为 50

图 4-18　圆锥体角度变化对比

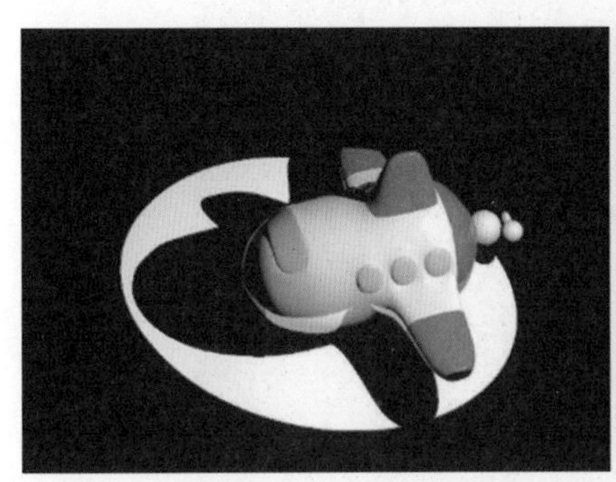

(a) 圆锥体角度为 40 且半影角度为 0

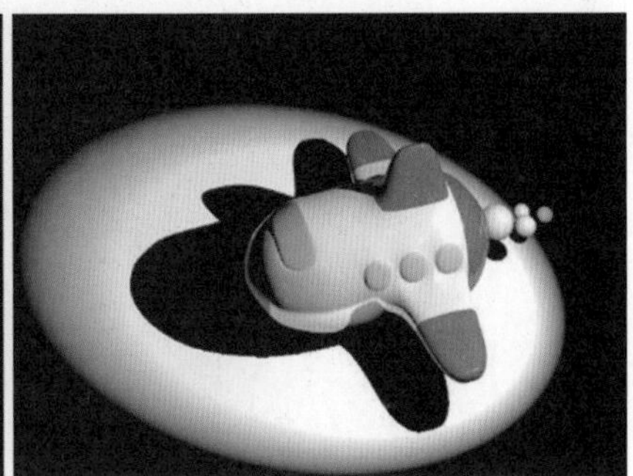

(b) 圆锥体角度为 40 且半影角度为 5

图 4-19　半影角度变化对比

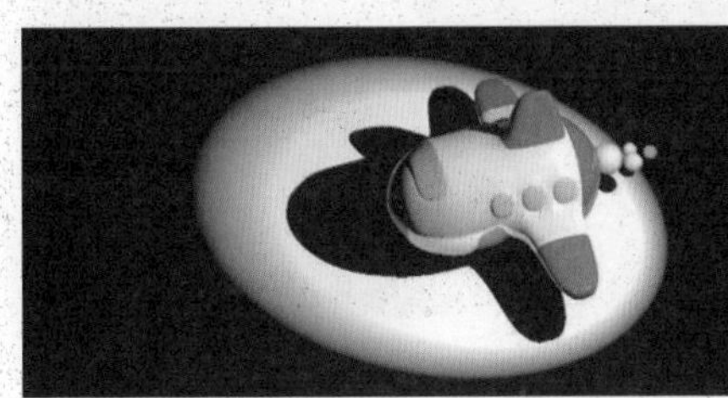

(a) 圆锥体角度为 40、半影角度为 5 且衰减为 0

(b) 圆锥体角度为 40、半影角度为 5 且衰减为 10

图 4-20　衰减变化对比

• 阴影：分为深度贴图阴影属性和光线跟踪阴影属性。

深度贴图阴影是指通过深度贴图技术来模拟光源对物体的投射阴影效果。深度贴图是一种纹理贴图。深度贴图阴影属性如图 4-21 所示。

默认情况下，勾选【光线跟踪阴影属性】。当勾选该选项后，需要在【渲染设置】面板中勾选【光线跟踪质量】→【光线跟踪】选项，这样在渲染时才能渲染出阴影。

使用深度贴图阴影：勾选此选项时，【使用光线跟踪阴影】选项自动关闭。

分辨率：调节深度贴图阴影的分辨率。当分辨率低时，阴影边缘有明显的锯齿。提高分辨率会降低阴影边缘的锯齿效果，但是渲染时间会加长。不同分辨率的深度贴图阴影效果如图 4-22 所示。需要注意的是，分辨率的设置一般为 2 的幂次方。

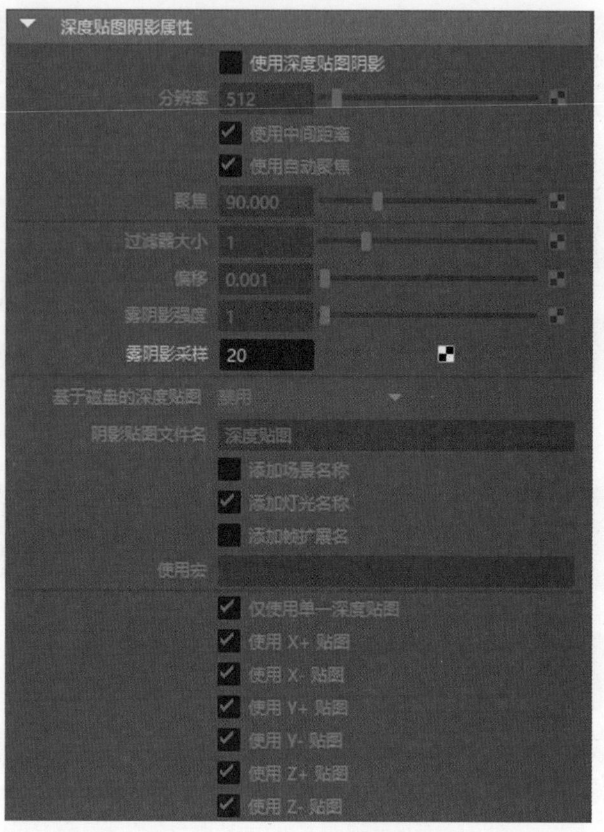


图 4-21　深度贴图阴影属性

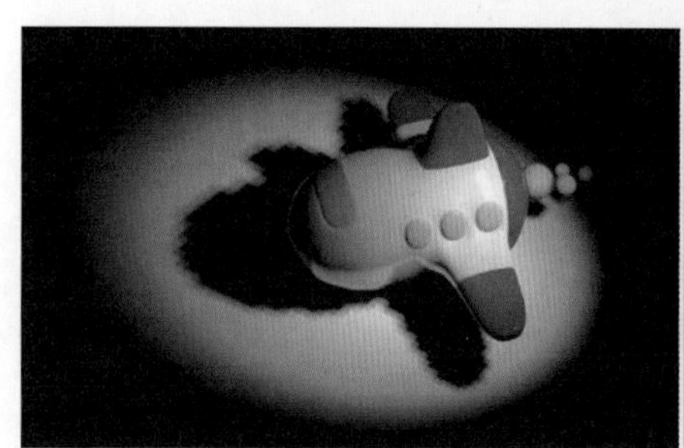

（a）分辨率为 64

（b）分辨率为 1024

图 4-22　不同分辨率的深度贴图阴影效果

使用中间距离：默认情况下被勾选。

使用自动聚焦：默认情况下被勾选。勾选该选项时，仅对场景中灯光照明区域内的物体投射阴影。

聚焦：设置灯光照明区域中的焦距值。

过滤器大小：控制阴影边缘的柔和程度。不同过滤器大小数值深度贴图阴影效果如图 4-23 所示。

偏移：深度贴图阴影与物体表面的偏移距离值设置。不同偏移值的深度贴图阴影效果如图 4-24 所示。

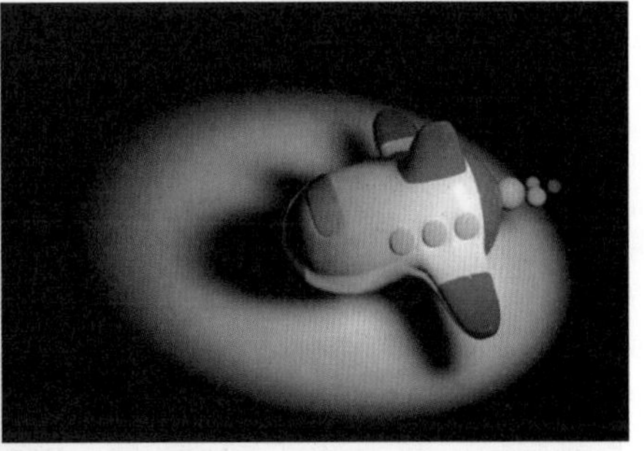

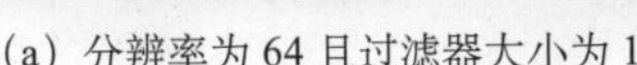
（a）分辨率为 64 且过滤器大小为 1　　（b）分辨率为 64 且过滤器大小为 4

图 4-23　不同过滤器大小数值深度贴图阴影效果

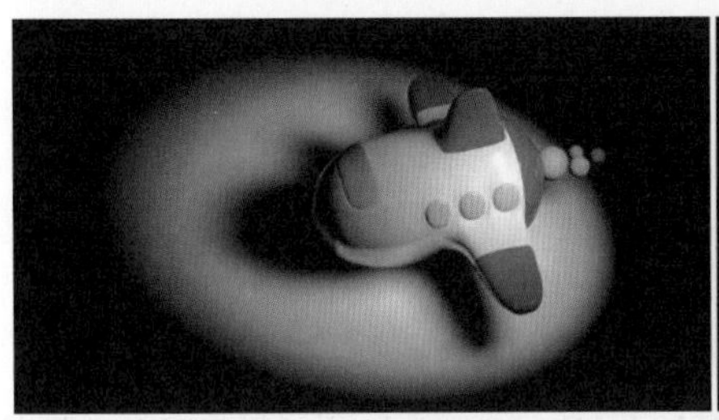

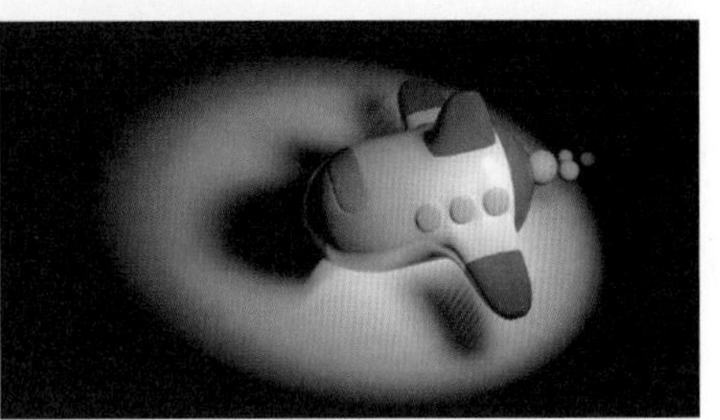

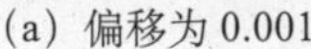
（a）偏移为 0.001　　（b）偏移为 0.2

图 4-24　不同偏移值的深度贴图阴影效果

雾阴影强度：控制灯光雾中阴影的暗度。

雾阴影采样：控制灯光雾中阴影的颗粒状效果。

基于磁盘的深度贴图：可以将灯光的深度贴图阴影保存到磁盘，以便后期再次渲染时重新调用。

阴影贴图文件名：设置保存到磁盘中的阴影贴图的名称。

添加场景名称：对保存到磁盘中的深度贴图添加场景名称。

添加灯光名称：对保存到磁盘中的深度贴图添加灯光名称。

添加帧扩展名：对每一帧保存一个深度贴图，对每一帧的深度贴图添加帧扩展名。

使用宏：当【基于磁盘的深度贴图】设置为【重用现有深度贴图】时才能用。通过执行宏命令，在读取深度贴图文件时更新深度贴图。

光线跟踪阴影是一种使用光线跟踪算法进行阴影计算的技术。它通过模拟光线从光源发射到物体表面的路径来计算阴影效果。光线跟踪阴影能够精确地模拟光线的折射、反射的传播过程。光线跟踪阴影属性如图 4-25 所示。

图 4-25　光线跟踪阴影属性

使用光线跟踪阴影：勾选此选项时，【使用深度贴图阴影】选项自动关闭。

灯光半径：数值开大后，阴影产生颗粒状效果。不同灯光半径光线跟踪阴影效果如图 4-26 所示。

（a）灯光半径为 0

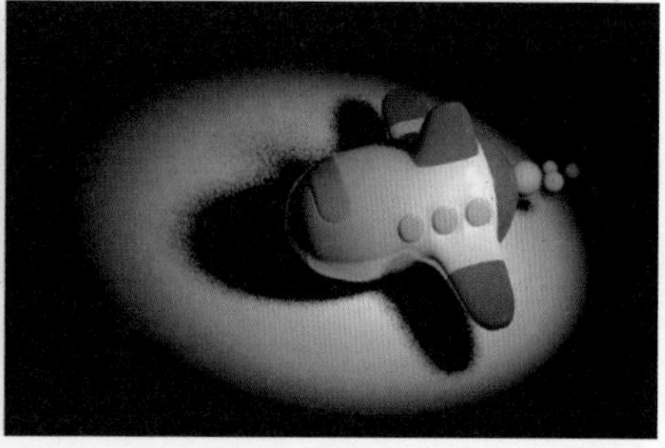

（b）灯光半径为 20

图 4-26　不同灯光半径光线跟踪阴影效果

阴影光线数：当【灯光半径】选项调整后出现颗粒状效果时，调整此属性数值，可以使颗粒状边缘变柔和。不同阴影光线数的光线跟踪阴影效果如图 4-27 所示。

光线深度限制：调整灯光被反射或折射的最大次数限制。

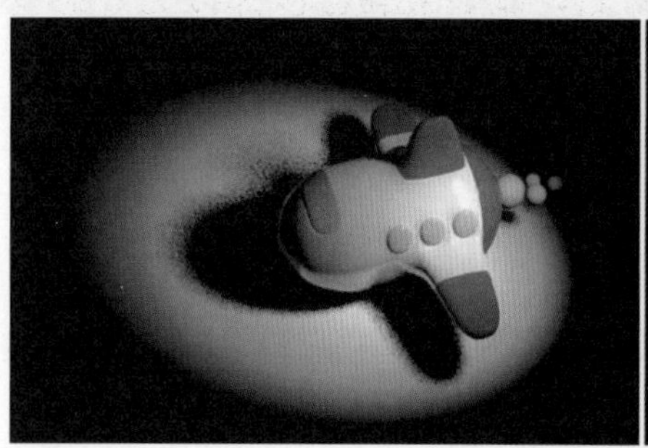

（a）灯光半径为 20 且阴影光线数为 1

（b）灯光半径为 20 且阴影光线数为 10

图 4-27　不同阴影光线数的光线跟踪阴影效果

## 4.4　Maya 灯光效果

在 Maya 中，灯光具有灯光雾和灯光辉光两种灯光效果。灯光效果统计如表 4-1 所示。

**表 4-1　灯光效果统计**

| 灯光 | 灯光雾 | 灯光辉光 |
| --- | --- | --- |
| 环境光 | × | × |
| 平行光 | × | × |
| 点光源 | √ | √ |
| 聚光灯 | √ | √ |
| 区域光 | × | √ |
| 体积光 | √ | √ |

选择灯光，在【属性编辑器】面板中将灯光 shape 选项中的【灯光效果】打开，然后单击【灯光雾】或者【灯光辉光】属性后的棋盘格▣，如图 4-28 所示，即可添加灯光雾或者灯光辉光效果。

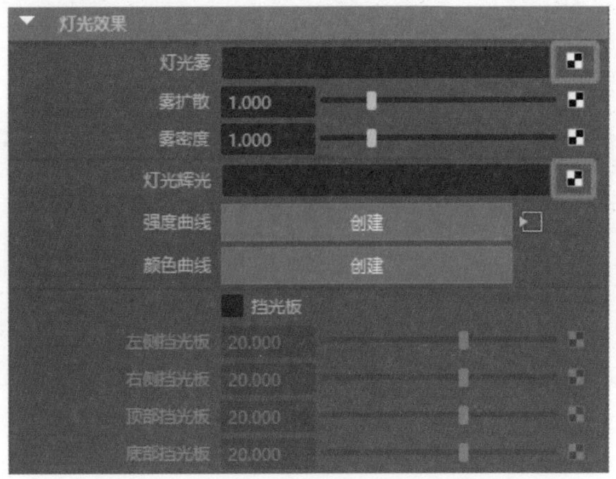


图 4-28　添加灯光雾或者灯光辉光效果按钮

点光源和体积光的灯光雾为球形，聚光灯的灯光雾为圆锥形，如图 4-29 所示。

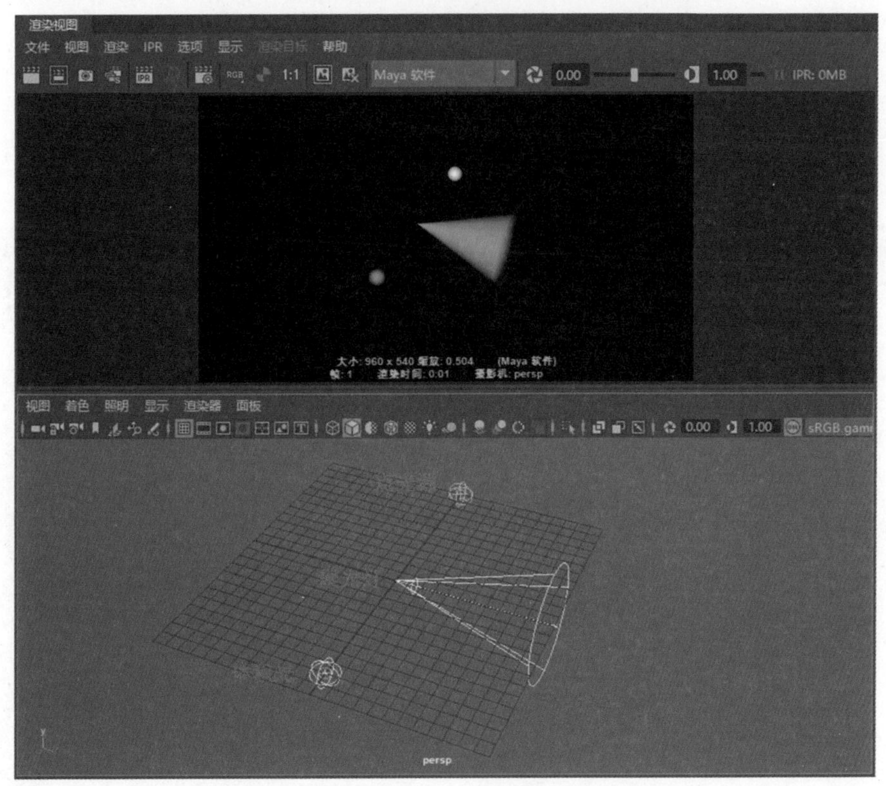


图 4-29　灯光雾效果

对灯光开启灯光辉光效果，在【属性编辑器】面板中对 opticalFX 标签的【光学效果属性】、【光晕属性】等属性进行设置，可以设置不同的辉光效果。灯光辉光效果如图 4-30 所示。

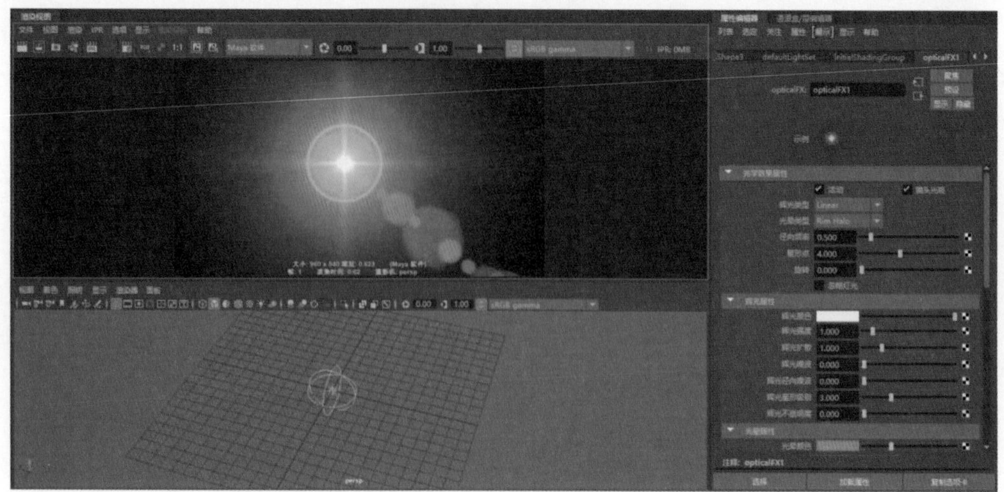

图 4-30　灯光辉光效果

## 4.5　Arnold 灯 光

Arnold 灯光创建完成后，在视图区域和【大纲视图】面板中会出现对应的灯光。

Arnold 提 供 了 6 种 灯 光，分 别 是 Area Light、Skydome Light、Mesh Light、Photometric Light、Light Portal、Physical Sky。

（1）Area Light ：与 Maya 的区域光相似，这是面光源。Area Light 及其属性参数如图 4-31 所示。

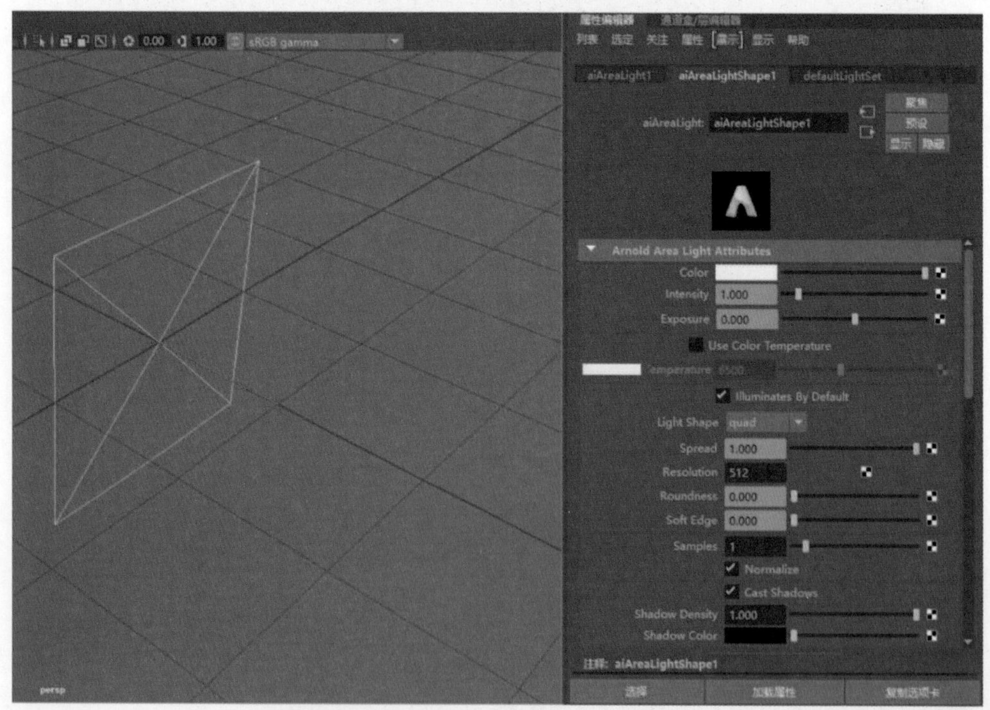


图 4-31　Area Light 及其属性参数

Area Light 常用属性如下。

- Color：设置灯光颜色。
- Intensity：设置灯光倍增值，一般与 Exposure 结合使用。
- Exposure：设置灯光曝光值。通过此数值的调整，可以控制画面亮度。Intensity 和 Exposure 的调节效果如图 4-32 所示。

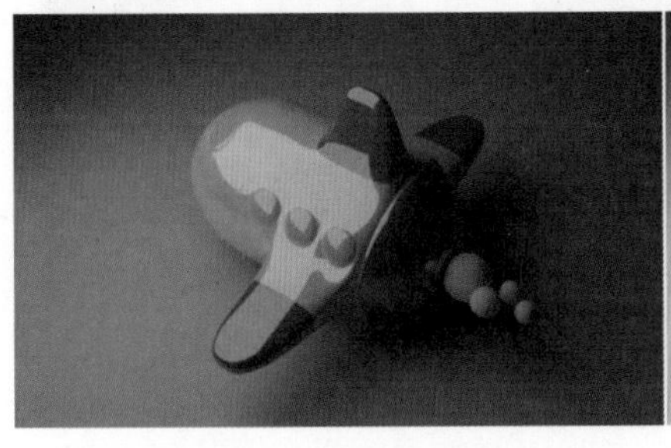

(a) Intensity 为 1 且 Exposure 为 15

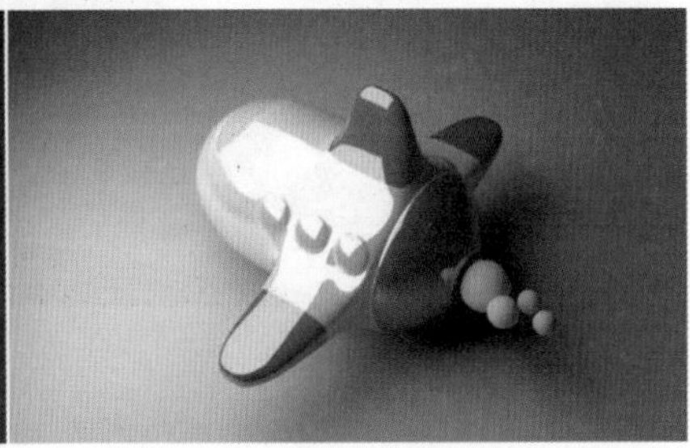

(b) Intensity 为 3 且 Exposure 为 15

图 4-32 Intensity 和 Exposure 的调节效果

- Use Color Temperature：勾选此项，可以使用色温控制灯光颜色。勾选此项后，Temperature 才能设置色温值。
- Temperature：设置色温值。不同色温渲染效果如图 4-33 所示。

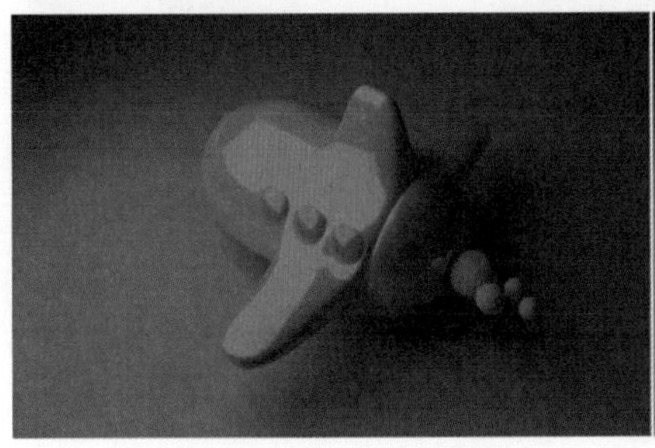

(a) Temperature 为 400

(b) Temperature 为 160000

图 4-33 不同色温渲染效果

- Illuminates By Default：灯光开关。取消勾选此项，则该灯光不再照明。
- Light Shape：设置灯光形状。
- Spread：设置灯光的发散。不同 Spread 数值渲染效果如图 4-34 所示。

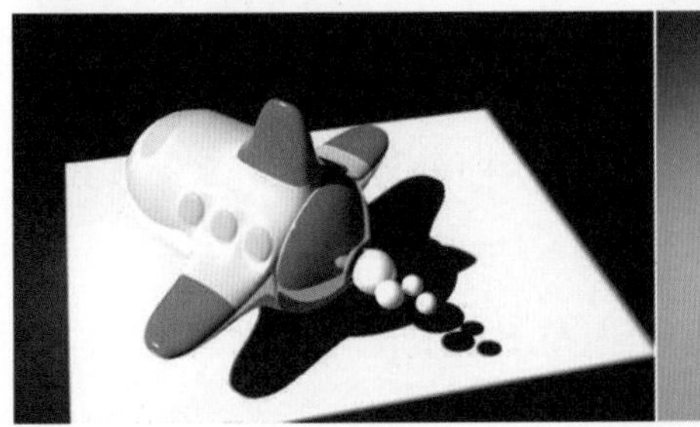

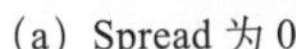

(a) Spread 为 0

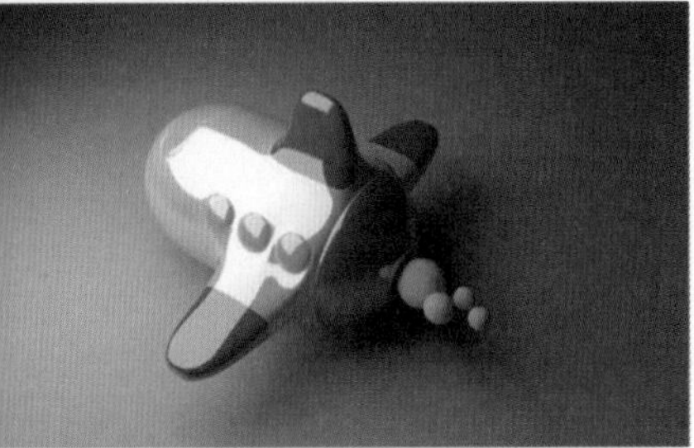

(b) Spread 为 1

图 4-34 不同 Spread 数值渲染效果

• Resolution：设置灯光计算时细分值。

• Roundness：控制灯光边缘的圆弧状效果。Spread 为 0 时，不同 Roundness 值的效果如图 4-35 所示。

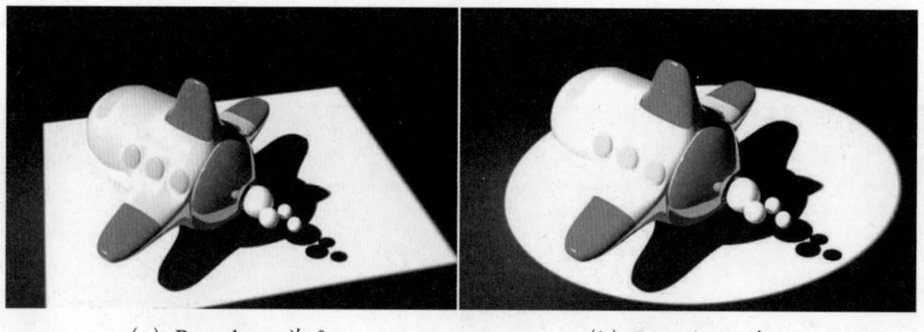

（a）Roundness 为 0　　（b）Roundness 为 1

图 4-35　不同 Roundness 值的效果

• Soft Edge：控制灯光边缘柔化度。Spread 为 0 时，不同 Soft Edge 值的效果如图 4-36 所示。

（a）Soft Edge 为 0　　（b）Soft Edge 为 1

图 4-36　不同 Soft Edge 值的效果

• Samples：设置灯光采样值。该值越大，渲染时间越长，但是噪点越少。不同 Samples 值的效果如图 4-37 所示。

（a）Samples 为 1　　（b）Samples 为 5

图 4-37　不同 Samples 值的效果

• Normalize：标准化参数。关闭此参数，灯光的亮度与灯光的尺寸成正比；开启此参数，灯光的亮度与灯光尺寸无关。

• Cast Shadows：勾选此项，该灯光产生阴影；取消勾选该选项，渲染后物体无阴影。

- Shadow Density ：设置阴影密度。该值影响阴影的深浅效果。该值小，渲染的阴影浅；该值大，渲染的阴影深。不同 Shadow Density 值的效果如图 4-38 所示。

（a）Shadow Density 为 1　　（b）Shadow Density 为 0.5

图 4-38　不同 Shadow Density 值的效果

- Shadow Color ：设置阴影颜色。
- Cast Volumetric Shadows ：确定是否产生体积阴影。
- Volume Samples ：控制体积阴影的噪点效果。

（2）Skydome Light ：天空光。创建后，在场景中是一个球体，可以用于模拟阴天室外光照。Skydome Light 及其照射效果如图 4-39 所示。

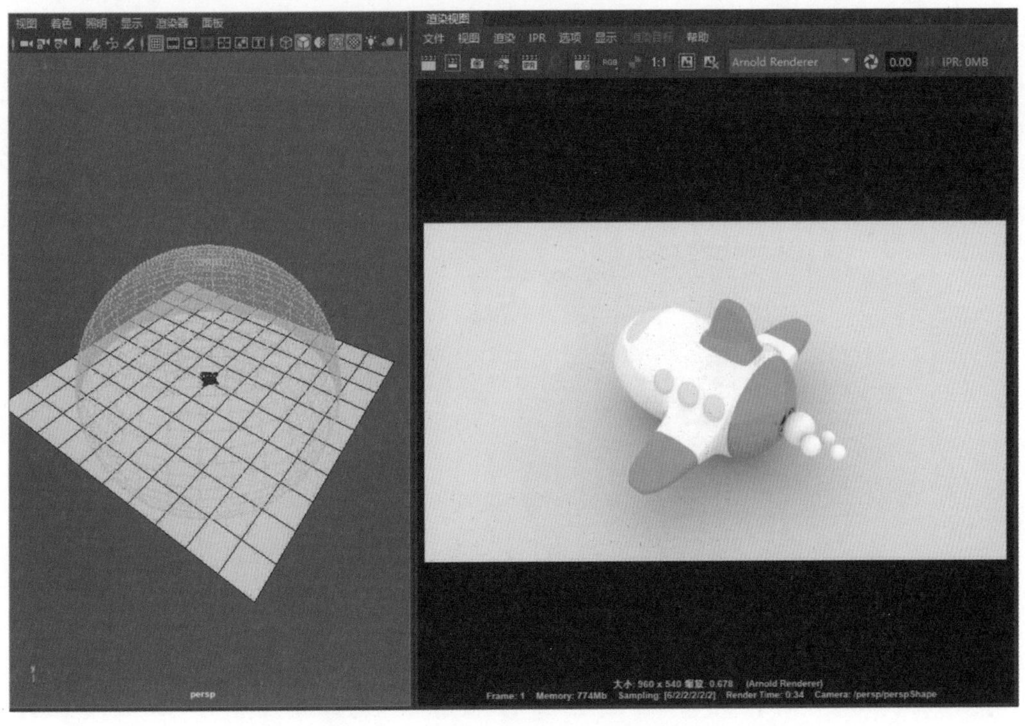


图 4-39　Skydome Light 及其照射效果

（3）Mesh Light ：网格灯光。创建多边形网格对象，然后选择该命令，此多边形网格对象就会被设置为 Aronld 的 Mesh Light。Mesh Light 及其照射效果如图 4-40 所示。

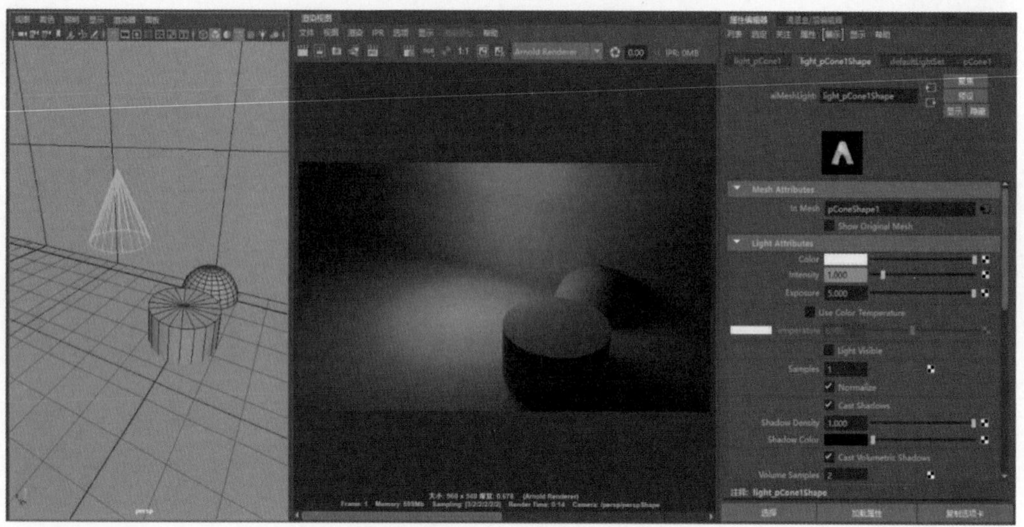

图 4-40　Mesh Light 及其照射效果

（4）Photometric Light ：光度学灯光。借助广域网文件数据，模拟灯光效果。首先创建 Photometric Light，然后在【属性编辑器】面板 aiPhotometricLightShape1 选项卡中，单击 Photometric Light Attributes → Photometry File 后的文件夹按钮，在弹出的 Load Photometry File 对话框中选择广域网文件。Photometric Light 及其照射效果如图 4-41 所示。

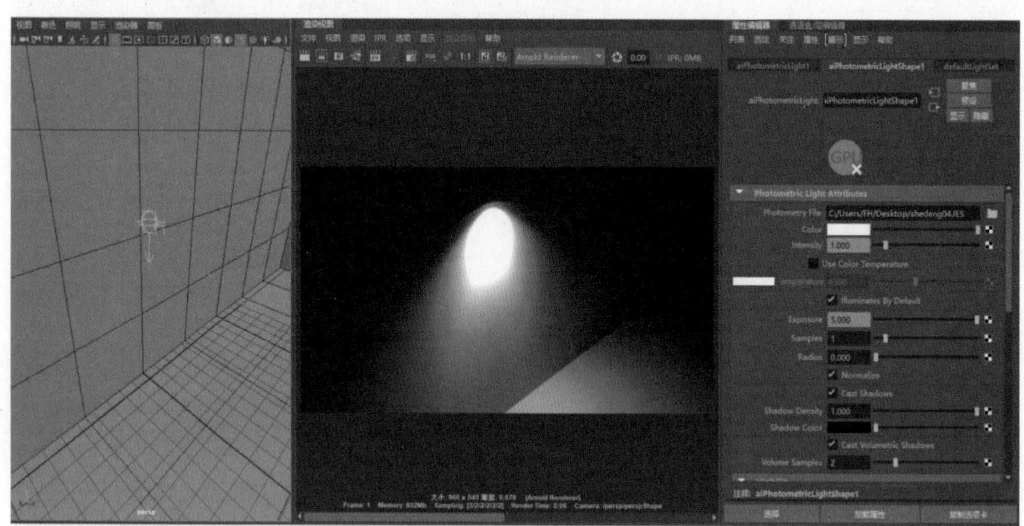

图 4-41　Photometric Light 及其照射效果

（5）Light Portal ：此灯光创建前需要创建 Skydome Light。如果未创建 Skydome Light，执行该命令后会弹出场景中需要有 Skydome Light 的提示对话框。在场景中成功创建 Light Portal 后，可以使用移动工具、旋转工具、缩放工具调整此灯光的位置及大小。Light Portal 及其照射效果如图 4-42 所示。

（6）Physical Sky ：物理天空。创建后，在场景中是一个球体，用于模拟真实环境下的日光照明及天空效果。Physical Sky 及其照射效果如图 4-43 所示。

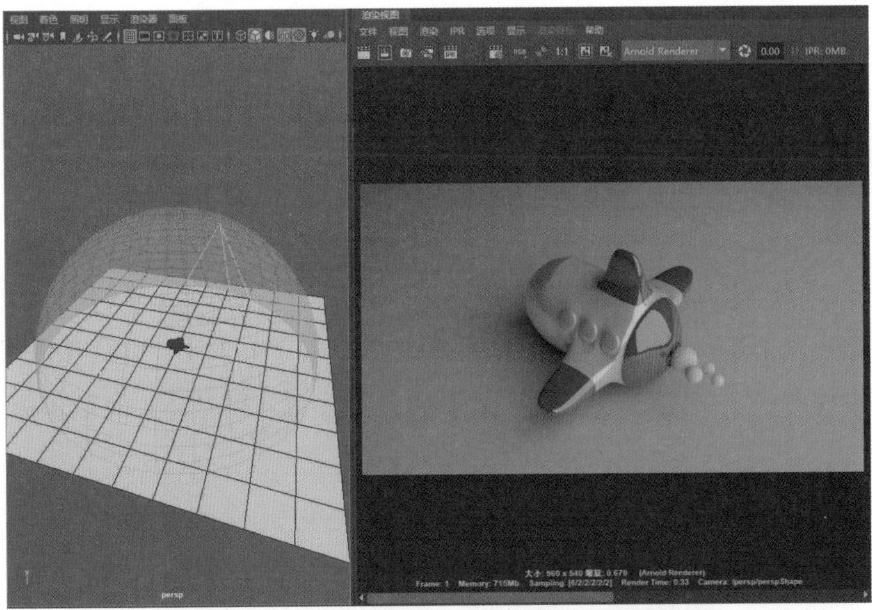

图 4-42　Light Portal 及其照射效果

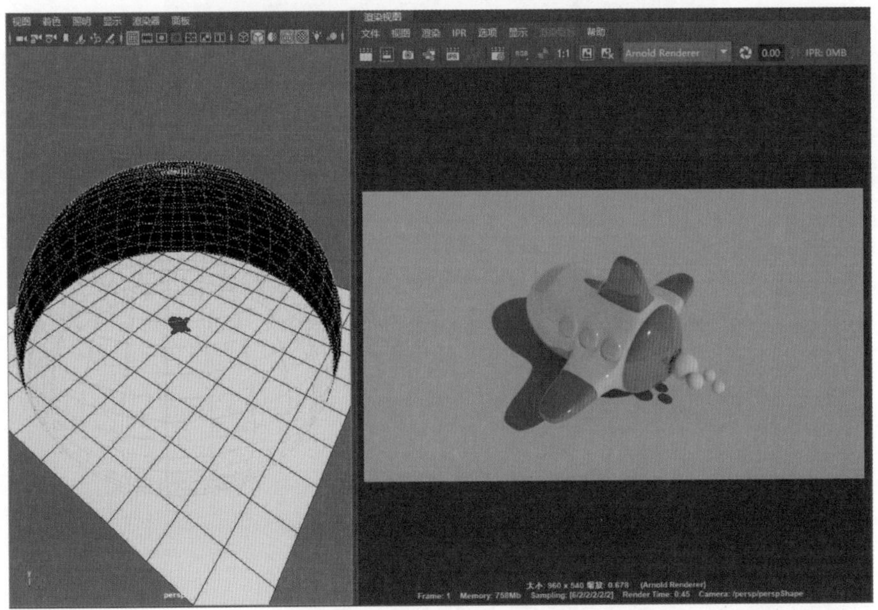

图 4-43　Physical Sky 及其照射效果

Physical Sky 属性参数如图 4-44 所示。

Physical Sky 常用属性如下。

- Turbidity：设置天空大气浑浊度。
- Ground Albedo：控制地平线以下大气颜色。
- Elevation：设置太阳高度。
- Azimuth：设置太阳方位。
- Intensity：设置太阳的倍增值。

- Sky Tint：设置天空色调，默认为白色。
- Sun Tint：设置太阳色调。
- Sun Size：设置太阳尺寸。
- Enable Sun：勾选该项，开启太阳计算。

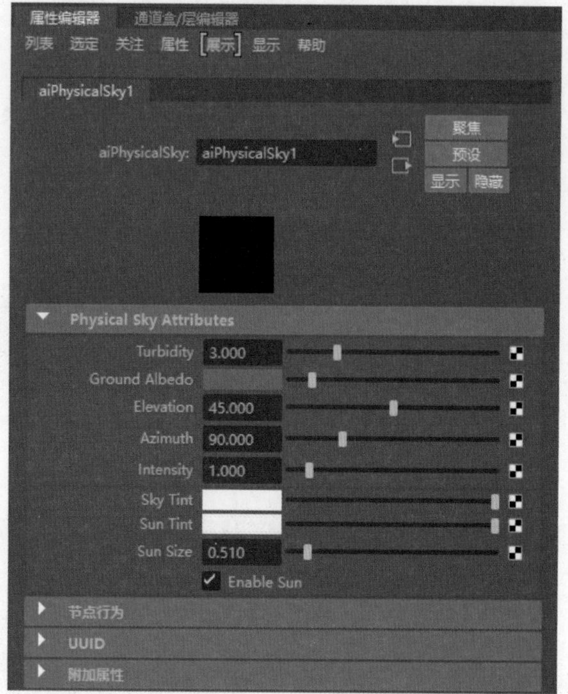


图 4-44 Physical Sky 属性参数

# 4.6 场景布光

## 4.6.1 场景布光效果

本案例所使用的场景为第 2 章中 2.3 节中的场景，在本案例中完成 2.3 节场景的布光，场景布光效果如图 4-45 所示。

图 4-45 场景布光效果

场景布光 .mp4

### 4.6.2　场景布光步骤

步骤 1：重置材质球。因为之前在制作场景白模渲染时将 BG 背景平面放入 layer1 层中，同时模型材质球为 aiAmbientOcclusion1，所以，首先将 BG 平面显示出来，之后单击 Hypershade 图标，将 Hypershade 面板调出。选择所有的模型，在 Hpyershade 面板的【材质】选项卡中将光标移动到 lambert1 材质球上，然后右击，在弹出的菜单中选择【将 initialShadingGroup 选择指定给当前】命令，将所有模型的材质球设置为 lambert1。重置材质球过程如图 4-46 所示。

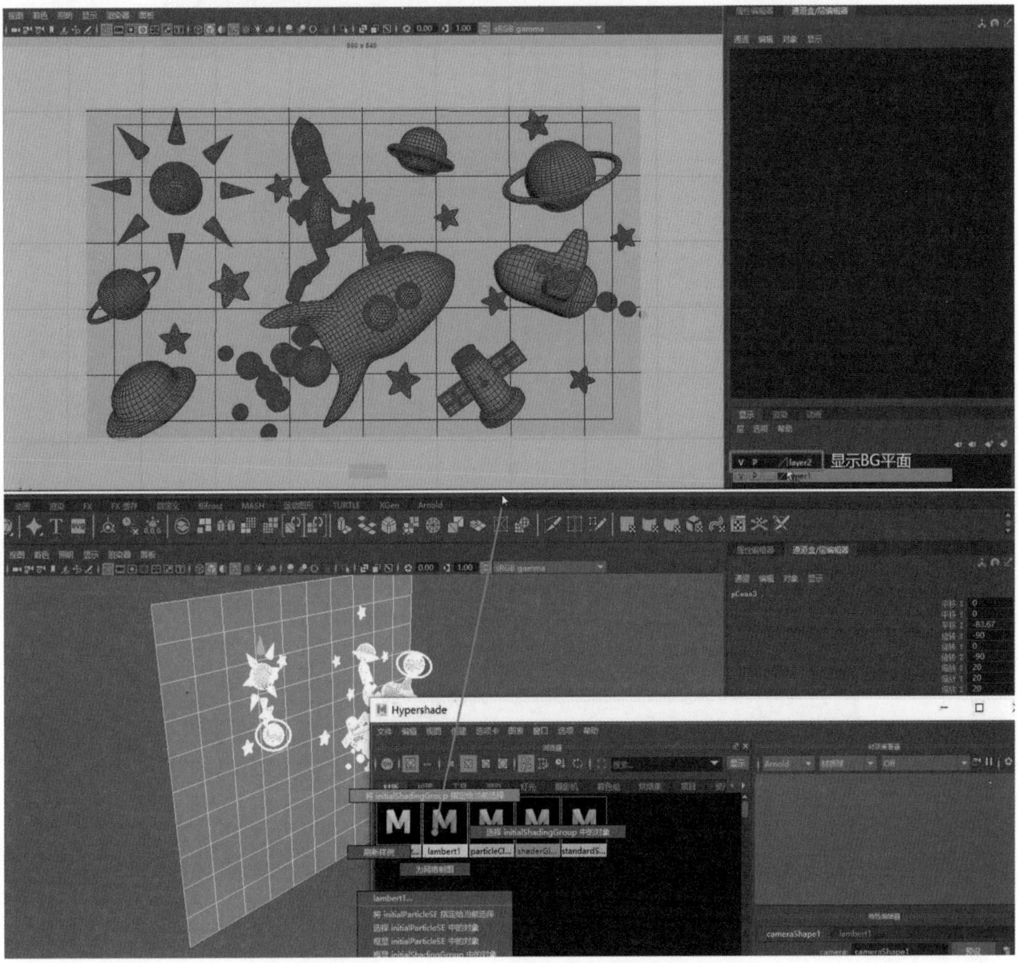

图 4-46　重置材质球过程

步骤 2：创建 aiAreaLight1 灯光和 aiAreaLight2 灯光。选择 Arnold → Light → Area Light 命令，创建 aiAreaLight1 灯光。调整 aiAreaLight1 灯光位置，将其放置在场景的左侧。之后选择 aiAreaLight1 灯光，按 Ctrl+D 组合键复制灯光，生成 aiAreaLight2。调整 aiAreaLight2 灯光位置，将其放置在场景的右侧。aiAreaLight1 灯光和 aiAreaLight2 灯光位置如图 4-47 所示。

分别选择 aiAreaLight1 灯光和 aiAreaLight2 灯光，将其 Exposure 设置为 18，如图 4-48 所示。

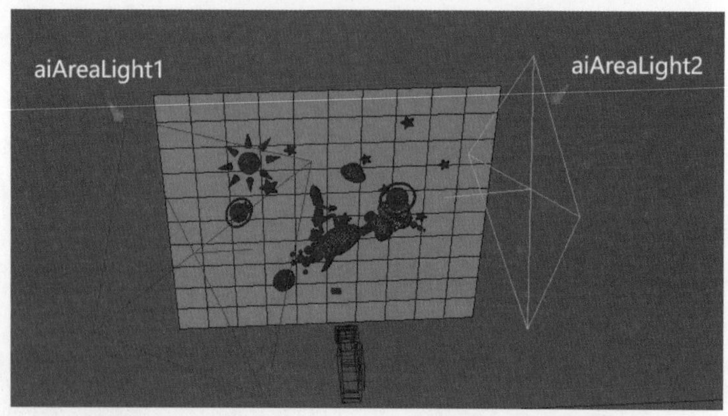


图 4-47　aiAreaLight1 灯光和 aiAreaLight2 灯光位置

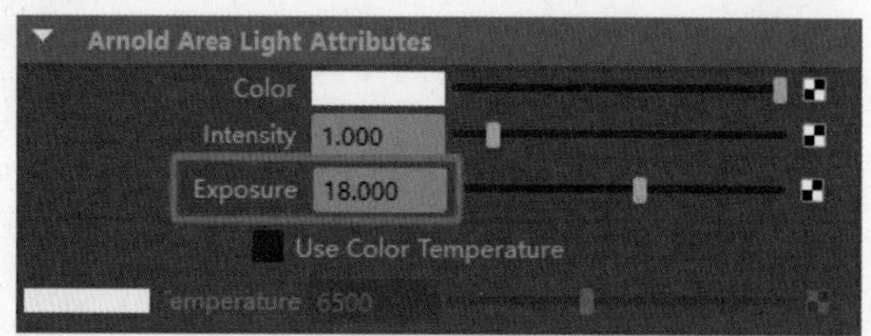


图 4-48　设置 aiAreaLight1 灯光和 aiAreaLight2 灯光 Exposure 参数

两盏灯光效果如图 4-49 所示。

图 4-49　两盏灯光效果

步骤 3：选择 aiAreaLight2 灯光，按 Ctrl+D 组合键复制灯光，生成 aiAreaLight3 灯光。调整 aiAreaLight3 灯光位置，将其放置在场景的正面。aiAreaLight3 灯光方位如图 4-50 所示。三盏灯光效果如图 4-51 所示。

使用相同的复制方法，分别复制出 aiAreaLight4 灯光和 aiAreaLight5 灯光。将 aiAreaLight4 灯光放置在场景的正上方，灯光方向从上至下照射。将 aiAreaLight5 灯光放置在场景的正下方，灯光方向从下至上照射。aiAreaLight4 灯光和 aiAreaLight5 灯光位置如图 4-52 所示。

选择 aiAreaLight5 灯光，在【属性编辑器】面板中将其 Exposure 设置为 15，如图 4-53 所示。

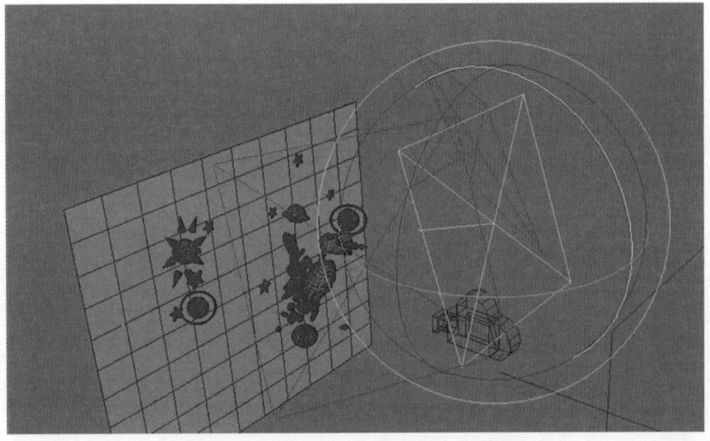

图 4-50　aiAreaLight3 灯光方位

图 4-51　三盏灯光效果

图 4-52　aiAreaLight4 灯光和 aiAreaLight5 灯光位置

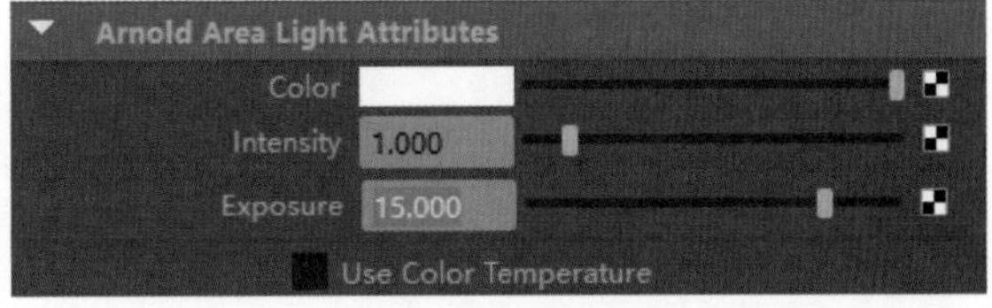


图 4-53　设置 aiAreaLight5 灯光参数

五盏灯光效果如图 4-54 所示。

图 4-54　五盏灯光效果

步骤 4：选择 Arnold → Light → Photometric Light 命令，创建 aiPhotometricLight1 灯光。将该灯光放置在场景的右上角。选择该灯光进入【属性编辑器】面板，在 aiPhotometricLightShape1 中，单击 Photometry File 后面的文件夹按钮，在弹出的 Load Photometry File 对话框中选择提供的 shedeng04.IES 文件（该文件在工程文件夹中的 date 文件夹内）。之后将 Color 设置为黄色，Exposure 设置为 15，关闭 Cast Shadows 选项。aiPhotometricLight1 灯光及参数的设置如图 4-55 所示。

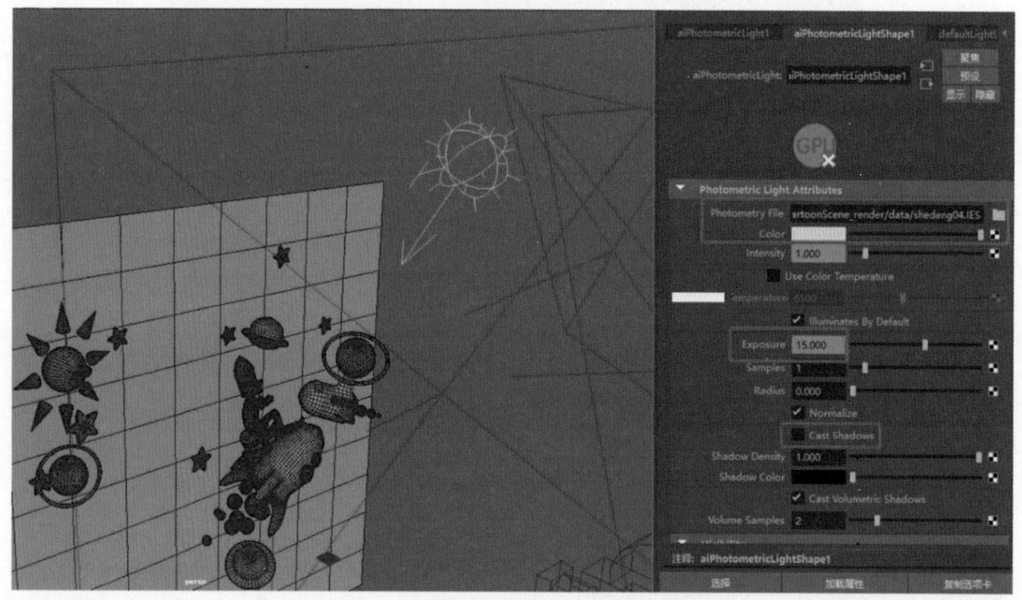


图 4-55　aiPhotometricLight1 灯光及参数的设置

步骤 5：在【渲染视图】面板中选择【渲染】→【渲染】→ camera1 命令，渲染灯光效果。据此完成场景布光。

# 第5章　材质与渲染技术

材质与渲染技术在三维动画中发挥着重要作用，它们能够增强模型的真实质感，使得动画更加逼真。材质能够体现物体的质感，如颜色、透明度、反射、折射等。合理、有效地应用材质与渲染技术，能够使三维模型看起来更加真实且具有质感。

本章对 Maya 中材质创建及设置方法进行介绍，并通过案例讲解材质设置方法，以便让读者了解和掌握 Maya 中材质及其渲染技术。

**知识点：**

- 了解材质的基本概念；
- 掌握材质创建及调节方法。

## 5.1　材质基本知识概述

在三维动画制作软件中需要模拟物体的真实质感，就需要在三维动画制作软件中设置对应的材质属性。材质是用来描述物体质感的，包括颜色、透明度、反射、折射、凹凸等特性。如颜色即表现物体表面的固有色，决定了物体的基础色。透明度是指物体对光线的透过程度。可以通过设置材质的透明度，结合反射率和折射率来模拟玻璃、水等透明物体。通过设置材质的颜色、反射、折射等属性，可以在三维动画制作软件中通过虚拟的手法实现对现实事物的还原。

## 5.2　Hypershade 面板

Hypershade 面板是管理材质球的工作界面。单击 Hypershade 图标，打开 Hypershade 面板，如图 5-1 所示。

在 Hypershade 面板中包括【浏览器】、【创建】、【工作区】、【材质查看器】、【特性编辑器】、【存储箱】等选项卡。如果在操作过程中将【浏览器】、【创建】等选项卡关闭了，可以在【窗口】中将关闭的选项卡调出。

- 浏览器：在【浏览器】选项卡中可以查看场景中创建的材质球节点、工具节点、灯光节点等，如图 5-2 所示。新建场景后，Maya 中提供了 lambert1、particleCloud1、shaderGlow1 和 standardSurface1 四个默认材质球。这四个默认材质球不能被删除，同时在项目制作过程中一般也不修改这四个材质球的属性。在场景中所创建的模型都使用 lambert1 材质球，所以场景中的模型需要设置材质效果时，需新建材质球再调整。

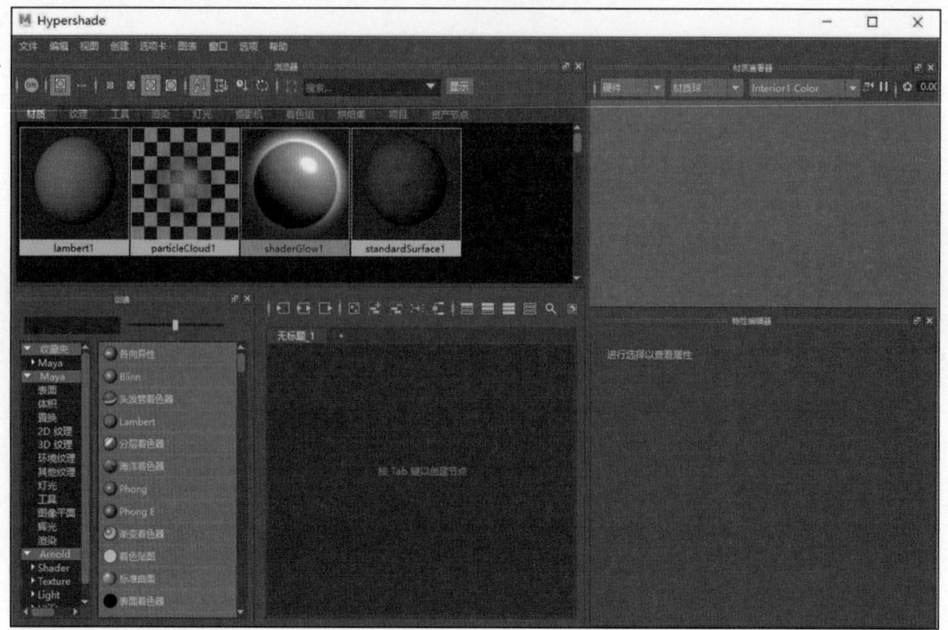


图 5-1　Hypershade 面板

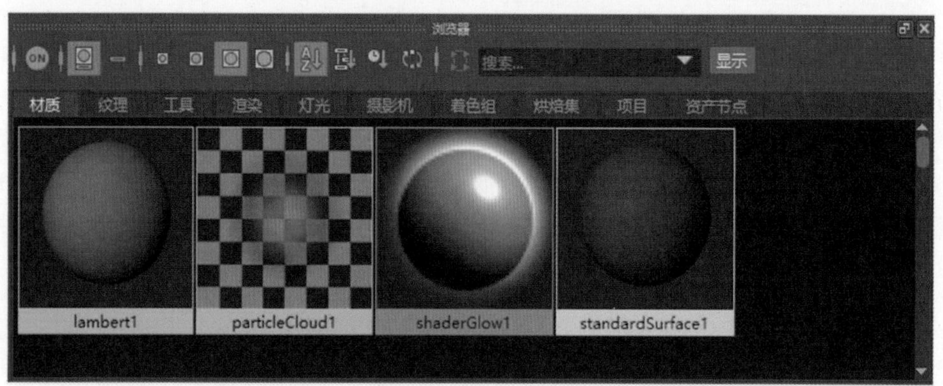


图 5-2　浏览器

- 创建：在【创建】选项卡中可以创建材质球节点、工具节点等，如图 5-3 所示。
- 工作区：【工作区】选项卡是显示和编辑材质节点的区域，如图 5-4 所示。在【工作区】选项卡单击材质节点，该节点对应的参数在【特性编辑器】选项卡中显示。
- 材质查看器：在【材质查看器】选项卡中可以直观地查看材质球调整后的预览效果，如图 5-5 所示。

在【材质查看器】选项卡中可以选择“硬件”或 Arnold 方式显示材质形态效果，如图 5-6 所示。

- 特性编辑器：在【特性编辑器】选项卡中显示所选择的材质球属性，如图 5-7 所示。该区域显示的内容和在【属性编辑器】面板中显示的内容相同，不同之处在于【属性编辑器】面板中显示的材质球属性为中文，但在【特性编辑器】选项卡中材质球属性为英文。【属性编辑器】面板中材质球的属性如图 5-8 所示。
- 存储箱：可以将创建的材质球进行分类存放，如图 5-9 所示。

图 5-3 创建

图 5-4 工作区

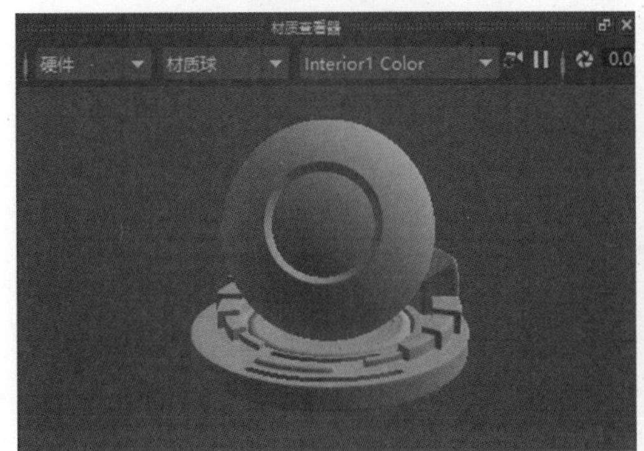


图 5-5 材质查看器

图 5-6 调整【材质查看器】选项卡的显示

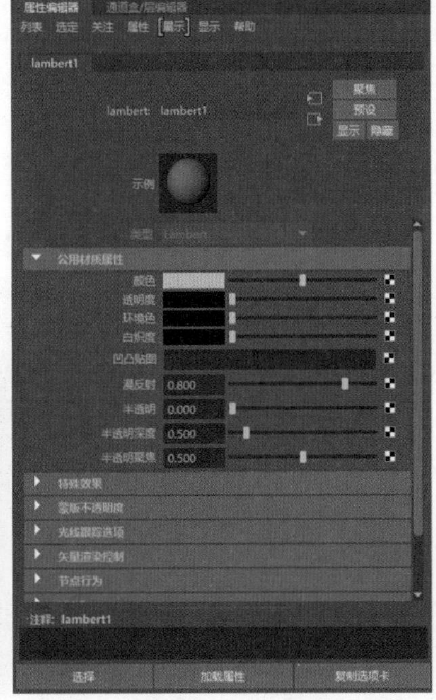


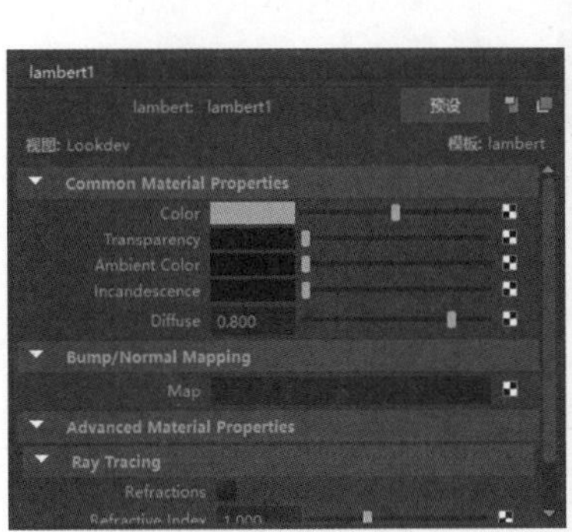


图 5-7 【特性编辑器】选项卡

图 5-8 【属性编辑器】面板中材质球的属性

图 5-9 存储箱

## 5.3　指定 Maya 材质的方法

方法一：选择需要指定材质的模型对象，然后右击，在弹出的菜单中选择【指定新材质 ...】命令，之后在弹出的【指定新材质】面板中选择需要创建的材质球，即可为选择的模型对象指定材质。【指定新材质 ...】命令的执行过程如图 5-10 所示。

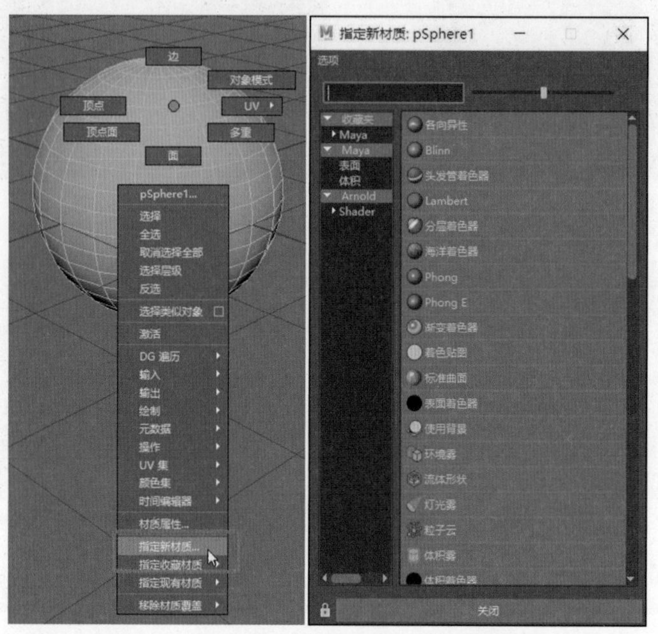


图 5-10　【指定新材质 ...】命令的执行过程

方法二：单击 Hypershade 图标，打开 Hypershade 面板。在【创建】选项卡中先创建需要的材质球，之后选择需要赋予材质的模型对象，然后将光标移动到【浏览器】选项卡中新创建的材质球上，右击，在弹出的菜单中选择【为当前选择指定材质】命令，即可为选择的模型对象指定材质。【为当前选择指定材质】命令的执行过程如图 5-11 所示。

图 5-11　【为当前选择指定材质】命令的执行过程

方法三：该方法和方法二差不多，首先在【创建】选项卡中创建新材质球，然后在【浏览器】选项卡中找到新建的材质球，按住鼠标中键不放，将其拖曳到视图中对应的模型对象上。使用鼠标中键对模型对象赋予材质球的过程如图 5-12 所示。

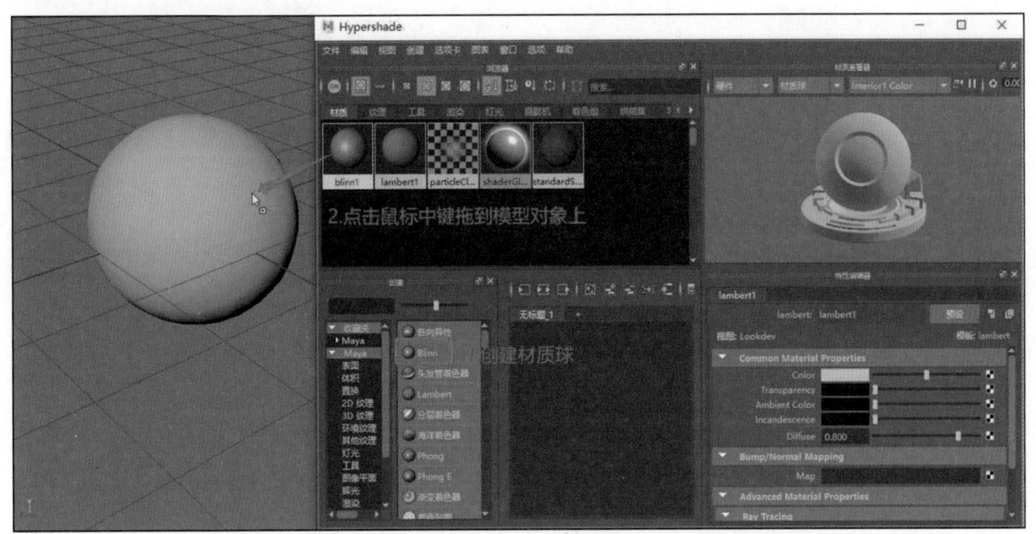


图 5-12　使用鼠标中键对模型对象赋予材质球的过程

方法四：选择模型对象，然后在【渲染】工具架中单击材质图标，即可对选择的模型对象赋予材质。【渲染】工具架中的材质图标如图 5-13 所示。

图 5-13　【渲染】工具架中的材质图标

## 5.4　Maya 材质球的基本属性

Maya 提供了多种常用材质球，如图 5-14 所示。

图 5-14　常用材质球

标准曲面材质：Maya 2020 新增材质参数的设置与 Arnold 渲染器中的 aiStandardSurface 材质几乎一样。该材质是一种基于物理的着色器，适用于大部分材质效果的制作，例如金属、水等。

各向异性材质：具有弧形的高光效果，可以用此材质球模拟头发、光盘表面等这一类物体的高光效果。

Blinn 材质：万能材质球，能产生较好的镜面高光，可以用此材质球模拟金属、玻璃等物体。

Lambert 材质：没有高光效果的材质球。常用此材质球模拟没有高光、不光滑

的物体，例如墙壁。

Phone 材质：比 Blinn 材质具有更明显的高光效果。使用此材质球可以快速调整出效果较好的玻璃、塑料效果。

Phone E 材质：是 Phone 材质的升级版。是在 Phone 材质的基础上增加了对高光的控制，常用来模拟玻璃、塑料效果。

分层材质：因为在 Maya 中模型对象和材质球是一对一的关系，就是说一个模型对象只能被赋予一个材质球。所以当一个模型对象需要结合两个或更多材质球效果时，就需要使用分层材质。可以将分层材质理解为材质球与材质球的合成容器。

渐变材质：创建具有渐变效果的材质。

着色贴图：常用于卡通效果的制作。

表面材质：可以用此材质制作反光板，也可以用此材质制作卡通效果，还可以用此材质制作场景背景。

使用背景：可以获取物体对象的阴影，或者使用此材质进行抠像。

### 5.4.1 Blinn 材质属性

#### 1.【公共材质属性】选项区

【公共材质属性】选项区是多种材质共有的一个属性集合，如图 5-15 所示。

• 颜色：设置材质的固有色，默认颜色为灰色。当将此属性设置为红色时，整体材质为红色，如图 5-16 所示。

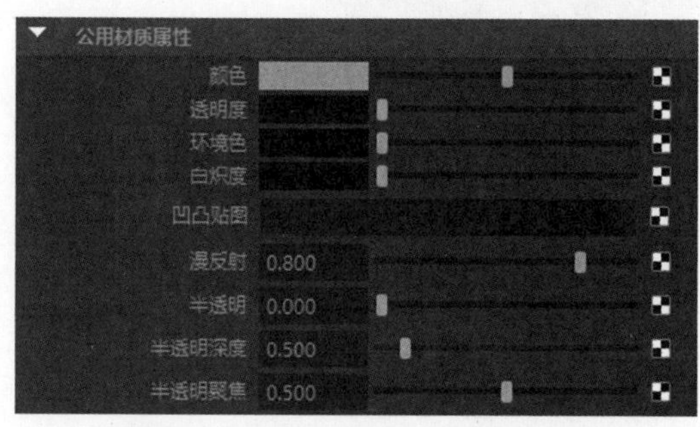


图 5-15 【公共材质属性】选项区

图 5-16 调整【颜色】为红色时的效果

• 透明度：设置材质的透明程度。当该属性为黑色时表示完全不透明；当该属性为白色时表示完全透明。半透明效果是将其数值设置在黑色和白色之间（灰色）。半透明状效果如图 5-17 所示。

• 环境色：模拟环境对该材质球所产生的色彩影响。默认为黑色。当此属性为黑色时，此环境色不会影响材质的颜色。但当该属性不为黑色时，会影响材质的阴影和中间调部分。如果要模拟周围环境对材质的影响，可以对该属性添加环境纹理贴图，模拟环境对材质的色彩影响。

• 白炽度：模拟自发光状态下的效果。需要注意的是，此属性发射的颜色和亮度不照亮其他物体。

• 凹凸贴图：通过贴图控制材质表面凹凸效果，如图 5-18 所示。

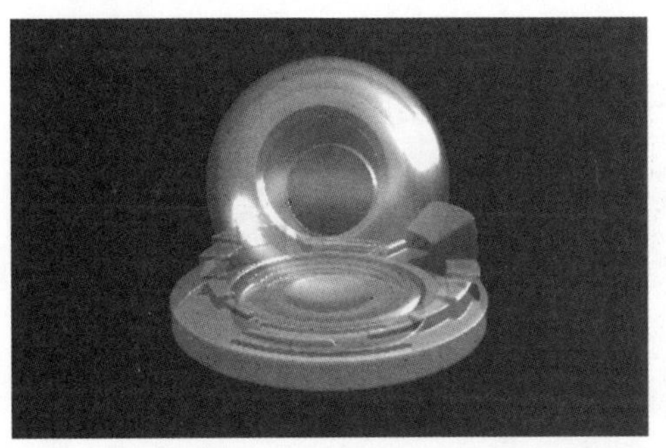

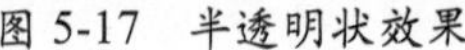

图 5-17　半透明状效果

图 5-18　凹凸效果

- 漫反射：控制材质球反射光线的能力。当该属性为 0 时，物体的固有色看不见。
- 半透明：制作具有通透感效果时调整该参数。例如磨砂玻璃、纸张等效果。
- 半透明深度：模拟灯光穿透半透明物体的程度。
- 半透明聚焦：控制半透明灯光的散射程度。

### 2.【镜面反射着色】选项区

【镜面反射着色】选项区如图 5-19 所示，用于控制材质反射光线的方式和程度。

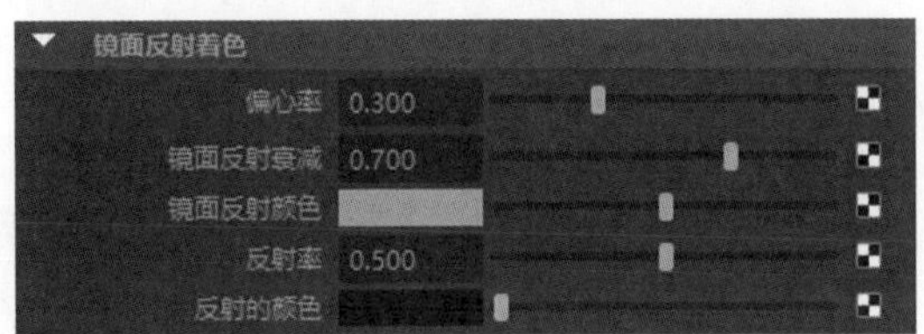


图 5-19　【镜面反射着色】选项区

- 偏心率：控制材质高光大小。高光大小对比如图 5-20 所示。

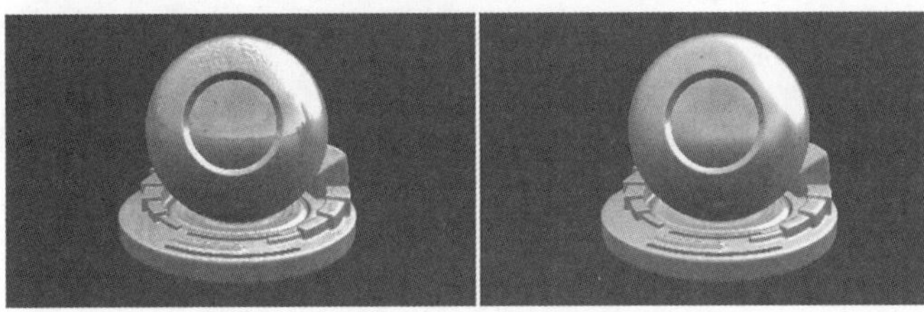

(a) 偏心率：0.1　　(b) 偏心率：0.3

图 5-20　高光大小对比

- 镜面反射衰减：控制高光的强弱。高光强弱对比如图 5-21 所示。

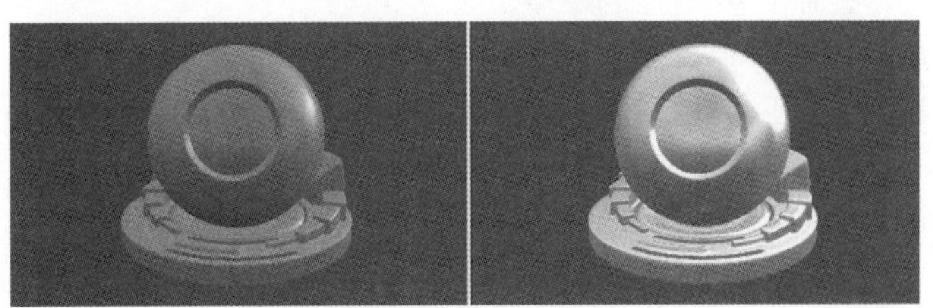

(a) 镜面反射衰减：0.1　　(b) 镜面反射衰减：0.8

图 5-21　高光强弱对比

- 镜面反射颜色：控制反射高光的颜色。不同反射高光颜色效果如图 5-22 所示。

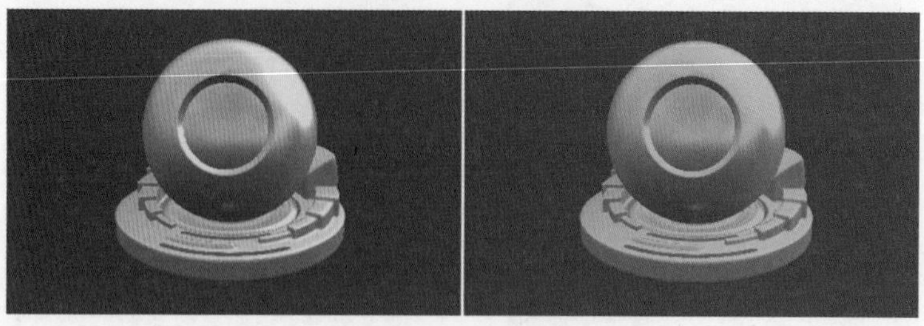

图 5-22　不同反射高光颜色效果

- 反射率：控制材质反射光线的程度。
- 反射的颜色：控制材质反射的颜色。

### 3.【特殊效果】选项区

【特殊效果】选项区如图 5-23 所示，用来模拟发光效果。

- 隐藏源：勾选该选项后可以隐藏物体对象。
- 辉光强度：控制物体材质发光程度。

### 4.【光线跟踪选项】选项区

【光线跟踪选项】选项区如图 5-24 所示，用于对材质的折射进行控制。

图 5-23　【特殊效果】选项区

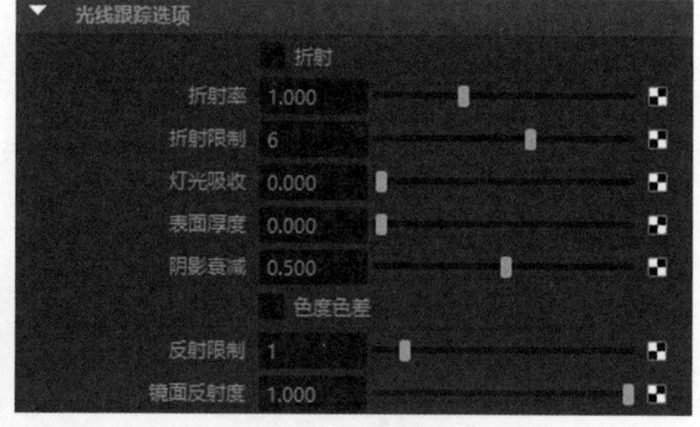


图 5-24　【光线跟踪选项】选项区

- 折射：启动后，场景中计算光线折射效果。
- 折射率：设置折射率。
- 折射限制：设置光线折射的最大次数，大于 6 有效。
- 灯光吸收：控制物体表面吸收光线的能力。
- 表面厚度：控制材质模拟的厚度。
- 阴影衰减：控制透明对象产生光线跟踪阴影的聚焦效果。
- 色度色差：勾选该选项后，灯光透过透明表面时在不同折射角度产生不同光波的光线。
- 反射限制：设置光线被反射的最大次数。
- 镜面反射度：控制镜面高光在反射中的影响程度。

需要注意的是，材质球的【光线跟踪选项】选项区启动后，还需要将【渲染设置】对话框中的【光线跟踪质量】选项开启。

### 5.4.2　aiStandarSurface 材质部分属性

aiStandarSurface 材质属性如图 5-25 所示。

#### 1．Base 选项区

Base 选项区参数如图 5-26 所示。

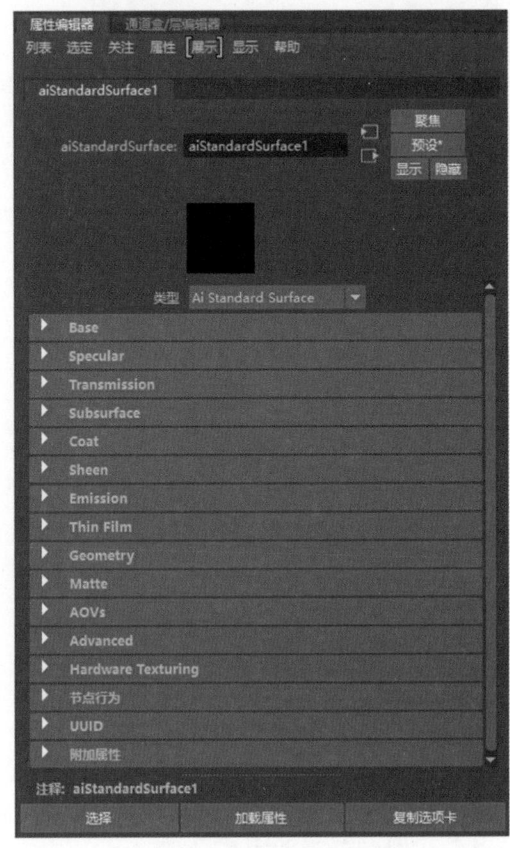


图 5-25　aiStandarSurface 材质属性

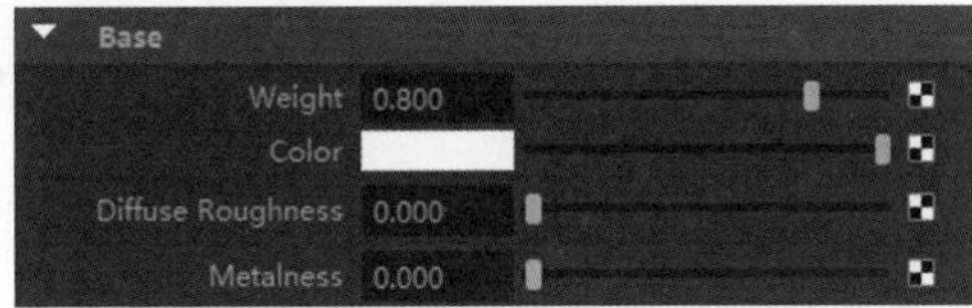


图 5-26　Base 选项区参数

Weight：设置颜色的权重。该值为 0 时，固有色颜色效果不显示；为 1 时，固有色颜色效果全部显示。可以理解为漫反射的程度。Color 设置为白色，Weight 为 0 和 1 时的效果如图 5-27 所示。

(a) Weight 为 0　　(b) Weight 为 1

图 5-27　Weight 为 0 和 1 时的效果

Color：设置材质颜色。

Diffuse Roughness：设置材质漫反射粗糙值。

Metalness：设置金属度。该值为 0 时，材质无金属质感；为 1 时，材质表现为明显的金属质感。Metalness 为 0 和 1 时的效果如图 5-28 所示。

（a）Metalness 为 0

（b）Metalness 为 1

图 5-28　Metalness 为 0 和 1 时的效果

## 2．Specular 选项区

Specular 选项区参数如图 5-29 所示。

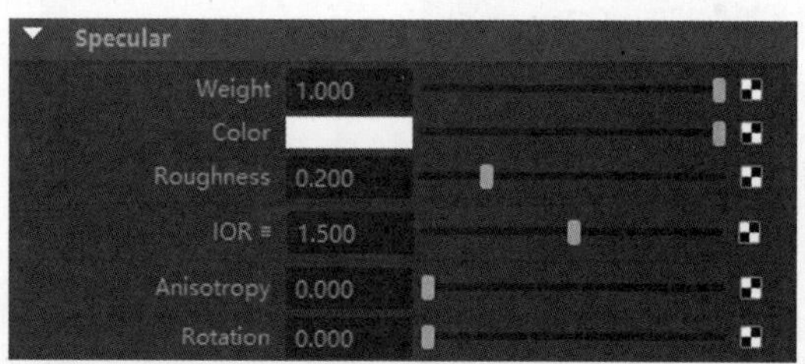


图 5-29　Specular 选项区参数

Weight：设置镜面反射权重。Weight 为 0 和 1 时的效果如图 5-30 所示。

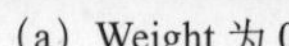

（a）Weight 为 0

（b）Weight 为 1

图 5-30　Weight 为 0 和 1 时的效果

Color：设置镜面反射的颜色，即设置的是高光的颜色。不同高光颜色如图 5-31 所示。

(a) Specular Color 为黄色

(b) Specular Color 为红色

图 5-31 不同高光颜色

Roughness：设置镜面反射粗糙度。该值为 1 时，无高光效果。Roughness 为 0 和 1 时的效果如图 5-32 所示。

(a) Roughness 为 0

(b) Roughness 为 1

图 5-32 Roughness 为 0 和 1 时的效果

IOR：设置材质折射率。当材质具有折射效果时，需要设置该属性参数。在该属性参数中已经内置了常用的折射率数值。单击展开预设按钮▤，即可在弹出的列表中选择不同的折射率。将 Transmission → Weight 设置为 1，则不同 IOR 数值的折射效果如图 5-33 所示。

(a) Specular IOR 为 1.5

(b) Specular IOR 为 2.42

图 5-33 不同 IOR 数值的折射效果

Anisotropy：高光的各向异性控制，可以将高光设置为椭圆形效果。

Rotation：各向异性高光反射方向的控制。

### 3．Transmission

Transmission 选项区参数如图 5-34 所示。

Weight：灯光穿过物体表面所产生的散射权重，可以理解为透明度的程度。该值为 1 时完全透明，为 0 时完全不透明。

Color：灯光穿过物体表面后，折射后的颜色设置。Weight 为 1 且 Color 为黄色时的效果如图 5-35 所示。

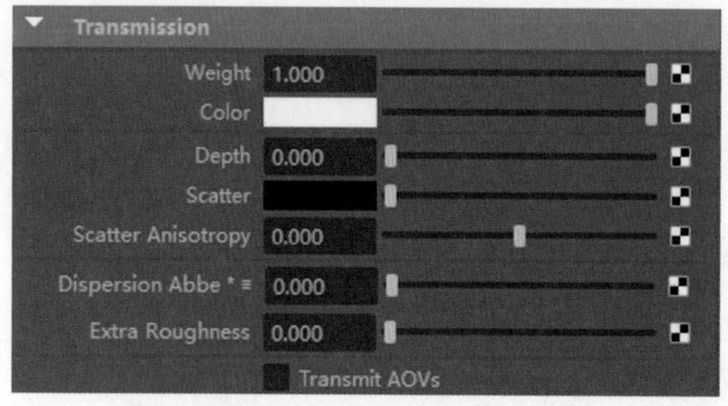


图 5-34　Transmission 选项区参数

图 5-35　Weight 为 1 且 Color 为黄色时的效果

Depth：光线穿过物体表面后在物体中达到的深度。

Scatter：散射。用于模拟较深的水体效果。

Scatter Anisotropy：散射各向异性设置。

Dispersion Abbe：色散系数。

Extra Roughness：附加粗糙度。折射增加额外的模糊度。

Transmit AOVs：传输到 AOV 多通道。

## 5.5　场景渲染案例的制作

本案例紧接第 4 章中的 4.6 节制作。场景最终效果图如图 5-36 所示。

图 5-36　场景最终效果图

场景渲染案例的制作 .mp4

制作步骤如下。

步骤 1：设置背景材质。单击 Hypershade 图标，打开 Hypershade 面板并创建“表面着色器”材质球，并将该材质球重命名为 BG1。之后选择 BG 平面，在 Hpyershade 面板的【材质】选项卡中，将光标移动到新创建的 BG1 材质球上，然后右击，在弹出的菜单中选择【为当前选择指定材质】命令，将 BG1 材质球赋予 BG 平面，如图 5-37 所示。

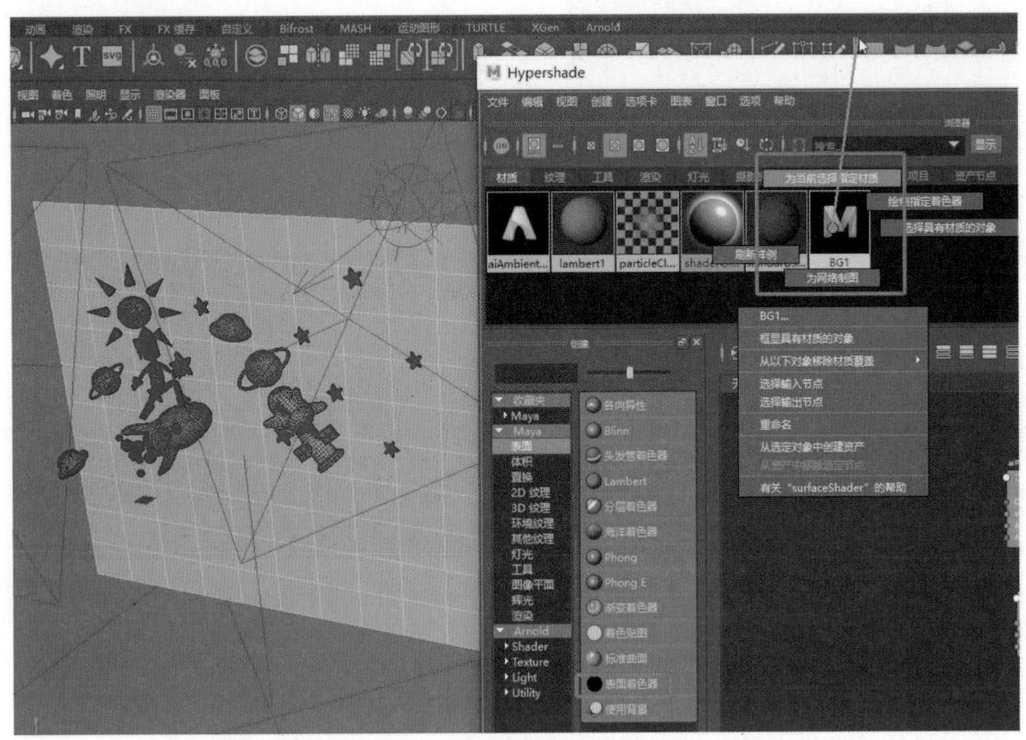

图 5-37　BG1 材质球赋予 BG 平面

选择 BG1 材质球，将其【输出颜色】选项设置为“深蓝色（H:240.000；S:1.000；V:0.035）”，如图 5-38 所示。

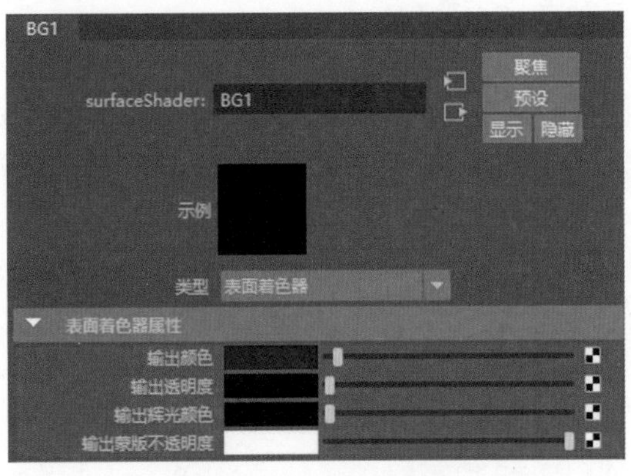


图 5-38　设置 BG1 材质球

步骤 2：设置飞行器材质。飞行器的颜色有白色、红色、蓝色和黄色。在 Hypershade

面板中创建 aiStandarSurface 材质球，将新建的材质球重命名为 feixingqi_white，在 Base 中将 Weight 设置为 1.000，Color 设置为“白色（H:240.000；S:0.000；V:1.000）”，Metalness 设置为 0.100 ；在 Specular 中将 Roughness 设置为 0.300，如图 5-39 所示。之后将该材质球赋予飞行器模型，feixingqi_white 材质球渲染效果如图 5-40 所示。

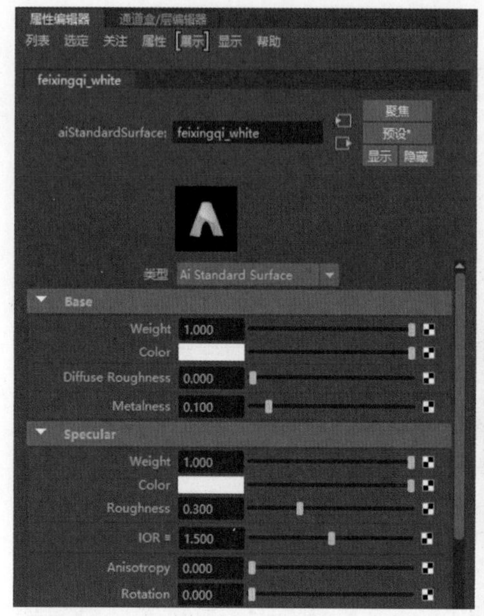


图 5-39 设置 feixingqi_white 材质球

图 5-40 feixingqi_white 材质球渲染效果

在 Hypershade 面板中选择 feixingqi_white 材质球，按 Ctrl+D 组合键复制该材质球。将复制出的材质球重命名为 feixingqi_red，并将其 Base → Color 设置为“红色（H:360.000 ；S:1.000 ；V:1.000）”，其他参数不变。

使用相同的方法，制作 feixingqi_blue 材质球和 feixingqi_yellow 材质球。feixingqi_blue 材质球的 Base → Color 设置为“蓝色（H:216.000；S:0.676；V:1.000）”，其他参数不变。feixingqi_yellow 材质球的 Base → Color 设置为“黄色（H:42.000 ；S:0.420 ；V:1.000）”，其他参数不变。

4 个材质球设置完成后，需要将材质球赋予相应的模型。当飞行器模型对象需要某一种材质球时，就在透视图中选择整个模型，然后直接将材质球赋予相应模型。如果飞行器模型中的某一些面需要赋予不同颜色的材质球，选择对应模型的面赋予不同颜色的材质球。飞行器面组件赋予材质如图 5-41 所示。

设置飞行器气泡材质。在 Hypershade 面板中创建 aiStandarSurface 材质球，将新建的材质球重命名为 feixingqipaopao，在 Base 中将 Weight 设置为 1.000，Color 设置为“白色（H:42.000 ；S:0.000 ；V:1.000）”；在 Specular 中将 Weight 设置为 0.000，如图 5-42 所示。之后将该材质球赋予飞行器尾部气泡模型。

飞行器渲染效果如图 5-43 所示。

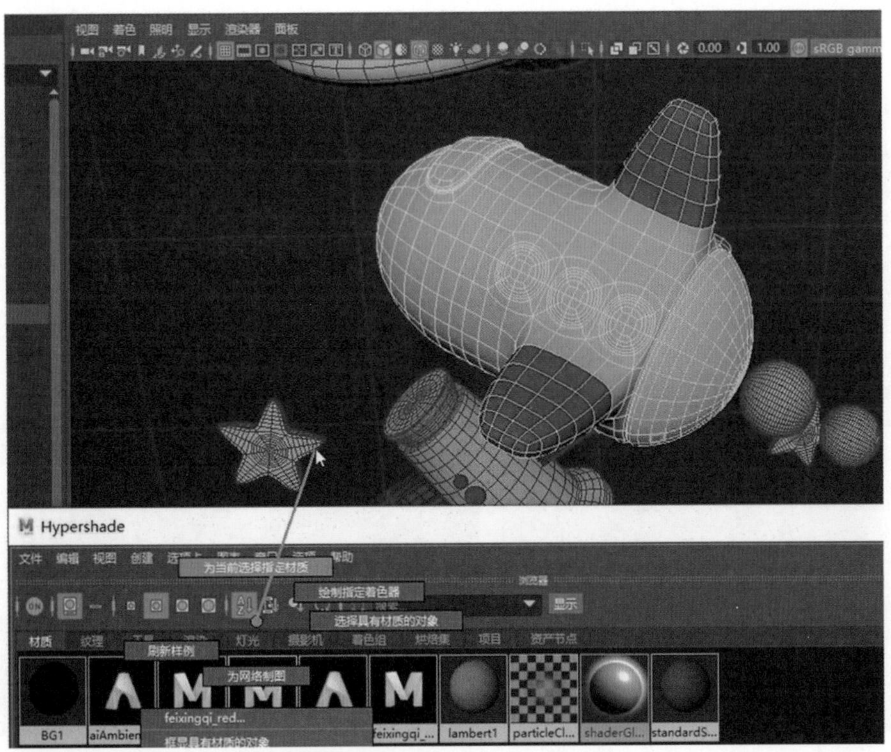


图 5-41　飞行器面组件赋予材质

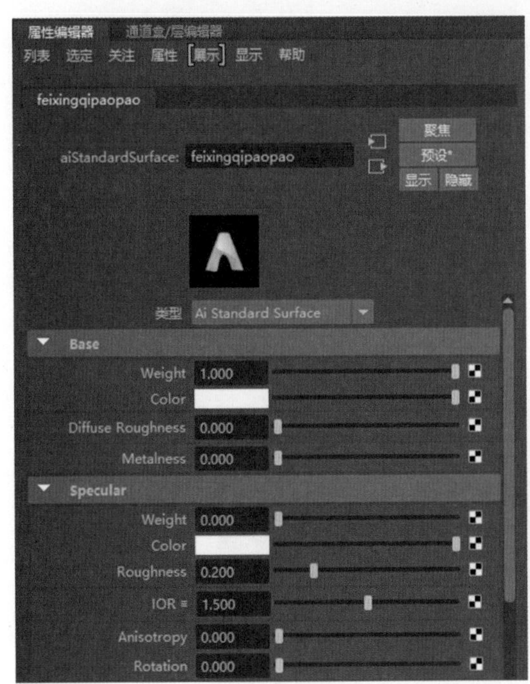


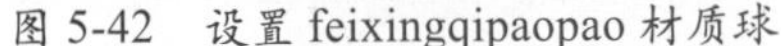
图 5-42　设置 feixingqipaopao 材质球

图 5-43　飞行器渲染效果

步骤 3：设置身体材质。在 Hypershade 面板中创建 aiStandarSurface 材质球，将新建的材质球重命名为 shenti_black，在 Base 中将 Weight 设置为 1.000，Color 设

置为“黑色（H:42.000；S:0.000；V:0.000）”；在 Specular 中将 Roughness 设置为 1.000，如图 5-44 所示。然后将此材质球赋予角色模型的手套、鞋子、皮带和眉毛部分。shenti_black 材质球渲染效果如图 5-45 所示。

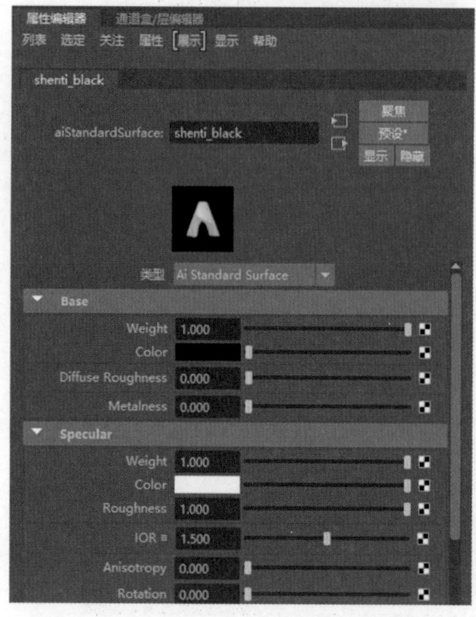


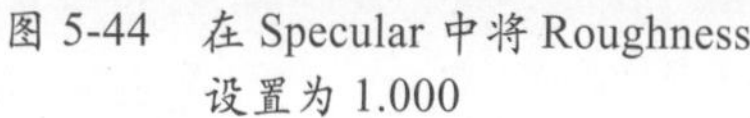
图 5-44 在 Specular 中将 Roughness 设置为 1.000

图 5-45 shenti_black 材质球渲染效果

在 Hypershade 面板中选择 shenti_black 材质球，按 Ctrl+D 组合键复制该材质球。将复制出的材质球重命名为 shenti_white，并将其 Base → Color 设置为“白色（H:42.000；S:0.000；V:1.000）”，其他参数不变。然后将该材质球赋予头部、衣服和裤子模型。

面部的颜色不为白色，所以需要单独设置肤色的材质球。右击，在弹出的菜单中选择【指定新材质 ...】命令，在弹出的【指定新材质】面板中新建 aiStandarSurface 材质球，将其重命名为 shenti_skin，在 Base 中将 Weight 设置为 1.000，Color 设置为“肤色（H:36.655；S:0.290；V:0.808）”；在 Specular 中将 Roughness 设置为 1.000。之后选择角色面部的面，将该材质球赋予相应的面，如图 5-46 所示。

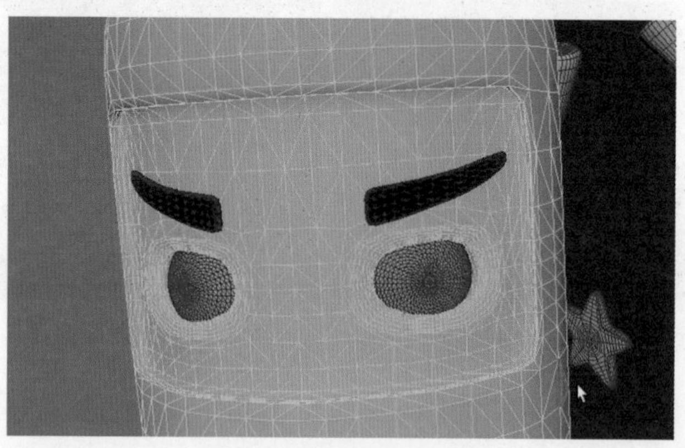
图 5-46 选择角色模型面部面赋予材质

制作眼睛贴图。在 Hypershade 面板中创建 aiStandarSurface 材质球，将新建的材质球重命名为 shenti_eye。单击该材质球的 Base → Color 后的棋盘格按钮，在弹出的【创建渲染节点】面板中单击【文件】节点。之后在【文件】节点的【图像名称】后单击文件夹按钮，在弹出的【打开】对话框中选择眼睛贴图 eye_color.jpg。眼睛贴图设置过程如图 5-47 所示。然后将该材质球赋予两个眼球模型。

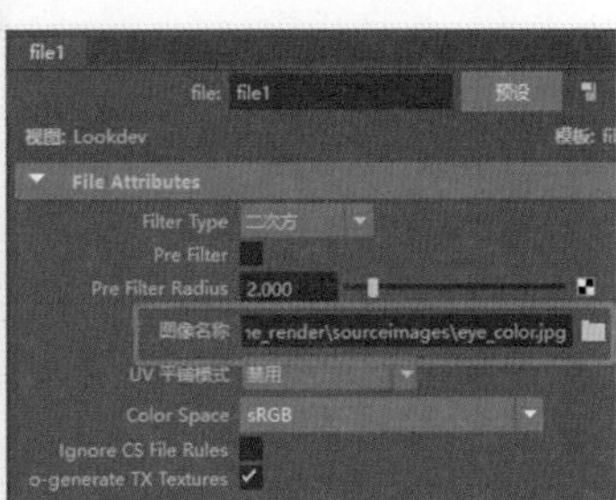


图 5-47　眼睛贴图设置过程

飞行器和身体材质效果如图 5-48 所示。

图 5-48　飞行器和身体材质效果

步骤 4：设置星星及太阳材质。在 Hypershade 面板中创建 aiStandarSurface 材质球，将新建的材质球重命名为 star_color，在 Base 中将 Color 设置为“黄色(H:42.000；S:0.700；V:1.000)”；在 Specular 中将 Roughness 设置为 0.8，然后将该材质球赋予场景中的星星模型。星星材质及渲染效果如图 5-49 所示。

在 Hypershade 面板中选择 star_color 材质球，按 Ctrl+D 组合键复制该材质球。

将复制出的材质球重命名为 sun_color，将其 Base → Color 设置为“橙色（H:7.500；S:1.000；V:1.000）”，其他参数不变。然后将该材质球赋予太阳模型。

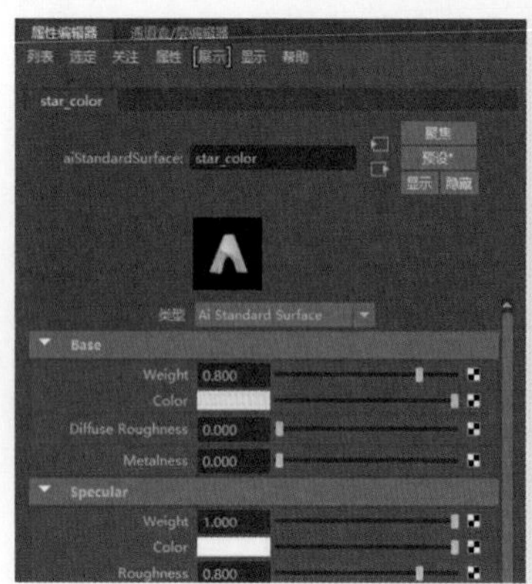

图 5-49　星星材质及渲染效果

同理选择 sun_color 材质球，按 Ctrl+D 组合键复制该材质球。将复制出的材质球重命名为 sun_glasses，将其 Base → Color 设置为“黑色（H:0.000；S:1.000；V:0.000）”，其他参数不变。然后将该材质球赋予眼镜模型。

星星及太阳渲染效果如图 5-50 所示。

图 5-50　星星及太阳渲染效果

步骤 5：设置星球材质。在 Hypershade 面板中创建 aiStandarSurface 材质球，将新建的材质球重命名为 xingqiu_huan，在 Base 中将 Weight 设置为 1.000。将该材质球赋予星球环模型。

在 Hypershade 面板中创建 aiStandarSurface 球，将新建的材质球重命名为 xingqiu。单击 Base → Color 后的棋盘格按钮，在弹出的【创建渲染节点】面板中单击 Aronld → Texture → aiNoise 节点。调节 aiNoise1 节点参数，将 Distortion 设置为 6.199，Color 1 设置为“红色（H:360.000；S:1.000；V:1.000）”，Color 2 设置为“黄色（H:60.000；S:1.000；V:1.000）”，如图 5-51 所示。将该材质球赋予星球模型。

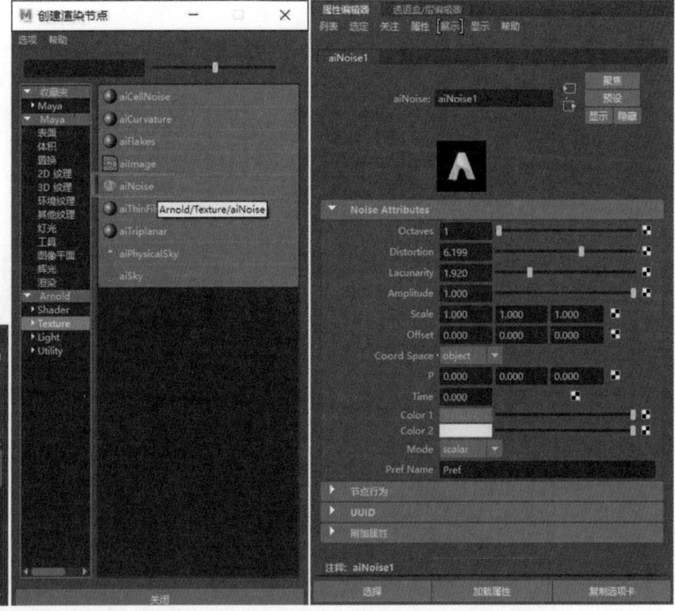


图 5-51　设置 xingqiu 材质节点

设置星球材质后的渲染效果如图 5-52 所示。

步骤 6：设置环境球。新建多边形球体，使用缩放工具将该多边形球体放大，包裹住整个场景，如图 5-53 所示。

图 5-52　设置星球材质后的渲染效果

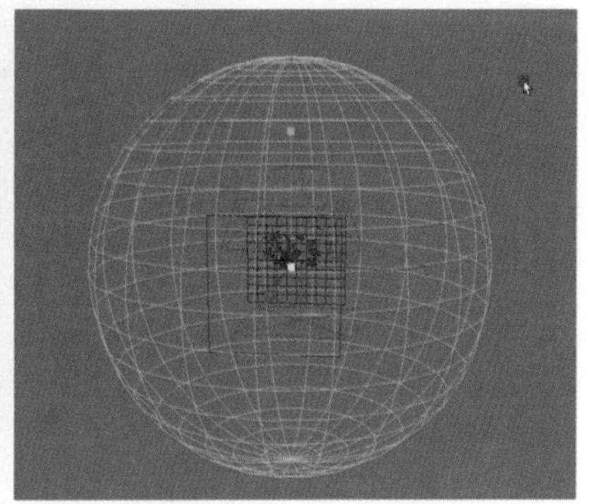

图 5-53　环境球多边形球体

在 Hypershade 面板中创建“表面着色器”材质球，将新建的材质球重命名为 huanjingqiu。选择多边形球体，在 Hpyershade 面板的【材质】选项卡中，将光标移动到新创建的 huanjingqiu 材质球上，然后右击，在弹出的菜单中选择【为当前选择指定材质】命令，将 huanjingqiu 材质球赋予多边形球体。之后单击 Surface Shader Attributes → Out Color 后的棋盘格按钮，在弹出的【创建渲染节点】面板中单击 Maya →【渐变】节点，如图 5-54 所示。

调节 ramp1 节点参数，将【类型】设置为 Circular Ramp，颜色设置为蓝色（H:239.235；S:0.902；V:0.051）和灰色（H:239.235；S:0.000；V:0.561）相间，【U 向波】设置为 0.452，【V 向波】设置为 0.344，如图 5-55 所示。

图 5-54　创建渐变节点

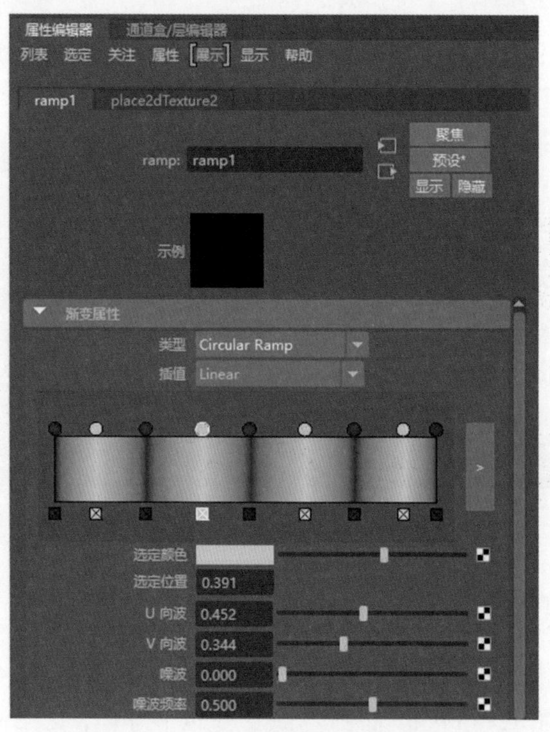


图 5-55　设置 ramp1 节点参数

添加环境球渲染效果如图 5-56 所示。

步骤 7：渲染设置。选择所有的灯光，将灯光的 Samples 参数设置为 2。

打开【渲染设置】面板，将 Arnold Render 中 Sampling → Camera(AA) 设置为 6。然后渲染效果图，如图 5-57 所示。此时发现图中的噪点降低了。

图 5-56 添加环境球渲染效果

图 5-57 效果图

步骤 8：后期处理。启动 Adobe Photoshop，将渲染效果图打开。在【图层】面板中单击创建新的填充或调整图层按钮，选择【曲线】命令，在弹出的面板中调整曲线，如图 5-58 所示。

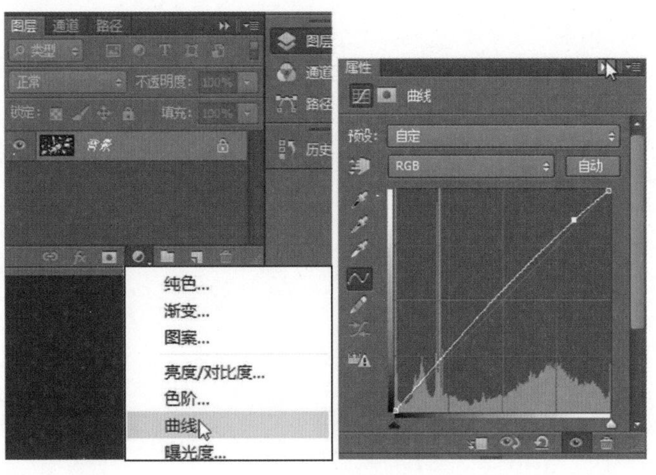


图 5-58 调整曲线过程

复制图层，然后选择【滤镜】→【渲染】→【镜头光晕】命令，在【镜头光晕】面板中设置位置及镜头类型，然后单击【确定】按钮。镜头光晕的设置如图 5-59 所示。

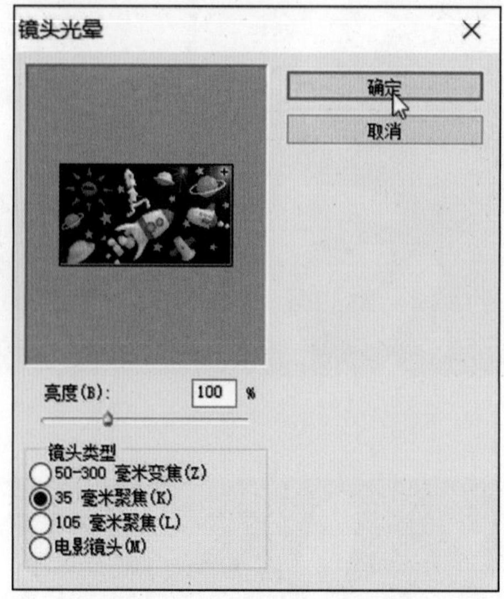


图 5-59　镜头光晕的设置

据此完成整体制作，然后将后期处理的图片及源文件进行保存。

# 第6章 纹理与贴图技术

在三维动画制作中材质能够体现物体的质感，如颜色、透明度、反射、折射等。但除质感外，物体表面纹理的表现能更直观地展现物体的表面细节，如凹凸、纹理等。所以在三维动画制作过程中除物体材质的设置外，还需要展现物体的纹理，这样才能更好地将物体表面效果真实、细腻地展现出来。纹理是一张二维图像，可以包含颜色、纹理等信息，贴图是将这些纹理应用到三维模型的表面上，使其表现出具体的外观。通过使用纹理和贴图技术，可以展现出三维模型的凹凸、图案等细节，从而使三维模型看起来更加真实、细腻。

本章对纹理、模型拆分 UV、贴图制作方法进行讲解，以便读者了解和掌握三维动画中的纹理与贴图技术。

**知识点：**

- 了解纹理的基本概念；
- 掌握 UV 概念、UV 拆分方法与注意事项；
- 掌握纹理贴图的绘制技法。

## 6.1 纹理基础知识概述

### 6.1.1 纹理概念

在 Maya 中纹理类型主要有“2D 纹理”“3D 纹理”“环境纹理”和“其他纹理”。Maya 提供了一些内置的“2D 纹理”和“3D 纹理”。当其中的纹理不能满足制作需要的时候，还可以自行绘制纹理贴图，配合不同的材质球制作出满意的效果。

二维纹理贴图不同于三维纹理贴图，它仅作用于物体表面。一般二维纹理贴图有两种：程序纹理和贴图纹理。这两种纹理的不同之处在于：程序纹理是 Maya 使用数学函数生成的纹理，而贴图纹理是用户拍摄或者自行绘制的纹理图案。

打开 Hypershade 面板，在【创建】选项卡中可以看到 Maya 程序纹理，如图 6-1 所示。二维纹理作用于物体表面，三维纹理可以将纹理作用于物体内部。环境纹理是模拟模型所处场景的周围环境，不直接作用于物体，会影响到材质的高光和反射。

当 Maya 程序纹理无法满足制作需求时，可以将拍摄的纹理图片或者自行绘制的纹理图片导入 Maya 中增加纹理贴图的真实感。贴图纹理如图 6-2 所示。

### 6.1.2 程序纹理坐标

在 Maya 中创建完程序纹理后，同时会创建出纹理坐标节点。此纹理坐标节点用来控制纹理在模型上的显示状态，包括覆盖范围、UV 向重复、偏移、旋转等。2D 纹理坐标 place2dTexture 如图 6-3 所示，3D 纹理坐标 place3dTexture 如图 6-4 所示。

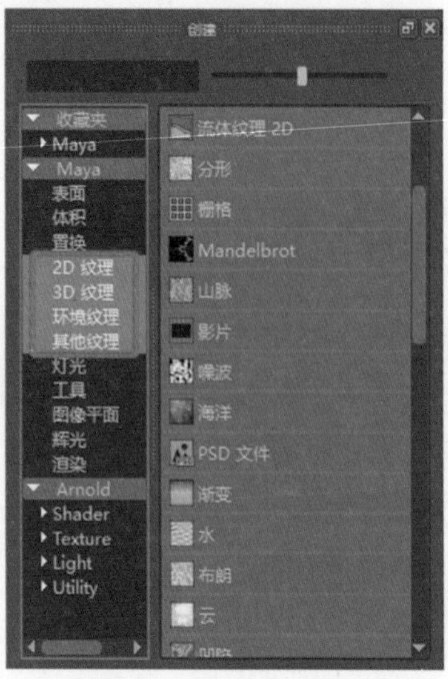


图 6-1　Maya 程序纹理

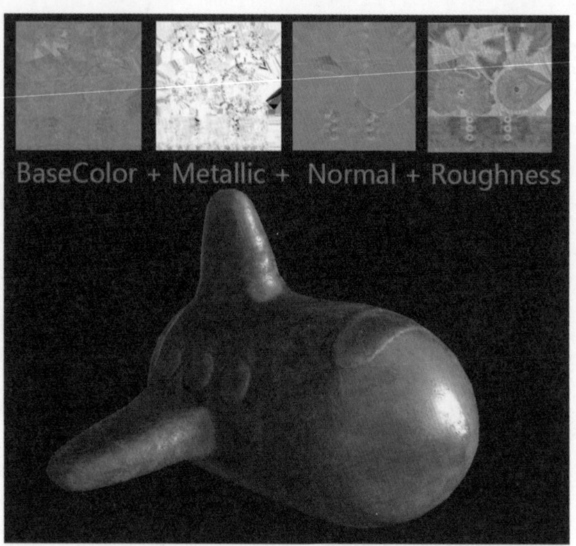


图 6-2　贴图纹理

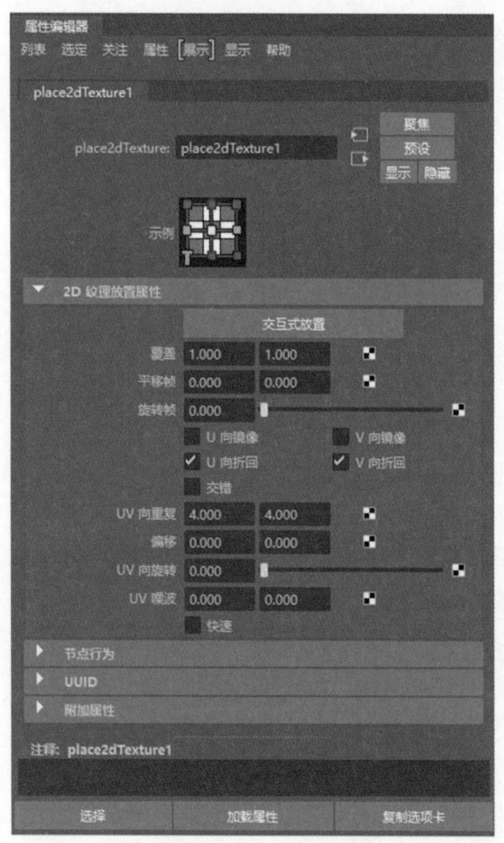


图 6-3　place2dTexture

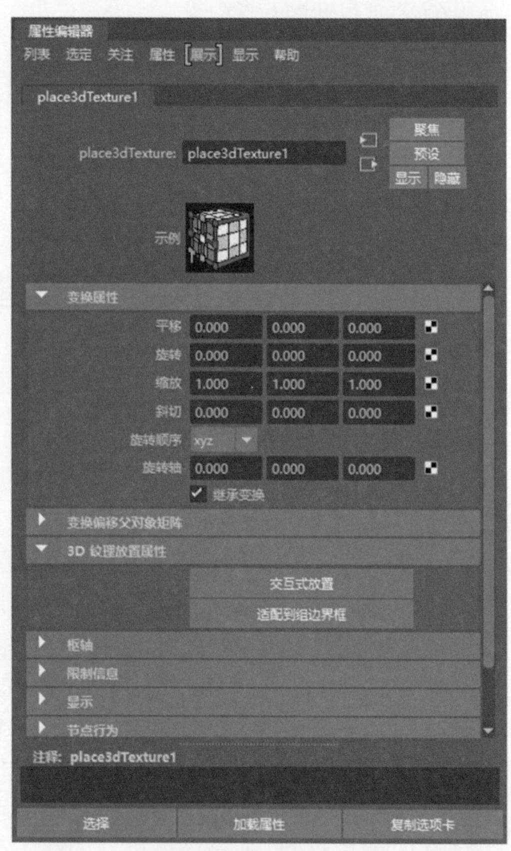


图 6-4　Place3dTexture

### 1．2D 纹理坐标 place2dTexture 的主要属性

（1）交互式放置：可以交互式控制 NURBS 曲面的纹理 UV 坐标。在 NURBS 曲面赋予贴图后，在 place2dTexture 中单击【交互式放置】按钮，之后在视图中 NURBS

曲面四周就会出现红色的框，将光标移动到红色框上，按鼠标中键拖动红色框，即可交互式地控制 NURBS 曲面的 UV，如图 6-5 所示。

（2）覆盖：控制纹理在模型上覆盖的表面面积，如图 6-6 所示。

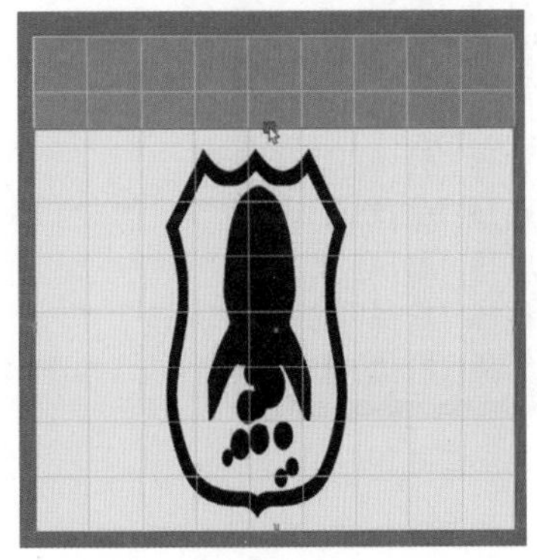

图 6-5　交互式控制 UV

（a）原图

（b）覆盖为 0.5、0.5

图 6-6　覆盖调整

（3）平移帧：平移 UV 坐标原点相关帧，如图 6-7 所示。

（a）原图

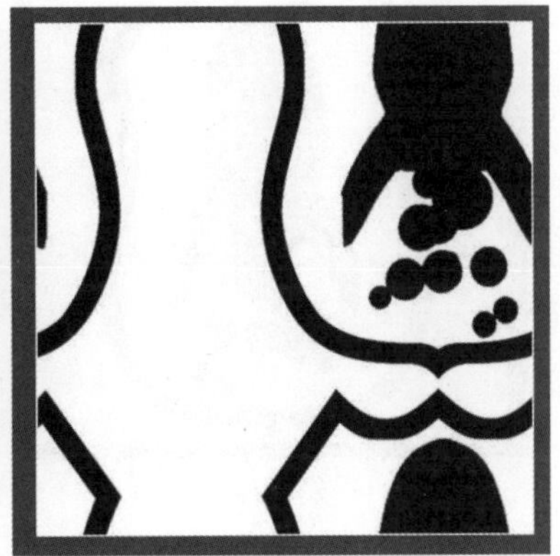

（b）平移帧为 0.3、0.3

图 6-7　平移帧调整

（4）旋转帧：控制纹理的旋转，如图 6-8 所示。

（a）原图

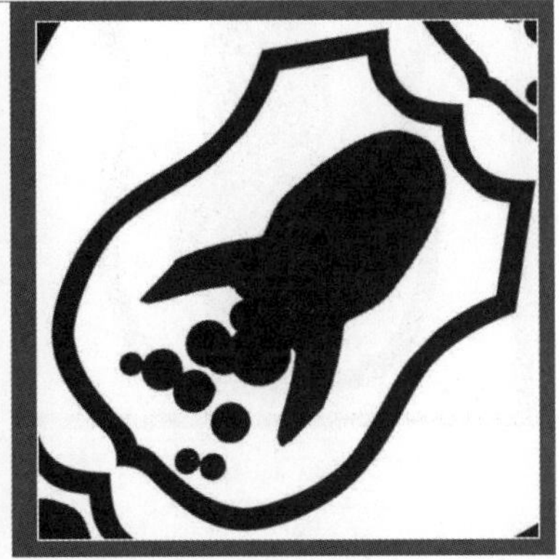

（b）旋转 45°

图 6-8　旋转帧调整

（5）UV 向重复：设置纹理在 UV 方向上的重复次数，如图 6-9 所示。

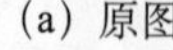

（a）原图

（b）UV 向重复设置为 10、10

图 6-9　UV 向重复

（6）偏移：控制纹理的相对位置偏移，如图 6-10 所示。

（a）原图

（b）偏移为 0.5、0.5

图 6-10　UV 偏移

（7）UV 向旋转：控制纹理 UV 方向的旋转，如图 6-11 所示。

（a）原图

（b）UV 向重复设置为 5、5，UV 向旋转为 45°

图 6-11　UV 向旋转

（8）UV 噪波：控制纹理在 UV 方向上的噪波，如图 6-12 所示。

(a) 原图

(b) UV 噪波为 0.05、0.05

图 6-12　UV 噪波

### 2．3D 纹理坐标 place3dTexture 主要的属性

当一个对象设定了三维纹理后，在视图区域中会出现一个纹理坐标控制器，如图 6-13 所示。

(1) 变换属性：对控制器的相对位置、旋转、缩放进行控制。

(2) 3D 纹理放置属性：包括交互式放置和适配到组边界框。

① 交互式放置：按 T 键调出控制手柄，然后在视图中操作控制手柄，3D 纹理在物体表面发生变化，如图 6-14 所示。

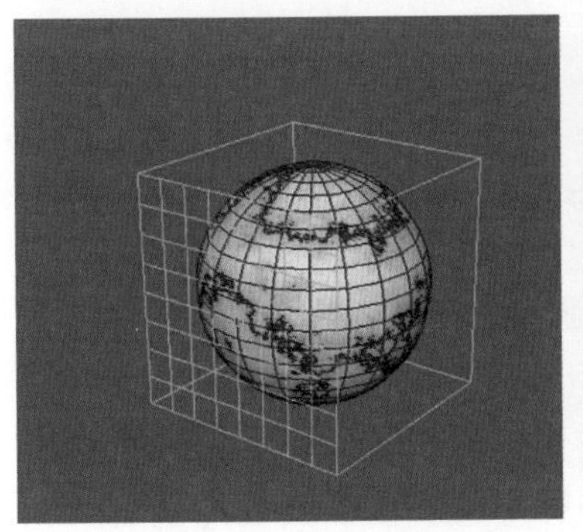
图 6-13　3D 纹理坐标控制器

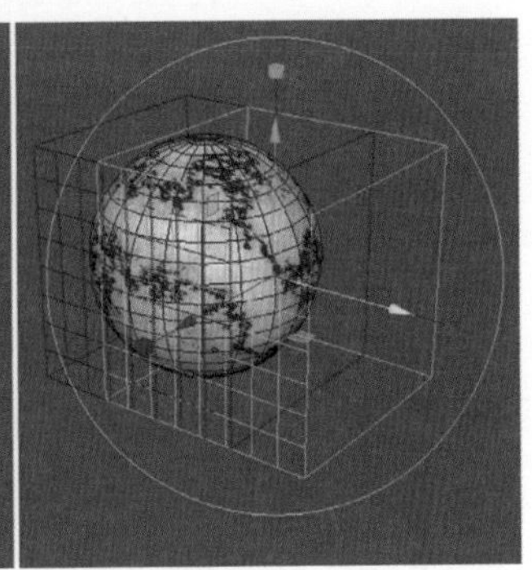
图 6-14　交互式放置操作

② 适配到组边界框：将控制器自动适配到视图中模型的大小。适配到组边界框的效果如图 6-15 所示。

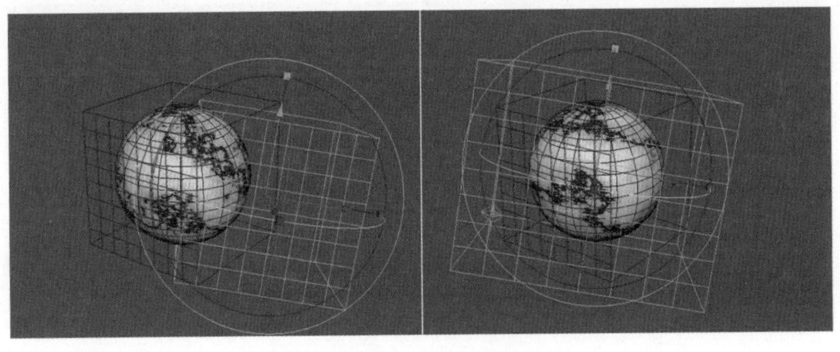
图 6-15　适配到组边界框

### 6.1.3 贴图纹理

使用纹理贴图可以降低建模的工作量，也可以节省因模型面数过大而浪费的计算机资源，如法线贴图技术。法线贴图是通过烘焙得到的。在进行法线烘焙前，首先需要准备一个低精度模型和一个高精度模型。低精度模型细节较少，而高精度模型细节较多。之后通过烘焙得到法线贴图，再将该烘焙的法线赋予低精度的模型，这样低精度的模型就有了高精度模型的细节。法线技术如图 6-16 所示。

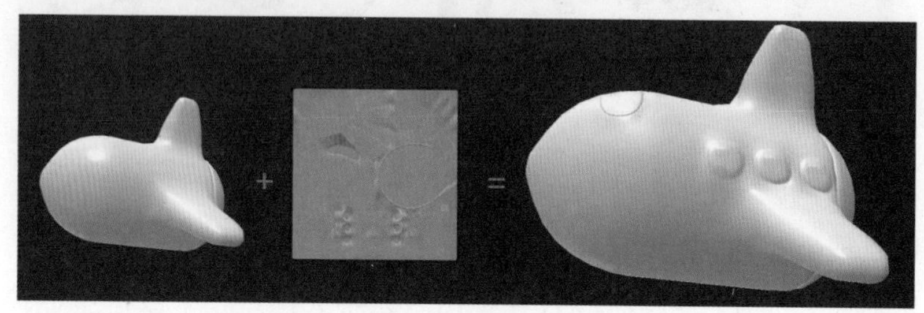

图 6-16　法线技术

贴图纹理的制作可以使用 Adobe Photoshop、Adobe Substance 3D Painter 等软件进行制作。除法线贴图外，还有颜色贴图、凹凸贴图、高光贴图等。

## 6.2　UV 基础知识概述

### 6.2.1　UV 概念

为将二维贴图贴到三维模型上，需要运用 UV 的概念。因为模型是三维的，而贴图是二维的，所以必须通过 UV 来将贴图映射到模型上。UV 坐标是一个二维坐标系，用来定义模型表面上每个顶点对应的纹理坐标，每个顶点都有一个对应的 UV 坐标。即 UV 表示模型表面的纹理坐标，它决定了纹理在模型表面上的位置和方向。

默认情况下，对多边形模型自动创建 UV，但是随着多边形模型的不断修改和完善，UV 还需要重新进行指定。多边形模型的 UV 可以在【UV 编辑器】面板中查看。在【建模】模块中选择物体，选择 UV →【UV 编辑器】命令，即可在【UV 编辑器】面板中看到多边形模型的 UV 分布效果。【UV 编辑器】面板中多边形模型 UV 如图 6-17 所示。

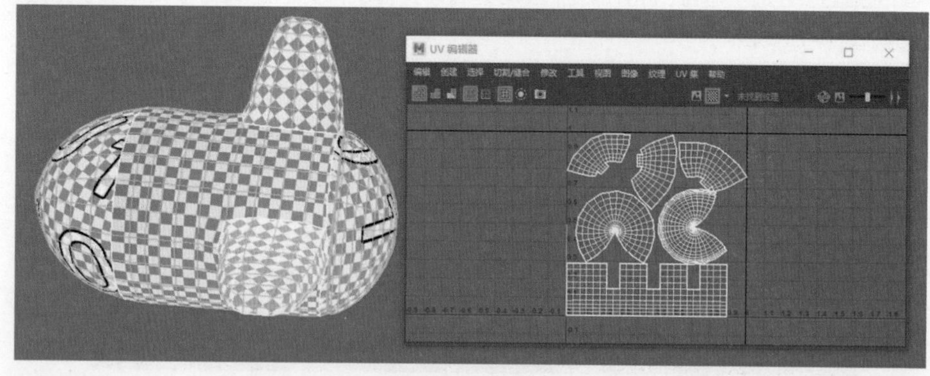


图 6-17　【UV 编辑器】面板中多边形模型 UV

无论是多边形模型还是NURBS模型,它们都具有UV。多边形模型的UV是可编辑的，NURBS模型的UV是面片内置、无法编辑。当NURBS模型的UV分布不均匀时,可以选择模型物体,然后按Ctrl+A组合键打开【属性编辑器】面板,在shape节点下找到【纹理贴图】属性,开启“修复纹理扭曲”选项,对纹理不均匀问题进行修复。NURBS模型纹理修复设置及效果如图6-18所示。

图6-18 NURBS模型纹理修复设置及效果

## 6.2.2 UV映射

对多边形模型进行UV编辑时,需要对多边形模型创建UV映射,然后根据映射的UV效果对UV进行移动等编辑操作。其思路是将多边形模型展开到一个平面上,这个展开的面就是UV贴图。展开UV的思路如图6-19所示。UV贴图是连接三维模型和二维贴图的桥梁,其桥梁作用如图6-20所示。

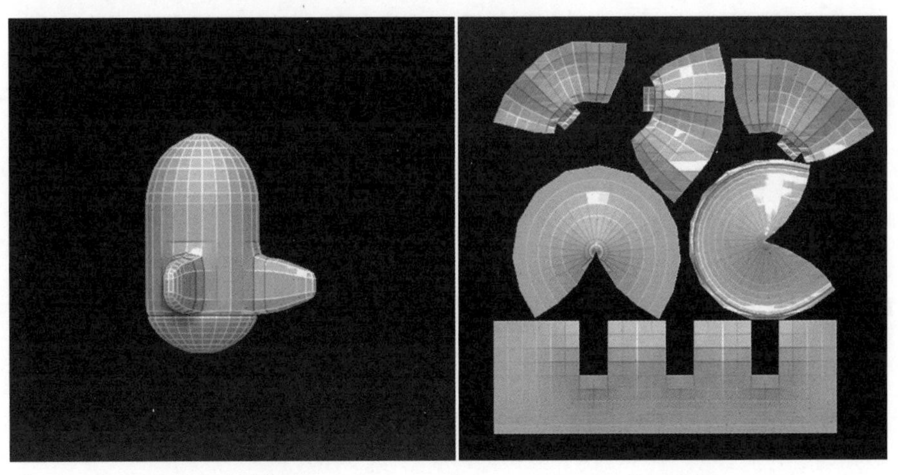

(a) 多边形模型　　(b) 展UV

图6-19 展开UV思路

在UV菜单中提供了多种UV映射命令,有【自动】、【最佳平面】、【圆柱形】、【平面】、【球形】等。Maya提供的部分映射方法如图6-21所示。

（a）依据 UV 贴图绘制颜色贴图　　（b）贴图后效果

图 6-20　UV 的桥梁作用

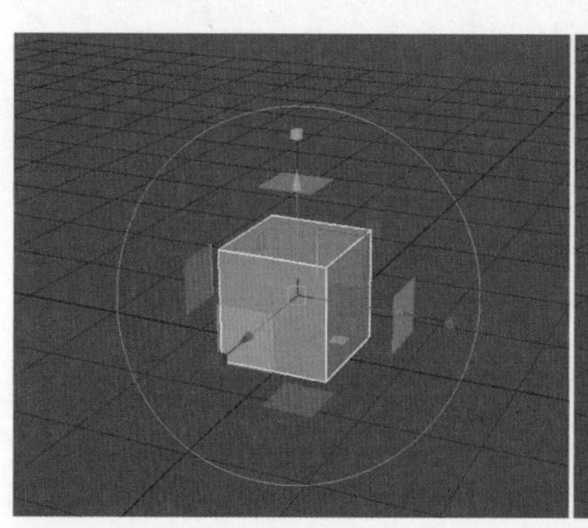

（a）自动映射

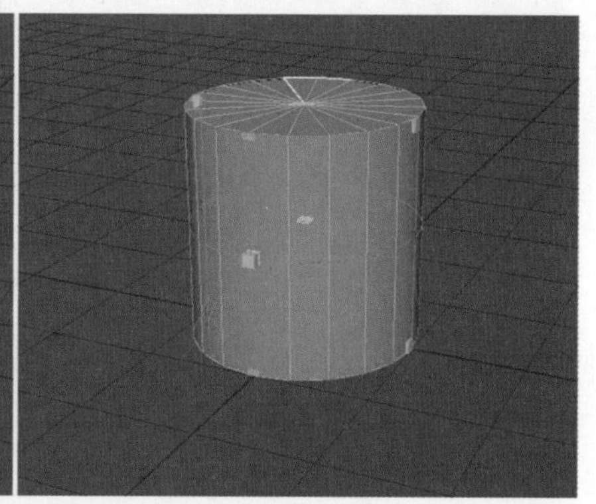

（b）圆柱体映射

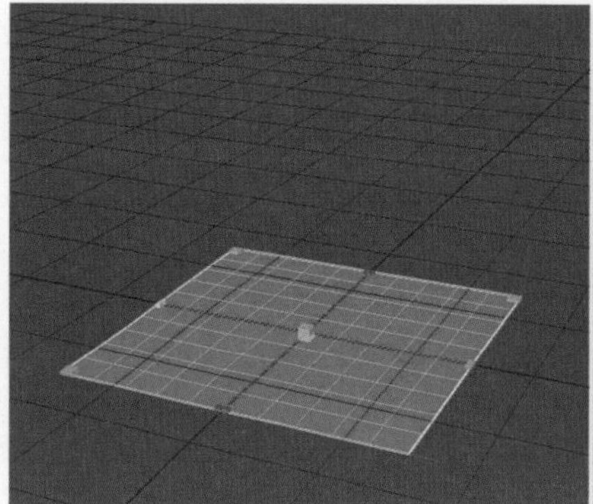

（c）平面映射

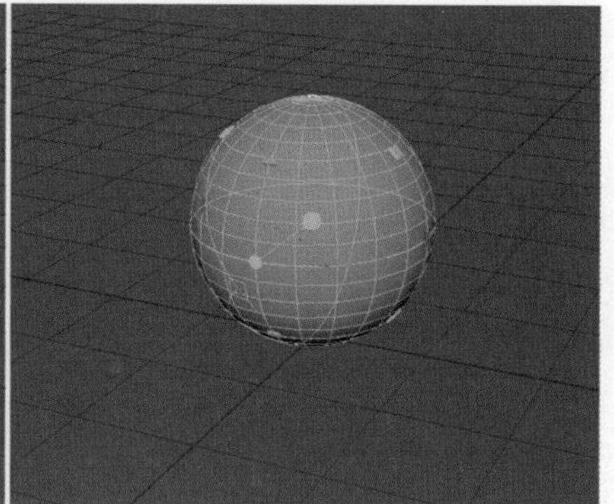

（d）球形映射

图 6-21　Maya 提供的部分映射方法

下面以球形映射讲解控制器的操作。在场景中新建一个多边形球体，选择球体，选择 UV → 【球形】 命令，为该多边形球体指定球形映射。之后在多边形球体外围出现一个球形控制器，红色方框是控制水平方向伸展，绿色方框是控制垂直方向伸展，蓝色方框控制整体 UV 坐标。按球形控制器中红色 T 标识后出现旋转、缩放、位移控制

手柄,可以通过旋转、缩放、位移操作调整 UV 坐标。在此需要注意的是,不能直接使用 W、E、R 快捷键调出移动、旋转和缩放工具对 UV 坐标进行移动、旋转和缩放操作。球形映射控制器操作过程如图 6-22 所示。

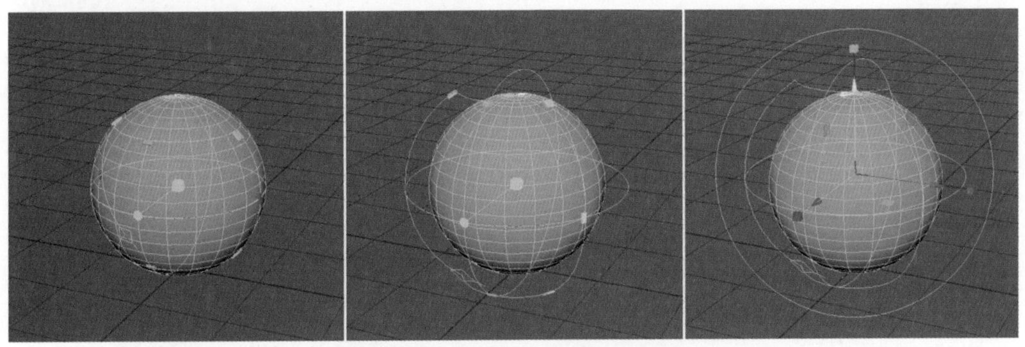

图 6-22 球形映射控制器操作过程

### 6.2.3 UV 编辑器

在 Maya 中使用【UV 编辑器】对 UV 进行编辑,例如移动 UV 点。选择【窗口】→【建模编辑器】→【UV 编辑器】命令;或者在建模模块下选择 UV →【UV 编辑器】命令,将【UV 编辑器】调出,同时也会调出【UV 工具包】。【UV 编辑器】和【UV 工具包】如图 6-23 所示。

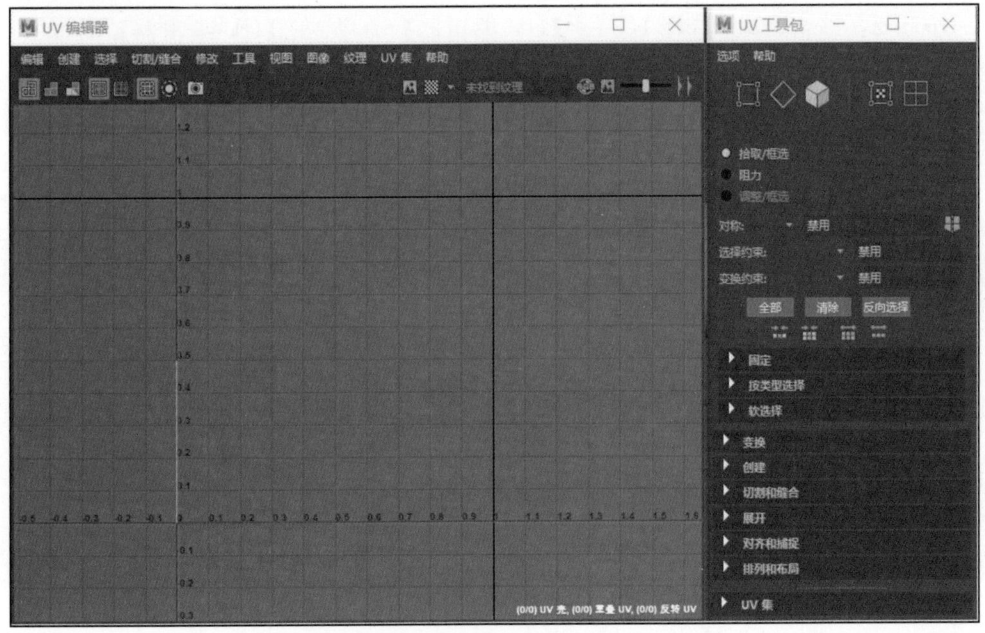


图 6-23 【UV 编辑器】和【UV 工具包】

UV 编辑的基本原则如下。

(1) UVs 不能相互重叠。

(2) UVs 放置在 0 ~ 1 的纹理空间中,要有效利用 0 ~ 1 的纹理空间,不要超出此空间范围。

（3）UVs 要避免出现拉伸现象。

（4）UVs 的切割线需要在隐蔽部位，同时尽可能少地切分 UVs。

下面以飞行器的 UV 拆分讲解【UV 编辑器】和【UV 工具包】的使用。

UV 编辑器 .mp4

步骤 1：导入 OBJ 文件。选择【文件】→【导入】命令，将提供的 spaceship.obj 文件导入 Maya，如图 6-24 所示。

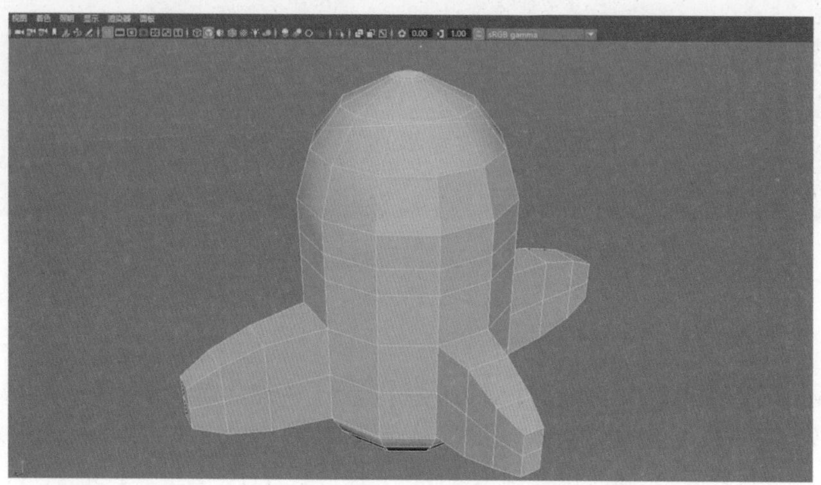

图 6-24　导入文件

步骤 2：缝合 UV。选择 UV →【UV 编辑器】命令，在【UV 编辑器】面板中查看 spaceship.obj 的 UV 情况，此时发现此模型的 UV 是混乱的。所以在视图中右击，在弹出的菜单中选择【边】命令；再框选此模型所有的边，在【UV 工具包】面板中选择【切割和缝合】→【缝合】命令，缝合选择的边，如图 6-25 所示。

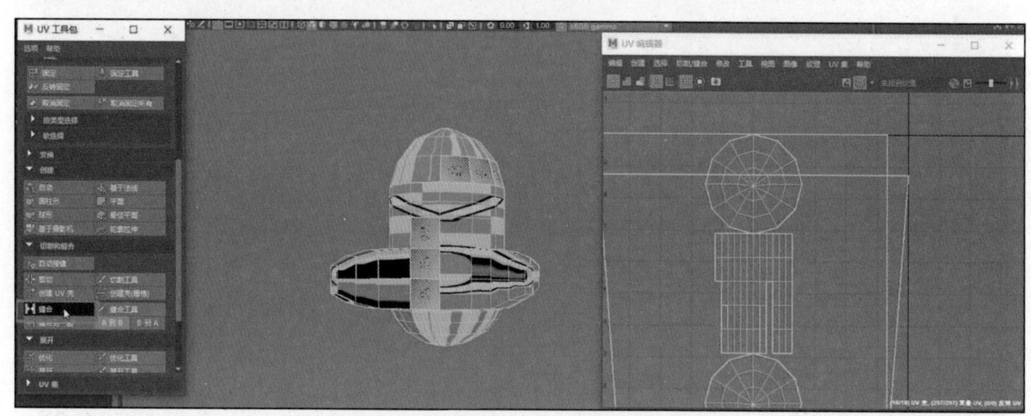

图 6-25　缝合边

步骤 3：剪切边。进入边模式，然后分别选择需要拆解的边，在【UV 工具包】面板中选择【切割和缝合】→【剪切】命令。翅膀和尾翼剪切边如图 6-26 所示。头部、身体和尾部剪切边如图 6-27 所示。

步骤 4：展开 UV。选择模型对象，在【UV 工具包】面板中选择【展开】→【展开】命令，展开模型 UV，如图 6-28 所示。

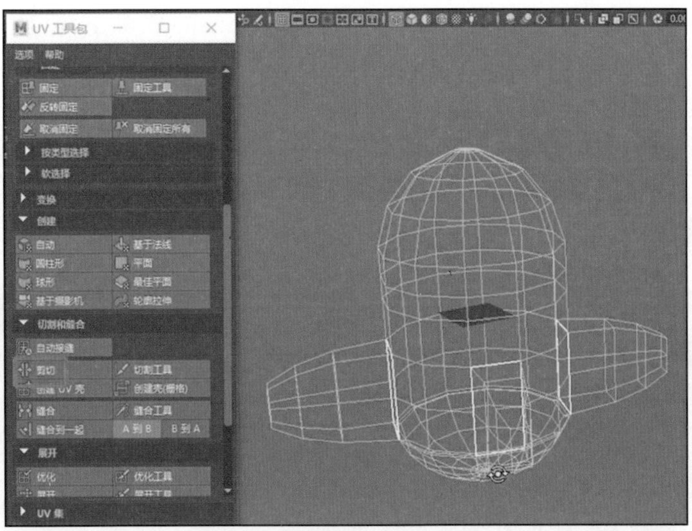


图 6-26　翅膀和尾翼剪切边

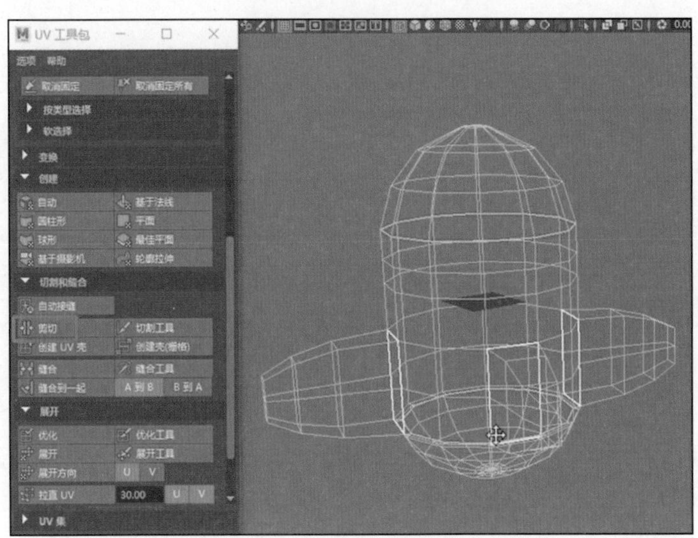


图 6-27　头部、身体和尾部剪切边

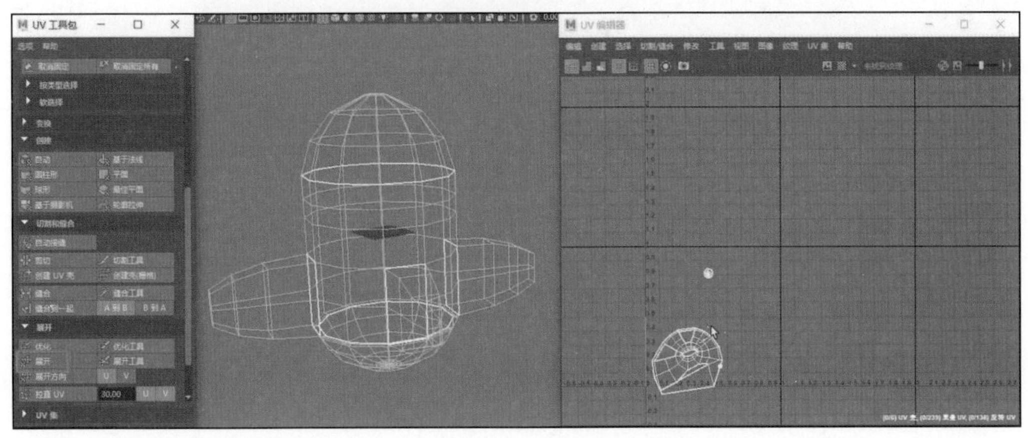


图 6-28　展开模型 UV

步骤 5：UV 映射及调整。UV 展开后，发现展开的效果不佳，所以依据模型的外形，对两个翅膀和尾翼选择【自动】映射命令，对头部和尾部选择【球形】映射命令，对身体部分选择【圆柱形】映射命令，调整模型 UV。

在【UV 编辑器】面板中选择身体部分的 UV 壳，然后在【UV 工具包】面板中选择【创建】→【圆柱形】命令，之后在【UV 编辑器】面板中选择身体 UV 壳，使用移动工具、缩放工具调整身体 UV 的大小和位置，如图 6-29 所示。

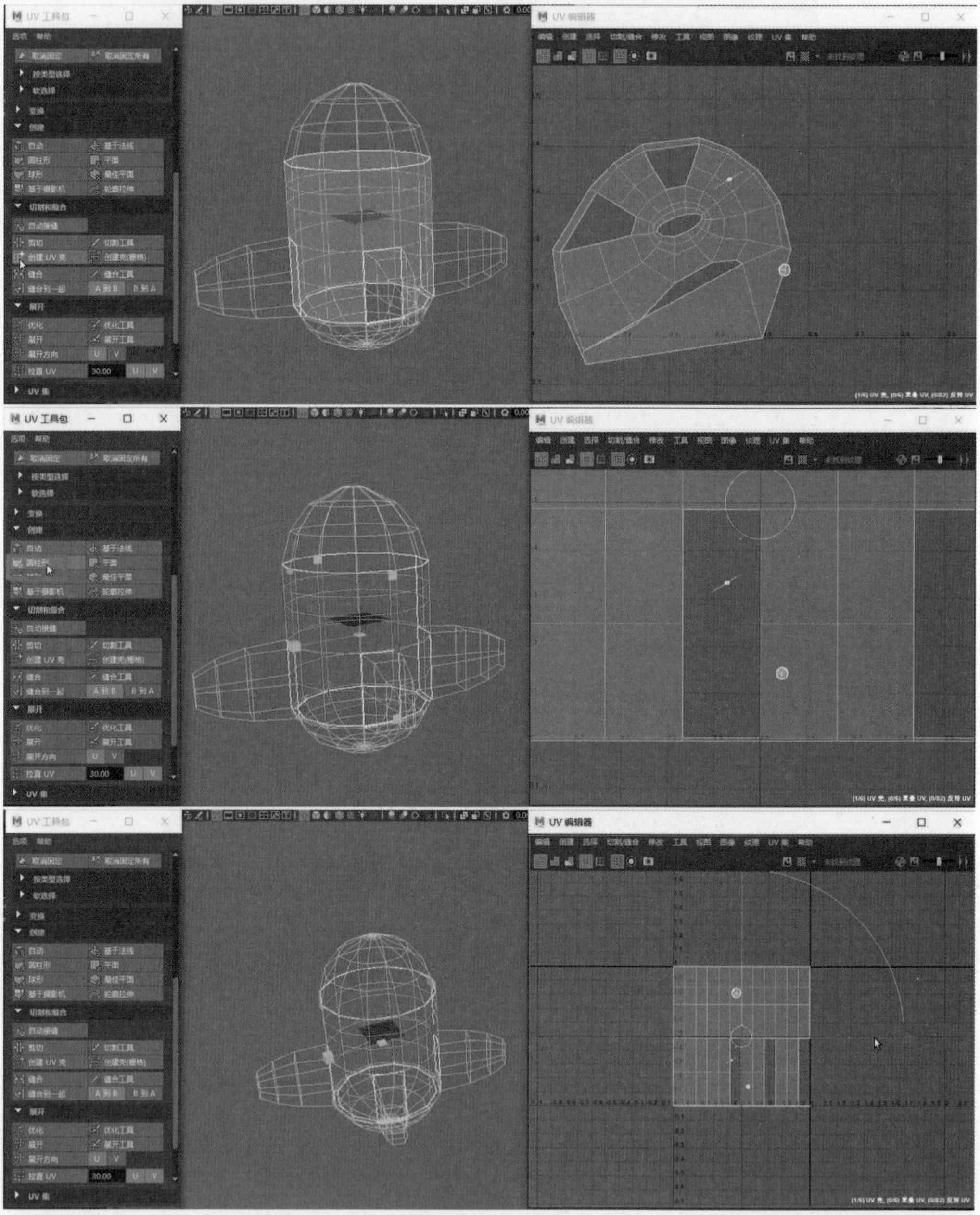

图 6-29　身体 UV 调整过程

之后使用相同的操作，在【UV 编辑器】面板中分别选择头部、尾部部分的 UV 壳，然后在【UV 工具包】面板中选择【创建】→【球形】命令，再在【UV 编辑器】面板中调整头部、尾部部分 UV 的大小和位置。

在【UV 编辑器】面板中分别选择两个翅膀和尾翼部分的 UV 壳，然后在【UV 工具包】面板中选择【创建】→【自动】命令，再在【UV 编辑器】中调整两个翅膀和尾翼部分 UV 的大小和位置。

最后将模型整体拆分的 UV 放置在【UV 编辑器】面板中 0～1 象限内。需要注意的是，要根据模型比例大小调整 UV。模型 UV 拆分的最终效果如图 6-30 所示。

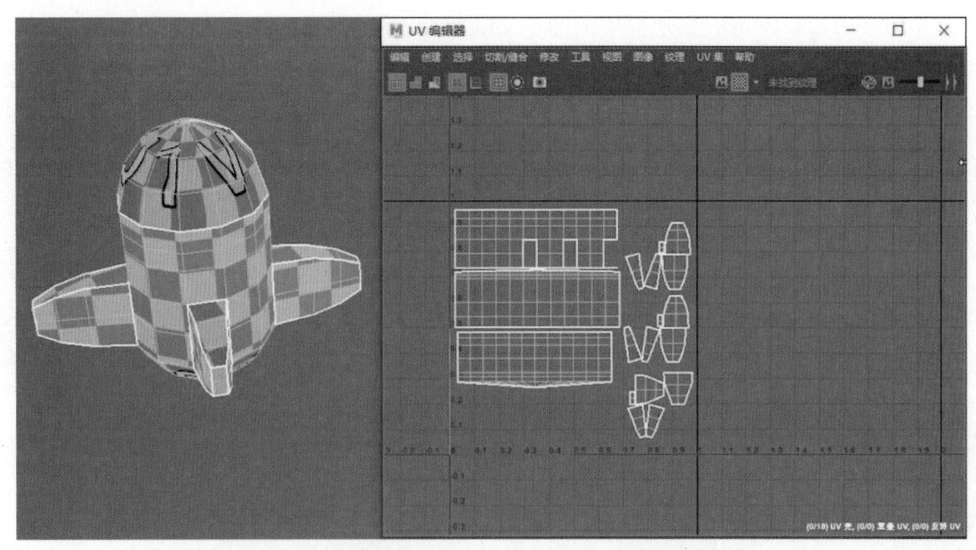


图 6-30　模型 UV 拆分的最终效果

## 6.2.4　Unfold 3D Network 插件

Unfold 3D Network 是一款专门用来拆分模型 UV 的软件。它操作方便灵活，与传统的 UV 拆分工具相比，提供了高质量的 UV 拆分解决方案，同时节省了拆分 UV 的时间。Unfold 3D Network 界面如图 6-31 所示。

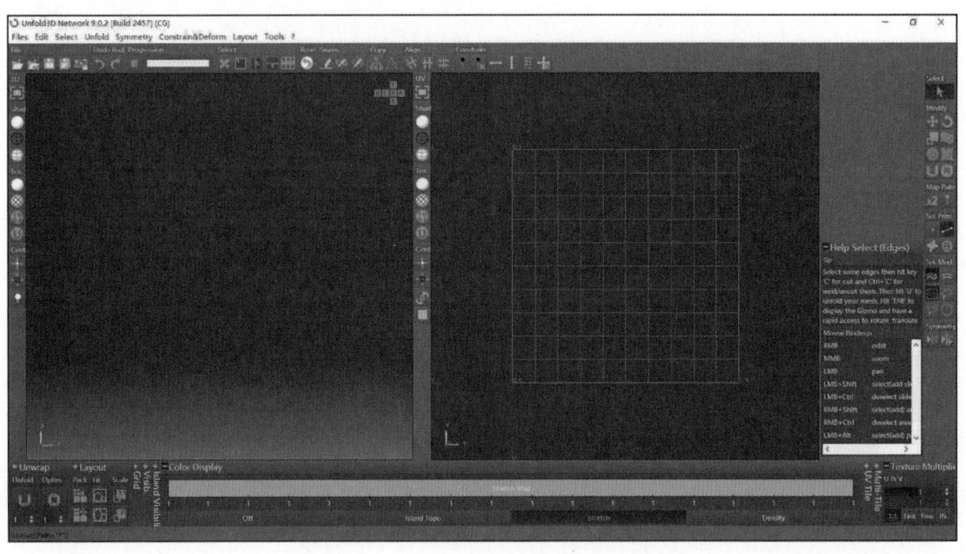


图 6-31　Unfold 3D Network 界面

当第一次使用 Unfold 3D Network 进行 UV 拆分时，选择 Edit → Mouse Bindings... 命令，在弹出的对话框中设置 Mode。例如将 Set Preset Mode 设置为 Maya，这样在 Unfold 3D Network 中的操作习惯与在 Maya 中的操作习惯一样。

使用 Unfold 3D Network 进行模型 UV 拆分的思路是：首先依据模型选择需要分割的边，之后按 C 键将边进行分割。所有的边分割完后，按 U 键进行展开。之后对展开的 UV 进行调整，调整完后将模型及 UV 贴图导出。

Unfold 3D Network 拆分 UV 的步骤如图 6-32 所示。

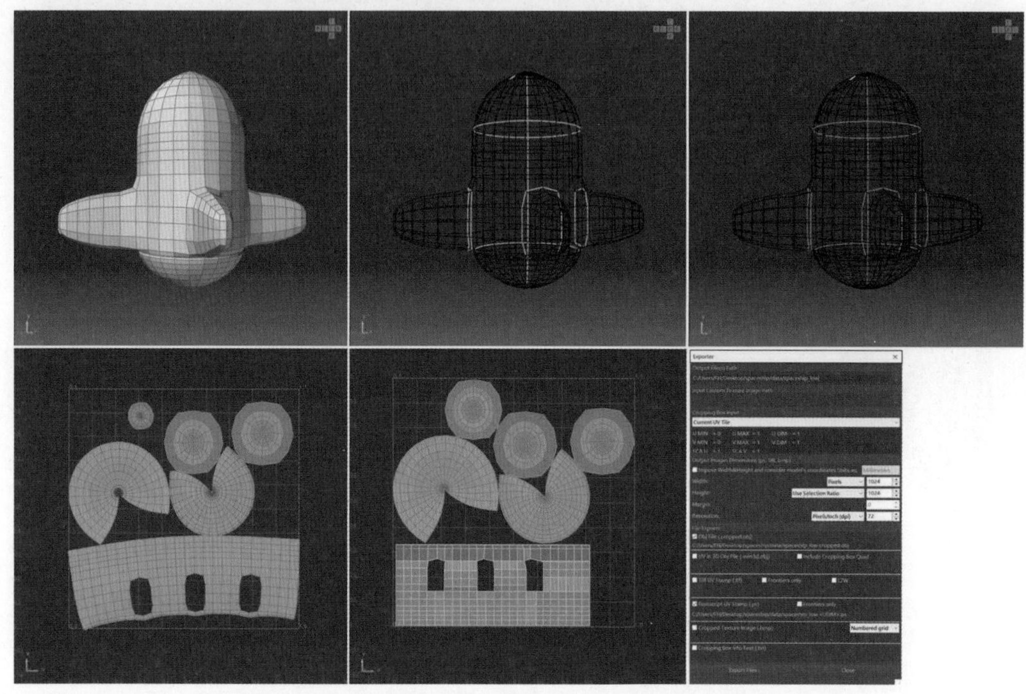

图 6-32　Unfold 3D Network 拆分 UV 步骤

## 6.3　卡通角色贴图的制作及渲染

本案例的卡通角色最终渲染效果图如图 6-33 所示。

卡通角色贴图制作及渲染 .mp4

图 6-33　卡通角色最终渲染效果图

卡通角色贴图制作及渲染步骤如下。

步骤 1：设置项目。启动 Maya，选择【文件】→【设置项目】命令，在弹出的【设置项目】面板中选择提供的 character_render 文件夹，之后单击【设置】按钮。再打开 character_render 文件夹中的 001_source.ma 文件。

步骤 2：眼球模型 UV 拆分及 UV 传递。选择左眼球模型，选择 UV →【平面】命令。眼球平面映射后效果如图 6-34 所示。

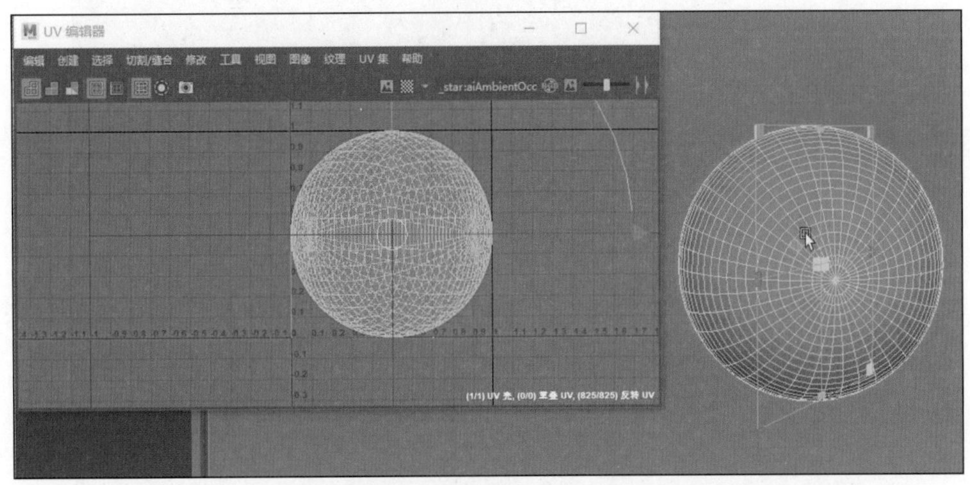


图 6-34　眼球平面映射后效果

按平面控制器中红色 T 标识，调出旋转、缩放、位移控制手柄，通过对 UV 进行旋转、缩放、位移操作，调整 UV 映射效果。调整平面映射后 UV 贴图效果如图 6-35 所示。

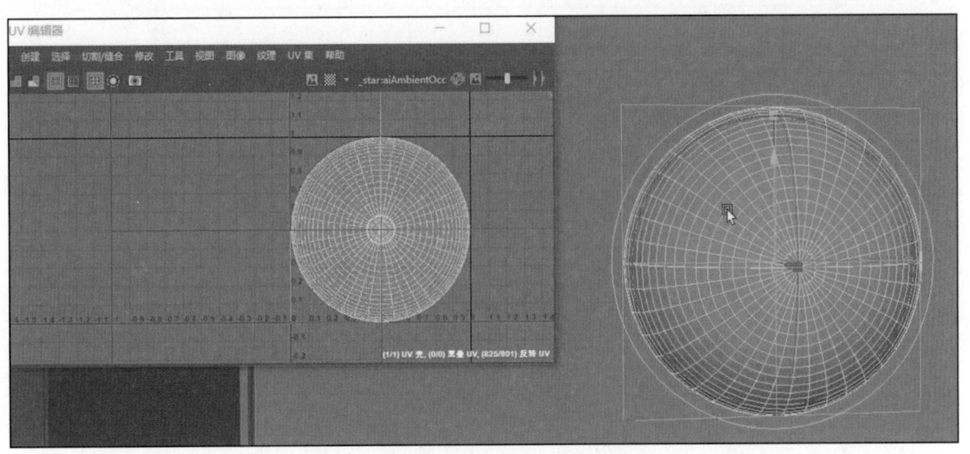


图 6-35　调整平面映射后 UV 贴图效果

选择左眼球模型，右击，在弹出的菜单中选择【边】命令，在左眼模型上双击选择切割的循环边，之后选择【UV 工具包】→【切割和缝合】→【剪切】命令，如图 6-36 所示。

选择 UV 壳，使用移动工具、缩放工具调整左眼球模型 UV 的大小和位置。需要贴图的 UV 部分放置位置大一点，在头部模型内部的眼球 UV 放置位置小一点。左眼球模型的 UV 摆放如图 6-37 所示。

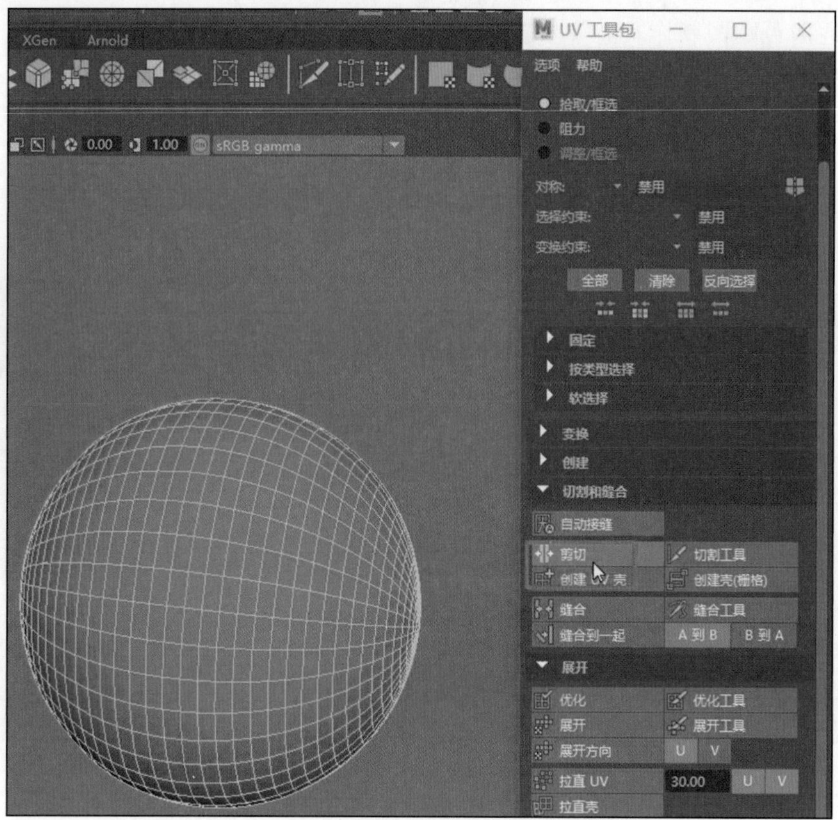


图 6-36　剪切边

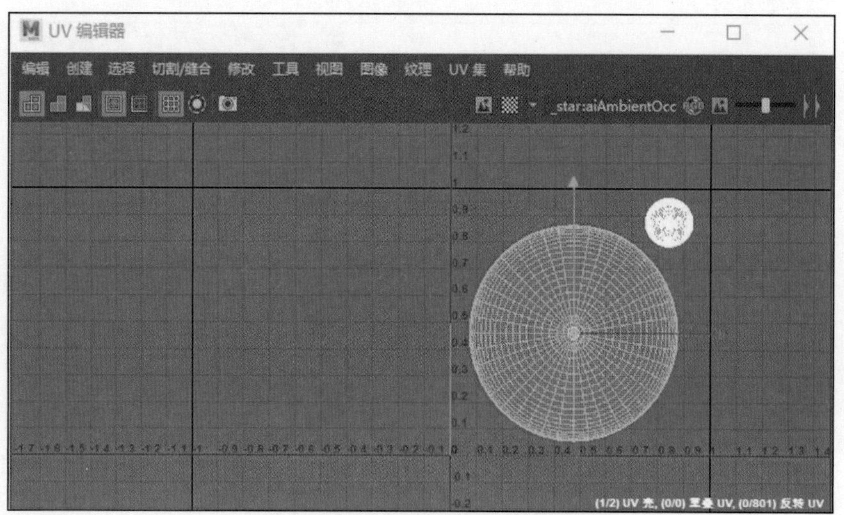


图 6-37　左眼球模型的 UV 摆放

眼球之间的 UV 传递。选择展好 UV 的左眼球模型，按 Shift 键加选未展好 UV 的右眼球模型，然后单击【网格】→【传递属性】命令后的方块■，在【传递属性选项】面板中将【采样空间】设置为“拓扑”，之后单击【应用】按钮。此时两个球体拥有了相同的 UV。UV 传递如图 6-38 所示。

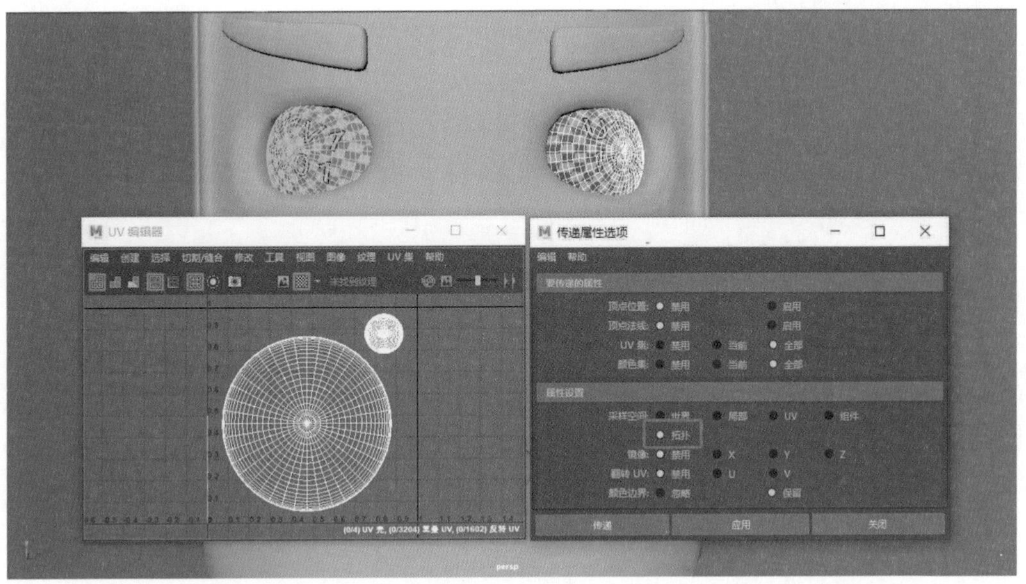


图 6-38　UV 传递

步骤 3：部分身体 UV 拆分。选择需要展 UV 的部分身体，如图 6-39 所示。然后选择【文件】→【导出当前选择】命令，在弹出的【导出当前选择】对话框中选择路径和设置保存的文件名，将文件名设置为 char，将【文件类型】设置为 OBJexport，如图 6-40 所示。最后单击【导出当前选择】按钮，导出模型。

图 6-39　选择需要展 UV 的部分身体

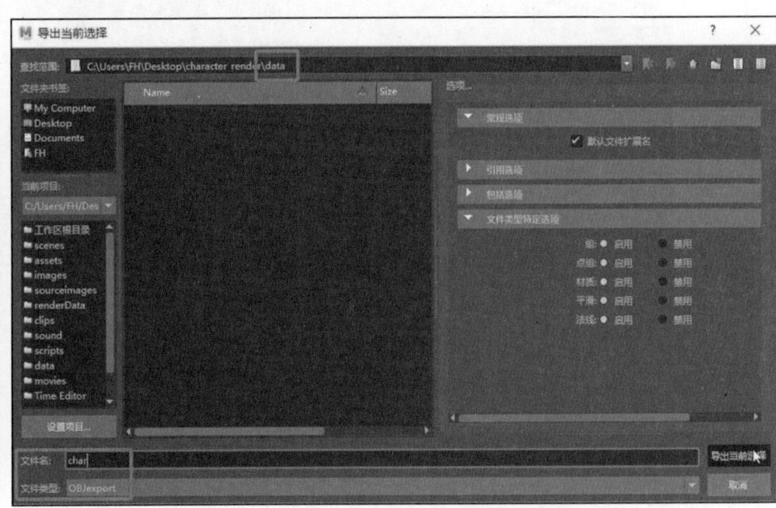


图 6-40　导出设置

启动 Unfold 3D Network，按 Ctrl+O 组合键打开 Loading of OBJ file 对话框，之后打开 char.obj 文件，如图 6-41 所示。

选择需要剪切的边，然后按快捷键 C 键进行剪切。例如衣服部分，选择两侧的肩线和侧身的线，然后按快捷键 C 键剪切。衣服一侧剪切如图 6-42 所示，另一侧在相同的位置选线剪切。

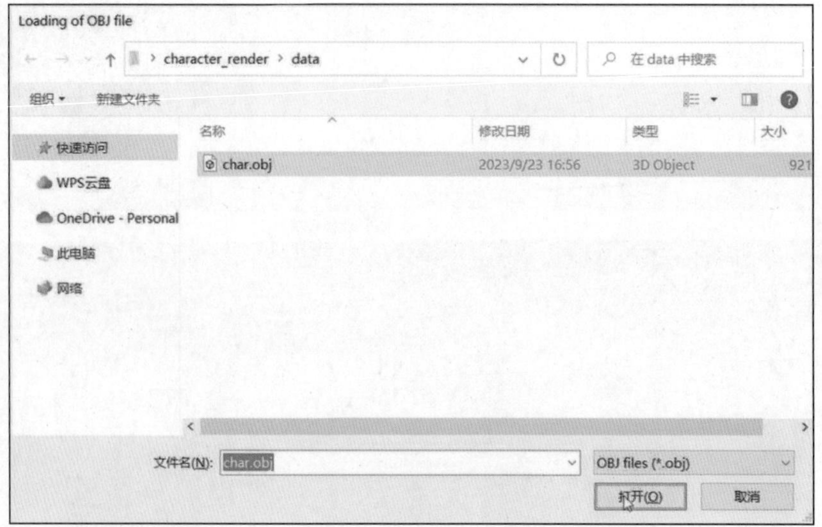


图 6-41　导入 .obj 文件

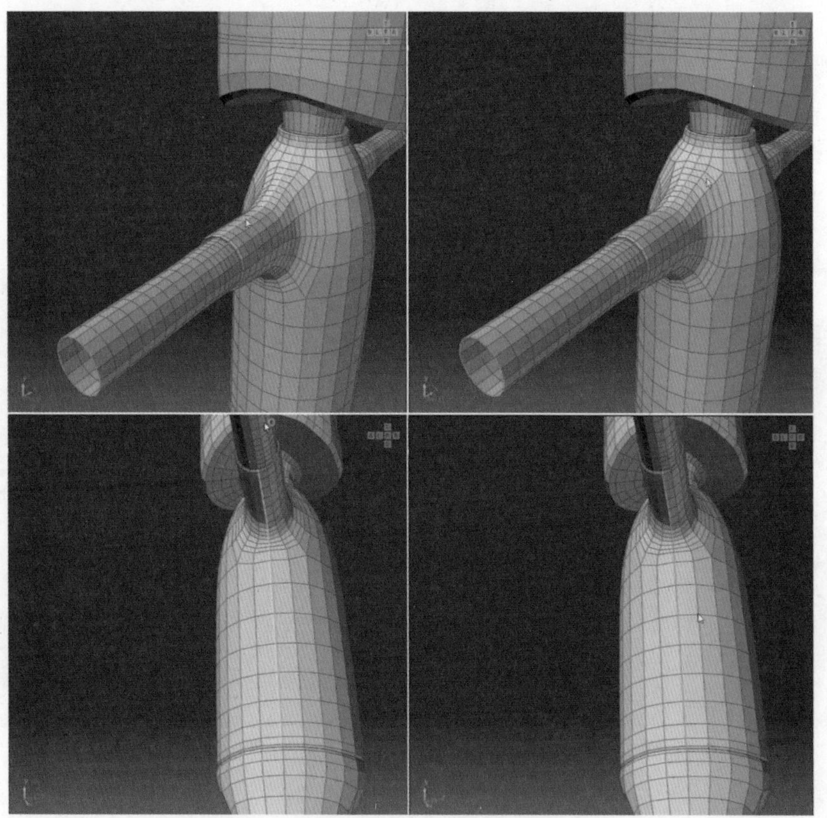

图 6-42　衣服一侧剪切

裤子、手臂、鞋子、头部模型使用相同的方法，选择需要剪切的线，然后按快捷键C键剪切。裤子从内侧和外侧中线剪切，如图6-43所示。手臂剪切如图6-44所示。鞋子剪切如图6-45所示。头部剪切如图6-46所示。整体模型剪切完的效果如图6-47所示。

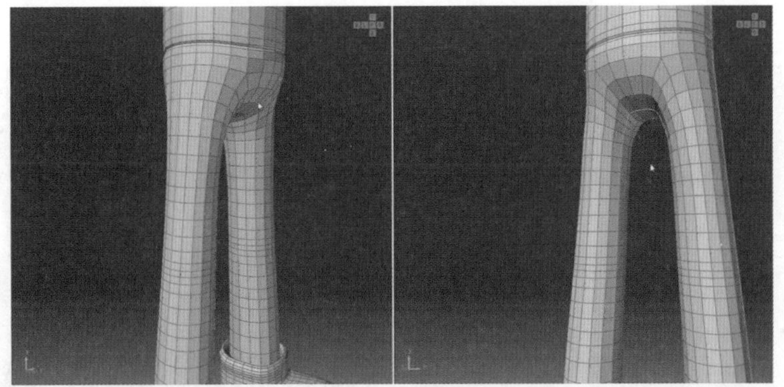

图 6-43 裤子剪切

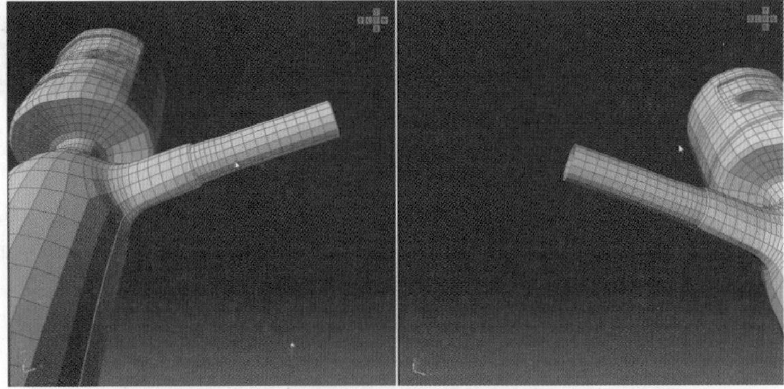

图 6-44 手臂剪切

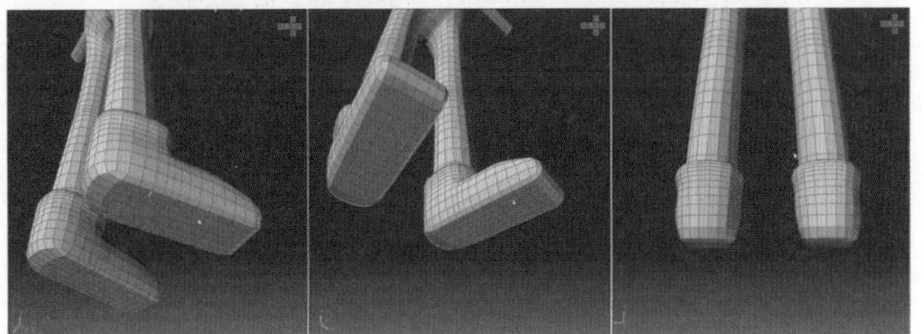

图 6-45 鞋子剪切

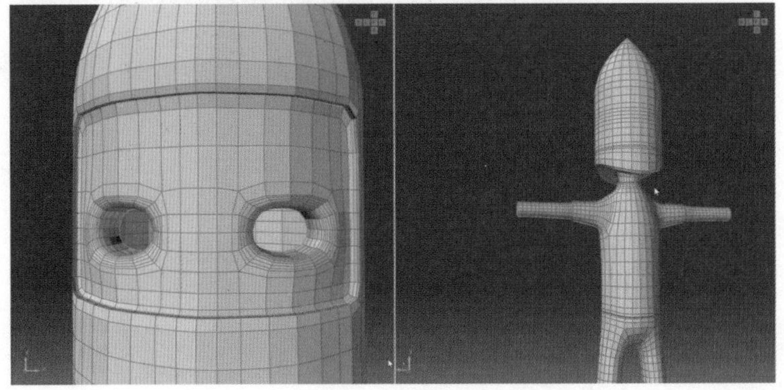

图 6-46 头部剪切

按 U 键展开 UV。UV 贴图如图 6-48 所示。

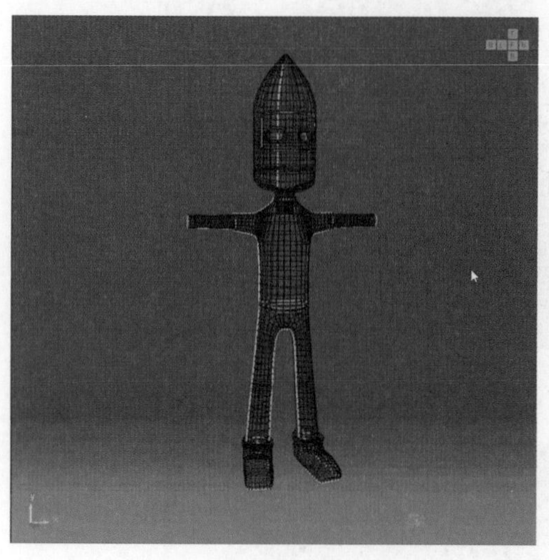

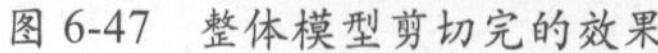

图 6-47　整体模型剪切完的效果

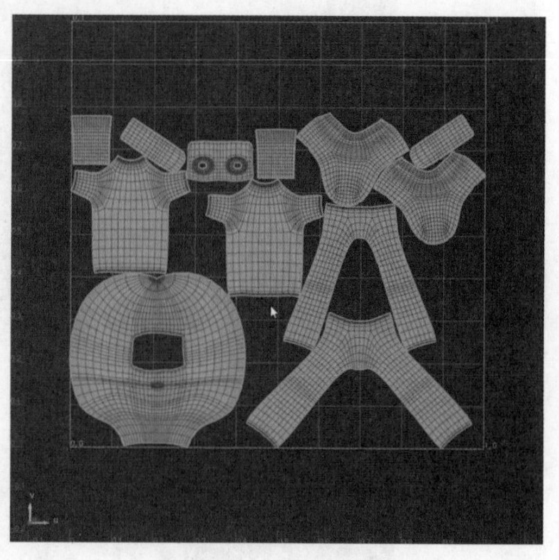

图 6-48　UV 贴图

按 Ctrl+N 组合键打开 Exporter 面板。在该面板中将 Width 设置为 1024，Height 设置为 1024，勾选 Obj.File(.cropped.obj)。之后单击 Export Files 按钮，将展好 UV 的模型导出。导出设置如图 6-49 所示。

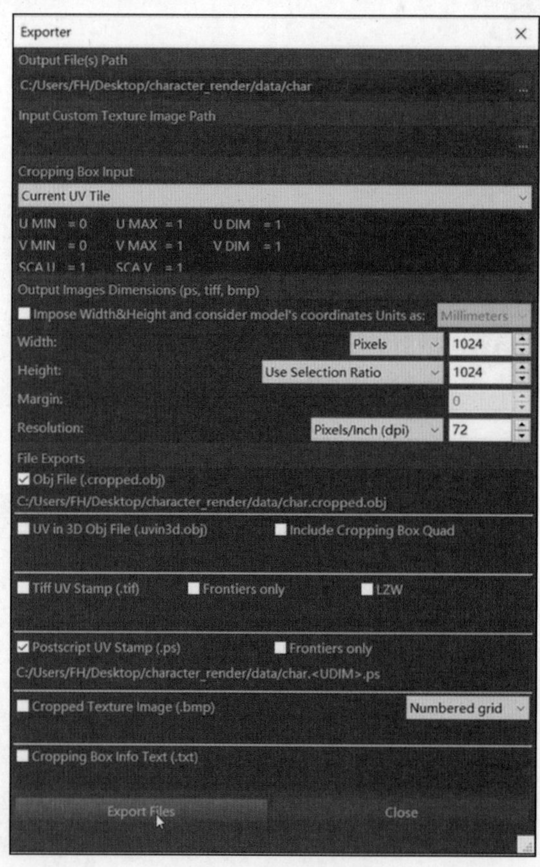


图 6-49　导出设置

步骤 4：部分身体 UV 传递。打开刚才导出 char.obj 所用的文档（文档已经对眼球展好 UV）。然后选择【文件】→【导入】命令，在 data 文件夹中选择 char.cropped.obj 文件，如图 6-50 所示，将其导入 Maya 中。

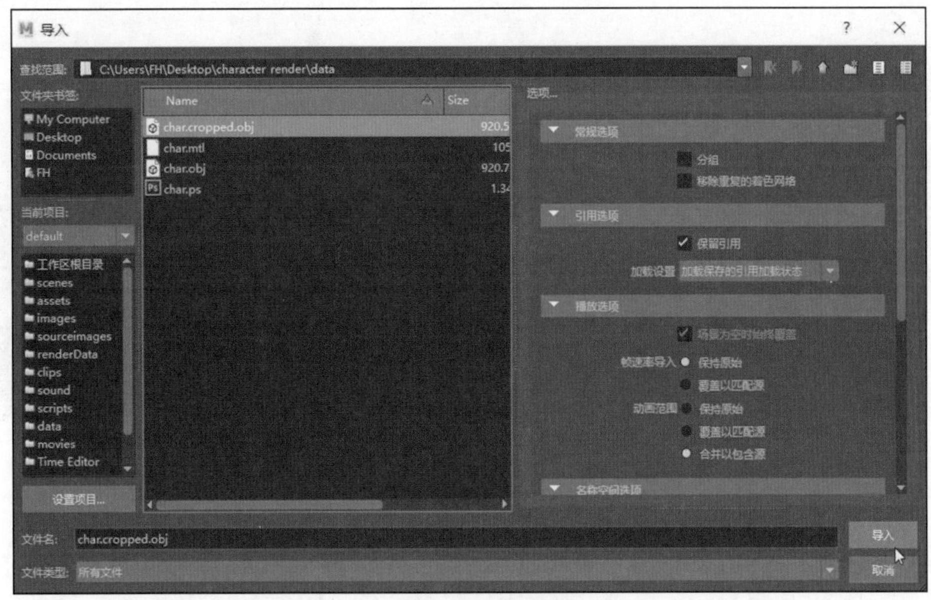


图 6-50 导入 obj 文件

文件导入后，导入的文件和之前的原始文件重合，所以选择已经展好 UV 的导入文件，使用移动工具将其移动到一侧，如图 6-51 所示。

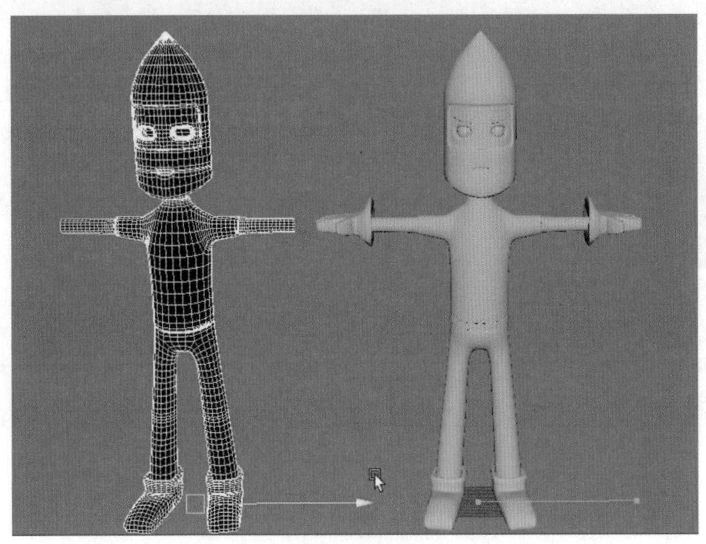

图 6-51 导入模型

选择未展 UV 的头部模型，然后按 Delete 键将其删除。之后将展好 UV 的头部模型放置到删除的头部位置。在【大纲视图】中对该模型重命名为 tou，然后将其移动到 geo 组内。选择 tou 模型，打开 Hypershader 面板，将光标移动到 lambert1 材质球上，右击，选择【将 initialShadingGroup 指定给当前选择】命令。头部替换如图 6-52 所示。

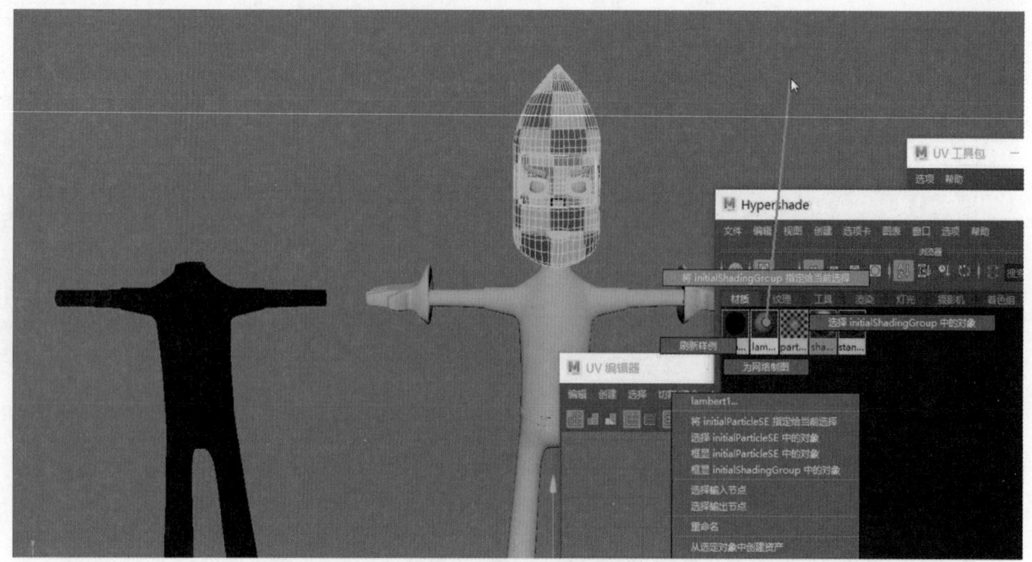

图 6-52　头部替换

选择展好 UV 的衣服模型，按 Shift 键加选未展 UV 的衣服模型，单击【网格】→【传递属性】命令后的方块■，在【传递属性选项】面板中将【采样空间】设置为“组件”，之后单击【应用】按钮，完成衣服的 UV 传递。衣服 UV 传递效果如图 6-53 所示。

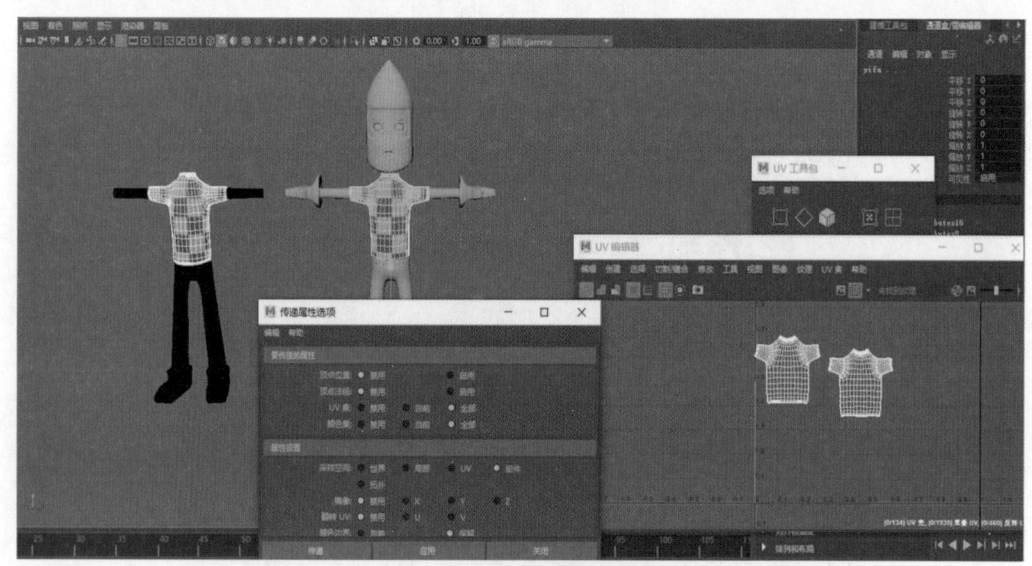

图 6-53　衣服 UV 传递效果

裤子、手臂、鞋子模型使用相同的方法进行 UV 传递。

选择衣服、裤子、手臂、鞋子模型，选择【编辑】→【按类型删除】→【历史】命令，对衣服、裤子、手臂、鞋子模型的历史进行删除。删除模型历史的过程如图 6-54 所示。

在【大纲视图】中选择之前导入的展好 UV 的模型，按 Delete 键将其删除。删除导入模型的过程如图 6-55 所示。

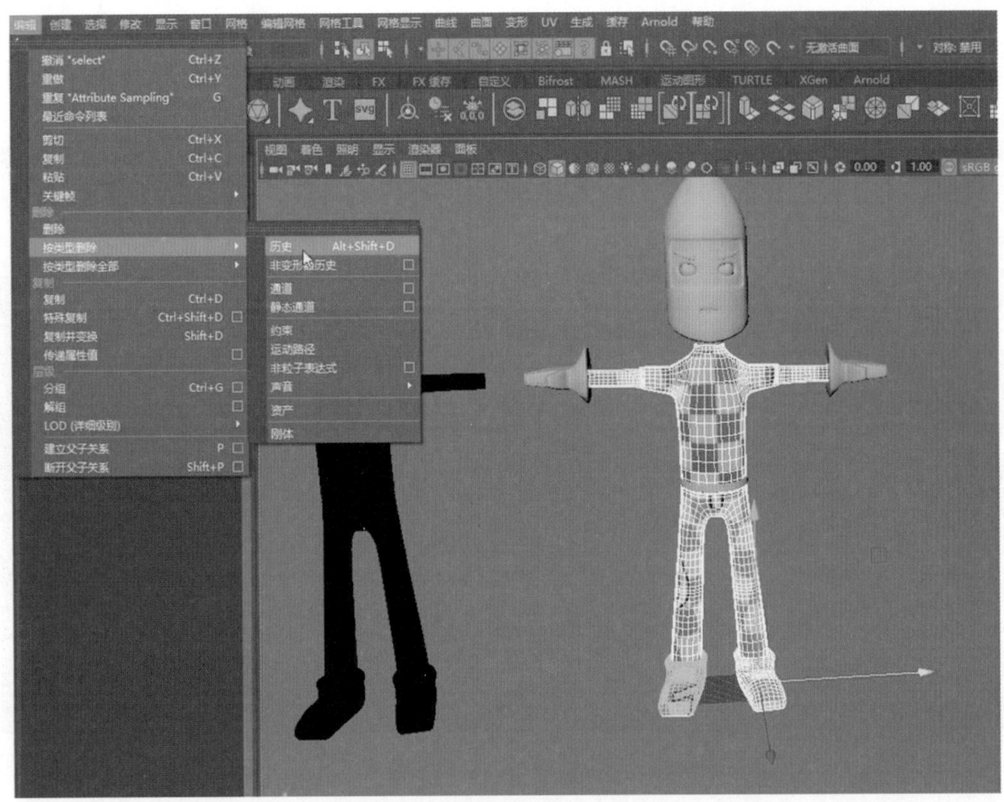


图 6-54　删除模型历史的过程

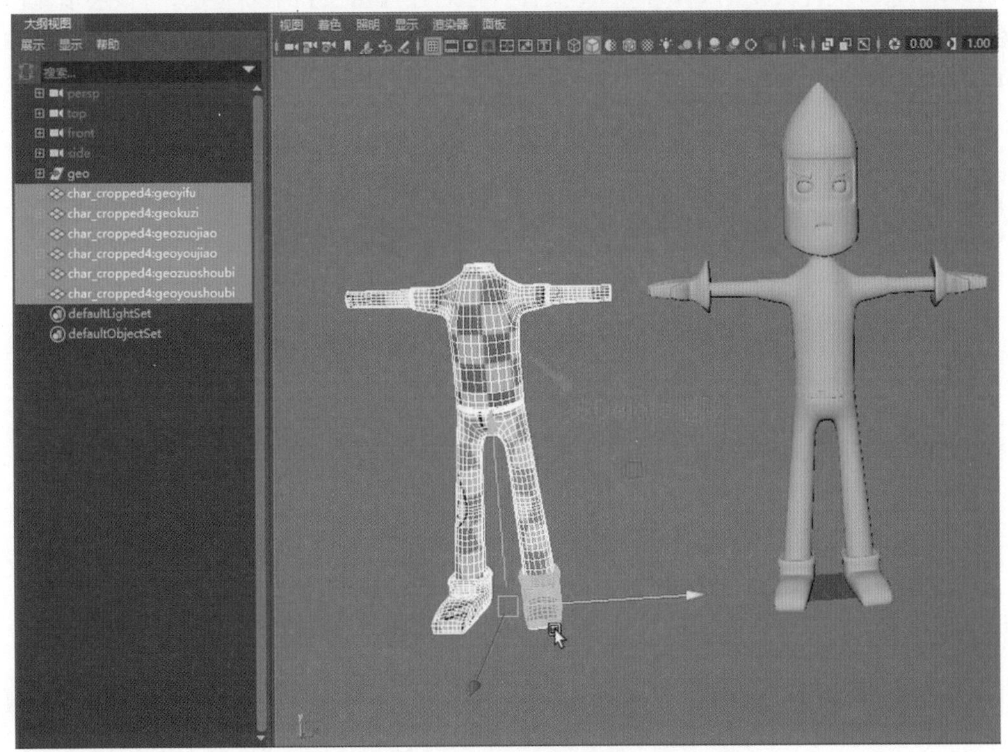


图 6-55　删除导入模型的过程

步骤 5：用 Adobe Photoshop 制作眼睛贴图。选择左眼球模型，选择 UV →【UV 编辑器】命令，将【UV 编辑器】面板调出。在【UV 编辑器】面板中选择【图像】→【UV 快照】命令，在弹出的【UV 快照选项】面板中设置文件名为 eye_uv，存放到工程文件夹的 sourceimages 文件夹中，【图像格式】为 PNG，【大小 X（像素）】为 1024，【大小 Y（像素）】为 1024，然后单击【应用】按钮。导出左眼球模型 UV 快照的过程如图 6-56 所示。

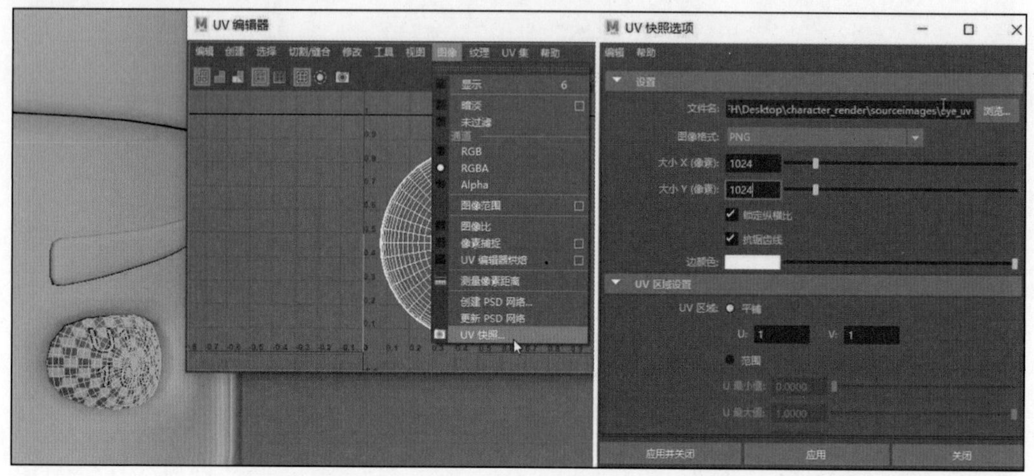


图 6-56 导出左眼球模型 UV 快照的过程

启动 Adobe Photoshop。选择【文件】→【打开】命令，在【打开】面板中找到 sourceimages 文件夹下的 eye_uv.png 文件。之后在【图层】中新建层，将该层填充白色，并将该层重命名为“白色背景”。同时将 UV 贴图层重命名为 uv。白色背景层和 uv 层如图 6-57 所示。

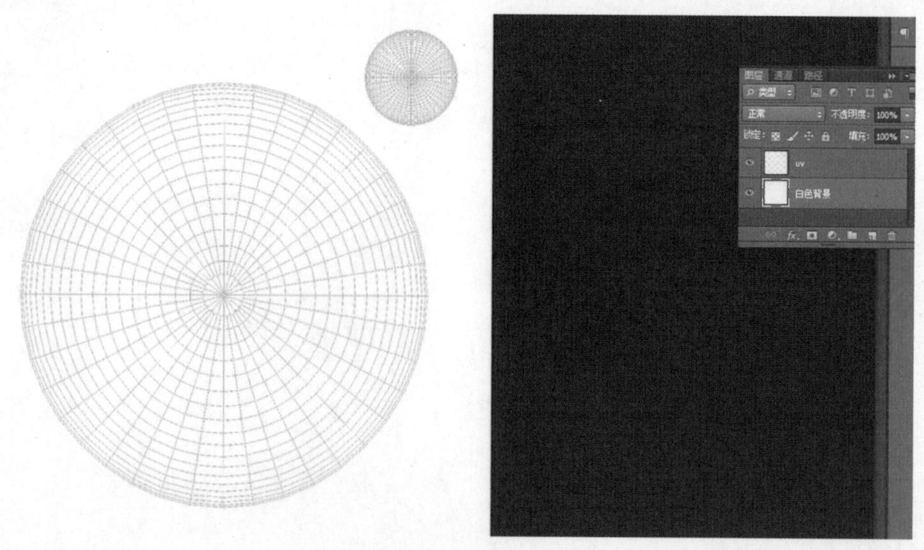

图 6-57 白色背景层和 uv 层

选择【文件】→【打开】命令，将 sourceimages 文件夹下的 eye.png 文件打开。然后将 eye.png 文件拖曳到 eye_uv.png 文件中，并根据 UV 贴图放置 eye.png 文件，此时 eye.png 为“图层 1”。将【图层】面板中 uv 层的可显示功能关闭，之后选择“图层 1”，使用吸管工具在 eye.png 的白色区域吸色，然后使用画笔工具在眼球贴图的边界处绘制，消除边界处像素。之后将“图层 1”重命名为“眼睛”。眼睛贴图制作过程如图 6-58 所示。

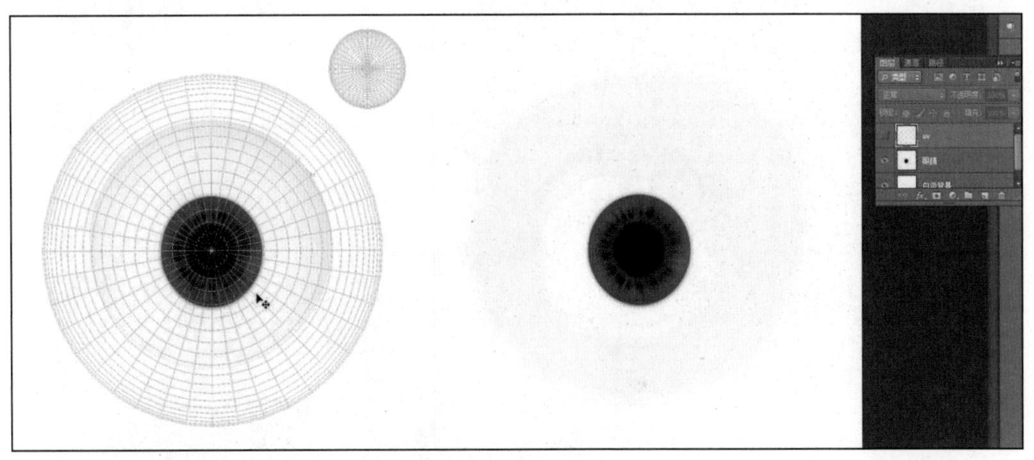

图 6-58　眼睛贴图制作过程

选择【文件】→【另存为】命令，将此眼睛贴图命名为 eye_color，格式选择 jpg，存放到 sourceimages 文件夹下，如图 6-59 所示，导出眼睛贴图。

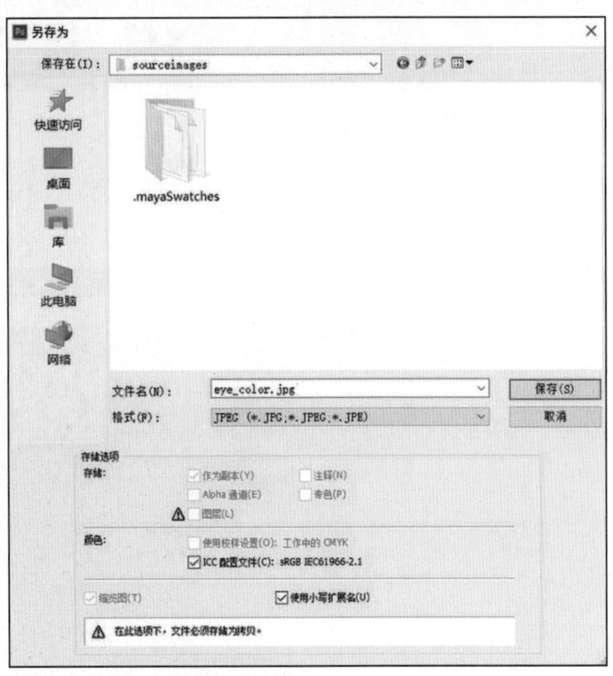


图 6-59　另存眼睛贴图

步骤 6：眼睛贴图材质球链接。单击 Hypershade 图标，打开 Hypershade 面板。在【创建】选项卡中创建 Blinn 材质球，将该材质球重命名为 zuoyan_caizhiqiu。左眼球模型材质球的创建如图 6-60 所示。

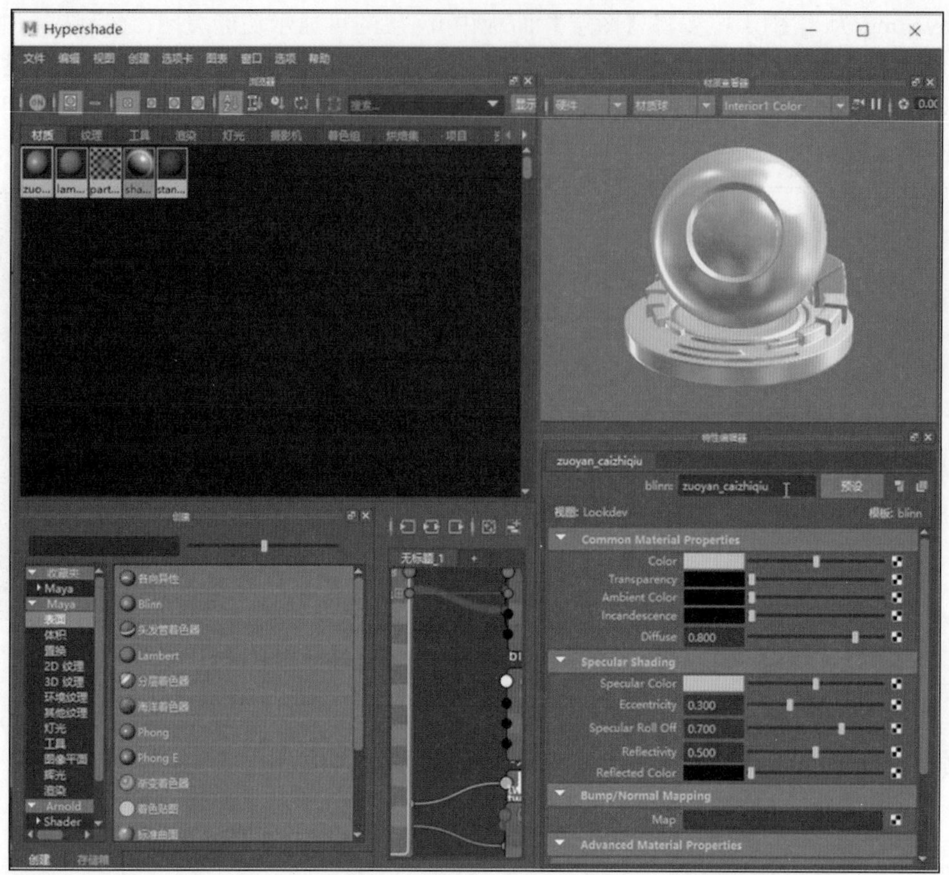


图 6-60　左眼球模型材质球的创建

选择左眼球模型，将光标移动在 zuoyan_caizhiqiu 材质球上，右击，在弹出的菜单中选择【为当前选择指定材质】命令，如图 6-61 所示。

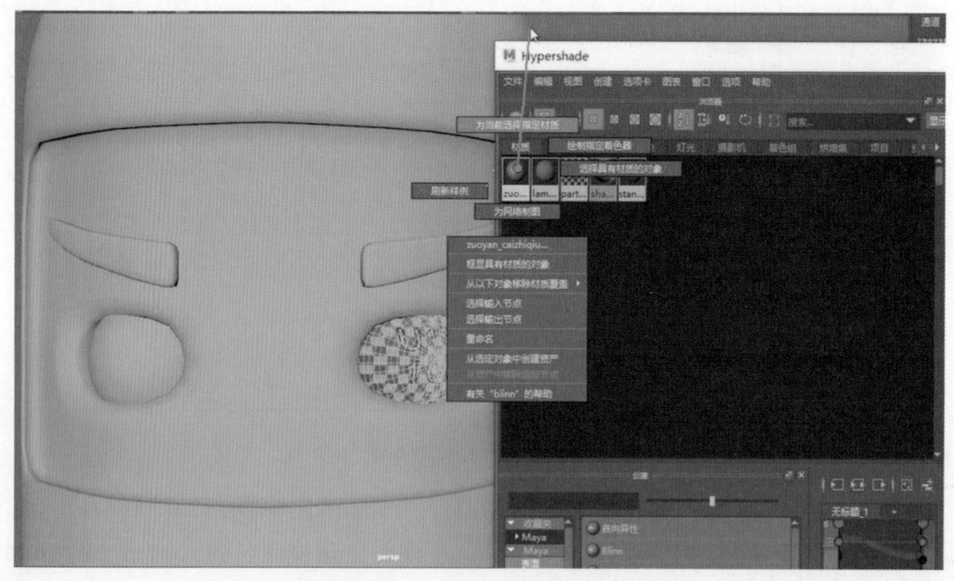


图 6-61　为左眼球模型赋予材质

选择 zuoyan_caizhiqiu 材质球，在 Common Material Properties 中单击 Color 后面的棋盘格按钮，在弹出的【创建渲染节点】对话框中单击【文件】图标，创建“文件”节点，如图 6-62 所示。

图 6-62　创建“文件”节点

在弹出的文件节点面板中单击【图像名称】后的文件夹按钮，在弹出的【打开】对话框中选择 eye_color.jpg 文件，如图 6-63 所示。链接后效果如图 6-64 所示。

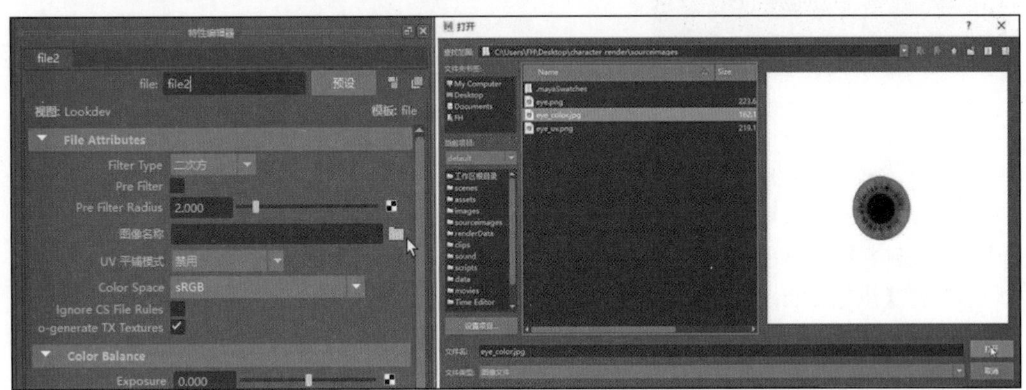


图 6-63　链接 eye_color.jpg 文件

之后使用相同的操作创建 Blinn 材质球，将该材质球重命名为 youyan_caizhiqiu。将该材质球赋予右眼球模型。运用相同的操作，将 eye_color.jpg 文件链接到 youyan_caizhiqiu 的 color 属性上。双眼贴图效果如图 6-65 所示。

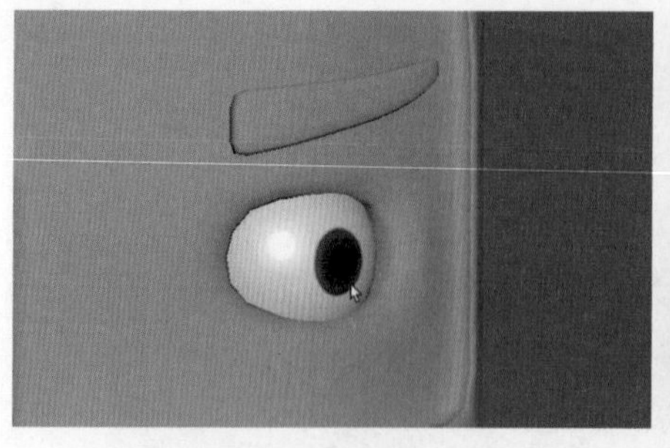

图 6-64　链接后效果

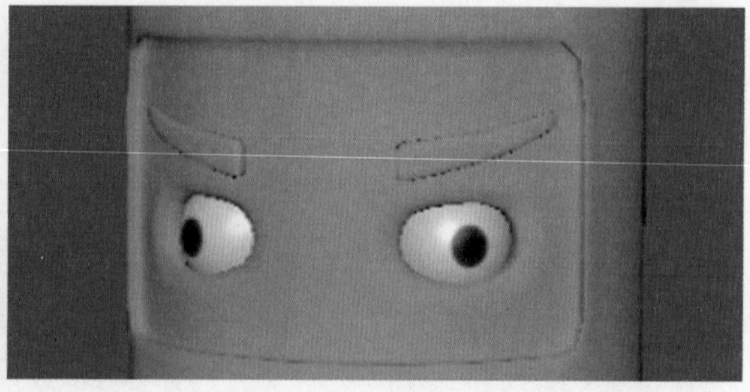

图 6-65　双眼贴图效果

之后可以根据眼睛贴图效果旋转眼球进行效果调整。

步骤 7：用 Adobe Substance 3D Painter 制作衣服贴图。启动 Adobe Substance 3D Painter，选择【文件】→【新建】命令，在弹出的【新项目】对话框中单击【选择】按钮，在新弹出的【打开文件】对话框中选择 data 文件夹中的 char.cropped.obj 文件。之后在【新项目】对话框中将【模板】设置为 PBR-Metallic Roughness Alpha-blend (starter_assets)，【文件分辨率】设置为 1024。设置完成后单击 OK 按钮。新项目设置的过程如图 6-66 所示。

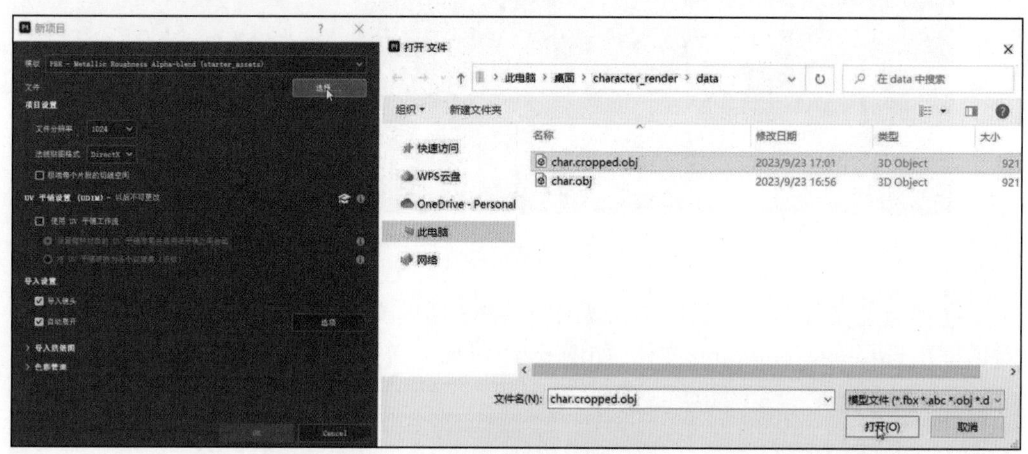


图 6-66　新项目设置的过程

模型导入到 Adobe Substance 3D Painter 中后，单击【纹理集设置】面板中的【模型贴图】→【烘焙模型贴图】按钮，在弹出的【烘焙】对话框中单击 ID，之后在【ID 烘焙参数】中将【颜色来源】设置为“网格 ID/ 多边形组”，其他参数为默认状态，然后单击【烘焙 star...】按钮进行贴图烘焙。烘焙贴图过程如图 6-67 所示。

设置衣服材质。在【资源】面板中单击 Smart Materials 智能材质，在 Smart Materials 智能材质中搜索 Plastic Hexagon 材质，之后选择该材质球，按住鼠标左键不放，将其拖曳到模型上。赋予 Plastic Hexagon 智能材质的效果如图 6-68 所示。

在【图层】面板中选择 Plastic Hexagon 层，右击，选择【添加颜色选择遮罩】命令，之后在【属性 - 颜色选择】面板中单击选取颜色按钮，使用吸管工具，按鼠标左键在衣服模型上单击一下，将 Plastic Hexagon 材质球赋予衣服模型。设置衣服材质的过程如图 6-69 所示。

图 6-67　烘焙贴图过程

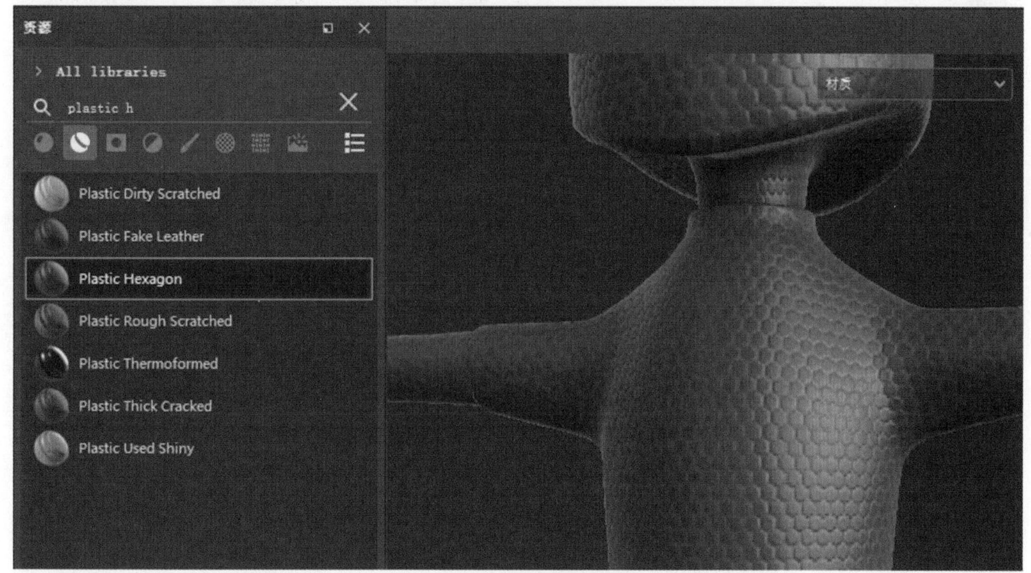


图 6-68　赋予 Plastic Hexagon 智能材质的效果

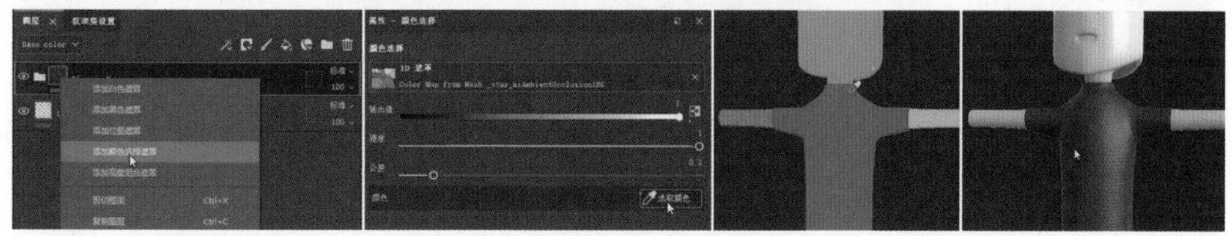

图 6-69　设置衣服材质的过程

在【图层】面板中将 Plastic Hexagon 层展开，单击 Base Plastic 层下的【填充】选项，在【属性-填充】面板中设置【UV 转换】选项区下的【比例】参数。调整 UV 过程如图 6-70 所示。

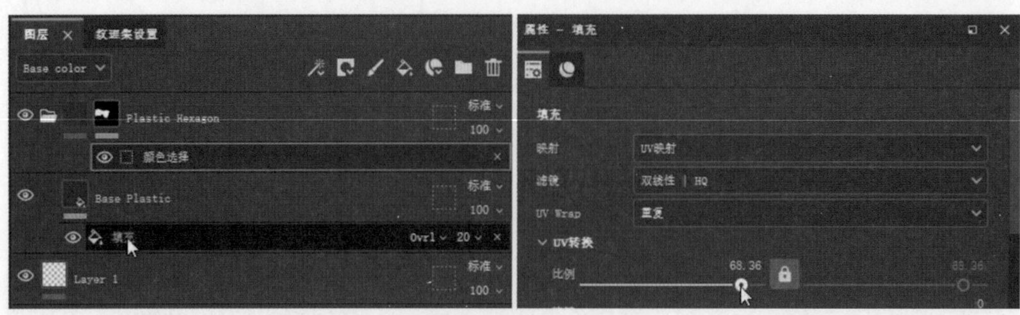

图 6-70　调整 UV 过程

在【图层】面板中选择 Base Plastic 层，在【属性－填充】面板中按鼠标左键将 Base color 的颜色单击一下，然后修改 Base color 的颜色。修改颜色的过程如图 6-71 所示。

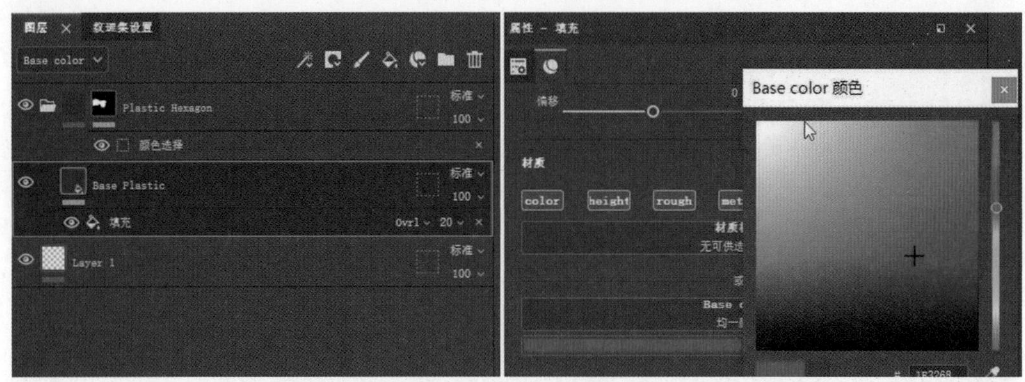

图 6-71　修改颜色的过程

在【图层】面板中双击 Plastic Hexagon 层，将其重命名为“衣服”。衣服材质设置完成的效果如图 6-72 所示。

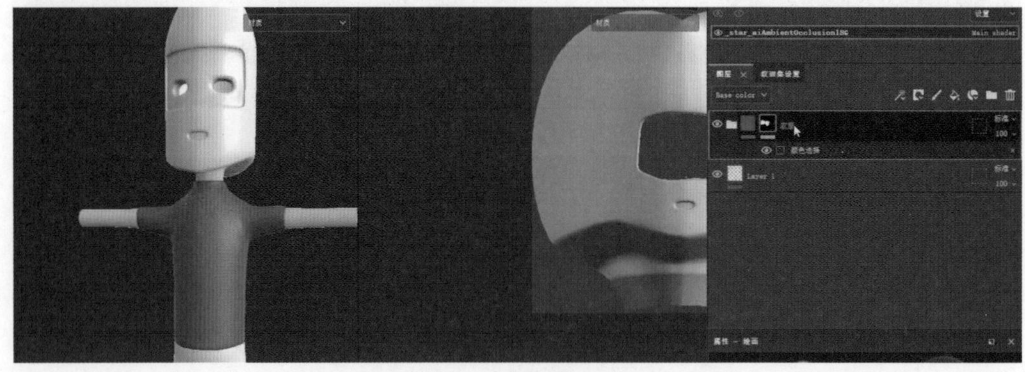

图 6-72　衣服材质设置完成的效果

步骤 8：用 Adobe Substance 3D Painter 制作裤子贴图。在【图层】面板中选择“衣服”层，右击，在弹出的菜单中选择【复制图层】命令。之后双击新层，将其重命名为“裤子”。创建裤子层的过程如图 6-73 所示。

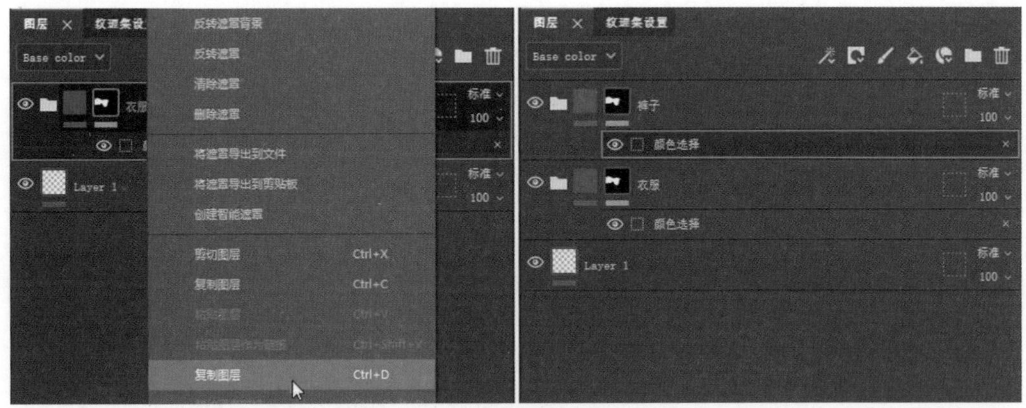


图 6-73　创建裤子层的过程

选择“裤子”层下的【颜色选择】选项，之后在【属性-颜色选择】面板中删除【颜色】参数选区，然后单击选取颜色按钮，使用吸管工具在裤子模型上单击一下。选择“裤子”层下的Base Plastic层，在【属性-填充】面板中将Base color的颜色单击一下，然后修改裤子的Base color颜色。设置裤子材质的过程如图6-74所示。

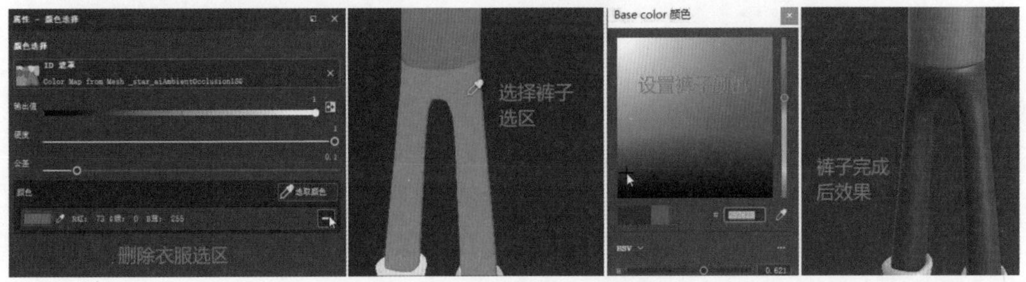


图 6-74　设置裤子材质的过程

步骤9：用Adobe Substance 3D Painter制作面部及手臂贴图。在【资源】面板中单击材质按钮，在材质中搜索Plastic Matte Pure材质，之后选择该材质球，按住鼠标左键不放，将其拖曳到模型上。之后在【属性-填充】中修改Base color颜色，将其修改为黄色，如图6-75所示。设置完颜色后，双击该层，将该层重命名为“皮肤”。

在【资源】面板中单击贴图按钮，然后在搜索中输入color map from关键词，此时会搜索出ID贴图。右击，在弹出的菜单中选择【导出资源...】命令，在弹出的【选择导出目录】对话框中选择导出贴图存放的路径。导出ID贴图的过程如图6-76所示。

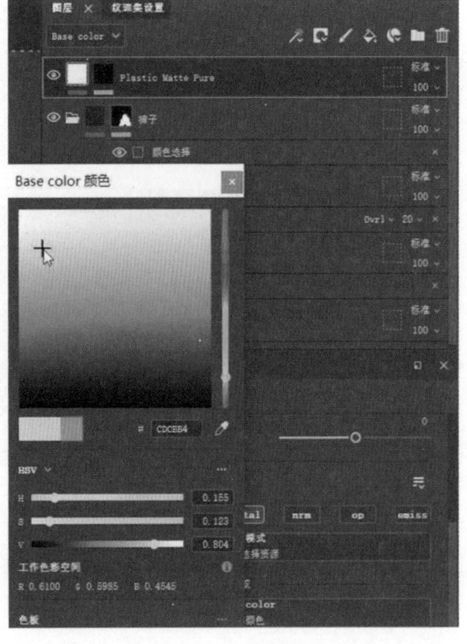


图 6-75　创建 Plastic Matte Pure 材质

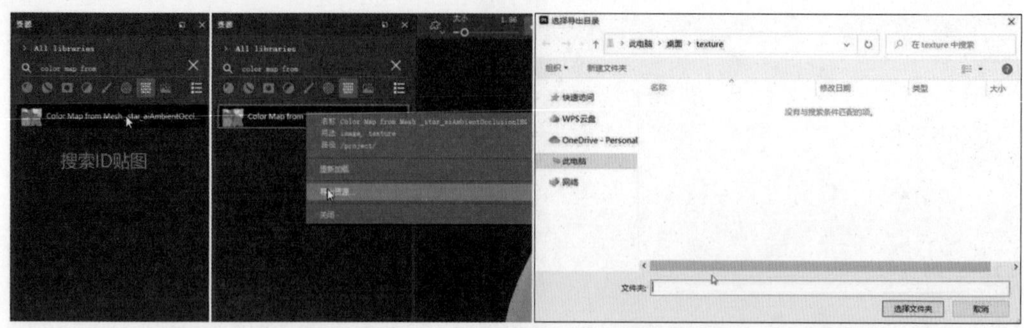


图 6-76　导出 ID 贴图的过程

启动 Adobe Photoshop，将导出的 ID 贴图打开。使用魔棒工具选取面部区域，之后将面部区域进行改色。面部区域改色过程如图 6-77 所示。之后按 Ctrl+S 组合键保存 ID 贴图。

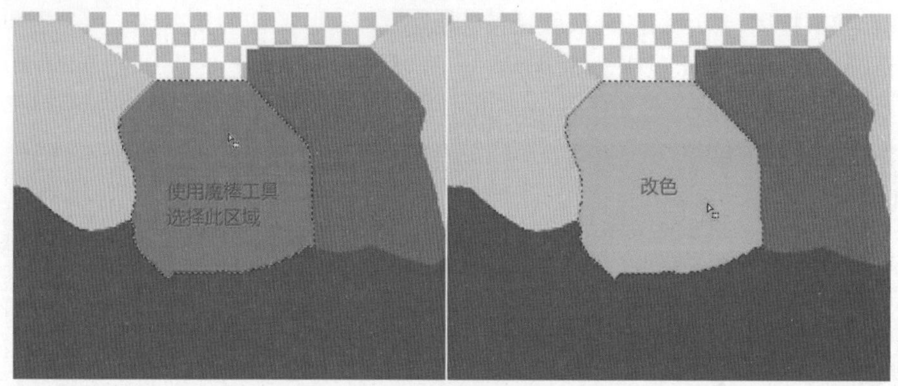


图 6-77　面部区域改色过程

回到 Adobe Substance 3D Painter 界面，在【纹理集设置】面板中单击 ID 贴图后面的删除按钮，将未改色的 ID 贴图删除。然后在【资源】面板下端单击【导入资源】按钮，在弹出的【导入资源】对话框中单击【添加资源】按钮，之后在新弹出的【选择一个或多个要打开的文件】对话框中选择改色的 ID 贴图文件。导入 ID 贴图过程之一如图 6-78 所示。

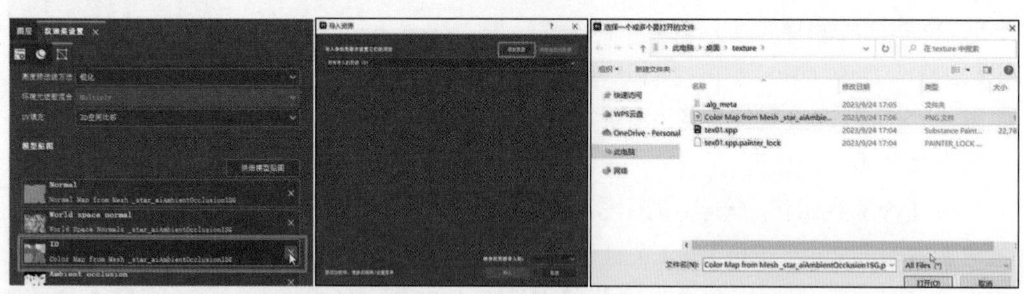

图 6-78　导入 ID 贴图过程之一

在【导入资源】对话框中将导入的 ID 贴图定义为 texture，【将你的资源导入到：】设置为“项目 'tex01'”，然后单击【导入】按钮。导入 ID 贴图过程之二如图 6-79 所示。

图 6-79　导入 ID 贴图过程之二

在【纹理集设置】面板中单击选择 id 贴图按钮 选择 id 贴图 ，在弹出的对话框中选择修改好的 id 贴图，将 id 贴图重新加载。id 贴图加载过程如图 6-80 所示。

图 6-80　id 贴图加载过程

选择“皮肤”层，右击，在弹出的命令中选择【添加颜色选择遮罩】命令，在【属性-颜色选择】面板中单击选取颜色按钮，使用吸管工具，按鼠标左键在面部、两条手臂模型上分别单击，将面部和两条手臂赋予材质。面部及两条手臂材质效果如图 6-81 所示。

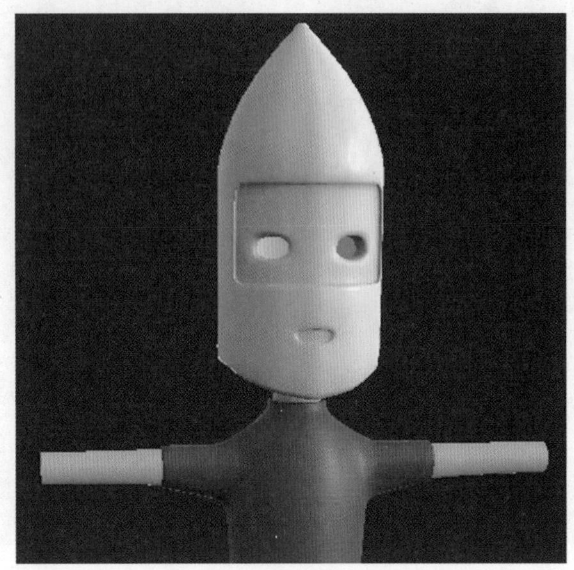

图 6-81　面部及两条手臂材质效果

步骤 10：用 Adobe Substance 3D Painter 制作头部贴图。在【图层】面板中选择“皮肤”层，右击，在弹出的菜单中选择【复制图层】命令。选择复制的图层，在【属性-填充】中将 Base color 设置为白色。之后按鼠标左键双击新层，将其重命名为“头部”。头部层创建过程如图 6-82 所示。

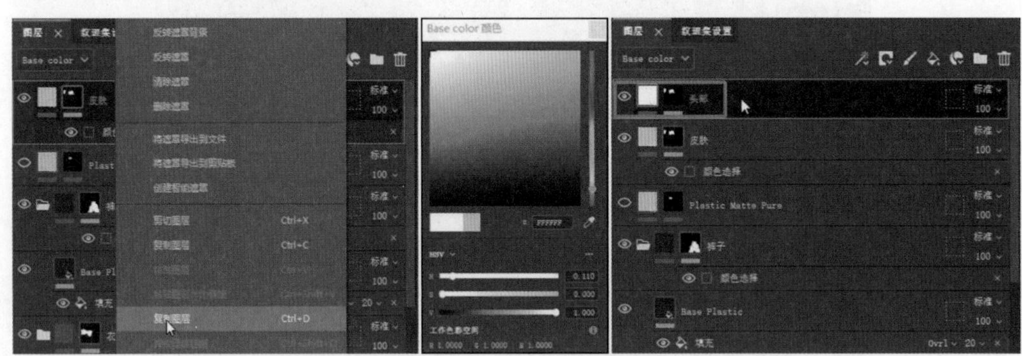

图 6-82　头部层创建过程

调整头部层的颜色选择区域。在【属性-颜色选择】面板中删除【颜色】参数的颜色选取。单击选取颜色按钮，使用吸管工具在头部模型上单击一下，头部材质设置后效果如图 6-83 所示。

在【图层】面板中单击添加填充图层按钮，创建一个“填充图层 1”。双击该层，将其重命名为“口”。选择该层，将该层的 Base color 颜色设置为粉红色。“口”层设置过程如图 6-84 所示。

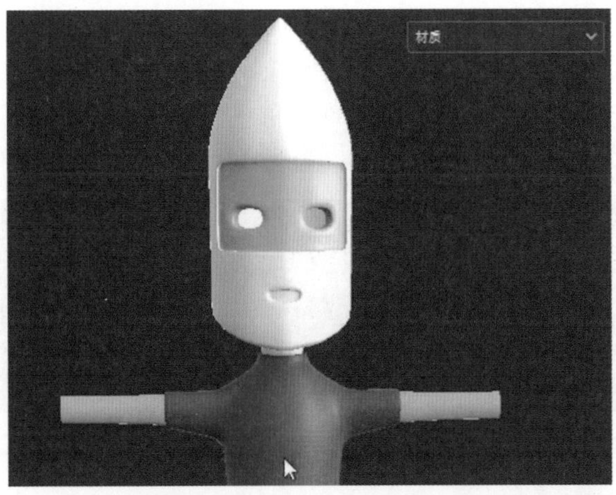

图 6-83　头部材质设置后效果

图 6-84　“口”层设置过程

选择“口”层，右击，在弹出的菜单中选择【添加黑色遮罩】命令。然后使用笔刷在模型的口部绘制。口部材质制作过程如图 6-85 所示。

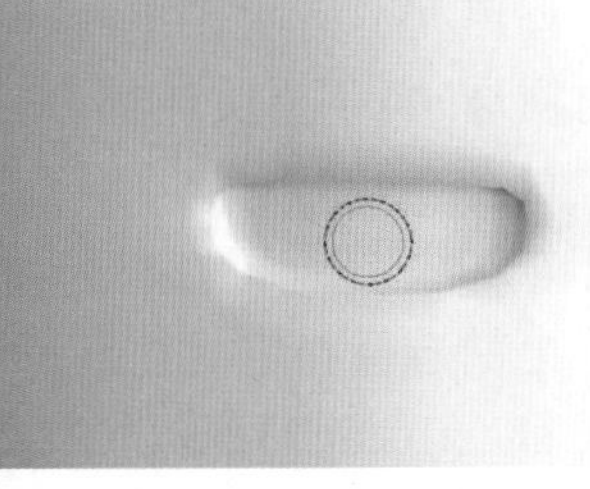
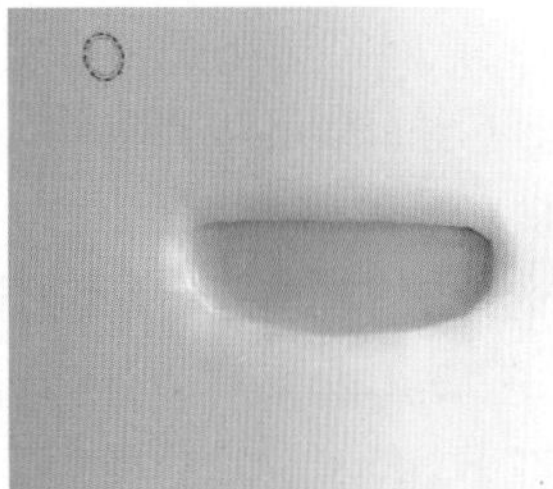

图 6-85　口部材质制作过程

步骤 11：用 Adobe Substance 3D Painter 制作鞋子贴图。在【资源】面板中单击材质按钮，在材质中搜索 Artificial Leather 材质，之后选择该材质球，然后按住鼠

标左键不放，将其拖曳到模型上。选择该层，右击，在弹出的菜单中选择【添加颜色选择遮罩】命令。之后在该层的【属性-颜色选择】面板中单击选取颜色按钮，使用吸管工具在鞋子模型上单击一下。鞋子材质设置过程如图 6-86 所示。之后将该层重命名为“鞋子”。

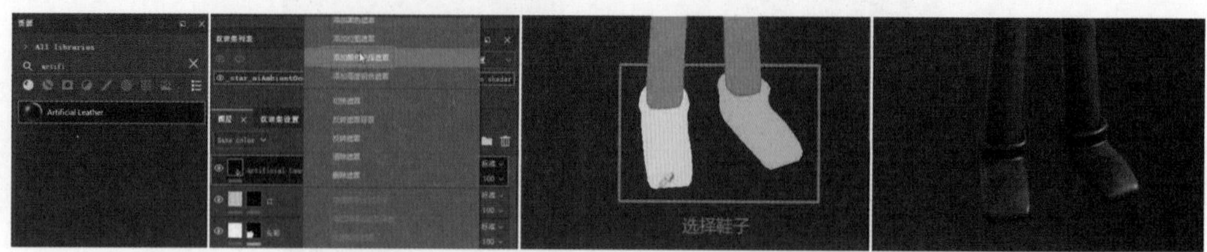


图 6-86　鞋子材质设置过程

在 Adobe Substance 3D Painter 中制作完成的效果如图 6-87 所示。

步骤 12：选择【文件】→【导出贴图】命令，在【导出纹理】对话框设置输出目录、输出模板等信息，然后单击【导出】按钮，导出纹理贴图，如图 6-88 所示。

图 6-87　Adobe Substance 3D Painter 绘制效果

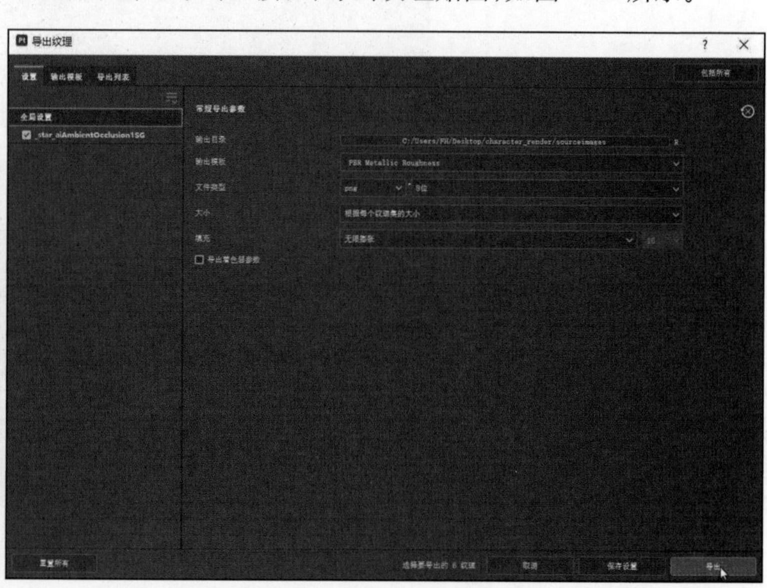


图 6-88　导出纹理贴图

步骤 13：贴图链接设置。重启 Maya，单击 Hypershade 图标，打开 Hypershade 面板，创建 aiStandardSurface 材质球，将该材质球重命名为 shenti_caizhiqiu，如图 6-89 所示。

选择衣服、裤子、手臂、鞋子、头部模型，将光标移动到 shenti_caizhiqiu 材质球上，右击，在弹出的菜单中选择【为当前选择指定材质】命令，如图 6-90 所示。

在 Hypershade 面板中双击 shenti_caizhiqiu 材质球，之后在【属性编辑器】面板中单击 Base → Color 后的棋盘格按钮，在弹出的【创建渲染节点】面板中创建“文件”节点。在“文件”节点中单击【图像名称】后文件夹按钮，在弹出的【打开】对话框中选择 char.cropped_star_aiAmbientOcclusion1SG_BaseColor.png 文件。Color 属性贴图过程如图 6-91 所示。

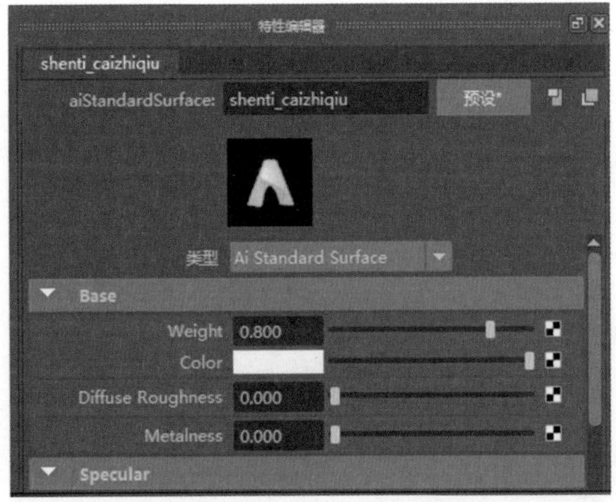


图 6-89　创建身体材质球

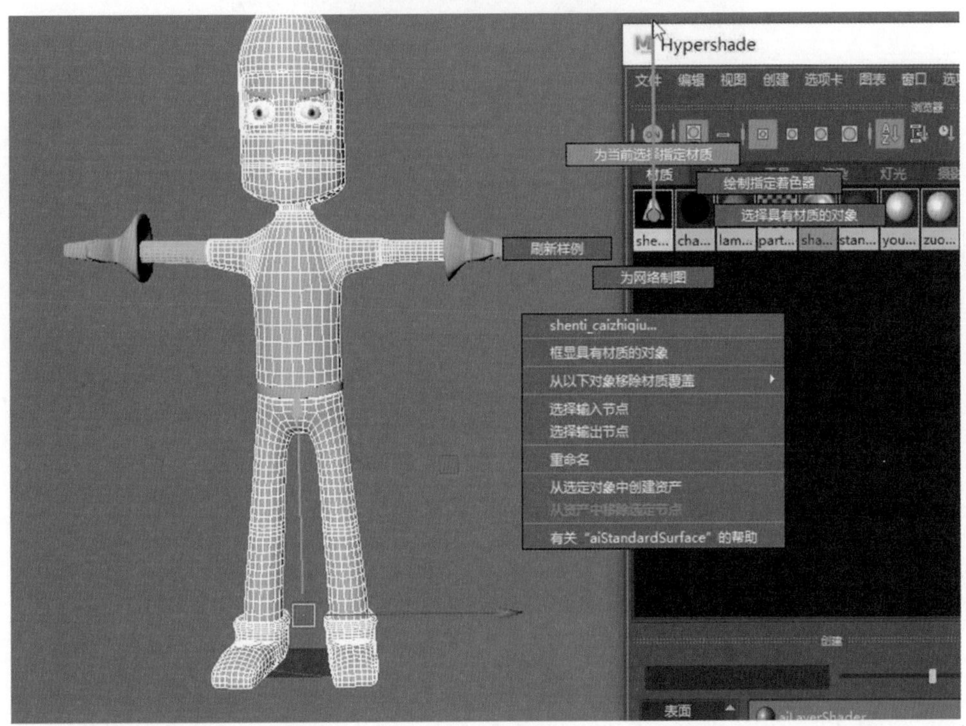


图 6-90　shenti_caizhiqiu 材质球赋予材质

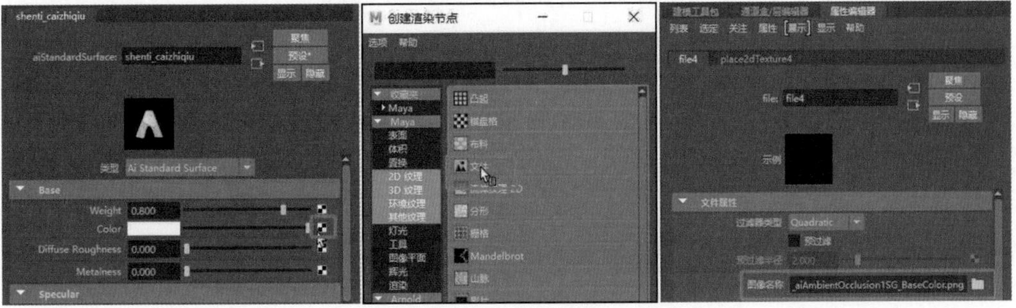


图 6-91　Color 属性贴图过程

之后使用相同的步骤，将 shenti_caizhiqiu 材质球的 Specular → Roughness 属性与 char.cropped__star_aiAmbientOcclusion1SG_Roughness.png 文件链接。同时需要注意的是，需要将其【颜色空间】设置为 Raw，在【颜色平衡】选项区中勾选【Alpha 为亮度】选项。Roughness 贴图设置如图 6-92 所示。

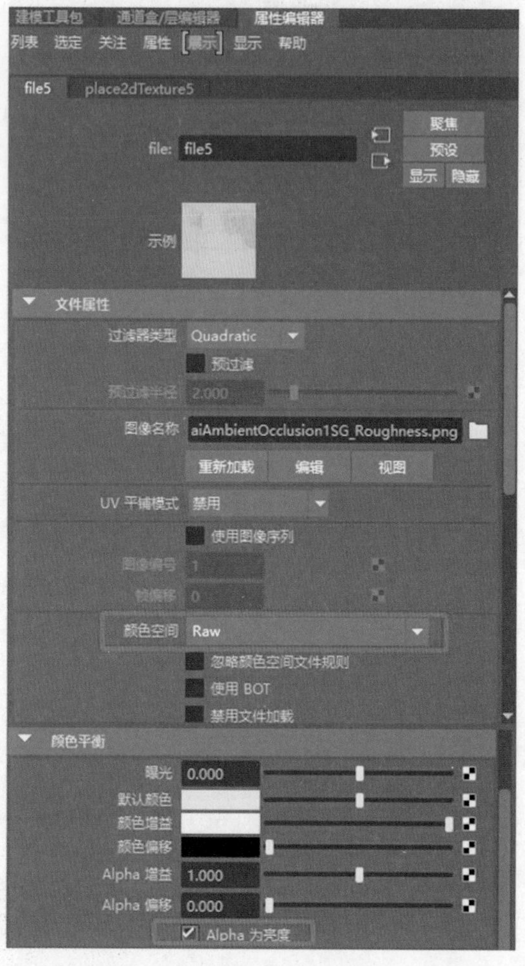


图 6-92　Roughness 贴图设置

使用相同的操作，对 shenti_caizhiqiu 材质球的 Geometry → Bump Mapping 设置法线贴图。单击 Bump Mapping 后面的棋盘格按钮▣，之后在【创建渲染节点】面板中创建“文件”节点。在【属性编辑器】面板的 bump2d1 选项中首先取消勾选 Arnold 下的 Flip R Channel 和 Flip G Channel 选项，之后将【2D 凹凸属性】选项区下的【用作】选项设置为 Tangent Space Normals，然后单击【凹凸值】后面的小三角按钮▣，进入 file6 选项卡，再单击【图像名称】后的文件夹按钮▣，在弹出的【打开】对话框中选择 char.cropped__star_aiAmbientOcclusion1SG_Normal.png 文件。同时需要注意的是，需要将 file6 选项卡中的【颜色空间】设置为 Raw，在【颜色平衡】选项区中勾选【Alpha 为亮度】。Bump Mapping 贴图设置过程如图 6-93 所示。

步骤 14：场景及 aiAreaLight 灯光设置。创建两个多边形平面，一个作为地面，另一个作为背面，两个多边形平面垂直放置，如图 6-94 所示。

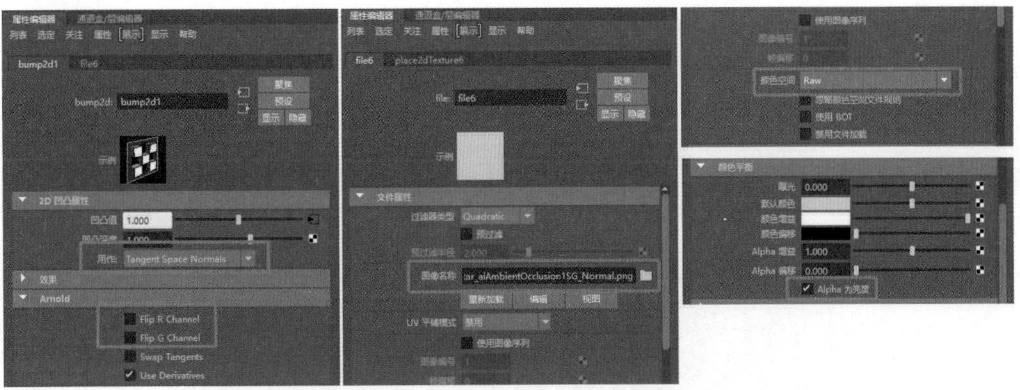

图 6-93　Bump Mapping 贴图设置过程

图 6-94　平面放置效果

选择 Arnold → Lights → Area Light 命令，创建 Arnold 的 aiAreaLight1 灯光，然后移动和旋转此灯光，将其放置在场景的右上角。选择此灯光，按 Ctrl+A 组合键进入【属性编辑器】面板，在 aiAreaLightShape1 中将 Exposure 设置为 18.000。aiAreaLight1 灯光设置如图 6-95 所示。

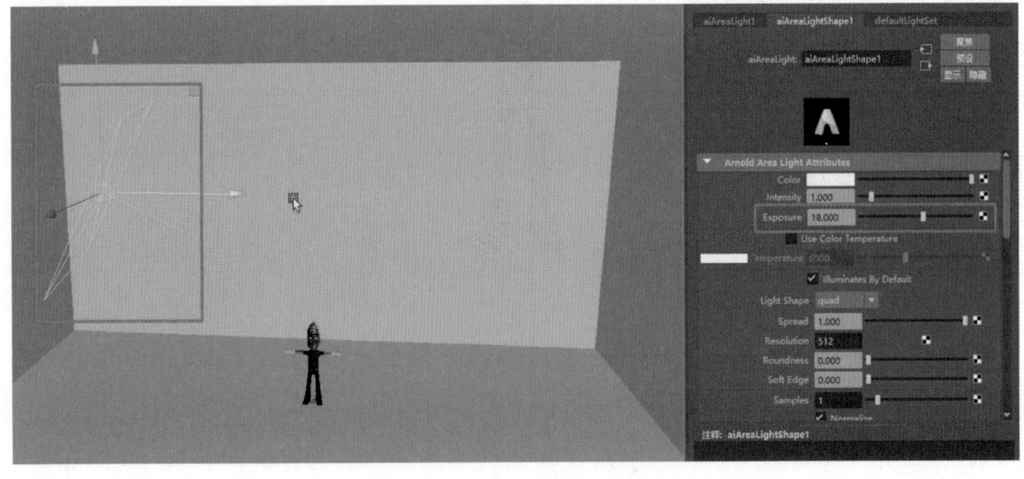

图 6-95　aiAreaLight1 灯光设置

选择 aiAreaLight1 灯光，按 Ctrl+D 组合键复制出 aiAreaLight2 灯光，对其进行移动和旋转并放置到场景的左上角。按 Ctrl+D 组合键复制出 aiAreaLight3 灯光，对其进行移动和旋转并放置到场景的顶部。三盏灯光放置效果如图 6-96 所示。

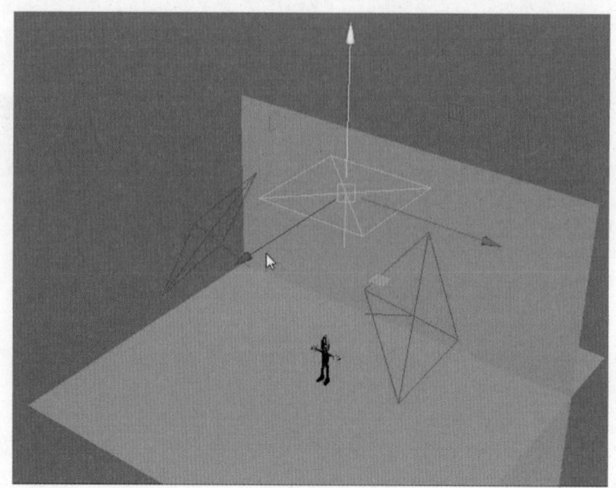

图 6-96　三盏灯光放置效果

在透视图中选择【视图】→【摄影机设置】→【分辨率门】命令，将分辨率门调出。之后设置渲染角度，然后选择【视图】→【书签】→【编辑书签】命令，在弹出的【书签编辑器 (persp)】面板中设置书签名称为 test01，然后单击【应用】按钮，将该渲染角度设定为 test01 书签。之后关闭【书签编辑器 (persp)】面板。分辨率门及书签设置如图 6-97 所示。

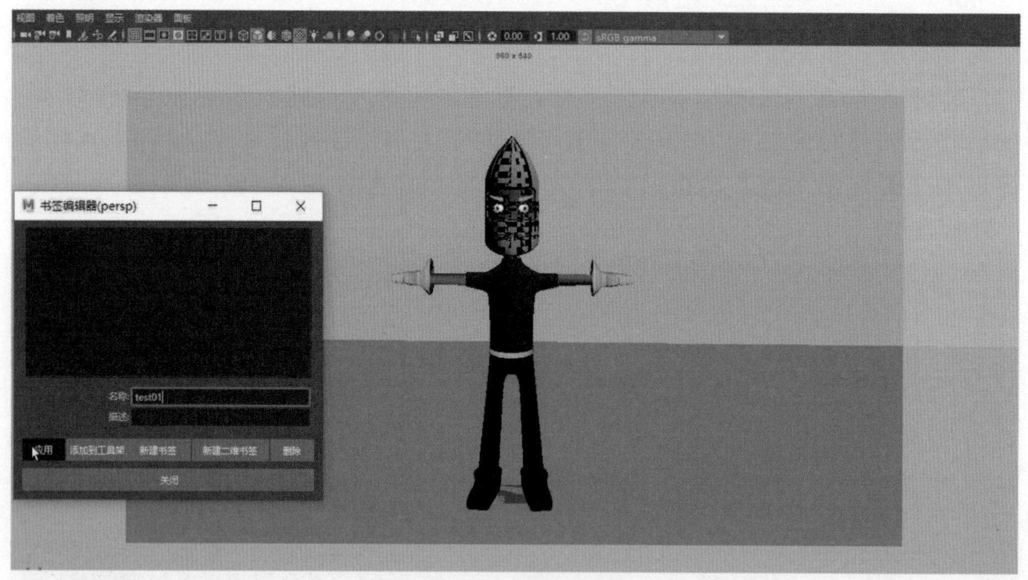


图 6-97　分辨率门及书签设置

步骤 15：手套、皮带和眉毛材质设置。单击 Hypershade 图标，打开 Hypershade 面板，创建 aiStandardSurface 材质球，并将该材质球重命名为 shoutaopidai_caizhiqiu。使用该材质球的默认参数，如图 6-98 所示。之后选择手套和皮带模型，在 Hypershade

面板中，将光标移动到 shoutaopidai_caizhiqiu 材质球上，右击，在弹出的菜单中选择【为当前选择指定材质】命令，为手套和皮带模型赋予材质。

再创建 aiStandardSurface 材质球，将该材质球重命名为 meimao_caizhiqiu。将该材质球的 Base → Color 设置为黑色，Specular → Weight 设置为 0.161，Specular → Roughness 设置为 0.839，如图 6-99 所示。之后选择眉毛模型，在 Hypershade 面板中，将光标移动 meimao_caizhiqiu 材质球上，右击，在弹出的菜单中选择【为当前选择指定材质】命令，为眉毛模型赋予材质。

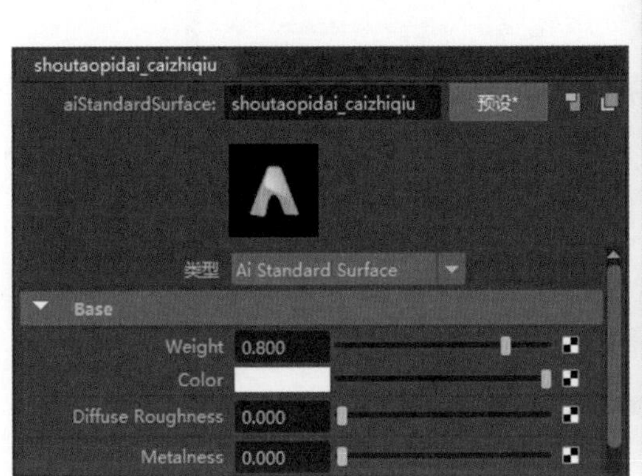


图 6-98　shoutaopidai_caizhiqiu 材质球设置

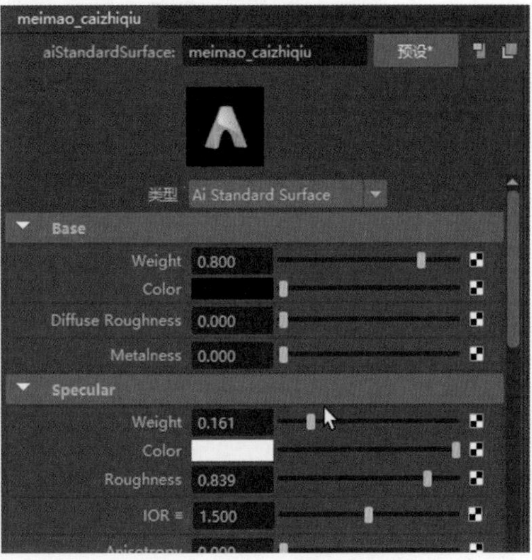


图 6-99　眉毛材质球设置

步骤 16：选择 Arnold → Lights → Skydome Light 命令，创建 aiSkydomeLight1 灯光。

单击渲染设置图标，调出【渲染设置】面板。在【渲染设置】面板中将 Arnold Renderer 中的 Sampling → Camera(AA) 设置为 6，如图 6-100 所示。

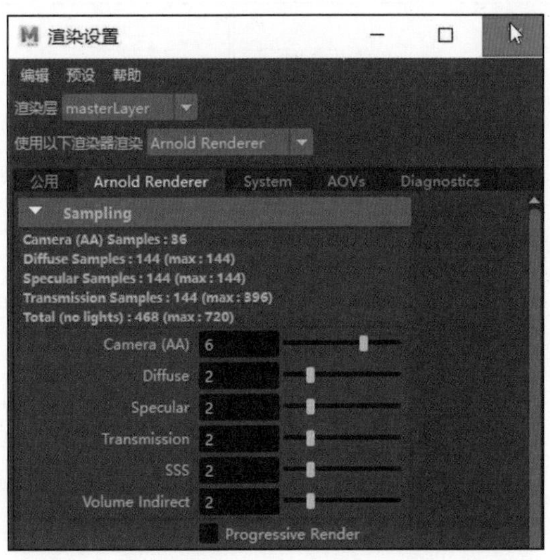


图 6-100　【渲染设置】面板

步骤 17：地面和背景平面材质的设置。单击 Hypershade 图标，打开 Hypershade 面板，创建 lambert 材质球，将该材质球重命名为 beijinse_caizhiqiu。修改此材质球的【公用材质属性】【颜色】属性，将颜色设置为“蓝色”。之后将此材质球赋予地面和背景平面模型。

步骤 18：在透视图中选择【视图】→【书签】→ test01 命令，然后单击渲染按钮进行渲染，渲染效果如图 6-101 所示。

图 6-101 渲染效果

之后在【渲染视图】面板中选择【文件】→【保存图像 ...】命令，在弹出的【保存图像】对话框中选择保存路径、文件类型和设置文件名。

步骤 19：后期调整。启动 Adobe Photoshop，将渲染的图像导入其中，先选择【图像】→【调整】→【色阶】命令，再选择【图像】→【调整】→【曲线】命令，完成后期调整。色阶及曲线调整过程如图 6-102 所示。

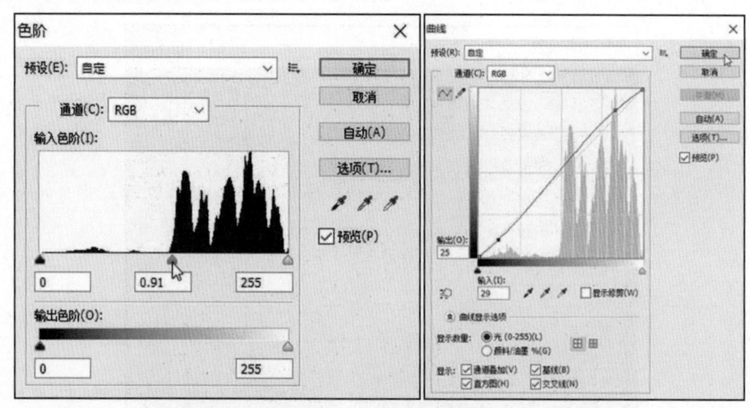


图 6-102 色阶及曲线调整过程

# 第7章　动画技术

Maya 提供了多种不同类型的动画制作技术，如关键帧动画、路径动画、驱动动画、表达式动画、动力学动画等。

本章对 Maya 动画基础、关键帧设置及编辑、驱动动画制作、路径动画制作、骨骼系统进行详细的讲解，以便读者了解和掌握 Maya 动画技术。

**知识点：**

- 了解关键帧的创建及修改方法；
- 掌握驱动动画的设置及制作；
- 掌握路径动画的设置及制作；
- 掌握骨架系统基础知识、骨架创建的方法；
- 掌握蒙皮及权重绘制方法。

## 7.1　Maya 动画基础

### 7.1.1　关键帧的创建及编辑

在 Maya 中有以下三种设置关键帧的方法。

方法一：将时间帧设置为第 1 帧，选择需要设置关键帧的对象，按 S 键创建关键帧。此命令等同于选择【关键帧】→【设置关键帧】命令。当设置完关键帧后，在【通道盒】中将所有属性设置了关键帧，并且所有属性显示红色标记；另外在【时间滑块】的第 1 帧处出现一条红色的竖线，如图 7-1 所示。

方法二：将时间帧设置为第 1 帧，选择对象，在【通道盒】中选择需要设置关键帧的属性，右击，在弹出的菜单中选择【为选定项设置关键帧】命令，关键帧设置完成后，该属性显示红色标记，如图 7-2 所示。同时在【时间滑块】的第 1 帧处出现一条红色的竖线。

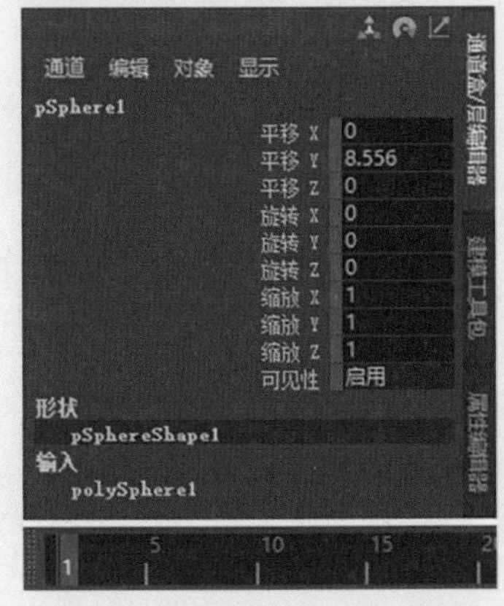


图 7-1　按 S 键创建关键帧

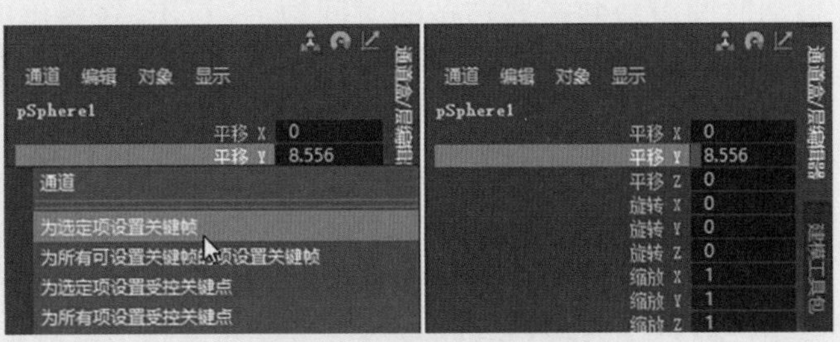


图 7-2　属性关键帧的设置

方法三：单击自动设置关键帧按钮，使其呈红色状态后，当物体的关键帧属性有改动，Maya 会自动添加关键帧。

当关键帧设置完成后，可以对关键帧进行编辑，包括移动关键帧、删除关键帧、复制及粘贴关键帧、剪切及粘贴关键帧。

（1）移动关键帧：在【时间滑块】上选择单个关键帧，按 Shift 键，待出现宽红色带双向左右黄色箭头标志后，移动单个关键帧到相应帧位置，即可完成关键帧的移动。单个关键帧移动如图 7-3 所示。

如果创建了多个关键帧，需要将多个关键帧整体移动，可以先选择要移动的第一个关键帧，然后按住 Shift 键不放，当出现宽红色带双向左右黄色箭头标志后，将光标放置在内部箭头区域，按住鼠标左键不放并移动鼠标，此时红色区域变大。之后将红色区域覆盖到全部的关键帧后，将光标移动到内部箭头的中间，左右移动即可整体移动关键帧。多个关键帧移动步骤如图 7-4 所示。

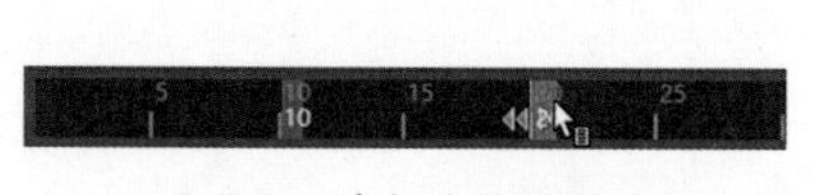

图 7-3　单个关键帧移动

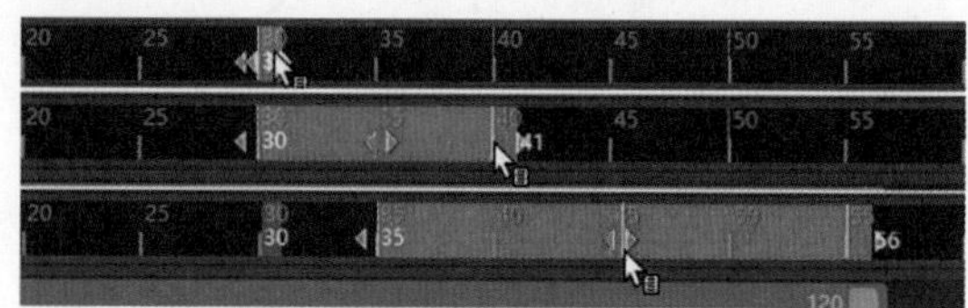

图 7-4　多个关键帧移动步骤

在此需要注意的是，如果选择了多个关键帧区域后，将光标放置在最左端或者最右端的黄色三角进行关键帧移动时，效果是不一样的。例如将光标放置在最右端，移动最后一个关键帧的位置，此时会发现，第一个关键帧时间不变，改变的是后续关键帧的时间，如图 7-5 所示。

图 7-5　第一个关键帧时间不变，改变后续关键帧的时间

（2）删除关键帧：选择关键帧，右击，在弹出的菜单中选择【删除】命令，如图 7-6 所示。

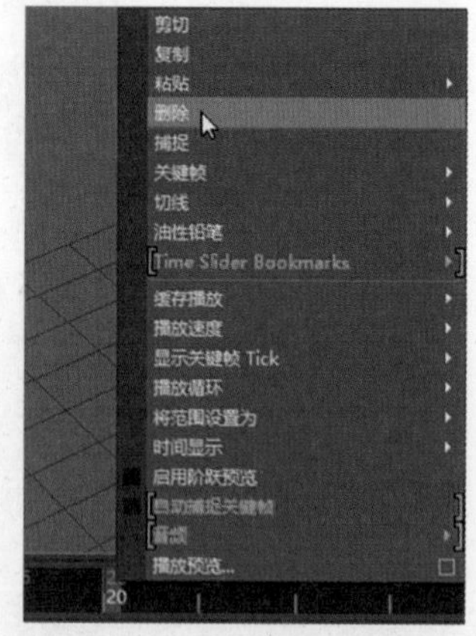


图 7-6　删除关键帧

（3）复制及粘贴关键帧：选择关键帧，右击，在弹出的菜单中选择【复制】命令，之后在【时间滑块】面板中移动时间滑块到需要粘贴的时间帧后，右击，在弹出的菜单中选择【粘贴】→【粘贴】命令。方法与删除关键帧相同，不再赘述。

（4）剪切及粘贴关键帧：选择关键帧，右击，在弹出的菜单中选择【剪切】命令，之后在【时间滑块】面板中移动时间滑块到需要粘贴的时间帧后，右击，在弹出的菜单中选择【粘贴】→【粘贴】命令。方法与删除关键帧相同，不再赘述。

### 7.1.2　曲线图编辑器

关键帧动画设置完成后，需要使用【曲线图编辑器】面板修正动画运动曲线。可以在【曲线图编辑器】面板中平滑动画运动轨迹，并调整动画运动的加速和减速效果等。选择【窗口】→【动画编辑器】→【曲线图编辑器】命令，打开【曲线图编辑器】面板，如图 7-7 所示。

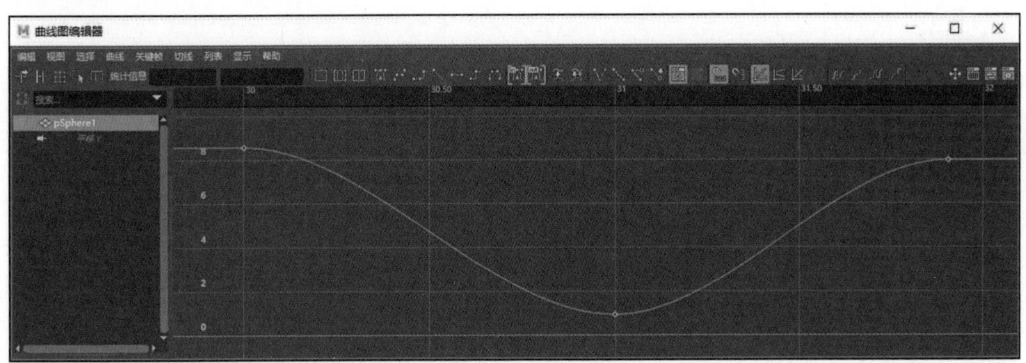

图 7-7　【曲线图编辑器】面板

### 7.1.3　盒子关键帧动画

步骤 1：打开 Box Animation_base.ma 文件。

步骤 2：设置 box 组的“平移 Y”属性关键帧。

盒子关键帧动画 .mp4

将时间滑块移动到第 1 帧，选择 box 组，将 box 组的“平移 Y”属性设置为 30。然后按 S 键设置关键帧，并单击自动设置关键帧按钮。

将时间滑块移动到第 10 帧，将 box 组的【平移 Y】属性设置为 0。

将时间滑块移动到第 13 帧，将 box 组的【平移 Y】属性设置为 2。

将时间滑块移动到第 15 帧，将 box 组的【平移 Y】属性设置为 0。

【曲线图编辑器】面板中 box 组的【平移 Y】属性关键帧曲线图如图 7-8 所示。

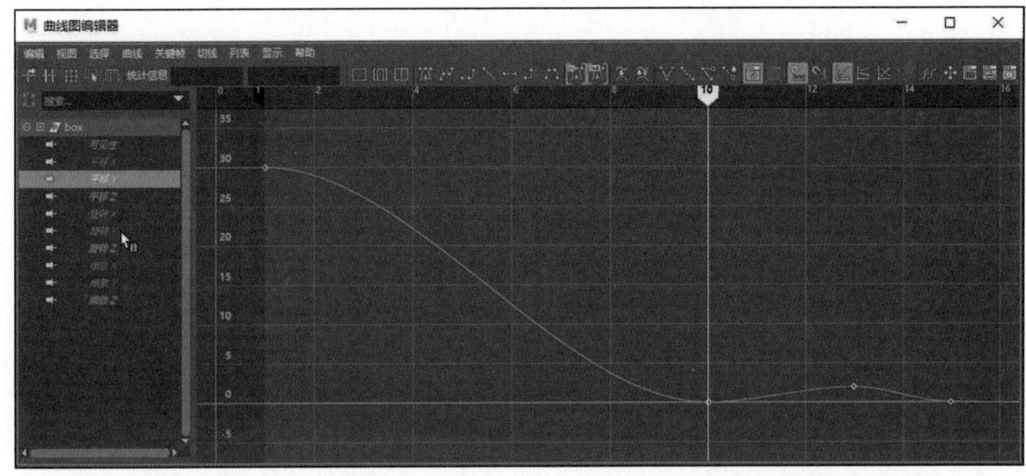

图 7-8　【曲线图编辑器】面板中 box 组的【平移 Y】属性关键帧曲线图

步骤 3：设置 box 组的【旋转 Y】属性关键帧。将时间滑块移动到第 1 帧时，box 组的【旋转 Y】属性已经设置为 0。

将时间滑块移动到第 10 帧，将 box 组的【旋转 Y】属性设置为 8。

将时间滑块移动到第 13 帧，将 box 组的【旋转 Y】属性设置为 9。

将时间滑块移动到第 15 帧，将 box 组的【旋转 Y】属性设置为 2.5。

【曲线图编辑器】面板中 box 组的【旋转 Y】属性关键帧曲线图如图 7-9 所示。

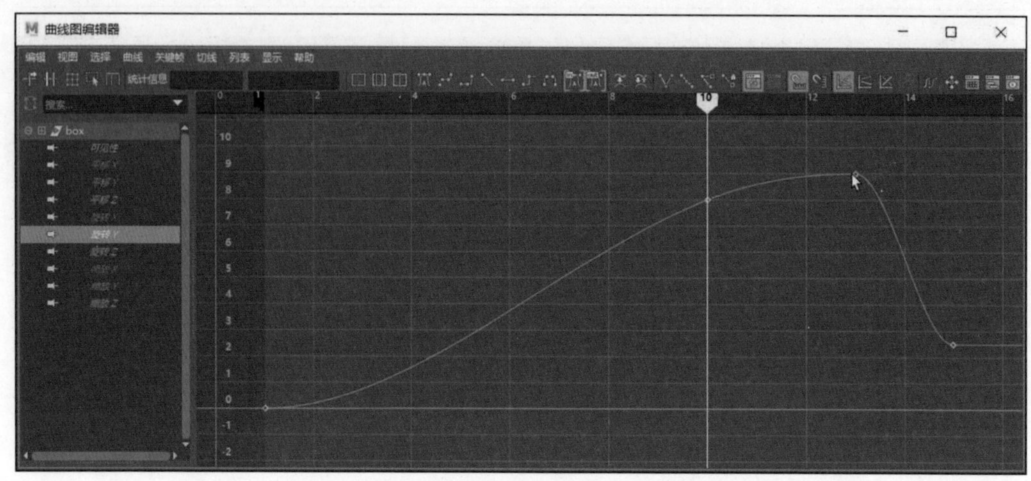


图 7-9 【曲线图编辑器】面板中 box 组的【旋转 Y】属性关键帧曲线图

步骤 4：设置盒子打开关键帧。在设置关键帧前，首先在工具栏中双击旋转工具按钮，在【工具设置】中将【轴方向】设置为“对象”。

选择 front 曲面，将时间滑块移动到第 15 帧处，按 S 键快速设置关键帧。将时间滑块移动到第 27 帧处，将【旋转 Z】属性设置为 -90。

选择 back 曲面，将时间滑块移动到第 15 帧处，按 S 键快速设置关键帧。将时间滑块移动到第 27 帧处，将【旋转 Z】属性设置为 90。

选择 left 曲面，将时间滑块移动到第 15 帧处，按 S 键快速设置关键帧。将时间滑块移动到第 27 帧处，将【旋转 X】属性设置为 90。

选择 right 曲面，将时间滑块移动到第 15 帧处，按 S 键快速设置关键帧。将时间滑块移动到第 27 帧处，将【旋转 X】属性设置为 -90。

选择 top 曲面，将时间滑块移动到第 15 帧处，按 S 键快速设置关键帧。将时间滑块移动到第 32 帧处，将【旋转 X】属性设置为 -90。

盒子打开效果如图 7-10 所示。

步骤 5：优化曲线。选择 box 组，选择【窗口】→【动画编辑器】→【曲线图编辑器】命令，打开【曲线图编辑器】面板。在【曲线图编辑器】面板中单击【平移 Y】属性，选择第 10 帧处关键帧，然后单击断开切线按钮，调整左右两边切线控制手柄。之后选择第 15 帧处关键帧，使用相同方法断开切线并调整切线控制手柄。box 组【平移 Y】关键帧曲线图调整切线后效果如图 7-11 所示。

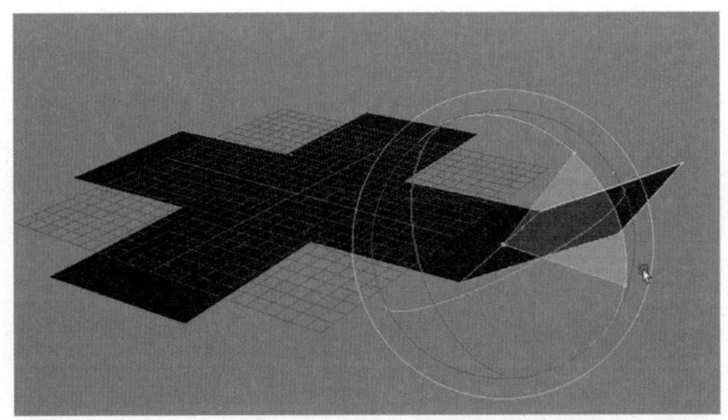

图 7-10 盒子打开效果

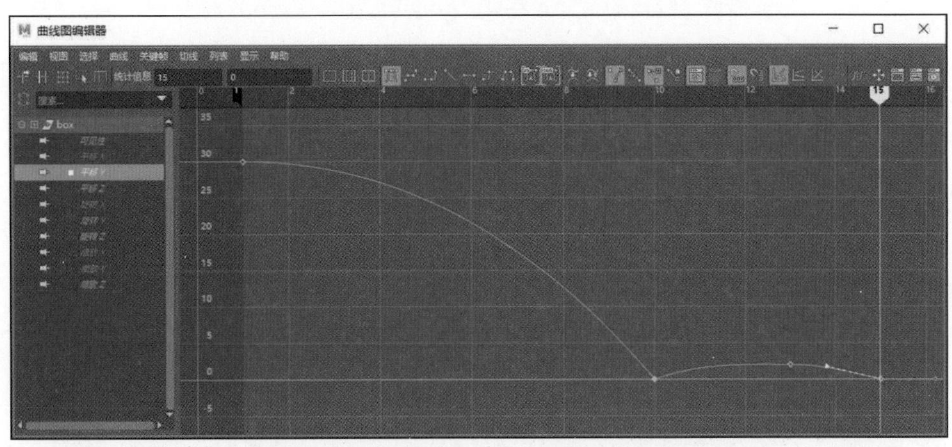


图 7-11 box 组【平移 Y】关键帧曲线调整切线后效果

使用相同方法，对【旋转 Y】属性的曲线图进行调整。并且根据曲线效果，可以适当调整第 10 帧关键帧的位置。box 组【旋转 Y】关键帧曲线调整切线后效果如图 7-12 所示。

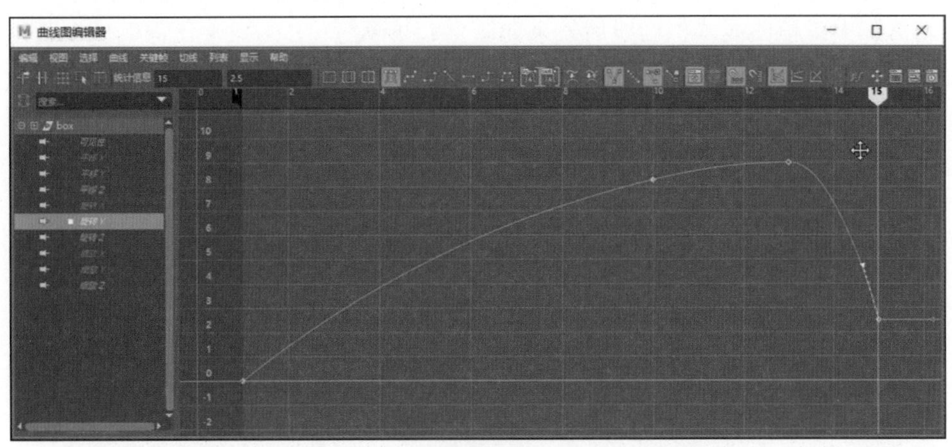


图 7-12 box 组【旋转 Y】关键帧曲线调整切线后效果

选择 front 曲面，使用相同方法，对其【旋转 Z】属性的曲线图进行调整。front 曲面【旋转 Z】关键帧曲线调整切线后效果如图 7-13 所示。

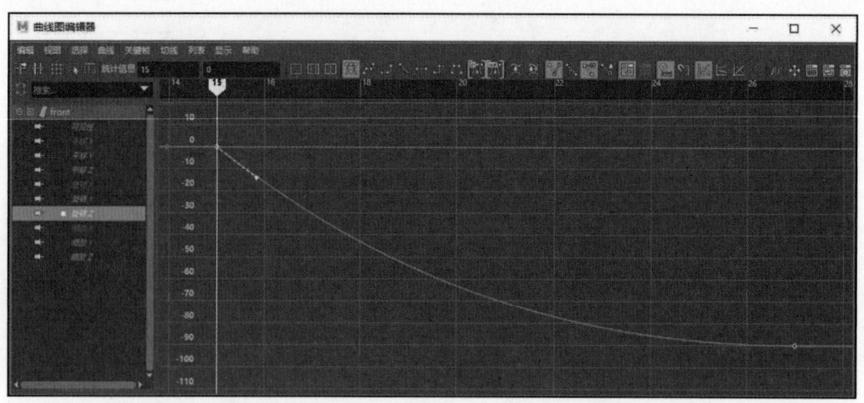

图 7-13　front 曲面【旋转 Z】关键帧曲线调整切线后效果

选择 back 曲面，使用相同方法，对其【旋转 Z】属性曲线图进行调整。back 曲面【旋转 Z】关键帧曲线调整切线后效果如图 7-14 所示。

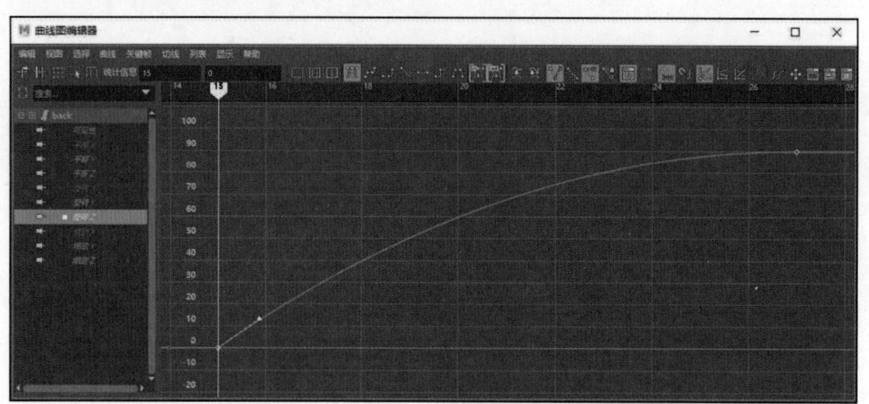

图 7-14　back 曲面【旋转 Z】关键帧曲线调整切线后效果

选择 left 曲面，使用相同方法，对其【旋转 X】属性曲线图进行调整。left 曲面【旋转 X】关键帧曲线调整切线后效果如图 7-15 所示。

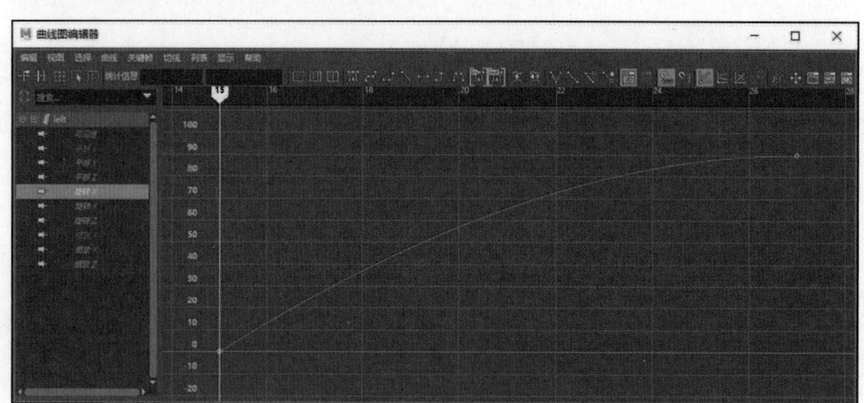

图 7-15　left 曲面【旋转 X】关键帧曲线调整切线后效果

选择 right 曲面，使用相同方法，对其【旋转 X】属性曲线图进行调整。right 曲面【旋转 X】关键帧曲线调整切线后效果如图 7-16 所示。

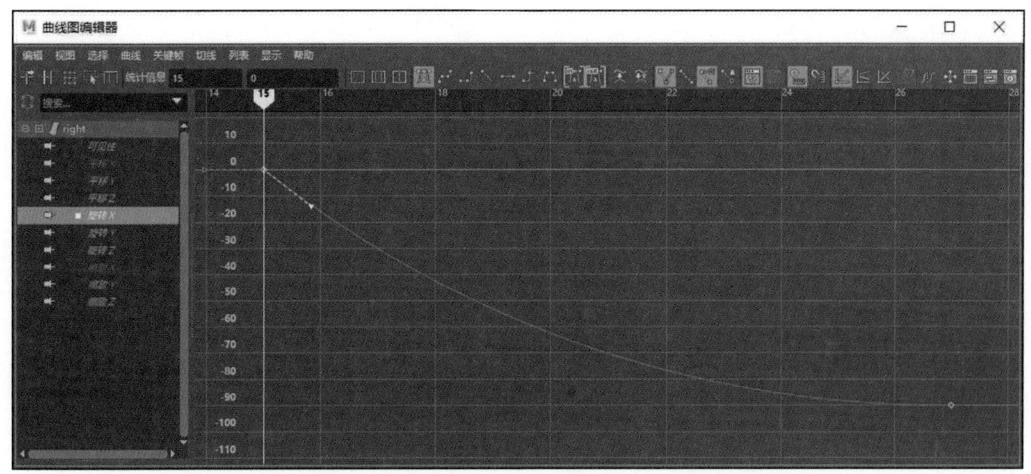


图 7-16 right 曲面【旋转 X】关键帧曲线调整切线后效果

选择 top 曲面，使用相同方法，对其【旋转 X】属性曲线图进行调整。top 曲面【旋转 X】关键帧曲线调整切线后效果如图 7-17 所示。

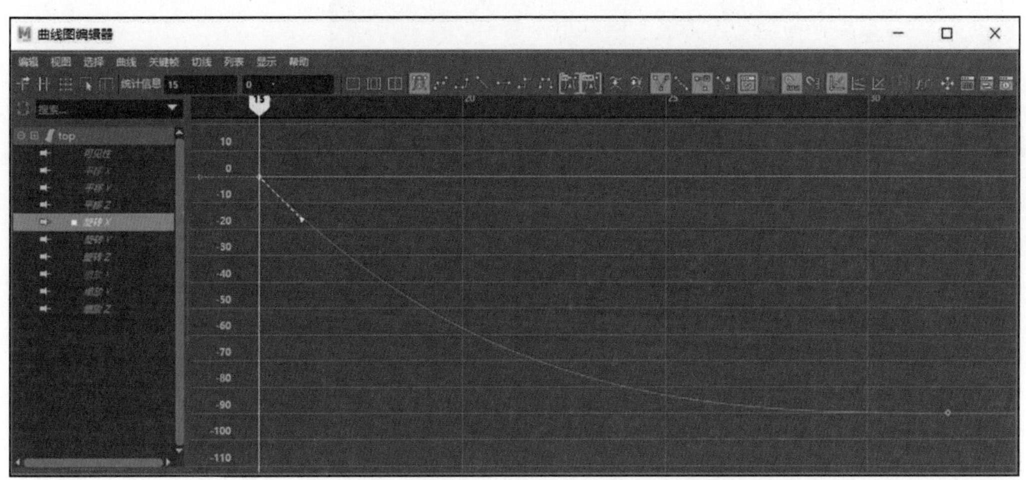


图 7-17 top 曲面【旋转 X】关键帧曲线调整切线后效果

步骤 6：动画预览。将光标放置在【时间滑块】面板上，然后右击，在弹出的菜单中单击【播放预览】命令后的方框按钮■。在弹出的【播放预览选项】对话框中将【质量】设置为 100，【缩放】设置为 1.00，【帧填充】设置为 1，勾选【保存到文件】选项，设置【影片文件】的名称，单击【预览 ...】按钮，设置保存路径，如图 7-18 所示。之后单击【应用】按钮预览动画。

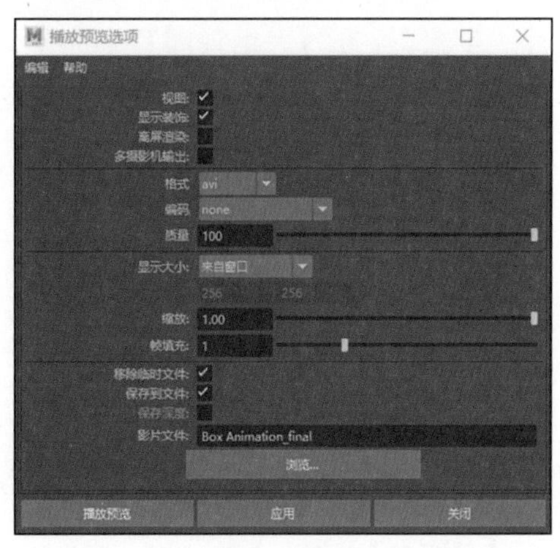


图 7-18 【播放预览选项】设置

# 7.2 驱动动画

## 7.2.1 驱动动画原理

驱动动画的原理可以理解为运用对象 A 的某个属性去驱动对象 B 的某个或某几个属性。设置驱动关键帧是在【设置受驱动关键帧】面板中完成的。调出【设置受驱动关键帧】面板的方法是：首先选中需要参与制作驱动动画的物体，然后在【通道盒】中选择该物体的某一个属性，选择【编辑】→【设置受驱动关键帧 ...】命令，即可调出【设置受驱动关键帧】窗口，如图 7-19 所示。

设置了受驱动关键帧后，在【通道盒】中受驱动物体对应的属性前有蓝色标记，如图 7-20 所示。

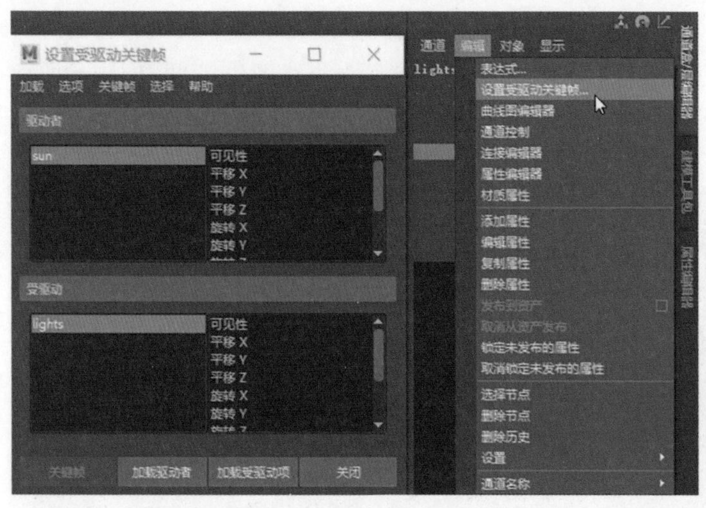


图 7-19　调出【设置受驱动关键帧】窗口

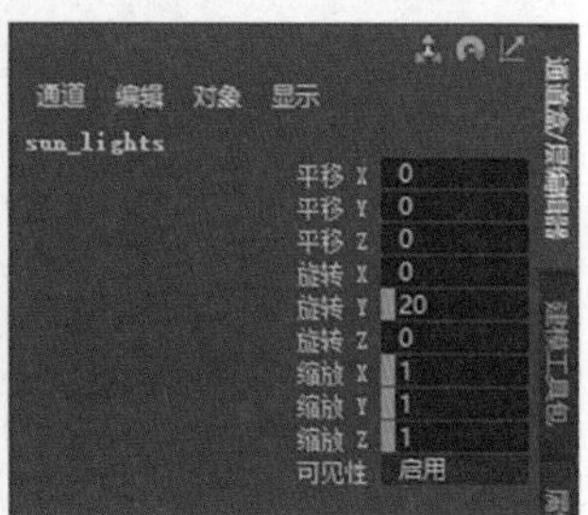


图 7-20　受驱动关键帧标记

## 7.2.2 驱动动画实例

驱动动画实例 .mp4

步骤 1：打开 Driven Animation_base.ma 文件。

步骤 2：在【大纲视图】中选择 sun_glasses 组，对其【旋转 Y】属性进行关键帧设置，具体时间帧数及【旋转 Y】关键帧数值对应表如表 7-1 所示。

表 7-1　sun_glasses 的【旋转 Y】属性关键帧设置

| 物体对象 | 属性 | 第 1 帧数值 | 第 24 帧数值 | 第 48 帧数值 |
|---|---|---|---|---|
| sun_glasses | 旋转 Y | 20 | −20 | 20 |

步骤 3：设置驱动物体和被驱动物体。在【大纲视图】中选择 sun_glasses 组，然后在【通道盒】中选择【旋转 Y】属性，选择【通道盒】→【编辑】→【设置受驱动关键帧 ...】命令，调出【设置受驱动关键帧】面板。调出此窗口后发现 sun_glasses 在【受驱动】一栏，所以单击【加载驱动者】按钮，将 sun_glasses 设置为驱动者。

之后在【大纲视图】中选择 sun_lights 组，在【设置受驱动关键帧】窗口中单击【加载受驱动项】按钮，将 sun_lights 设置为受驱动者。驱动物体和被驱动物体如图 7-21 所示。

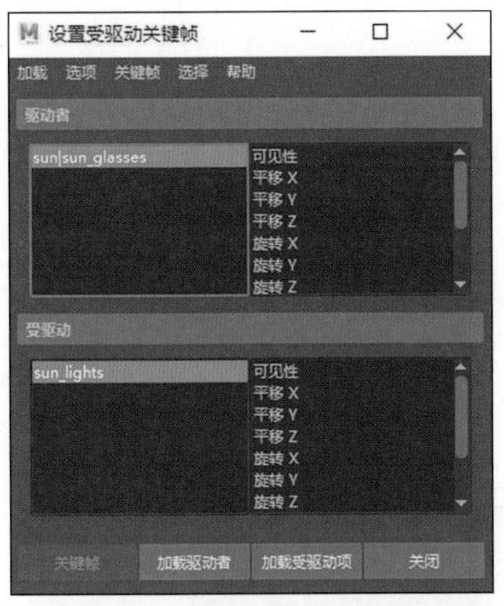


图 7-21　驱动物体和被驱动物体

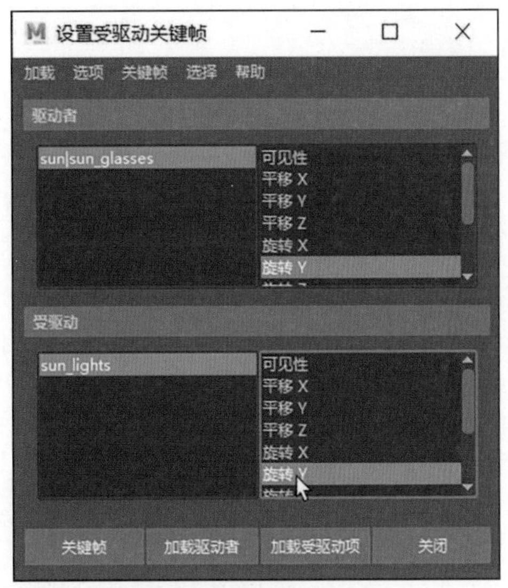


图 7-22　属性选择

步骤 4：设置受驱动关键帧。在本案例中“sun_glasses. 旋转 Y”驱动“sun_lights. 旋转 Y”“sun_lights. 缩放 X”“sun_lights. 缩放 Y”和“sun_lights. 缩放 Z”。所以需要在第 1 帧、第 24 帧和第 48 帧对“sun_lights. 旋转 Y”“sun_lights. 缩放 X”“sun_lights. 缩放 Y”和“sun_lights. 缩放 Z”设置驱动关键帧。

首先对“sun_lights. 旋转 Y”设置驱动关键帧，驱动关键帧对应帧数值如表 7-2 所示。

**表 7-2　驱动关键帧对应帧数值**

| 驱动 / 受驱动物体 | 物体对象 | 属性 | 第 1 帧数值 | 第 24 帧数值 | 第 48 帧数值 |
|---|---|---|---|---|---|
| 驱动物体 | sun_glasses | 旋转 Y | 20 | −20 | 20 |
| 受驱动物体 | sun_lights | 旋转 Y | 20 | −20 | 20 |

在【设置受驱动关键帧】窗口中选择“sun_glasses. 旋转 Y”属性，然后选择“sun_lights. 旋转 Y”属性，如图 7-22 所示。

在【时间滑块】中将时间滑块放置在第 1 帧，将“sun_lights. 旋转 Y”设置为 20，然后单击【设置受驱动关键帧】窗口中的【关键帧】按钮。同理，在第 24 帧和第 48 帧处，分别将“sun_lights. 旋转 Y”设置为 −20 和 20，并单击【设置受驱动关键帧】窗口中【关键帧】按钮。以上完成“sun_lights. 旋转 Y”受驱动关键帧设置。

然后使用相同的操作，对“sun_lights. 缩放 X”“sun_lights. 缩放 Y”和“sun_lights. 缩放 Z”设置驱动关键帧。驱动关键帧对应帧数值如表 7-3 所示。

表 7-3　驱动关键帧对应帧数值

| 驱动 / 受驱动物体 | 物体对象 | 属性 | 第 1 帧数值 | 第 24 帧数值 | 第 48 帧数值 |
|---|---|---|---|---|---|
| 驱动物体 | sun_glasses | 旋转 Y | 20 | −20 | 20 |
| 受驱动物体 | sun_lights | 缩放 X | 1 | 0.8 | 1 |
| | | 缩放 Y | 1 | 0.8 | 1 |
| | | 缩放 Z | 1 | 0.8 | 1 |

步骤 5：设置循环动画。选择 sun_glasses，选择【窗口】→【动画编辑器】→【曲线图编辑器】命令。在【曲线图编辑器】面板中选择【曲线】→【后方无限】→【循环】命令，此时在【曲线图编辑器】面板中可以看到“sun_glasses. 旋转 Y”的曲线向后无限循环。如果在【曲线图编辑器】面板中未看到循环曲线，则选择【视图】→【无限】命令即可，如图 7-23 所示。“sun_glasses. 旋转 Y”的循环曲线如图 7-24 所示。此时整体的动画为循环动画效果。

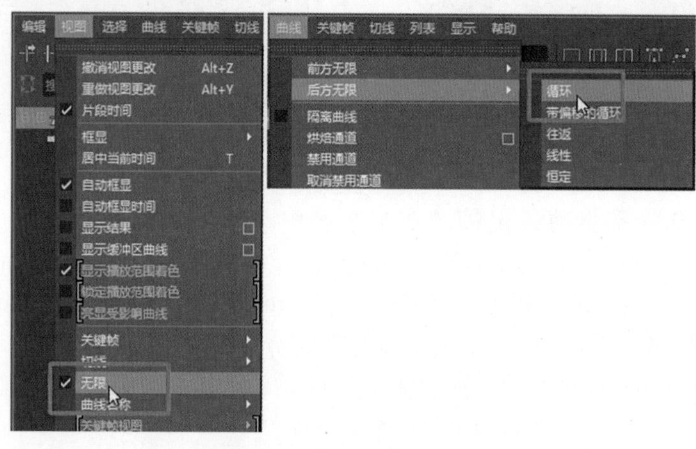


图 7-23　无限及循环命令

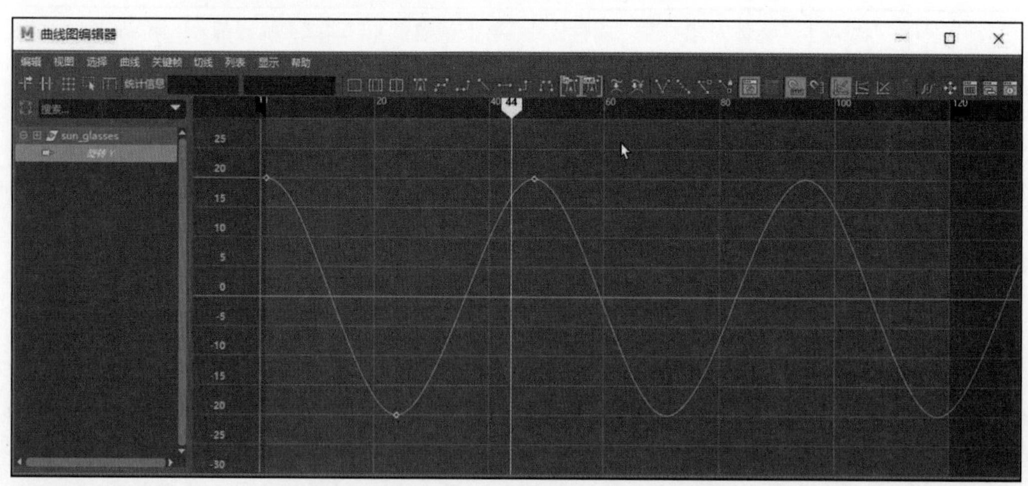


图 7-24　“sun_glasses. 旋转 Y”的循环曲线

步骤 6：选取角度进行动画预览并保存文件。

# 7.3 路径动画

## 7.3.1 路径动画原理

在物体运动中可以先制定一条运动路径，然后设置物体沿此路径运动，在这样的情况下，可以使用路径动画进行制作。

在 Maya 中切换到【动画】模块，然后绘制一条曲线，该曲线就是物体运动的路径。之后选择物体，再按 Shift 键加选该曲线，选择【约束】→【运动路径】→【连接到运动路径】命令，如图 7-25 所示，即可创建路径动画。【连接到运动路径】命令中的参数可以在制作过程中进行调整。

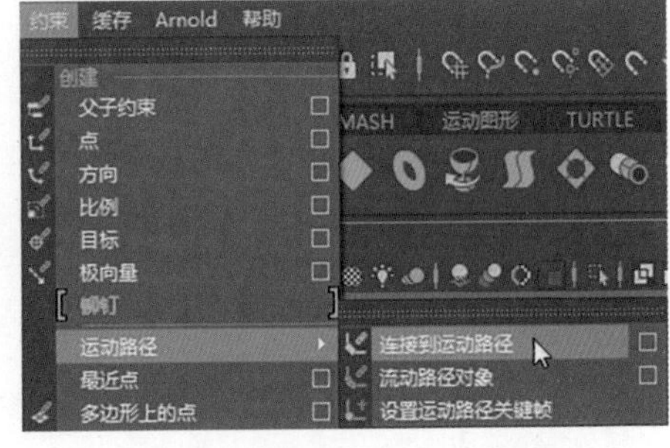

图 7-25　选择【连接到运动路径】命令

## 7.3.2 路径动画实例

本实例操作步骤如下。

步骤 1：打开 Motion Path_base.ma 文件。

路径动画实例 .mp4

步骤 2：选择 feixingqi2 组，按 Shift 键加选 path 曲线，选择【约束】→【运动路径】→【连接到运动路径】命令，此时 feixingqi2 组连接到 path 曲线上，如图 7-26 所示。拖动时间滑块，此时可以看到 feixingqi2 沿着曲线路径运动。在 path 曲线两端出现 1 和 120 的数字。本案例中时间滑块显示时长是 1 ～ 120 帧。【连接到运动路径】命令在默认情况下所设定的时间范围是时间滑块所显示的时间区间。也就是说，如果时间滑块显示的时间区间是 1 ～ 90 帧，那么在 path 曲线两端出现的数字是 1 和 90。当然，可以在选择【连接到运动路径】命令前单击其后的方块按钮■，在【连接到运动路径选项】面板中设置时间范围。其时间范围有时间滑块、起点、开始 / 结束三个选项。

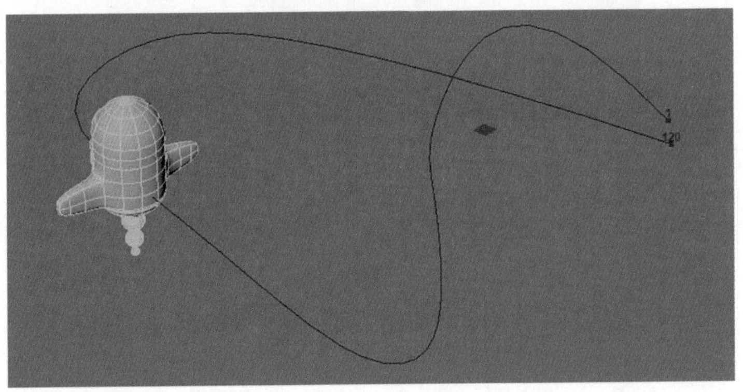

图 7-26　feixingqi2 组连接到 path 曲线上的效果

步骤 3：修正方向。在【大纲视图】中选择 feixingqi2 组，然后按 Ctrl+A 组合键进入【属性编辑器】面板，单击 motionPath1 选项卡，展开【运动路径属性】选项区，将【前方向轴】设置为 Y，【上方向轴】设置为 X，修正方向后效果如图 7-27 所示。

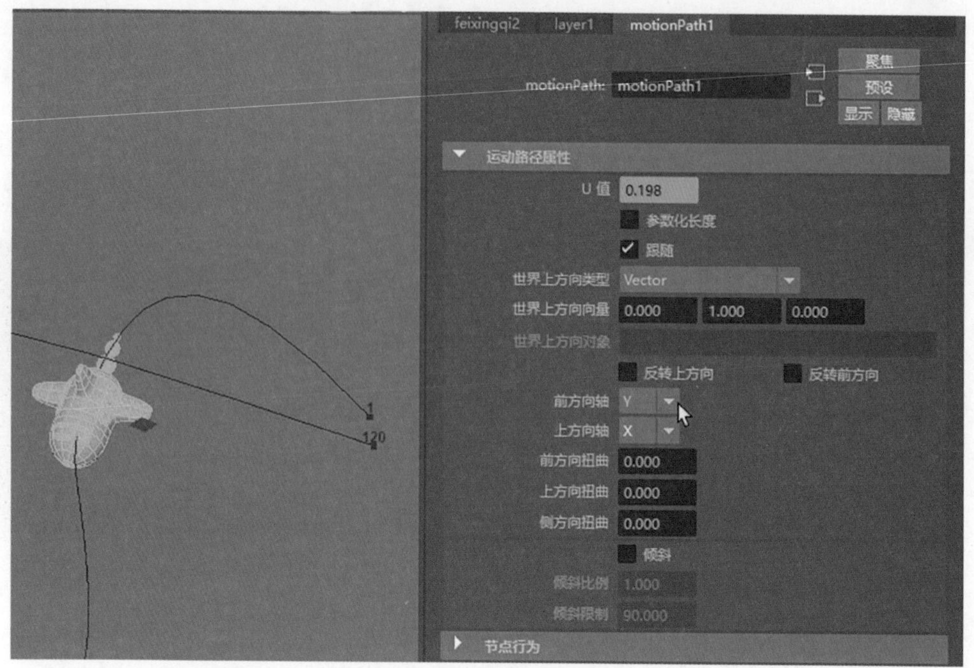


图 7-27　修正方向后效果

步骤 4：修改动画的时间范围。在此动画中设定前 24 帧不动，第 25 帧开始沿路径运动，然后在第 145 帧处走完全部的路程。单击自动设置关键帧按钮，在【属性编辑器】面板中选择 motionPath1 选项卡，然后将光标移动【运动路径属性】选项区的 U 值上，右击，在弹出的菜单中选择 motionPath1_uValue.output... 命令，如图 7-28 所示，进入 motionPath1_uValue 选项卡。

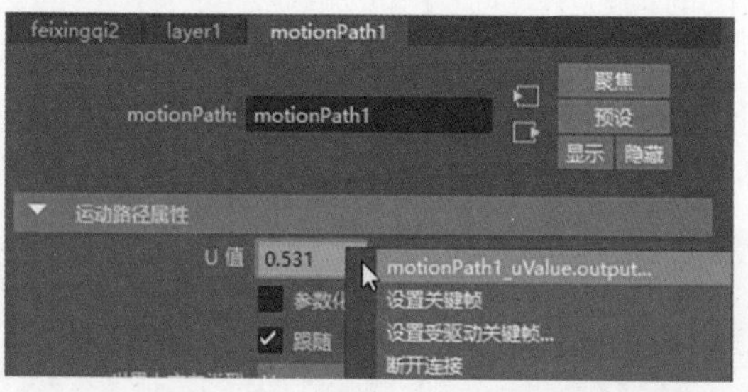


图 7-28　选择 motionPath1_uValue.output... 命令

在 motionPath1_uValue 选项卡中，【动画曲线属性】选项区中的关键帧显示的是当前路径动画关键帧的设置情况。时间对应的是帧数，明度值对应的是物体在整个路径动画中已经完成的路径比例。明度值为 0，表示动画开始的时刻；明度值为 1，表示动画结束的时刻。在【关键帧】中将时间下的 1 设置为 24，将 120 设置为 145，同时在【范围滑块】面板中将时间范围设置到 150，这样设置的效果是第 24 帧为动画开始的时刻，第 145 帧是动画结束的时刻。此时再去移动时间滑块，发现在 24 帧前 feixingqi2 组不动，从第 24 帧开始到第 145 帧结束，feixingqi2 组启动并走完整个路径。【关键帧】参数设置前后对比如图 7-29 所示。

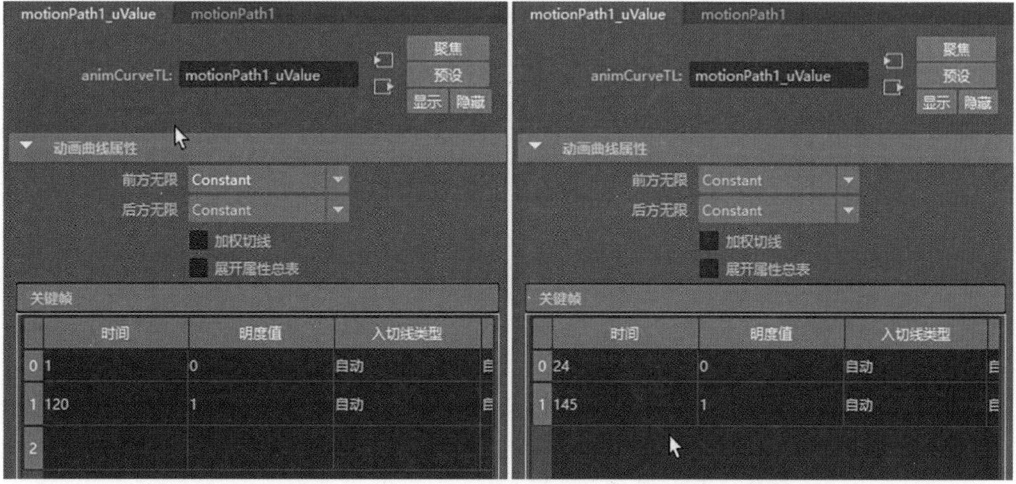


(a) 时间修改前　　　　(b) 时间修改后

图 7-29 【关键帧】参数设置前后对比

步骤 5：设置快慢效果。开始起飞的时候运动较为缓慢，所以将时间滑块移动到第 60 帧，此时 motionPath1 →【运动路径属性】选项区中的 U 值为 0.213。将该值设置为 0.150，然后按 Enter 键，此时在曲线上出现一个 60 的数字，此数字在整个路径的 15% 处。此时播放动画，发现从第 24 帧到第 60 帧，feixingqi2 组运动较为缓慢。设置的参数表示从第 24 帧到第 60 帧这段时间，feixingqi2 组只走了整个路径的 15%。【关键帧】参数如图 7-30 所示。

图 7-30 【关键帧】参数

步骤 6：旋转控制。物体沿路径拐弯时会有向内倾斜的现象，所以在拐弯处需要设置倾斜效果。将时间滑块设置在第 25 帧，将【前方向扭曲】设置为 20，然后右击，在弹出的菜单中选择【设置关键帧】命令，即给该属性设置了关键帧。使用相同的方法，根据物体在曲线上运动的方向，对【前方向扭曲】、【上方向扭曲】和【侧方向扭曲】设置关键帧。最终效果如图 7-31 所示。

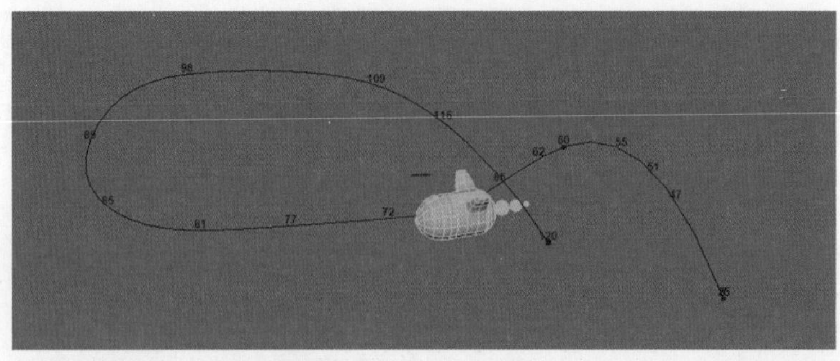

图 7-31　最终效果

步骤 7：选取角度进行动画预览并保存文件，完成此次案例的制作。

# 7.4　骨架系统基础

## 7.4.1　骨架基本操作

在 Maya 中切换到【绑定】模块，通过【骨架】菜单中的命令为模型创建关节。【骨架】菜单命令如图 7-32 所示。

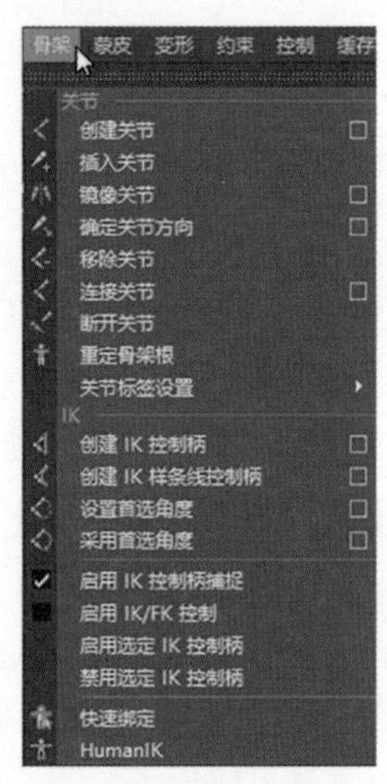


图 7-32　【骨架】菜单命令

部分常用命令讲解如下。

- 创建关节：选择该命令，然后在前视图中单击一次，即可创建一个关节。再在需要创建第二个关节的位置单击一次，创建第二个关节。使用相同的方法，即可创建多个关节。创建完成后按 Enter 键结束，如图 7-33 所示。关节创建完成后，在【大纲视图】中出现 joint1、joint2 和 joint3 等关节。关节之间是父子关系，第一个创建的关节为根关节。可以使用移动工具、旋转工具对关节进行平移或旋转，如图 7-34 和图 7-35 所示。

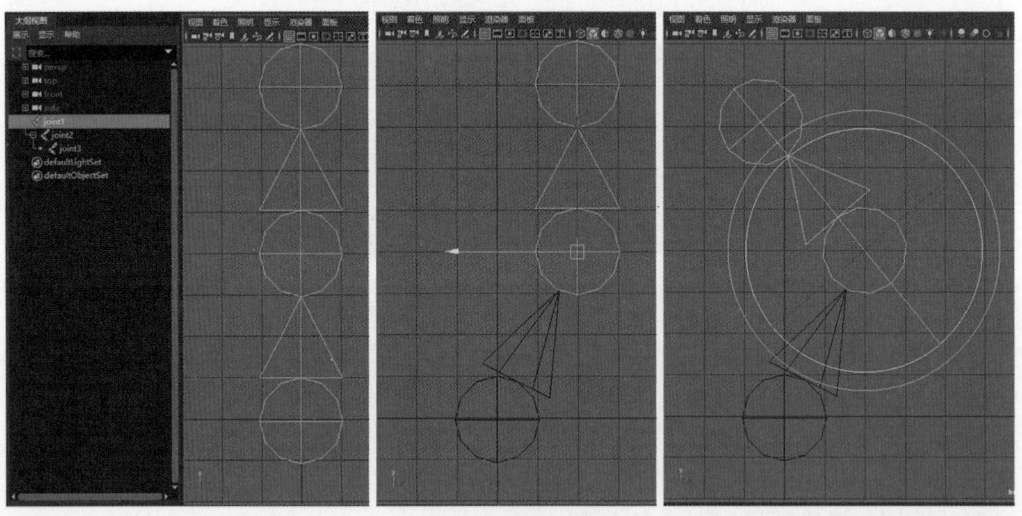

图 7-33　创建关节　　图 7-34　移动关节　　图 7-35　旋转关节

• 插入关节：当需要加入关节时，可以使用此命令。选择此命令，然后单击相应的关节，之后按住左键移动鼠标，释放鼠标即可在当前关节后插入一个关节。插入关节的过程如图 7-36 所示。

• 镜像关节：当需要创建对称关节时，使用此命令可以镜像生成关节，如图 7-37 所示。【镜像关节选项】面板如图 7-38 所示。

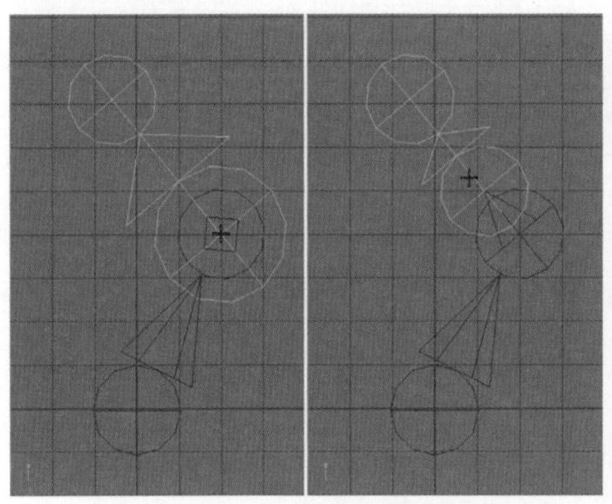

图 7-36　插入关节的过程

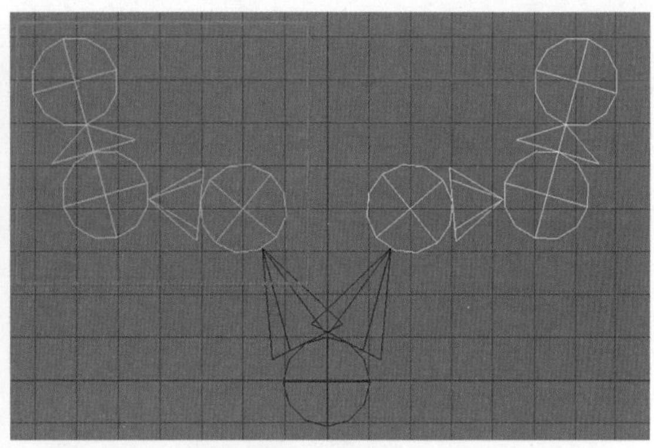

图 7-37　镜像关节

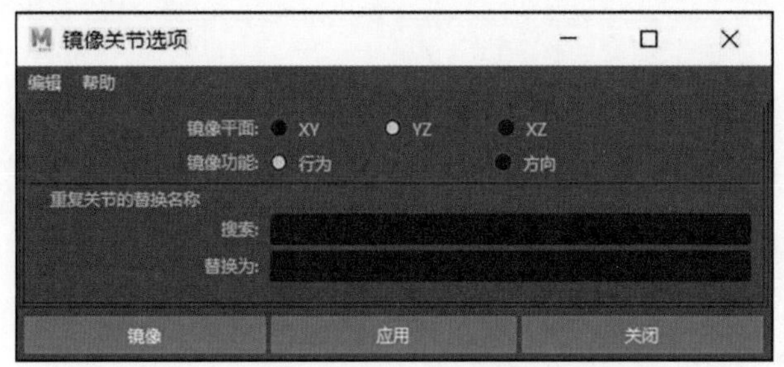


图 7-38　【镜像关节选项】面板

镜像平面：设置关节镜像的平面。

镜像功能：分为【行为】和【方向】选项。镜像时选择【行为】选项，镜像后的关节将具有与原始对象相反的方向，每个关节的本地旋转轴指向其对等物的相反方向。镜像时选择【方向】选项，镜像后的关节将具有与原始关节相同的方向。

【搜索】和【替换为】选项：当镜像时需要重命名关节时使用。

• 确定关节方向：每个关节都有自己的局部坐标。选择关节链，按 F8 键，然后单击状态栏上的问号按钮?，此时就可以激活关节上的局部坐标，如图 7-39 所示。

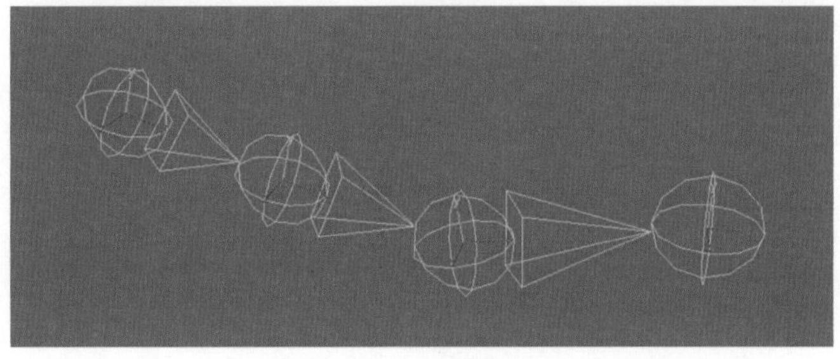

图 7-39　关节的局部坐标

使用【确定关节方向】命令可以统一关节上的局部坐标方向。如图 7-39 所示，在该图中关节链中的所有关节的 X 轴始终指向下一个关节，这样能够保证整个关节沿着 Z 轴弯曲。但如果其中一个关节的局部坐标未沿着关节轴向分布，就需要对其进行修正。关节局部坐标不统一时，修正前后的对比如图 7-40 所示。

图 7-40　关节局部坐标不统一时修正前后的对比

- 移除关节：选择需要移除的关节并选择此命令，选定的关节被移除。
- 连接关节：该命令有两种模式：连接关节和将关节设为父子关系。不同模式的连接关节效果如图 7-41 所示。

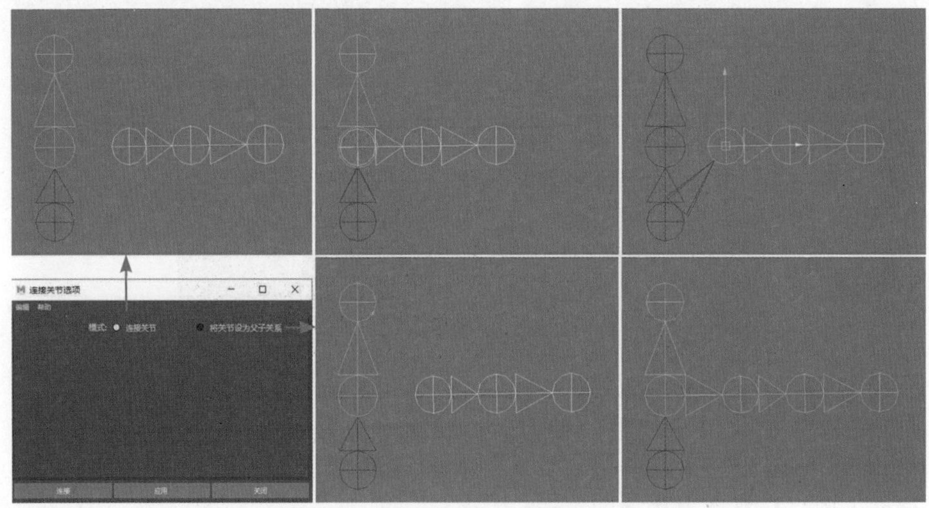


图 7-41　不同模式的连接关节效果

- 断开关节：选择需要断开的关节并选择此命令，断开关节。在原有的关节链基础上将一个关节与原关节断开，形成了独立的关节链，如图 7-42 所示。

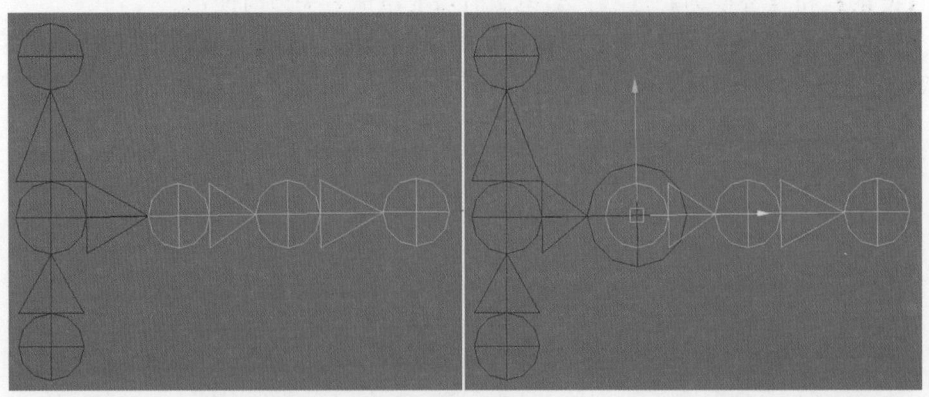

图 7-42　断开关节

• 重定骨架根：重新定义关节中的根关节。使用方法是选择需要重新定义根骨架的关节，然后选择该命令，如图 7-43 所示。

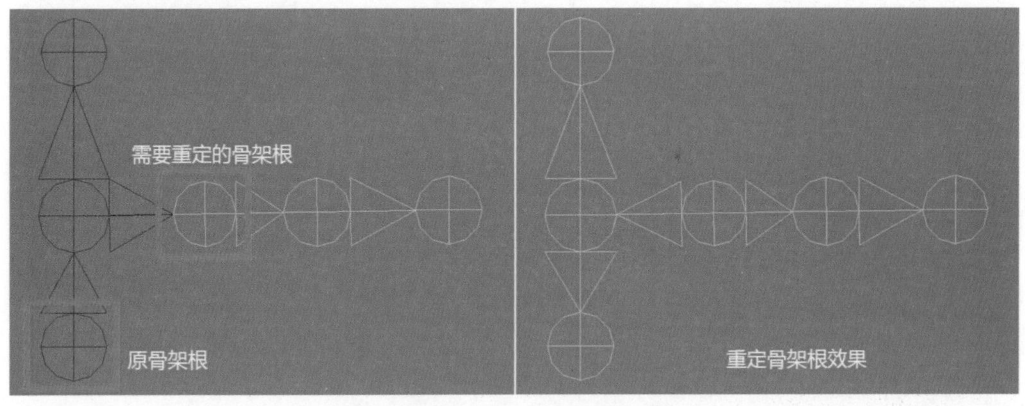


图 7-43　重定骨架根

• 创建 IK 控制柄：在制作例如腿部骨骼绑定时，需要创建 IK 控制柄。下面以腿部 IK 控制柄创建为例讲解其使用过程。首先在 side 视图中根据腿部关节依次创建 4 个关节，并将 4 个关节重命名为 hip、knee、ankle 和 toe。然后选择该命令，再依次单击 hip 和 ankle 关节，完成腿部 IK 控制柄的创建，如图 7-44 所示。

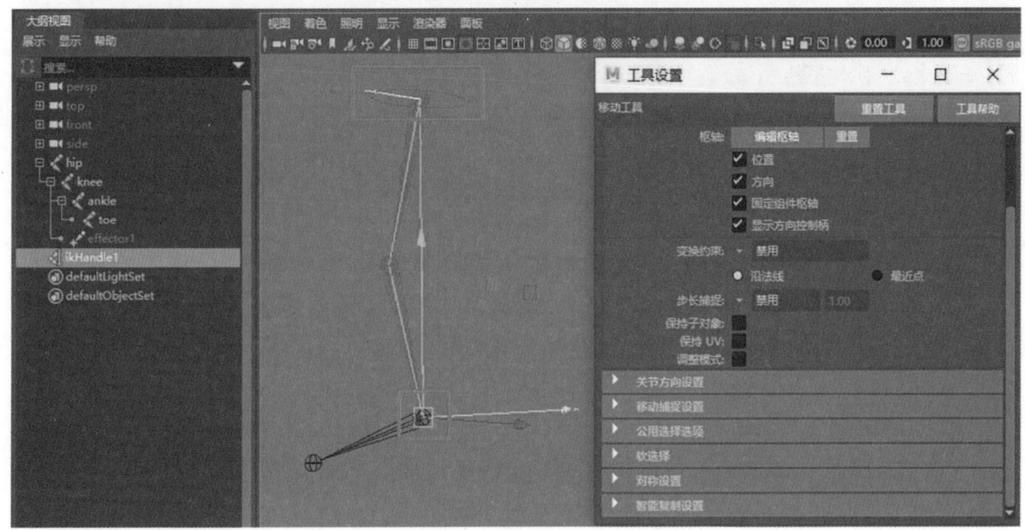


图 7-44　腿部 IK 控制柄

• 创建 IK 样条线控制柄：在制作诸如蛇或动物尾巴时，需要创建 IK 样条线控制柄对创建的关节链进行控制。下面以动物尾巴为例讲解其使用过程。首先在 side 视图中依次创建 7 个关节，并将 7 个关节依次重命名为 tail1 至 tail7。然后选择该命令，再依次单击 tail1 和 tail7 关节，完成 IK 样条线控制柄的创建。之后在【大纲视图】中选择 curve1 曲线，按 F8 键进入控制顶点模式，调整曲线顶点位置，此时骨骼随曲线发生弯曲。IK 样条线控制柄的创建及控制如图 7-45 所示。

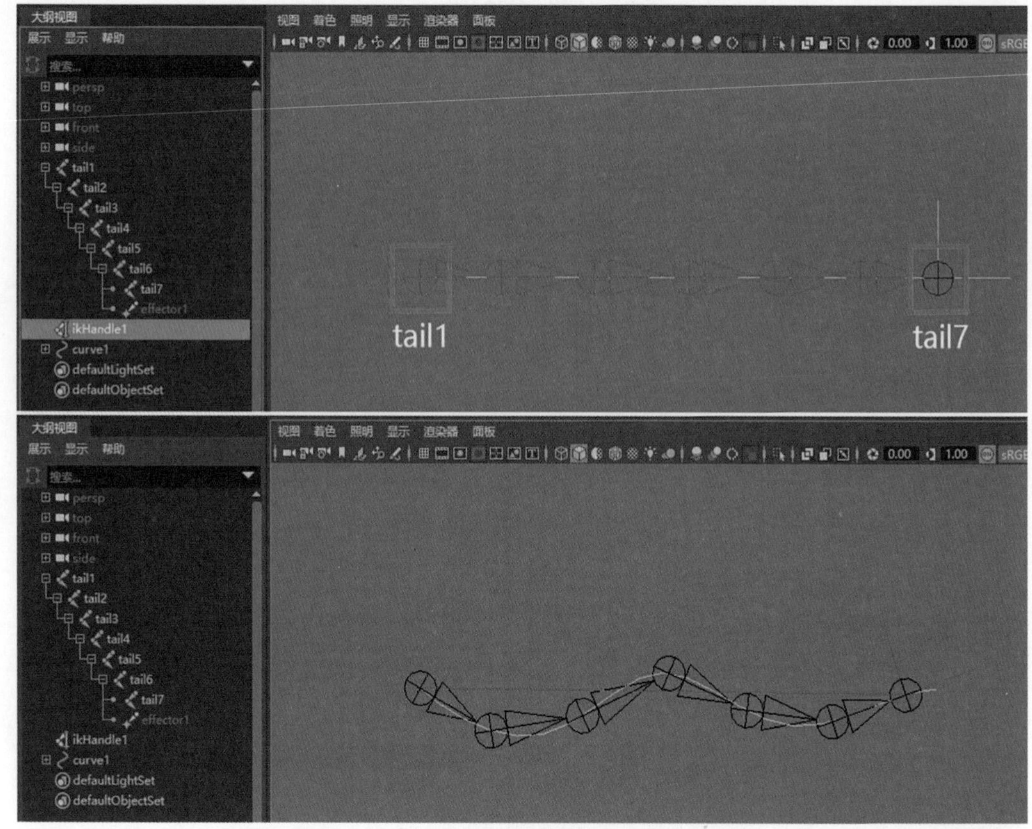


图 7-45　IK 样条线控制柄的创建及控制

## 7.4.2　约束

在进行骨骼绑定设置时，需要使用约束命令将物体 A 约束物体 B，以此帮助完成骨骼绑定。在 Maya 中切换至【绑定】模块，通过【约束】菜单中的命令，可以设置物体之间的约束关系。【约束】菜单命令如图 7-46 所示。

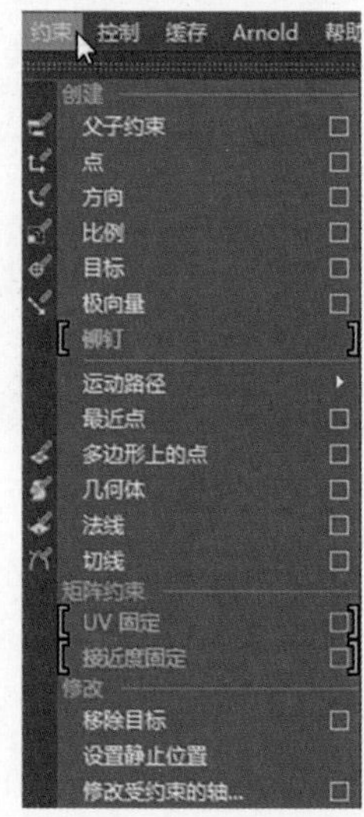


图 7-46　【约束】菜单命令

部分常用命令讲解如下。

• 父子约束：对物体同时进行点约束和旋转约束。例如，物体 A 约束物体 B，先选物体 A，再按 Shift 键加选物体 B，选择该命令，物体 B 的平移 X/Y/Z 属性和旋转 X/Y/Z 属性被物体 A 的平移 X/Y/Z 属性和旋转 X/Y/Z 属性约束。物体 B 的平移 X/Y/Z 属性和旋转 X/Y/Z 属性在【通道盒】中有淡蓝色标记，同时在【大纲视图】中，被约束物体 B 下面会出现父子约束标签，如图 7-47 所示。

• 点：对物体的平移 X/Y/Z 属性进行约束。例如，物体 A 约束物体 B，先选物体 A，再按 Shift 键加选物体 B，选择该命令，物体 B 的平移 X/Y/Z 属性被物体 A 的平移 X/Y/Z 属性约束。

• 方向：对物体的旋转 X/Y/Z 属性进行约束。例如，物体 A 约束物体 B，先选物体 A，再按 Shift 键加选物体 B，选择该命令，物体 B 的旋转 X/Y/Z 属性被物体 A 的旋转 X/Y/Z 属性约束。

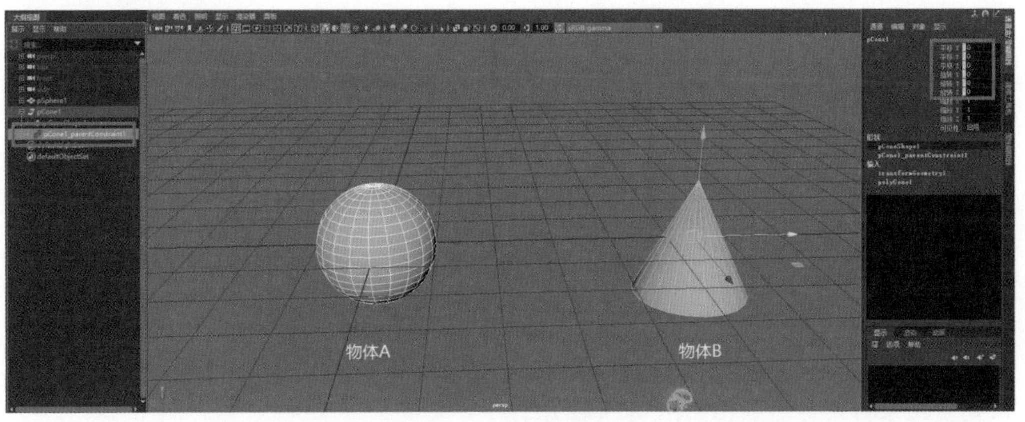


图 7-47 父子约束关系

• 比例：对物体的缩放 X/Y/Z 属性进行约束。例如，物体 A 约束物体 B，先选物体 A，再按 Shift 键加选物体 B，选择该命令，物体 B 的缩放 X/Y/Z 属性被物体 A 的缩放 X/Y/Z 属性约束。

• 目标：一个物体的平移属性约束另一个物体的旋转属性。例如，物体 A 约束物体 B，先选物体 A，再按 Shift 键加选物体 B，选择该命令，物体 A 的平移 X/Y/Z 属性约束物体 B 的旋转 X/Y/Z 属性。

• 极向量：常用于修正手臂和腿部骨骼翻转的问题，或者控制手臂和腿部方向。当腿部的关节完成了 IK 控制柄创建后，此时选择腿部的 IK 控制柄，将其向上移动到一定位置时，会出现骨骼翻转的问题，如图 7-48 所示。

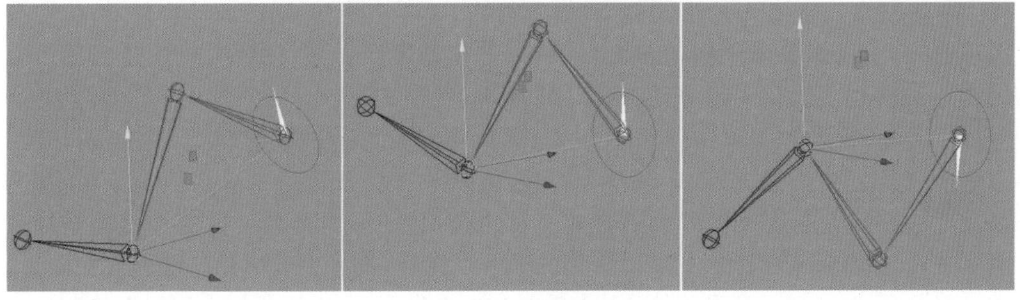

图 7-48 骨骼翻转

为了解决此问题，需要对腿部创建极向量约束。首先创建一个圆形曲线，然后按住 V 键不放，吸附到膝盖关节上，之后旋转和移动此曲线，将其放置在膝盖前端，然后将此圆形曲线重命名为 knee_pole_vector。选择此 knee_pole_vector 曲线，分别选择【编辑】→【按类型删除】→【历史】命令和选择【修改】→【冻结变换】命令。选择 knee_pole_vector 曲线，按 Shift 键加选 ikHandle1（IK 控制柄），选择此命令后，极向量约束到 knee_pole_vector 曲线上。极向量设置过程如图 7-49 所示。

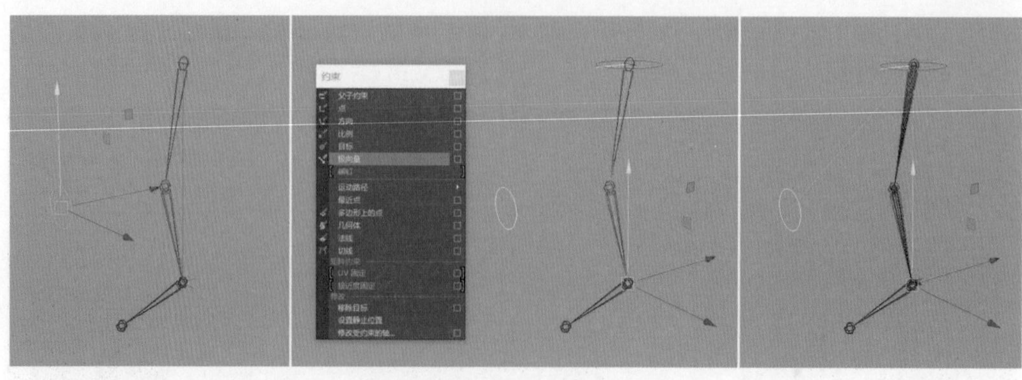

图 7-49　极向量设置过程

此时移动 IK 控制柄，当发生骨骼翻转时，调整 knee_pole_vector 曲线位置即可。极向量约束修正骨骼翻转如图 7-50 所示。

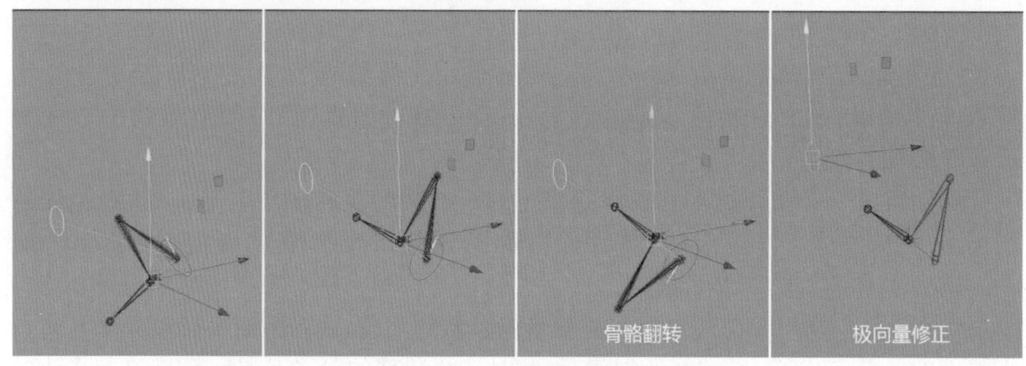


图 7-50　极向量约束修正骨骼翻转

- 几何体：物体 A 约束物体 B，先选物体 A，再按住 Shift 键加选物体 B，接着选择该命令，则物体 B 吸附到物体 A 的表面，选择物体 B 并进行移动，物体 B 只能沿着物体 A 表面运动。几何体约束如图 7-51 所示。
- 法线：物体 A 约束物体 B，先选物体 A，再按 Shift 键加选物体 B，首先选择【约束】→【几何体】命令，此时物体 B 吸附到物体 A 上；之后再选择该命令，物体 A 表面上的法线方向约束物体 B 的轴向旋转，物体 B 的某一个轴与物体 A 表面始终呈垂直状态。物体 B 与物体 A 表面垂直的轴可以在【法线约束选项】面板的【目标向量】中进行设置。默认情况下是物体 B 的 X 轴与物体 A 表面垂直。法线约束如图 7-52 所示。
- 切线：物体 A（必须是 NURBS 曲线）约束物体 B，先选物体 A，再按 Shift 键加选物体 B，首先选择【约束】→【几何体】命令，此时物体 B 吸附到物体 A 上，之后再选择该命令，物体 A 上的切线方向约束物体 B 的轴向旋转。切线约束的轴向可以在【切线约束选项】面板的【目标向量】中进行设置。切线约束如图 7-53 所示。

### 7.4.3　蒙皮及权重绘制

骨骼创建完成后，需要使用蒙皮技术将模型和骨骼连接起来。蒙皮完成后，需要对蒙皮权重进行绘制，这样才能避免在动画制作过程中出现穿模等问题。蒙皮后每一个骨关节对模型上的点都有一定的作用范围及作用强度。默认情况下，作用强度由 0

到1进行标记。0表示模型上的点不受该骨关节的影响，1表示模型上的点受该骨关节100%的影响。在绘制权重时，0为黑色，1为白色。蒙皮后，选择模型，然后选择【蒙皮】→【绘制蒙皮权重】命令，选择的模型变为黑白色，如图7-54所示。在【工具设置】面板中选择对应的关节，使用笔刷即可调整蒙皮权重。

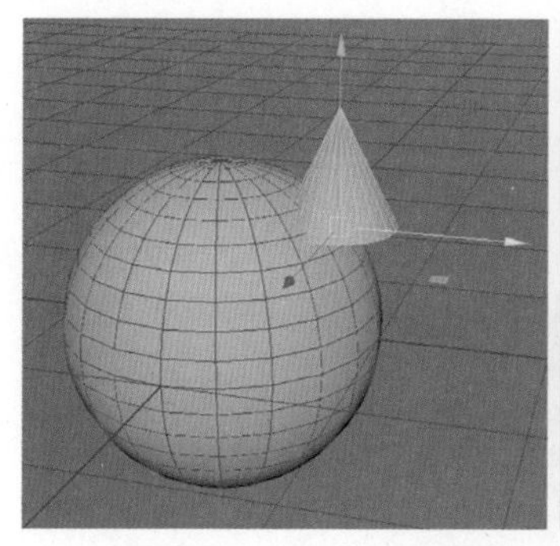
图7-51 几何体约束

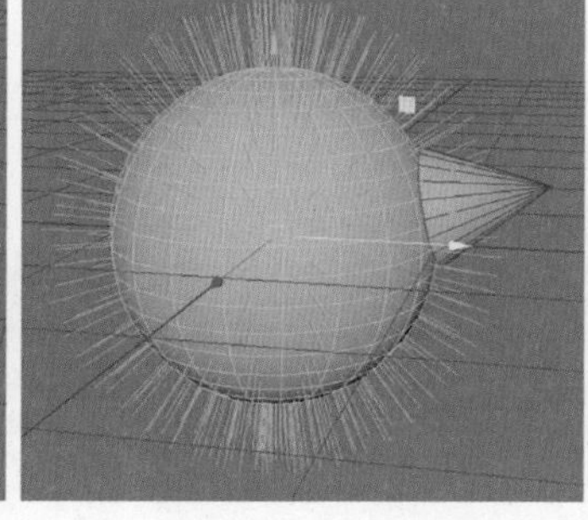
图7-52 法线约束

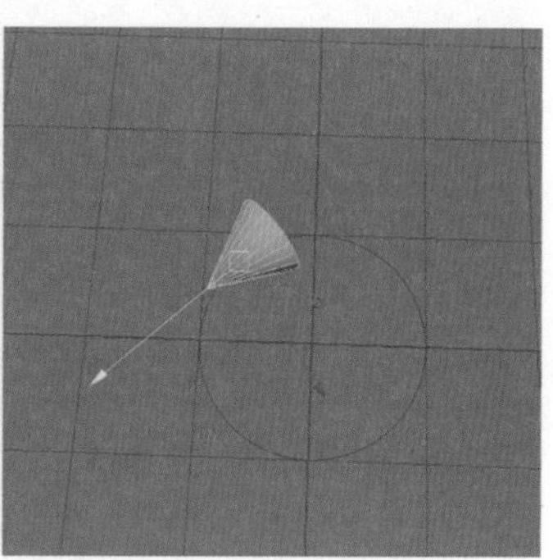
图7-53 切线约束

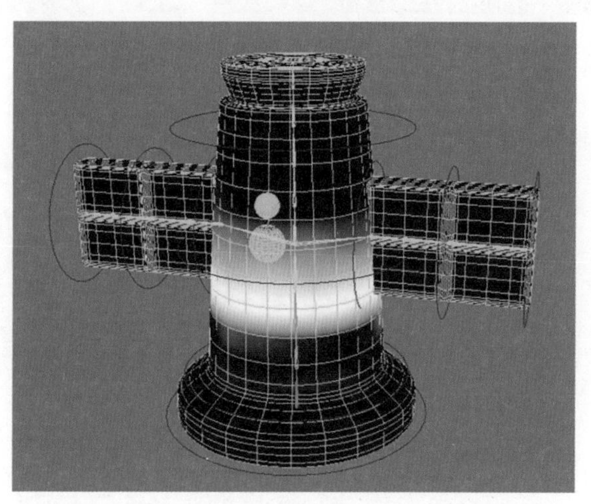
图7-54 蒙皮权重

蒙皮设置及权重绘制方法，在骨骼绑定实例中有详细的操作讲解。

### 7.4.4 骨骼绑定实例

步骤1：打开feixingqi_base.ma文件。在【层编辑器】中将此模型的显示类型设置为“模板”，此时模型为线框显示并且不能被编辑。

骨骼绑定实例.mp4

步骤2：创建关节。切换到【绑定】模块，进入side视图，选择【骨架】→【创建关节】命令，在side视图中对飞行器身体模型进行关节创建，创建完成后对各个关节进行重命名。飞行器身体关节创建及重命名的效果如图7-55所示。

使用相同的方法创建一侧太阳板（翅膀）部分的关节并进行重命名，如图7-56所示。

选择left1关节，然后单击【骨架】→【镜像关节】后的方块按钮▣，在【镜像关节选项】面板中设置参数。将【镜像平面】设置为XY，【搜索】设置为left，【替换为】

设置为 right，之后单击【镜像】按钮，完成关节镜像。【镜像关节选项】参数及镜像后效果如图 7-57 所示。

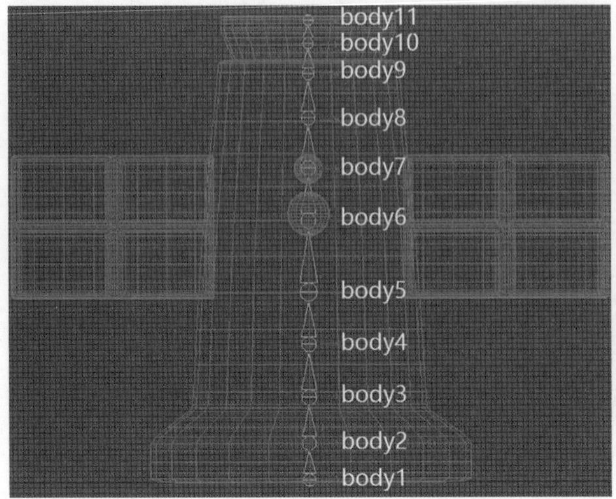


图 7-55　飞行器身体关节创建及重命名的效果

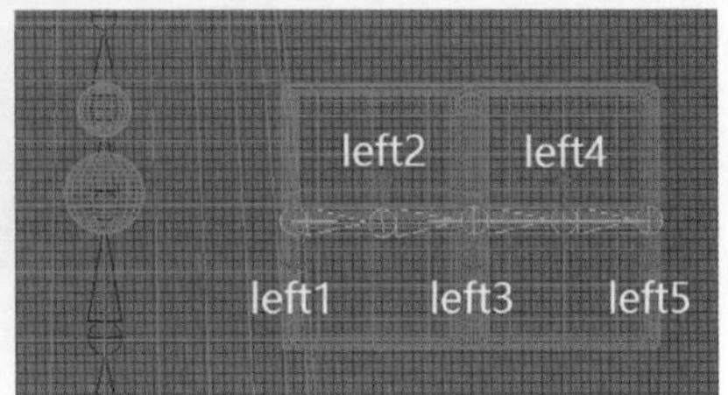


图 7-56　一侧太阳板（翅膀）部分关节的创建及重命名

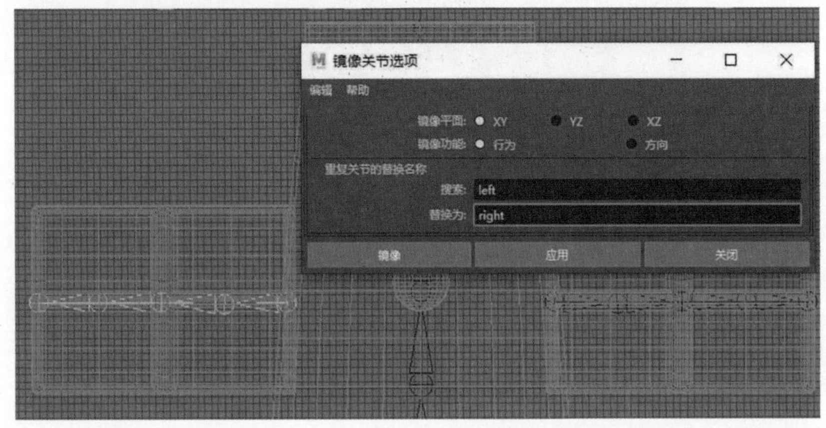


图 7-57　【镜像关节选项】参数及镜像后效果

分别选择 right1 关节和 left1 关节，按 Shift 键加选 body6 关节，按 P 键连接关节。最终关节创建效果如图 7-58 所示。

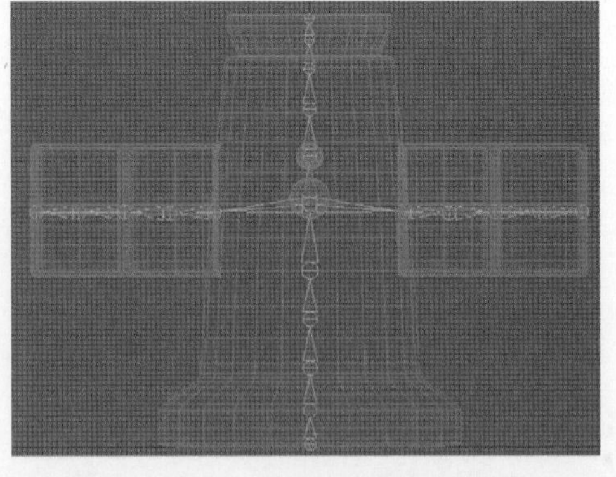

图 7-58　最终关节创建效果

步骤 3：创建曲线控制器。创建 10 条 NURBS 圆形曲线，适当调整各条曲线的缩放、位置和旋转属性，分别按 V 键将 NURBS 曲线吸附到对应的关节上，并对各个 NURBS 圆形曲线进行重命名。按 V 键，将 NURBS 圆形曲线吸附到对应关节情况如下：whole_ctrl 曲线吸附到 body1 关节；body3_ctrl 曲线吸附到 body3 关节；body6_ctrl 曲线吸附到 body6 关节；body9_ctrl 曲线吸附到body9关节；left1_ctrl曲线吸附到left1关节；left2_ctrl曲线吸附到left3关节；left3_ctrl曲线吸附到left5关节；right1_ctrl曲线吸附到right1关节；right2_ctrl曲线吸附到right3关节；right3_ctrl曲线吸附到right5关节。控制器位置及重命名情况如图7-59所示。

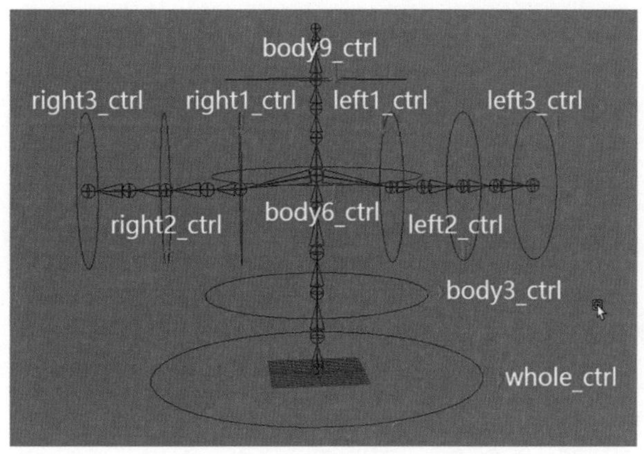


图 7-59　控制器位置及重命名情况

选择所有的10条NURBS圆形曲线，分别选择【编辑】→【按类型删除】→【删除】命令和选择【修改】→【冻结变换】命令。需要强调的是，在选择【冻结变换】命令时，是将平移、旋转和缩放属性都勾选并进行冻结变换。

设置NURBS圆形曲线的父子级关系。

选择right3_ctrl曲线，再按Shift键加选right2_ctrl曲线，按P键建立父子关系。

选择right2_ctrl曲线，再按Shift键加选right1_ctrl曲线，按P键建立父子关系。

选择left3_ctrl曲线，再按Shift键加选left2_ctrl曲线，按P键建立父子关系。

选择left2_ctrl曲线，再按Shift键加选left1_ctrl曲线，按P键建立父子关系。

选择right1_ctrl曲线，再按Shift键加选body6_ctrl曲线，按P键建立父子关系。

选择left1_ctrl曲线，再按Shift键加选body6_ctrl曲线，按P键建立父子关系。

选择body9_ctrl曲线，再按Shift键加选body6_ctrl曲线，按P键建立父子关系。

选择body6_ctrl曲线，再按Shift键加选body3_ctrl曲线，按P键建立父子关系。

选择body3_ctrl曲线，再按Shift键加选whole_ctrl曲线，按P键建立父子关系。

【大纲视图】中控制器建立父子关系后的关系层次如图7-60所示。

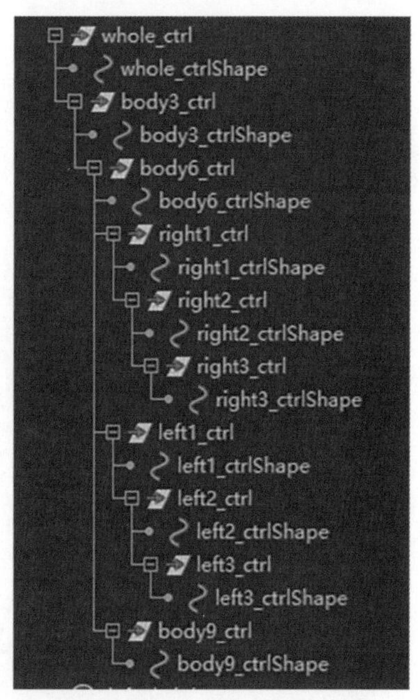


图 7-60　【大纲视图】中控制器建立父子关系后的关系层次

关节与控制器进行点约束和方向约束。在进行约束时开启【保持偏移】选项。

选择 left1_ctrl 曲线，再按 Shift 键加选 left1 关节，分别选择【约束】→【点】命令和选择【约束】→【方向】命令。

选择 left2_ctrl 曲线，再按 Shift 键加选 left3 关节，分别选择【约束】→【点】命令和选择【约束】→【方向】命令。

选择 left3_ctrl 曲线，再按 Shift 键加选 left5 关节，分别选择【约束】→【点】命令和选择【约束】→【方向】命令。

选择 right1_ctrl 曲线，再按 Shift 键加选 right1 关节，分别选择【约束】→【点】命令和选择【约束】→【方向】命令。

选择 right2_ctrl 曲线，再按 Shift 键加选 right3 关节，分别选择【约束】→【点】命令和选择【约束】→【方向】命令。

选择 right3_ctrl 曲线，再按 Shift 键加选 right5 关节，分别选择【约束】→【点】命令和选择【约束】→【方向】命令。

选择 body9_ctrl 曲线，再按 Shift 键加选 body9 关节，分别选择【约束】→【点】命令和选择【约束】→【方向】命令。

选择 body6_ctrl 曲线，再按 Shift 键加选 body6 关节，分别选择【约束】→【点】命令和选择【约束】→【方向】命令。

选择 body3_ctrl 曲线，再按 Shift 键加选 body3 关节，分别选择【约束】→【点】命令和选择【约束】→【方向】命令。

选择 whole_ctrl 曲线，再按 Shift 键加选 body1 关节，分别选择【约束】→【点】命令和选择【约束】→【方向】命令。

步骤 4：蒙皮及权重绘制。在【大纲视图】中选择 feixingqi3 模型组，然后按 Shift 键加选 body1 关节。单击【蒙皮】→【绑定蒙皮】后的方块按钮，设置【绑定蒙皮选项】面板中【最大影响物】为 3，然后单击【绑定蒙皮】按钮。绑定蒙皮设置的过程如图 7-61 所示。

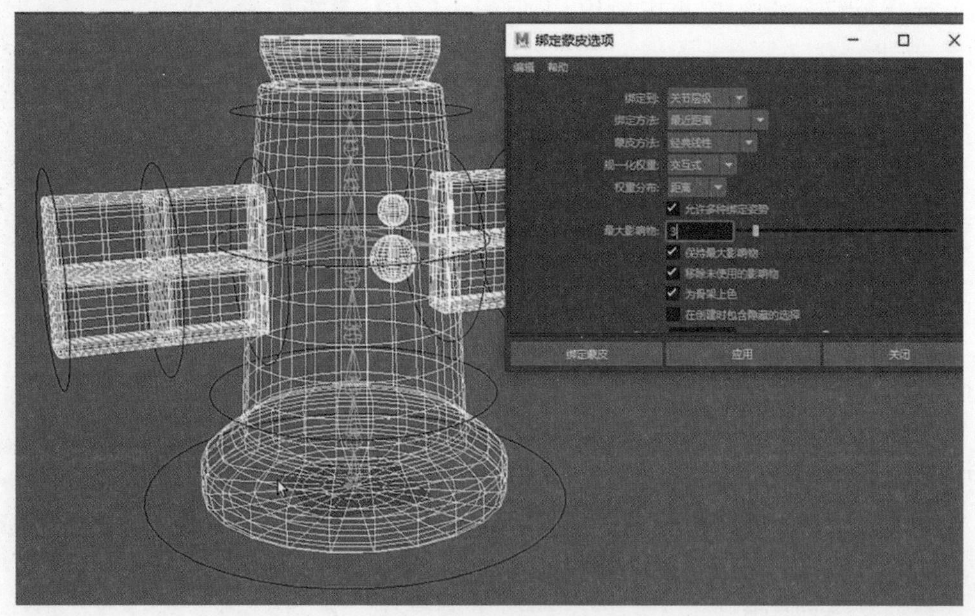


图 7-61　绑定蒙皮设置的过程

在此使用两种方法进行蒙皮权重绘制。

方法一：选择模型上需要调整蒙皮权重的顶点，选择【窗口】→【常规编辑器】→【组件编辑器】命令，在【组件编辑器】面板中单击【平滑蒙皮】选项卡，直接设置顶点的权重值来修改蒙皮权重。在【组件编辑器】面板中设置蒙皮权重值的效果如图 7-62 所示。

| | body8 | body9 | left1 | left2 | right1 | right2 | 总计 |
|---|---|---|---|---|---|---|---|
| vtx[1203] | 0.000 | 0.000 | 0.000 | 0.000 | 0.000 | 0.000 | 1.000 |
| vtx[1204] | 0.000 | 0.000 | 0.000 | 0.000 | 0.000 | 0.000 | 1.000 |
| vtx[1205] | 0.000 | 0.000 | 0.000 | 0.000 | 0.000 | 0.000 | 1.000 |
| vtx[1206] | 0.000 | 0.000 | 0.000 | 0.000 | 0.000 | 0.000 | 1.000 |
| vtx[1207] | 0.000 | 0.000 | 0.000 | 0.000 | 0.000 | 0.000 | 1.000 |
| vtx[1208] | 0.000 | 0.000 | 0.000 | 0.000 | 0.000 | 0.000 | 1.000 |
| vtx[1209] | 0.000 | 0.000 | 0.000 | 0.000 | 0.000 | 0.000 | 1.000 |
| vtx[1210] | 0.000 | 0.000 | 0.000 | 0.000 | 0.000 | 0.000 | 1.000 |
| vtx[1211] | 0.000 | 0.000 | 0.000 | 0.000 | 0.000 | 0.000 | 1.000 |
| vtx[1212] | 0.000 | 0.000 | 0.000 | 0.000 | 0.000 | 0.000 | 1.000 |
| vtx[1213] | 0.000 | 0.000 | 0.000 | 0.000 | 0.000 | 0.000 | 1.000 |
| vtx[1214] | 0.000 | 0.000 | 0.000 | 0.000 | 0.000 | 0.000 | 1.000 |
| vtx[1215] | 0.000 | 0.000 | 0.000 | 0.000 | 0.000 | 0.000 | 1.000 |
| vtx[1216] | 0.000 | 0.000 | 0.000 | 0.000 | 0.000 | 0.000 | 1.000 |
| vtx[1217] | 0.000 | 0.000 | 0.000 | 0.000 | 0.000 | 0.000 | 1.000 |
| vtx[1218] | 0.000 | 0.000 | 0.000 | 0.000 | 0.000 | 0.000 | 1.000 |
| vtx[1219] | 0.000 | 0.000 | 0.000 | 0.000 | 0.000 | 0.000 | 1.000 |
| vtx[1220] | 0.000 | 0.000 | 0.000 | 0.000 | 0.000 | 0.000 | 1.000 |
| vtx[1221] | 0.000 | 0.000 | 0.000 | 0.000 | 0.000 | 0.000 | 1.000 |
| vtx[1222] | 0.000 | 0.000 | 0.000 | 0.000 | 0.000 | 0.000 | 1.000 |
| vtx[1223] | 0.000 | 0.000 | 0.000 | 0.000 | 0.000 | 0.000 | 1.000 |
| vtx[1224] | 0.000 | 0.000 | 0.000 | 0.000 | 0.000 | 0.000 | 1.000 |
| vtx[1225] | 0.000 | 0.000 | 0.000 | 0.000 | 0.000 | 0.000 | 1.000 |

图 7-62　在【组件编辑器】面板中设置蒙皮权重值的效果

方法二：选择需要绘制蒙皮权重的模型，选择【蒙皮】→【绘制蒙皮权重】命令，然后在【工具栏】中按鼠标左键双击绘制蒙皮权重图标。将【工具设置】面板调出，然后在【工具设置】中选择对应的关节，使用笔刷工具绘制不同关节的权重。在绘制蒙皮权重时，选择控制曲线，使用旋转工具调试不同的动作，之后选择不同的绘制操作并设置不同的值进行蒙皮权重绘制。绘制蒙皮权重过程如图 7-63 所示。权重绘制完后，使用旋转工具将姿势还原。

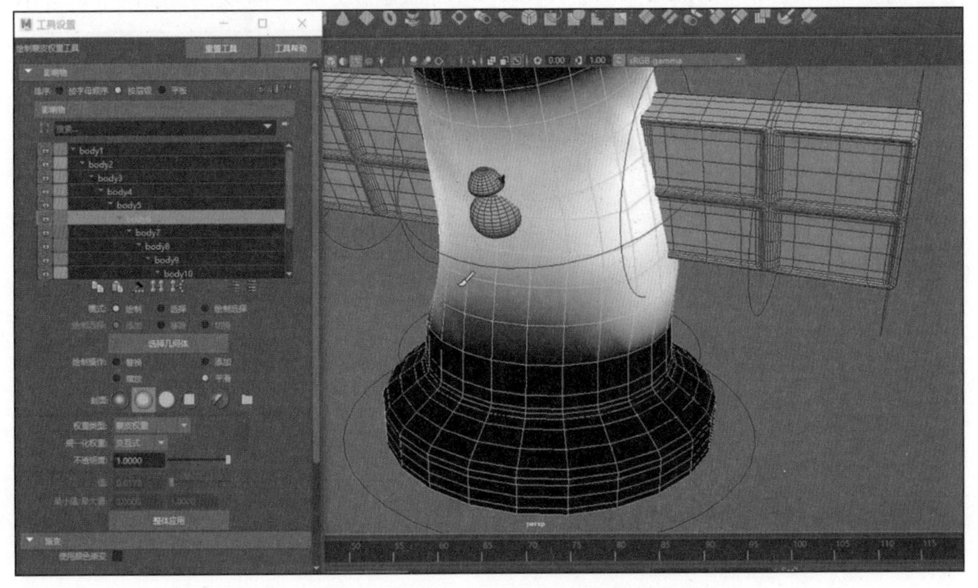

图 7-63　绘制蒙皮权重过程

完成模型权重绘制后，可以镜像模型权重。首先选择飞行器身体模型，单击【蒙皮】→【镜像蒙皮权重】后面的方块按钮，在【镜像蒙皮权重选项】面板中，设置【镜像平面】为 XY，勾选【正值到负值 (+Z 到 - Z)】选项，然后单击【镜像】按钮，完成镜像蒙皮权重。权重镜像设置如图 7-64 所示。在此需要说明的是，如果需要镜像太阳板的权重，首先选择绘制好权重的一侧太阳板，然后按 Shift 键加选另一侧未绘制好权重的太阳板，选择【镜像蒙皮权重】命令即可。

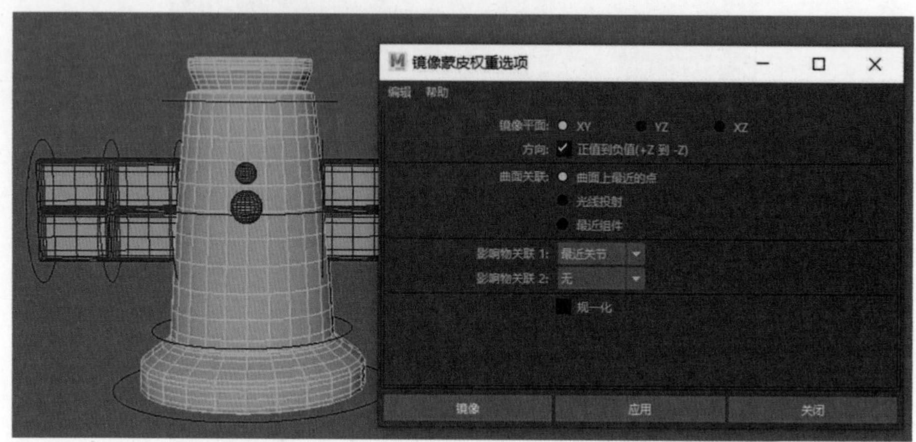


图 7-64　权重镜像设置

至此完成蒙皮及权重绘制。

步骤 5：动画制作。依次选择 right1_ctrl、right2_ctrl、right3_ctrl 曲线控制器，然后使用旋转工具将此 3 条曲线控制器的【旋转 Y】属性在第 1 帧时设置为 30°，在第 12 帧时设置为 - 30°，在第 24 帧时设置为 30°。之后选择【窗口】→【动画编辑器】→【曲线图编辑器】命令，在【曲线图编辑器】中设置循环动画。选择【曲线】→【后方无限】→【循环】命令，并在【视图】中勾选【无限】选项，完成循环动画设置。right1_ctrl、right2_ctrl、right3_ctrl 曲线控制器的曲线图如图 7-65 所示。

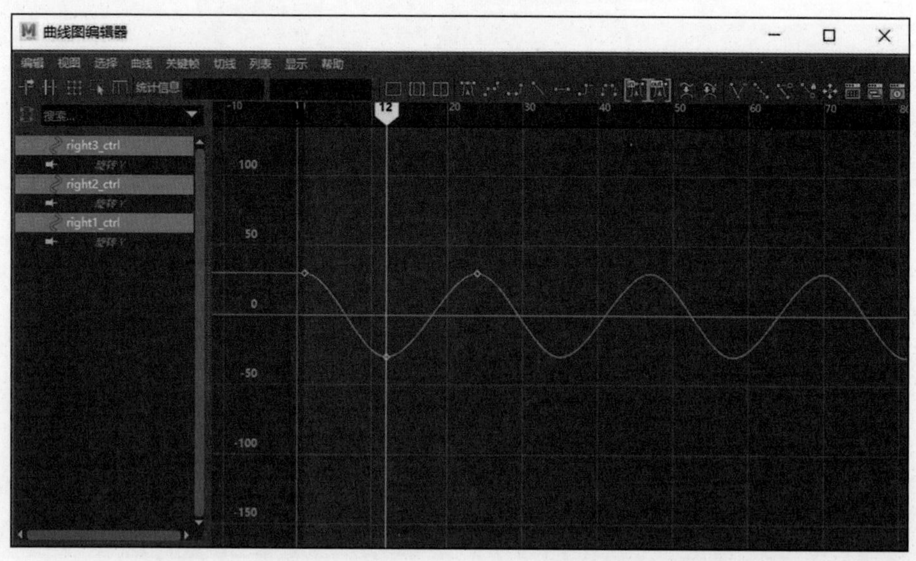


图 7-65　right1_ctrl、right2_ctrl、right3_ctrl 曲线控制器的曲线图

同理，依次选择 left1_ctrl、left2_ctrl、left3_ctrl 曲线控制器，对其【旋转 Y】属性，在第 1 帧、第 12 帧和第 24 帧依次设置 -30°、30°和 -30°的关键帧，并在【曲线图编辑器】中设置循环动画。

选择 left1_ctrl、left2_ctrl、left3_ctrl 曲线控制器，在【曲线图编辑器】中选择第 12 帧的关键帧，然后单击【断开切线】按钮，并调整左右两边切线控制手柄。

left1_ctrl、left2_ctrl、left3_ctrl 曲线控制器的切线调整如图 7-66 所示。

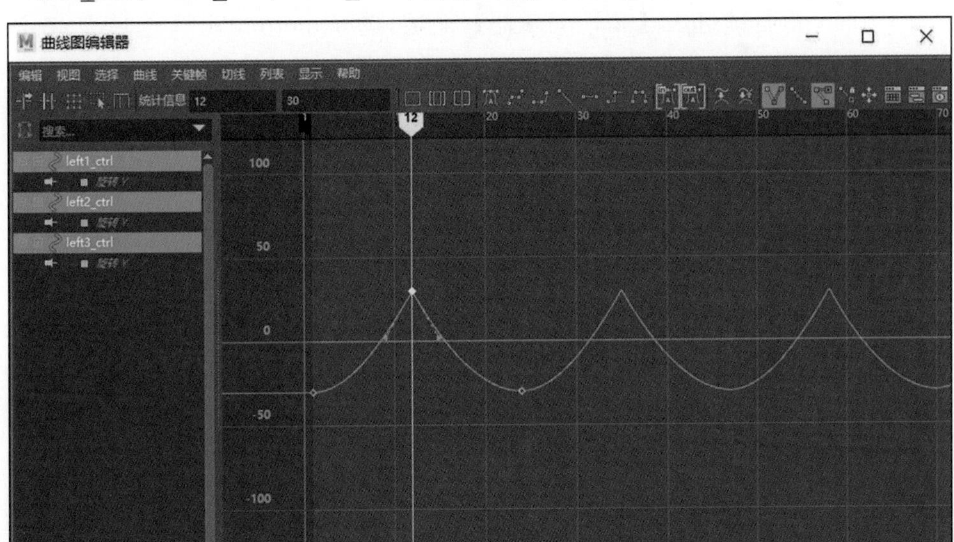


图 7-66 left1_ctrl、left2_ctrl、left3_ctrl 曲线控制器的切线调整

选择 right1_ctrl、right2_ctrl、right3_ctrl 曲线控制器，在【曲线图编辑器】中选择第 12 帧的关键帧，然后单击【断开切线】按钮，并调整左右两边切线控制手柄。

right1_ctrl、right2_ctrl、right3_ctrl 曲线控制器的切线调整如图 7-67 所示。

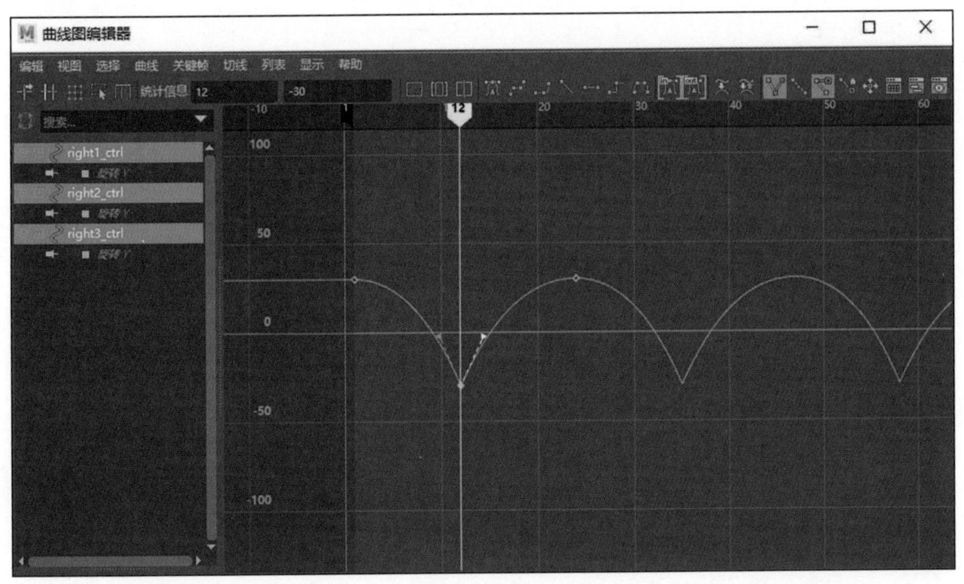


图 7-67 right1_ctrl、right2_ctrl、right3_ctrl 曲线控制器的切线调整

步骤 6：路径动画制作。选择【创建】→【曲线工具】→【CV 曲线工具】命令，在顶视图中绘制曲线 curve1，然后在透视图中通过调整控制顶点来修改曲线外形。

选择 whole_ctrl 曲线并按 Shift 键加选 curve1，选择【约束】→【运动路径】→【连接到运动路径】命令，此时绑定的模型已经吸附到曲线上，但发现此时的方向需要修改。

按 Ctrl+A 组合键进入【属性编辑器】面板，选择 motionPath1 选项卡，在该选项卡中将【前方向轴】设置为 Y，【上方向轴】设置为 X。路径动画效果如图 7-68 所示。

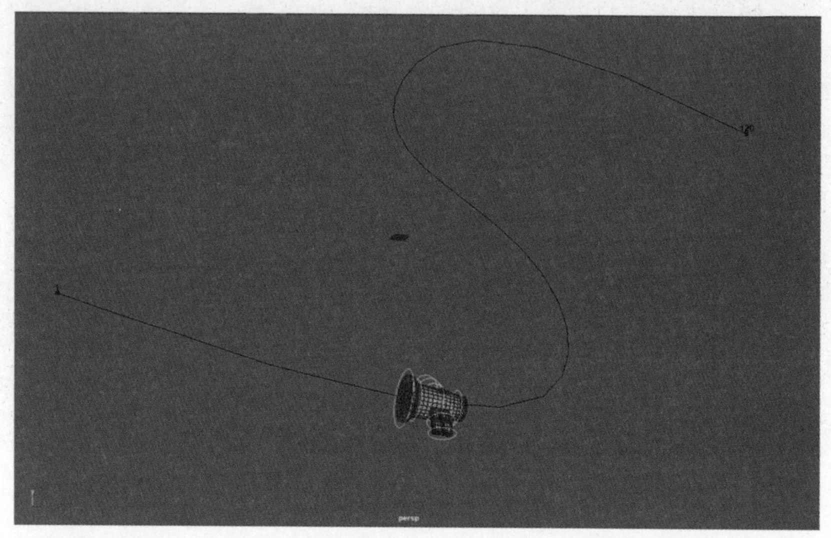


图 7-68　路径动画效果

至此完成案例制作。

# 第8章　角色面部表情绑定

Maya 提供了经典的角色面部表情制作工具——融合变形技术。使用该技术能够制作表情动画。

本章对 Maya 中的融合变形命令的创建及编辑、形变编辑器使用、表情控制器设置进行详细的讲解，以便读者了解和掌握 Maya 中角色面部表情绑定的方法。

**知识点：**

- 了解融合变形技术原理；
- 掌握融合变形的创建和编辑；
- 掌握融合变形技术制作表情绑定的方法；
- 掌握面部表情控制器设置的方法。

## 8.1　融合变形技术概述

融合变形常用来制作角色表情动画，其原理是将同一物体的多个变形形态融合，制作出变形动态效果。

### 8.1.1　创建融合变形

首先创建一个多边形立方体 pCube1。选择 pCube1，按 Ctrl+D 组合键复制出 4 个立方体，分别是 pCube2、pCube3、pCube4、pCube5，如图 8-1 所示。

需要注意的是，pCube1 为基础物体，pCube2、pCube3、pCube4 和 pCube5 为目标物体。

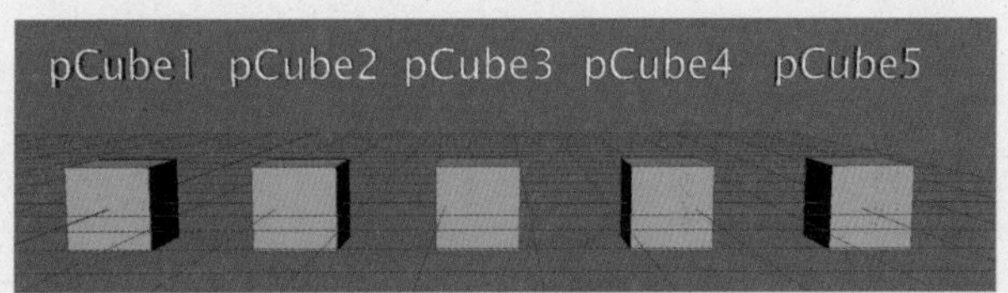


图 8-1　立方体

依次对 pCube2、pCube3、pCube4 和 pCube5 进行变形。进入顶点模式，然后调整顶点位置。pCube2、pCube3、pCube4 和 pCube5 变形效果如图 8-2 所示。

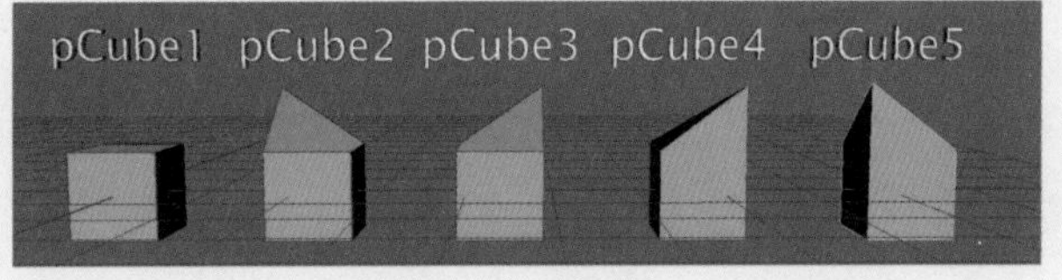


图 8-2　pCube2、pCube3、pCube4 和 pCube5 变形效果

依次选中变形的 pCube2、pCube3、pCube4 和 pCube5 目标物体，再按 Shift 键加选 pCube1 基础物体，单击【变形】→【融合变形】命令后的方框■，弹出【融合变形选项】面板，如图 8-3 所示。

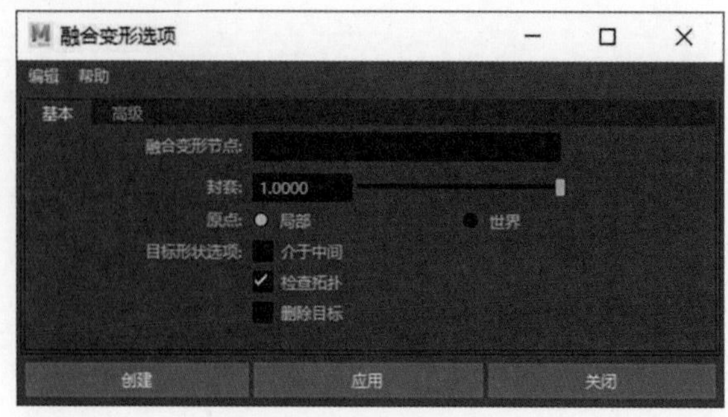


图 8-3 融合变形选项

【融合变形选项】基本参数说明如下。

融合变形节点：命名创建的融合变形节点。

封套：设置融合变形系数，默认值为 1。

原点：确定融合变形是否与基础物体形状的位置、旋转和缩放相关，分为【局部】和【世界】两个选项。设置基础物体和目标物体之间的位置、旋转、比例是按局部坐标系相对比较还是世界坐标系绝对比较。

目标形状选项：设置变形方式。其中有【介于中间】【检查拓扑】和【删除目标】三个选项。【介于中间】指定变形方式是依次融合还是并行融合，默认为并列融合。【检查拓扑】是指在融合变形时检查基础物体和目标物体是否具有相同的拓扑结构，默认为选中状态。【删除目标】在被选中的情况下执行融合变形后，删除目标物体，默认为不被选中状态。

将【融合变形节点】设置为 test，其他参数以默认参数进行设置，然后单击【应用】按钮，完成融合变形创建。融合变形创建过程如图 8-4 所示。

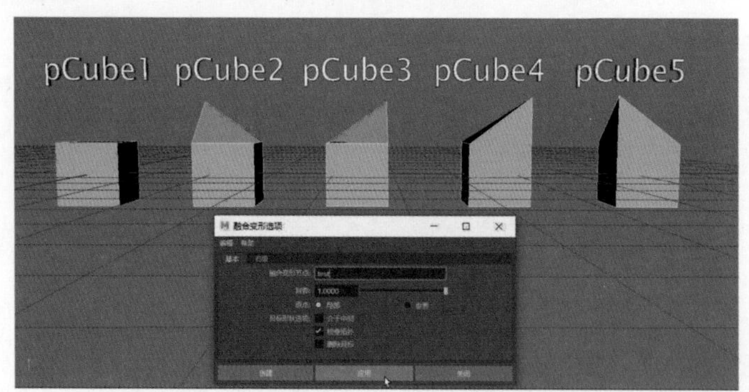


图 8-4 融合变形创建过程

## 8.1.2 形变编辑器

融合变形创建完成后，选择【窗口】→【动画编辑器】→【形变编辑器】命令，如图 8-5 所示。之后弹出【形变编辑器】面板，如图 8-6 所示。

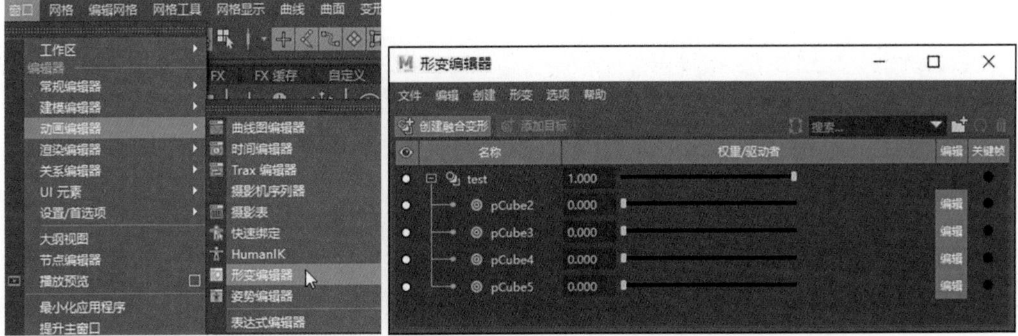


图 8-5　【形变编辑器】命令　　　　图 8-6　【形变编辑器】面板

权重 / 驱动者：用滑竿控制基础物体变形为目标物体的变形幅度。pCube2 的【权重 / 驱动者】分别为 0、0.5、1 时基础物体的状态如图 8-7 所示。

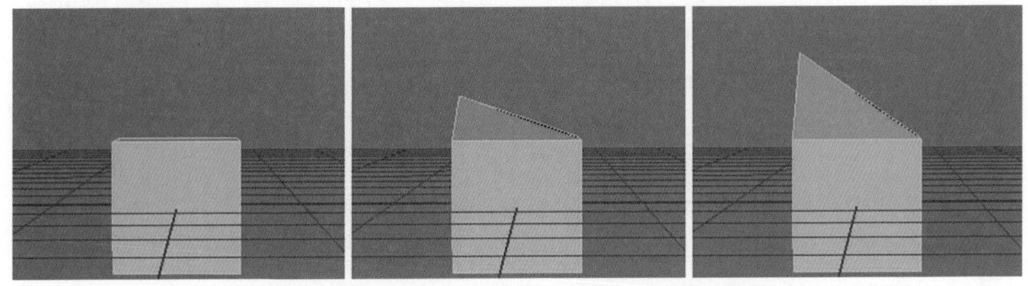

图 8-7　pCube2 的【权重 / 驱动者】分别为 0、0.5、1 时基础物体的状态

关键帧：直接单击关键帧圆形按钮，即可创建关键帧。

例如在第 1 帧时，将 pCube2 的“权重 / 驱动者”设置为 0，然后单击 pCube2 后面的关键帧圆形按钮，之后在第 20 帧时，将 pCube2 的【权重 / 驱动者】设置为 1，然后单击 pCube2 后面的关键帧圆形按钮。播放动画，会发现基础物体 pCube1 从第 1 帧到第 20 帧，逐渐转变为 pCube2 的状态。设置完关键帧后，pCube2 的【权重 / 驱动者】及关键帧圆形按钮为红色。融合变形关键帧状态如图 8-8 所示。

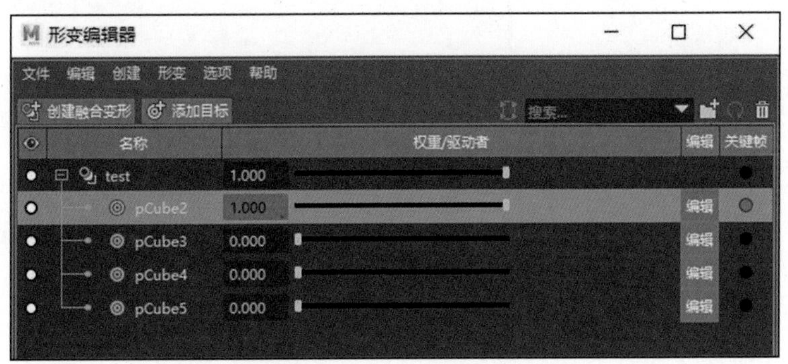


图 8-8　融合变形关键帧状态

当需要删除此关键帧时，将光标移动到红色关键帧圆形按钮上，然后右击，在弹出的菜单中选择【移除关键帧】命令，如图 8-9 所示，即可删除此时的融合变形关键帧。

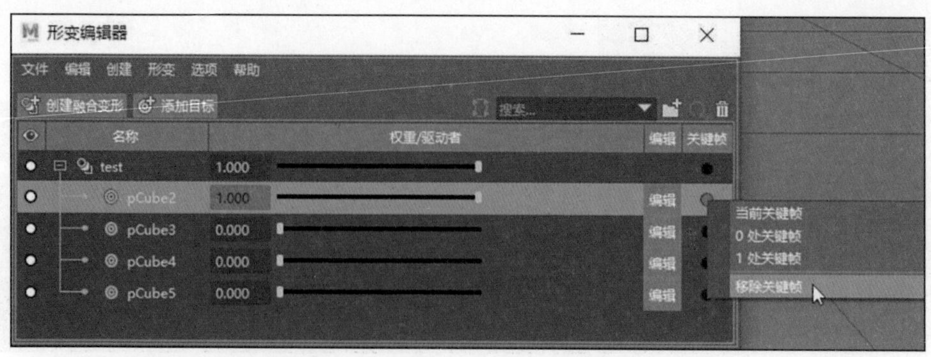


图 8-9 【移除关键帧】命令

### 8.1.3 编辑融合变形

融合变形创建后，可以通过编辑融合变形相关命令添加目标物体，移除目标物体，交换目标物体顺序，将拓扑烘焙到目标。

选择 pCube1，然后按 Ctrl+D 组合键复制 pCube6。选择 pCube6 进入顶点模式，对 pCube6 调点并变形。选中 pCube6，然后按 Shift 键加选 pCube1，单击【变形】→【融合变形】→【添加】命令后的方框■，弹出【添加融合变形目标选项】面板。在【添加融合变形目标选项】面板中勾选【指定节点】选项，将【融合变形节点】设置为 test，如图 8-10 所示，然后单击【应用】按钮，完成目标物体的添加。

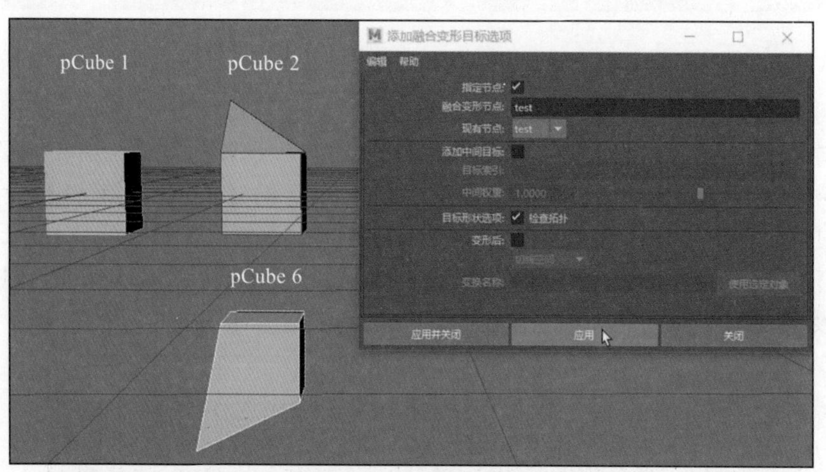


图 8-10 添加目标物体

目标物体添加完后，选择【窗口】→【动画编辑器】→【形变编辑器】命令，此时会发现 pCube6 添加到 test 节点中，如图 8-11 所示。

当需要移除某个目标物体时，先选择需要移除的目标物体，然后按 Shift 键加选基础物体，再选择【变形】→【融合变形】→【移除】命令，目标物体即被移除。例如需要移除 pCube2 时，首先选择 pCube2，然后按 Shift 键加选 pCube1，再选择【变形】→【融合变形】→【移除】命令，pCube2 在【形变编辑器】中即被移除。移除 pCube2 的过程如图 8-12 所示。

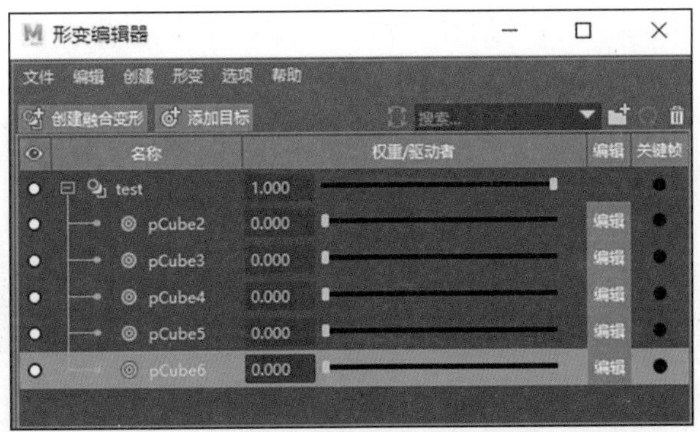


图 8-11　添加了 pCube6 的【形变编辑器】

图 8-12　移除 pCube2 的过程

当需要交换目标物体顺序时，可以选择【变形】→【融合变形】→【交换】命令。例如需要交换 pCube6 和 pCube3 的顺序，先选择 pCube6，然后按 Shift 键加选 pCube3，再选择【变形】→【融合变形】→【交换】命令，此时在【形变编辑器】中发现，pCube6 和 pCube3 的顺序进行了交换。pCube6 和 pCube3 交换顺序的过程如图 8-13 所示。

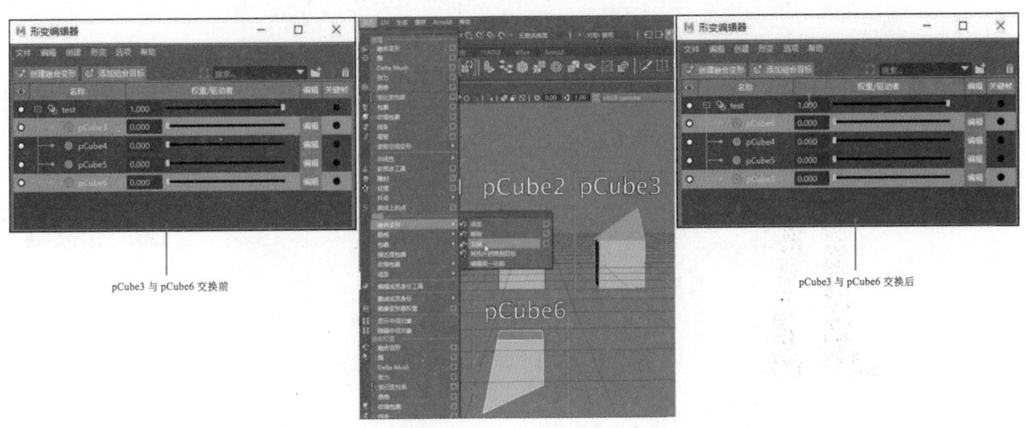


图 8-13　pCube6 和 pCube3 交换顺序的过程

当基础物体的拓扑结构发生变化后，可以选择【变形】→【融合变形】→【将拓扑烘焙到目标】命令，使目标物体更新拓扑结构。例如选择 pCube1，然后选择【编辑网格】→【挤出】命令挤出部分面，更改 pCube1 的拓扑结构。之后选择 pCube1，选择

【变形】→【融合变形】→【将拓扑烘焙到目标】命令，此时会发现所有的目标物体的拓扑结构进行了更新。选择【将拓扑烘焙到目标】命令的前后对比如图 8-14 所示。

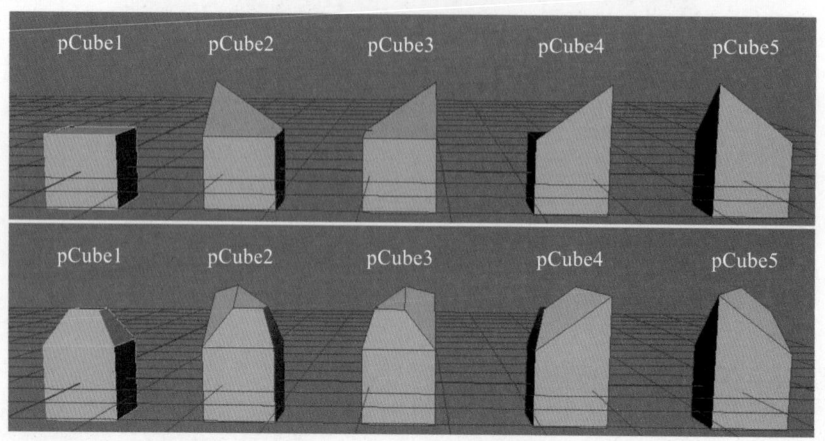


图 8-14　选择【将拓扑烘焙到目标】命令的前后对比

## 8.2　面部表情绑定

步骤 1：启动 Maya。

选择【文件】→【设置项目】命令，在弹出的【设置项目】对话框中选择“案例工程文件\第 8 章\face_rig”文件夹，之后单击【设置】按钮。然后打开“案例工程文件\第 8 章\face_rig\scenes\001_faces.ma”文件。在此文件中已经将头部、眉毛和眼球进行了复制，并且进行了重命名。001_faces.ma 文件讲解如图 8-15 所示。

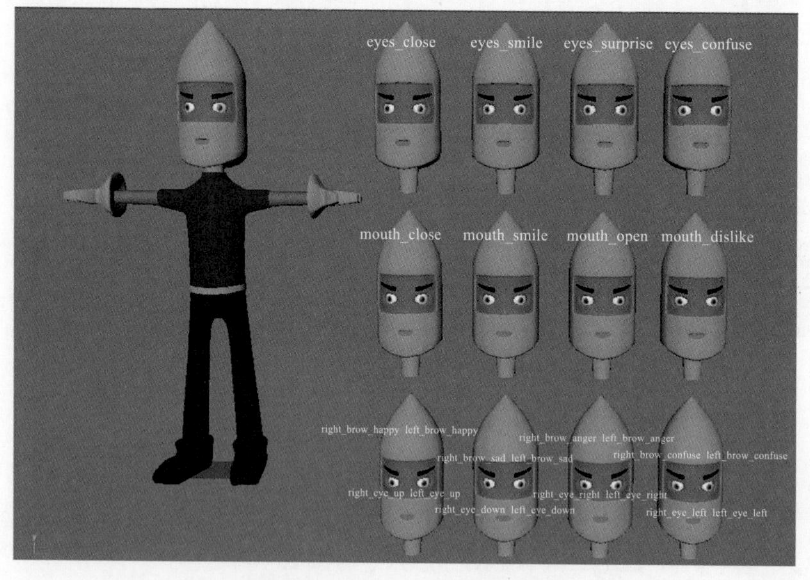

面部表情绑定 .mp4

图 8-15　001_faces.ma 文件讲解

步骤 2：目标物体制作。

创建眼睛及嘴巴目标物体时，是通过调节顶点位置的方式进行制作的。方法是进

入顶点模式或者边模式，选择顶点或边，使用移动工具及缩放工具进行调点。注意在调点时，可以将对称功能开启。

也可以使用【网格工具】→【雕刻工具】→【抓取工具】/【平滑工具】制作目标物体。在使用此工具时，可以打开对称功能。眼睛及嘴巴目标物体如图 8-16 所示。

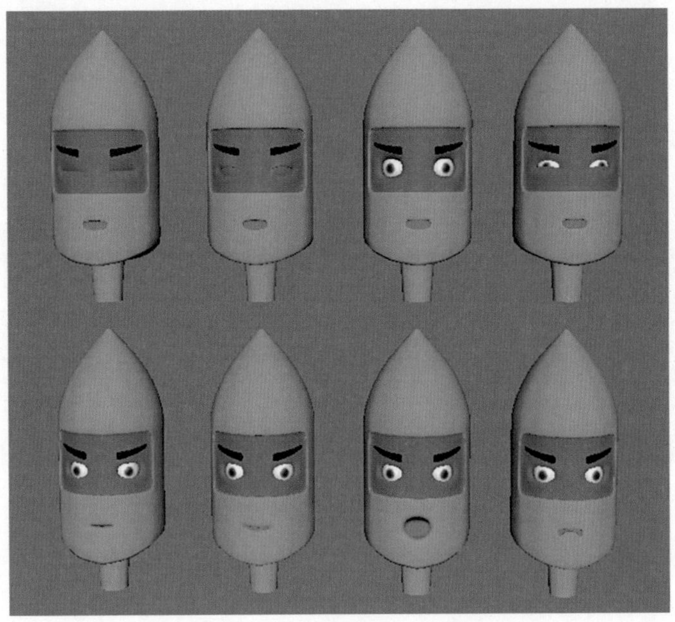

图 8-16　眼睛及嘴巴目标物体

选择右眉毛，选择【变形】→【非线性】→【弯曲】命令，调整【曲率】【上限】【下限】参数数值，使用旋转工具调整弯曲变形手柄，完成形变。右眉毛变形制作过程如图 8-17 所示。

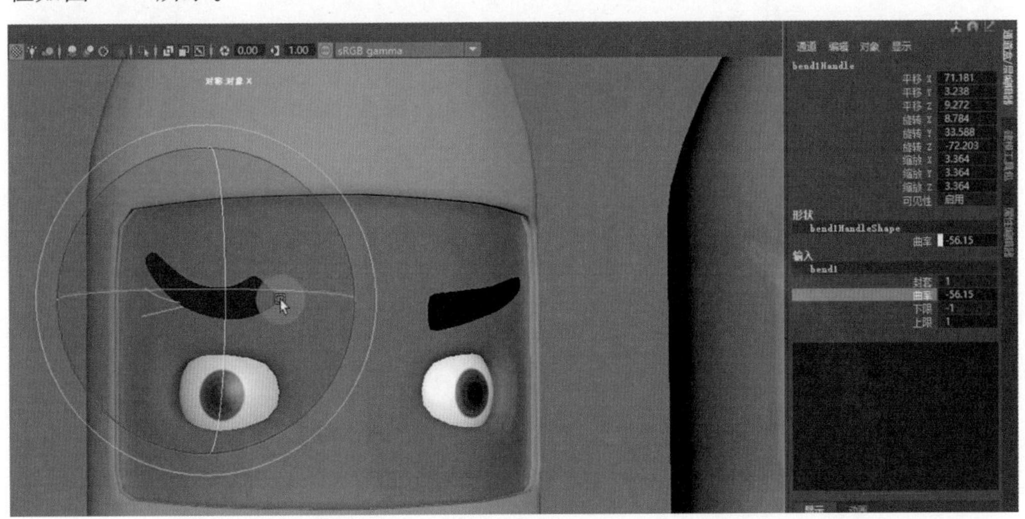


图 8-17　右眉毛变形制作过程

右眉毛变形制作完成后，选择该眉毛，然后选择【编辑】→【按类型删除】→【历史】命令删除历史，如图 8-18 所示。

图 8-18　删除历史

调整右眉毛位置时，进入顶点级别并全选右眉毛的顶点，使用移动工具、旋转工具调整右眉毛位置，如图 8-19 所示。

通过以上方法，设置眉毛目标物体。完成的眉毛目标物体如图 8-20 所示。

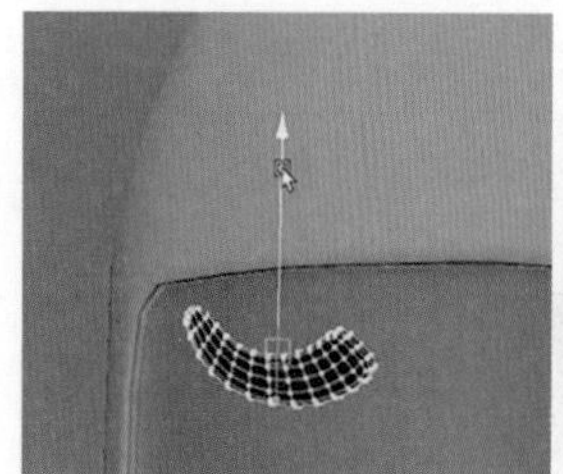

图 8-19　调整右眉毛位置

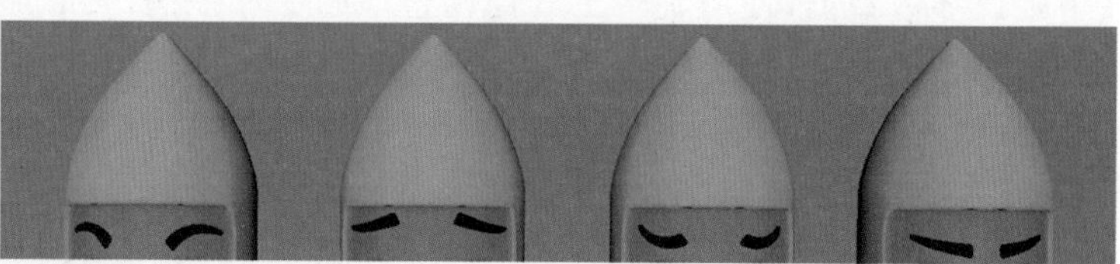

图 8-20　完成的眉毛目标物体

眼球的制作同样也是进入眼球的顶点模式，然后全选眼球的顶点，使用旋转工具分别制作眼球向上、向下、向左及向右的效果。完成的眼球目标物体如图 8-21 所示。

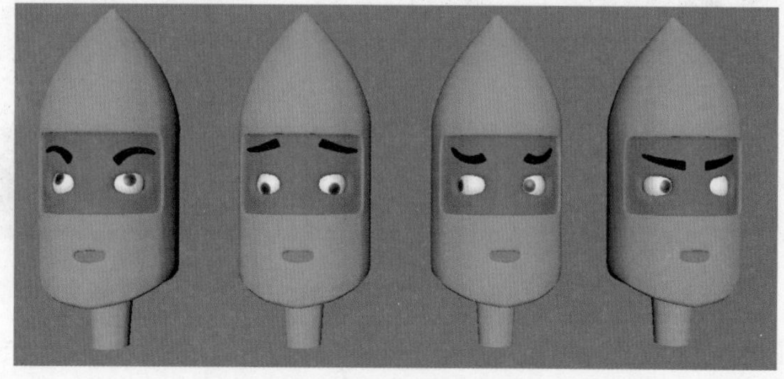

图 8-21　完成的眼球目标物体

通过以上步骤,完成了全部目标物体的创建。

步骤 3：创建融合变形。

按住 Shift 键不放,依次选择 eyes_close、eyes_smile、eyes_surprise、eyes_confuse 四个目标物体,最后加选 tou 基础物体,单击【变形】→【融合变形】命令后的方框■,弹出【融合变形选项】面板。在弹出的【融合变形选项】面板的【基础】选项卡中设置【融合变形节点】为 eyes_blendshape,在【高级】选项卡中设置【变形顺序】为“平行”,然后单击【应用】按钮。eyes_blendshape 融合变形设置如图 8-22 所示。

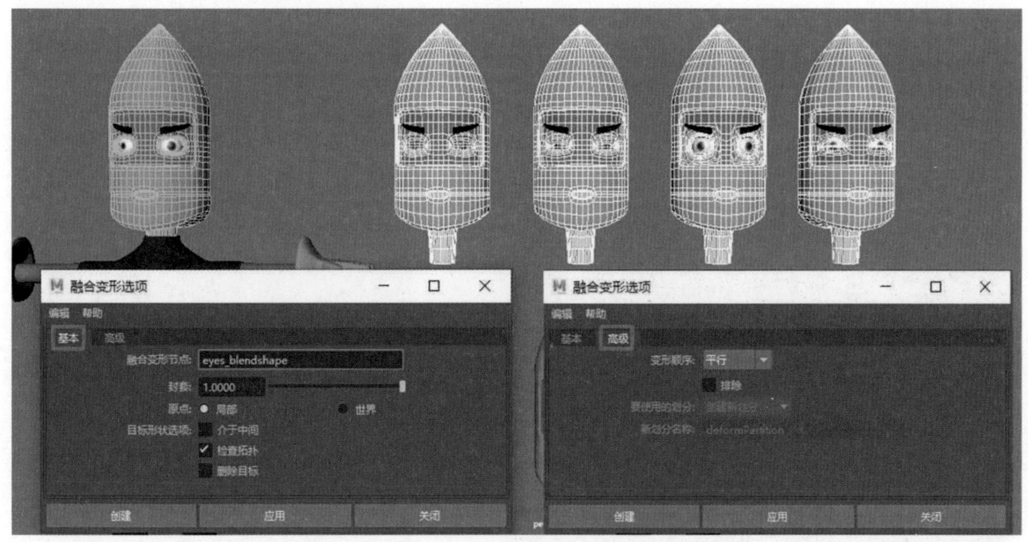


图 8-22　eyes_blendshape 融合变形设置

执行相同操作,按住 Shift 键不放,依次选择 mouth_close、mouth_smile、mouth_open、mouth_dislike 四个目标物体,最后加选 tou 基础物体。在【融合变形选项】面板中设置【融合变形节点】为 mouth_blendshape,然后单击【应用】按钮。

同理,按住 Shift 键不放,依次选择 right_brow_happy、right_brow_sad、right_brow_anger、right_brow_confuse 四个目标物体,最后加选 youmei 基础物体。在【融合变形选项】面板中设置【融合变形节点】为 right_brow_blendshape,然后单击【应用】按钮。

同理,按住 Shift 不放,依次选择 left_brow_happy、left_brow_sad、left_brow_anger、left_brow_confuse 四个目标物体,最后加选 zuomei 基础物体。在【融合变形选项】面板中设置【融合变形节点】为 left_brow_blendshape,然后单击【应用】按钮。

同理,按住 Shift 键不放,依次选择 right_eye_up、right_eye_down、right_eye_right、right_eye_left 四个目标物体,最后加选 youyan 基础物体。在【融合变形选项】面板中设置【融合变形节点】为 right_eye_blendshape,然后单击【应用】按钮。

同理,按住 Shift 键不放,依次选择 left_eye_up、left_eye_down、left_eye_right、left_eye_left 四个目标物体,最后加选 zuoyan 基础物体。在【融合变形选项】面板中设置【融合变形节点】为 left_eye_blendshape,然后单击【应用】按钮。

之后选择【窗口】→【动画编辑器】→【形变编辑器】命令,弹出【形变编辑器】

面板，在此面板中融合变形节点，如图 8-23 所示。

步骤 4：创建面部控制器。

选择【创建】→【NURBS 基本体】→【圆形】命令，创建圆形 nurbsCircle1，将此圆形命名为 face_panel。将 face_panel 曲线的【旋转 X】设置为 90，【缩放 X】、【缩放 Y】、【缩放 Z】设置为 16。然后选择 face_panel 曲线，右击，在弹出的菜单中选择【控制顶点】命令，选择控制顶点，使用缩放工具调整曲线外形。face_panel 曲线调整控制顶点后效果如图 8-24 所示。

使用相同的方法制作面部其他控制器。面部曲线控制器如图 8-25 所示。

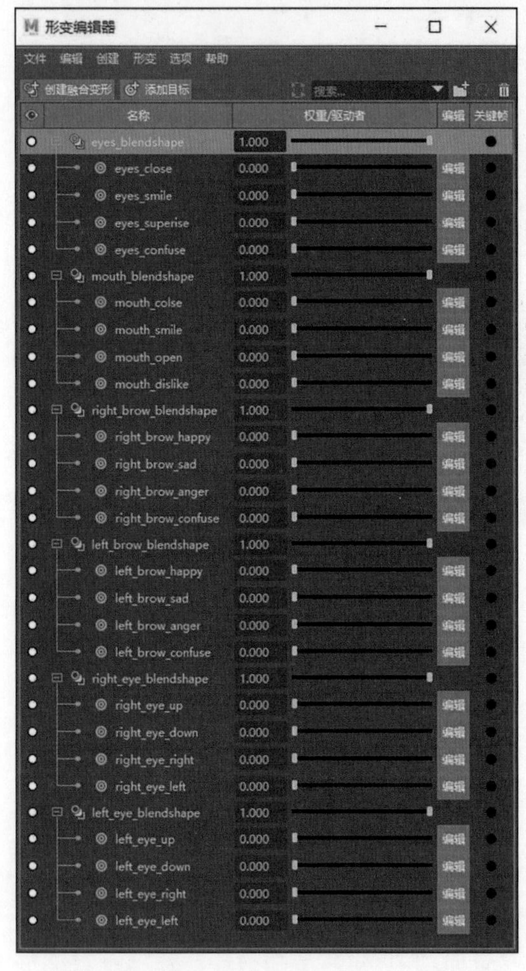


图 8-23 融合变形节点

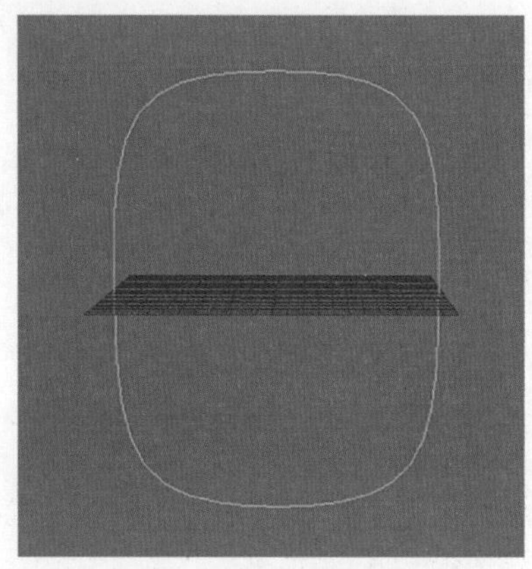

图 8-24 face_panel 调整控制顶点后的效果

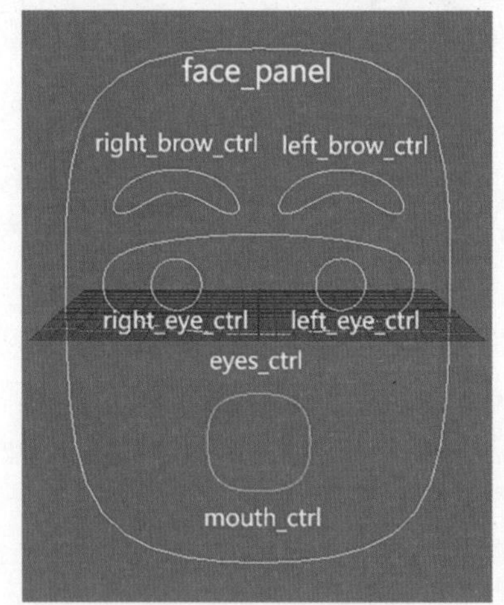


图 8-25 面部曲线控制器

按住 Shift 键不放，依次选择 left_brow_ctrl、right_brow_ctrl、eyes_ctrl、left_eye_ctrl、right_eye_ctrl、mouth_ctrl 曲线，最后加选 face_panel 曲线，然后按 P 键建立父子关系。面部曲线控制器父子关系如图 8-26 所示。

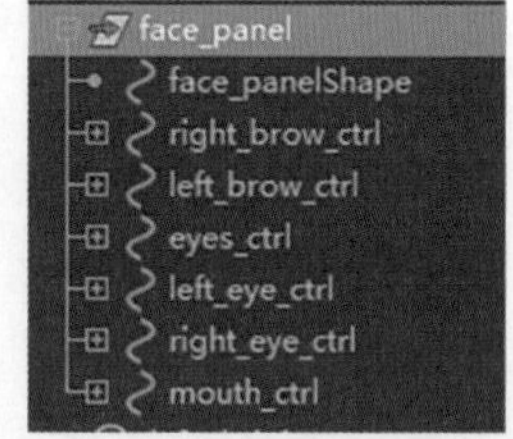


图 8-26 面部曲线控制器父子关系

创建完父子关系后，选择 face_panel 曲线，将整个面部曲线控制器移动到角色模型的头部左侧。之后依次选择 face_panel、left_brow_ctrl、right_brow_ctrl、eyes_ctrl、left_eye_

ctrl、right_eye_ctrl、mouth_ctrl 曲线控制器,分别选择【编辑】→【按类型删除】→【历史】命令及选择【修改】→【冻结变换】命令。

此时面部控制器创建完成。在此需要说明的是,对面部控制器执行删除历史和冻结变换命令是为了保证后续在制作面部表情时不出现问题。例如选择【冻结变换】命令,是将平移、旋转及缩放属性设置为初始值,即【平移 X】、【平移 Y】、【平移 Z】、【旋转 X】、【旋转 Y】、【旋转 Z】冻结变换成 0,【缩放 X】、【缩放 Y】、【缩放 Z】冻结变换成 1。

步骤 5：创建面部控制器属性。

选择 left_brow_ctrl 曲线控制器,在【通道盒 / 层编辑器】中选择【编辑】→【添加属性】命令,在弹出的【添加属性】对话框中,设置【长名称】为 Happy,设置【创建属性】为“可设置关键帧”,设置【数据类型】为“浮点型”,设置【属性类型】为“标量”,设置【数值属性的特性】中的【最小】为 0、【最大】为 10、【默认】为 0,然后单击【添加】按钮。left_brown_ctrl 曲线控制器的 Happy 属性设置如图 8-27 所示。

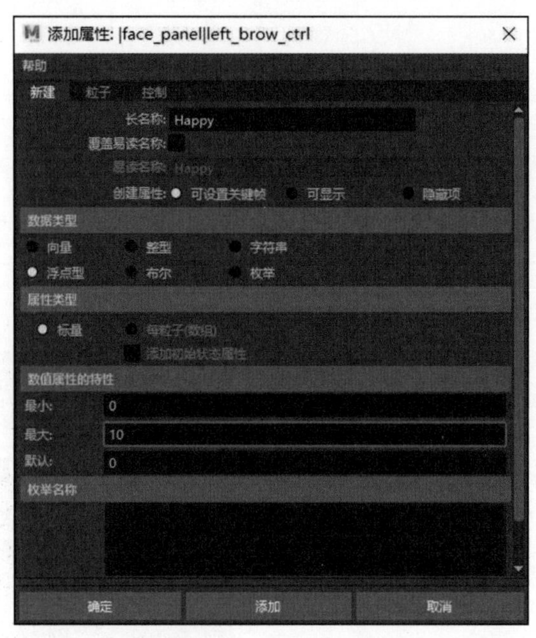


图 8-27 left_brow_ctrl 曲线控制器的 Happy 属性设置

选择 left_brow_ctrl 曲线控制器,使用相同的方法和设置相同的参数,再分别创建出 Sad、Anger、Confuse 三个属性。

选择 right_brow_ctrl 曲线控制器,使用相同的方法和设置相同的参数,分别创建出 Happy、Sad、Anger、Confuse 四个属性。

选择 eyes_ctrl 曲线控制器,使用相同的方法和设置相同的参数,分别创建出 Close、Smile、Surprise、Confuse 四个属性。

选择 mouth_ctrl 曲线控制器,使用相同的方法和设置相同的参数,分别创建出 Close、Smile、Open、Dislike 四个属性。

left_brow_ctrl、right_brow_ctrl、eyes_ctrl、mouth_ctrl 曲线控制器添加属性对应表如表 8-1 所示。

**表 8-1　left_brow_ctrl、right_brow_ctrl、eyes_ctrl、mouth_ctrl 曲线控制器添加属性对应表**

| 控制器 | 长名称 | 创建属性 | 数据类型 | 属性类型 | 最小 | 最大 | 默认 |
|---|---|---|---|---|---|---|---|
| left_brow_ctrl | Happy | 可设置关键帧 | 浮点型 | 标量 | 0 | 10 | 0 |
| | Sad | 可设置关键帧 | 浮点型 | 标量 | 0 | 10 | 0 |
| | Anger | 可设置关键帧 | 浮点型 | 标量 | 0 | 10 | 0 |
| | Confuse | 可设置关键帧 | 浮点型 | 标量 | 0 | 10 | 0 |
| right_brow_ctrl | Happy | 可设置关键帧 | 浮点型 | 标量 | 0 | 10 | 0 |
| | Sad | 可设置关键帧 | 浮点型 | 标量 | 0 | 10 | 0 |
| | Anger | 可设置关键帧 | 浮点型 | 标量 | 0 | 10 | 0 |
| | Confuse | 可设置关键帧 | 浮点型 | 标量 | 0 | 10 | 0 |
| eyes_ctrl | Close | 可设置关键帧 | 浮点型 | 标量 | 0 | 10 | 0 |
| | Smile | 可设置关键帧 | 浮点型 | 标量 | 0 | 10 | 0 |
| | Surprise | 可设置关键帧 | 浮点型 | 标量 | 0 | 10 | 0 |
| | Confuse | 可设置关键帧 | 浮点型 | 标量 | 0 | 10 | 0 |
| mouth_ctrl | Close | 可设置关键帧 | 浮点型 | 标量 | 0 | 10 | 0 |
| | Smile | 可设置关键帧 | 浮点型 | 标量 | 0 | 10 | 0 |
| | Open | 可设置关键帧 | 浮点型 | 标量 | 0 | 10 | 0 |
| | Dislike | 可设置关键帧 | 浮点型 | 标量 | 0 | 10 | 0 |

步骤 6：面部控制器驱动关键帧设置。

选择【窗口】→【动画编辑器】→【形变编辑器】命令，调出【形变编辑器】面板。在【形变编辑器】面板中选择 left_brow_happy，将光标移动至【权重 / 驱动者】的 0.000 处，然后右击，在弹出的菜单中选择【设置受驱动关键帧】命令。该命令执行完后，调出【设置受驱动关键帧】面板，此时 left_brow_blendshape 加载到【受驱动】中。然后选择 left_brow_ctrl，在【设置受驱动关键帧】面板中单击【加载驱动者】按钮，将 left_brow_ctrl 加载到【驱动者】中。在【驱动者】中选择 left_brow_ctrl_Happy 属性，在【受驱动】中选择 left_brow_blendshape_left_brow_happy 融合变形，如图 8-28 所示。

图 8-28　【设置受驱动关键帧】面板

在【通道盒】中将 left_brow_ctrl_Happy 属性值设置为 0，在【形变编辑器】中将 left_brow_blendshape_left_brow_happy 设置为 0，之后在【设置受驱动关键帧】面板中单击【关键帧】按钮。然后在【通道盒】中将 left_brow_ctrl_Happy 属性设置为 10，在【形变编辑器】中将 left_brow_blendshape_left_brow_happy 设置为 1，之

后在【设置受驱动关键帧】面板中单击【关键帧】按钮。此时驱动关键帧设置完毕。此时在【通道盒】中调整 left_brow_ctrl_Happy 属性值，会发现左眉毛发生形变，此时驱动关键帧设置成功。

使用相同的方法设置 left_brow_ctrl_Sad 和 left_brow_blendshape_left_brow_sad、left_brow_ctrl_Anger 和 left_brow_blendshape_left_brow_anger、left_brow_ctrl_Confuse 和 left_brow_blendshape_left_brow_confuse 的驱动关键帧。左眉毛驱动关键帧对应参数表如表 8-2 所示。

**表 8-2　左眉毛驱动关键帧对应参数表**

| 驱动者 / 受驱动者 | | 属　性 | 最小值 | 最大值 |
|---|---|---|---|---|
| 驱动者 | left_brow_ctrl | Happy | 0 | 10 |
| 受驱动者 | left_brow_blendshape | left_brow_happy | 0 | 1 |
| 驱动者 | left_brow_ctrl | Sad | 0 | 10 |
| 受驱动者 | left_brow_blendshape | left_brow_sad | 0 | 1 |
| 驱动者 | left_brow_ctrl | Anger | 0 | 10 |
| 受驱动者 | left_brow_blendshape | left_brow_anger | 0 | 1 |
| 驱动者 | left_brow_ctrl | Confuse | 0 | 10 |
| 受驱动者 | left_brow_blendshape | left_brow_confuse | 0 | 1 |

使用相同的方法完成 right_brow_ctrl 与 right_brow_blendshape、eyes_ctrl 与 eyes_blendshape、mouth_ctrl 与 mouth_blendshape、left_eye_ctrl 与 left_eye_blendshape、right_eye_ctrl 与 right_eye_blendshape 对应属性的驱动关键帧的设置。右眉毛驱动关键帧对应参数表如表 8-3 所示，眼睛驱动关键帧对应参数表如表 8-4 所示，嘴巴驱动关键帧对应参数表如表 8-5 所示，左眼球驱动关键帧对应参数表如表 8-6 所示，右眼球驱动关键帧对应参数如表 8-7 所示。

**表 8-3　右眉毛驱动关键帧对应参数表**

| 驱动者 / 受驱动者 | | 属　性 | 最小值 | 最大值 |
|---|---|---|---|---|
| 驱动者 | right_brow_ctrl | Happy | 0 | 10 |
| 受驱动者 | right_brow_blendshape | right_brow_happy | 0 | 1 |
| 驱动者 | right_brow_ctrl | Sad | 0 | 10 |
| 受驱动者 | right_brow_blendshape | right_brow_sad | 0 | 1 |
| 驱动者 | right_brow_ctrl | Anger | 0 | 10 |
| 受驱动者 | right_brow_blendshape | right_brow_anger | 0 | 1 |
| 驱动者 | right_brow_ctrl | Confuse | 0 | 10 |
| 受驱动者 | right_brow_blendshape | right_brow_confuse | 0 | 1 |

表 8-4　眼睛驱动关键帧对应参数表

| 驱动者 / 受驱动者 | | 属　性 | 最小值 | 最大值 |
|---|---|---|---|---|
| 驱动者 | eyes_ctrl | Close | 0 | 10 |
| 受驱动者 | eyes_blendshape | eyes_close | 0 | 1 |
| 驱动者 | eyes_ctrl | Smile | 0 | 10 |
| 受驱动者 | eyes_blendshape | eyes_smile | 0 | 1 |
| 驱动者 | eyes_ctrl | Surprise | 0 | 10 |
| 受驱动者 | eyes_blendshape | eyes_surprise | 0 | 1 |
| 驱动者 | eyes_ctrl | Confuse | 0 | 10 |
| 受驱动者 | eyes_blendshape | eyes_confuse | 0 | 1 |

表 8-5　嘴巴驱动关键帧对应参数表

| 驱动者 / 受驱动者 | | 属　性 | 最小值 | 最大值 |
|---|---|---|---|---|
| 驱动者 | mouth_ctrl | Close | 0 | 10 |
| 受驱动者 | mouth_blendshape | mouth_close | 0 | 1 |
| 驱动者 | mouth_ctrl | Smile | 0 | 10 |
| 受驱动者 | mouth_blendshape | mouth_smile | 0 | 1 |
| 驱动者 | mouth_ctrl | Open | 0 | 10 |
| 受驱动者 | mouth_blendshape | mouth_open | 0 | 1 |
| 驱动者 | mouth_ctrl | Dislike | 0 | 10 |
| 受驱动者 | mouth_blendshape | mouth_dislike | 0 | 1 |

表 8-6　左眼球驱动关键帧对应参数表

| 驱动者 / 受驱动者 | | 属　性 | 最小值 | 最大值 |
|---|---|---|---|---|
| 驱动者 | left_eye_ctrl | 平移 X | 0 | 1 |
| 受驱动者 | left_eye_blendshape | left_eye_left | 0 | 1 |
| 驱动者 | left_eye_ctrl | 平移 X | −1 | 0 |
| 受驱动者 | left_eye_blendshape | left_eye_right | 1 | 0 |
| 驱动者 | left_eye_ctrl | 平移 Y | 0 | 1 |
| 受驱动者 | left_eye_blendshape | left_eye_up | 0 | 1 |
| 驱动者 | left_eye_ctrl | 平移 Y | −1 | 0 |
| 受驱动者 | left_eye_blendshape | left_eye_down | 1 | 0 |

**表 8-7 右眼球驱动关键帧对应参数表**

| 驱动者 / 受驱动者 | | 属 性 | 最小值 | 最大值 |
| --- | --- | --- | --- | --- |
| 驱动者 | right_eye_ctrl | 平移 X | 0 | 1 |
| 受驱动者 | right_eye_blendshape | right_eye_right | 0 | 1 |
| 驱动者 | right_eye_ctrl | 平移 X | −1 | 0 |
| 受驱动者 | right_eye_blendshape | right_eye_left | 1 | 0 |
| 驱动者 | right_eye_ctrl | 平移 Y | 0 | 1 |
| 受驱动者 | right_eye_blendshape | right_eye_up | 0 | 1 |
| 驱动者 | right_eye_ctrl | 平移 Y | −1 | 0 |
| 受驱动者 | right_eye_blendshape | right_eye_down | 1 | 0 |

步骤 7：整理收尾。

分别选择 left_brow_ctrl、right_brow_ctrl、eyes_ctrl、mouth_ctrl 曲线控制器，选择【平移 X】、【平移 Y】、【平移 Z】、【旋转 X】、【旋转 Y】、【旋转 Z】、【缩放 X】、【缩放 Y】、【缩放 Z】及【可见性】属性，右击，在弹出的菜单中分别选择【锁定选定项】及【隐藏选定项】命令，如图 8-29 和图 8-30 所示。

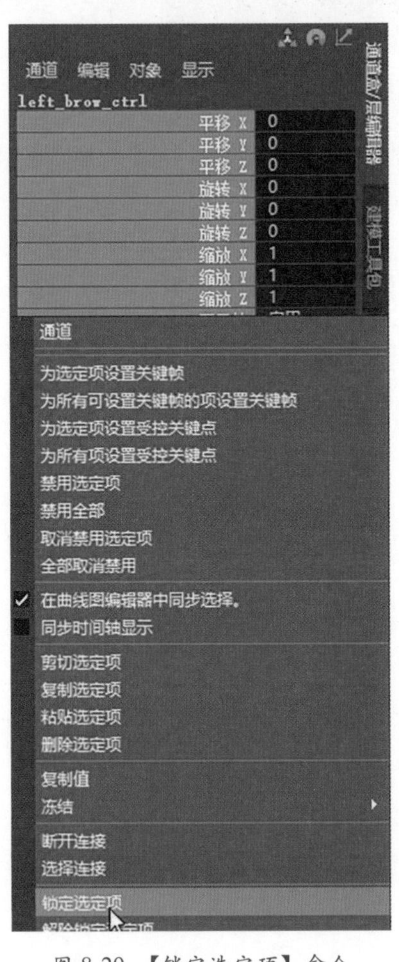


图 8-29 【锁定选定项】命令

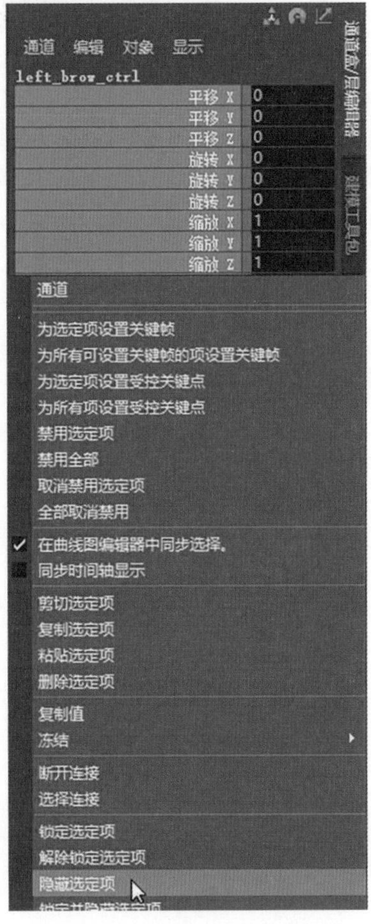


图 8-30 【隐藏选定项】命令

分别选择 left_eye_ctrl 和 right_eye_ctrl 曲线控制器，选择【平移 Z】、【旋转 X】、【旋转 Y】、【旋转 Z】、【缩放 X】、【缩放 Y】、【缩放 Z】及【可见性】属性，右击，在弹出的菜单中分别选择【锁定选定项】及【隐藏选定项】命令。

选择 left_eye_ctrl 曲线控制器，按 Ctrl+A 组合键，在【属性编辑器】面板中找到【限制信息】，将【平移 X】和【平移 Y】的最小值限制设置为－1，最大值限制设置为 1。left_eye_ctrl 的限制信息如图 8-31 所示。

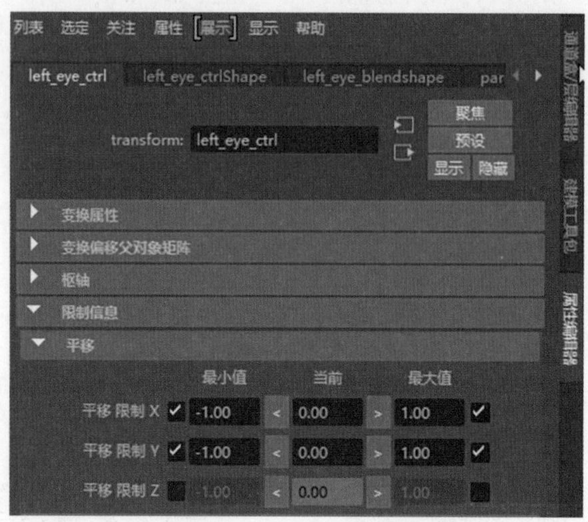


图 8-31 left_eye_ctrl 的限制信息

使用相同方法，对 right_eye_ctrl 曲线控制器的【平移 X】和【平移 Y】属性进行限制。

# 第9章　角色肢体绑定

Maya 中提供了一套人物角色肢体绑定工具——Human IK。它提供了一套完整的命令和功能，使得角色动画师可以轻松地对人物角色肢体进行绑定和动画制作。

本章对 Maya 中 Human IK 的使用进行详细的讲解，以便读者了解和掌握运用 Human IK 进行人物角色肢体绑定的技能。

**知识点：**

- 了解 Human IK；
- 掌握使用 Human IK 进行角色肢体绑定的方法。

## 9.1　Human IK 概 述

启动 Maya，将【状态栏】设置为【绑定】，选择【骨架】→ Human IK 命令，此时 Human IK 面板被调出，如图 9-1 所示。

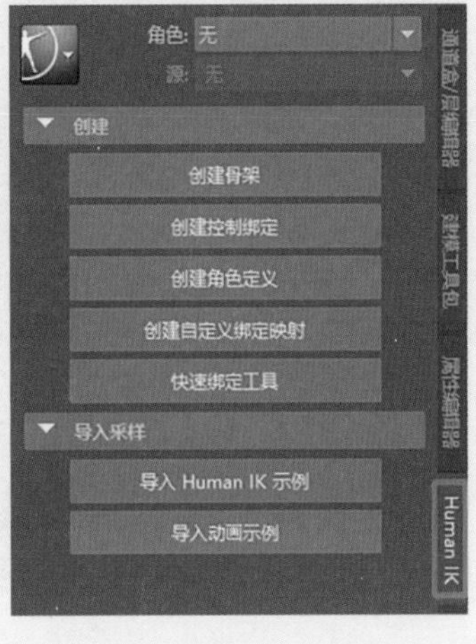


图 9-1　Human IK 面板

Human IK 具有以下主要功能。

- 创建骨架：使用 Human IK 中的【创建骨架】命令，可以快速完成人物角色骨骼的创建。
- 动画控制：Human IK 允许用户以直观的方式控制角色的动作。用户可以通过调整 Human IK 中提供的控制器来制作角色动画。
- 动画捕捉：Human IK 还支持动画捕捉技术，能够将动作捕捉数据映射到绑定的角色上，进而提高动画制作的效率。

## 9.2　角色肢体绑定

角色肢体绑定后的动作效果如图 9-2 所示。

角色肢体绑定步骤如下。

角色肢体绑定 .mp4

步骤 1：启动 Maya，选择【文件】→【设置项目】命令，在弹出的【设置项目】对话框中选择“案例工程文件 \ 第 9 章 \body_rig”文件夹，之后单击【设置】按钮。再打开“案例工程文件 \ 第 9 章 \ body_rig\scenes\001_body.ma”文件，如图 9-3 所示。

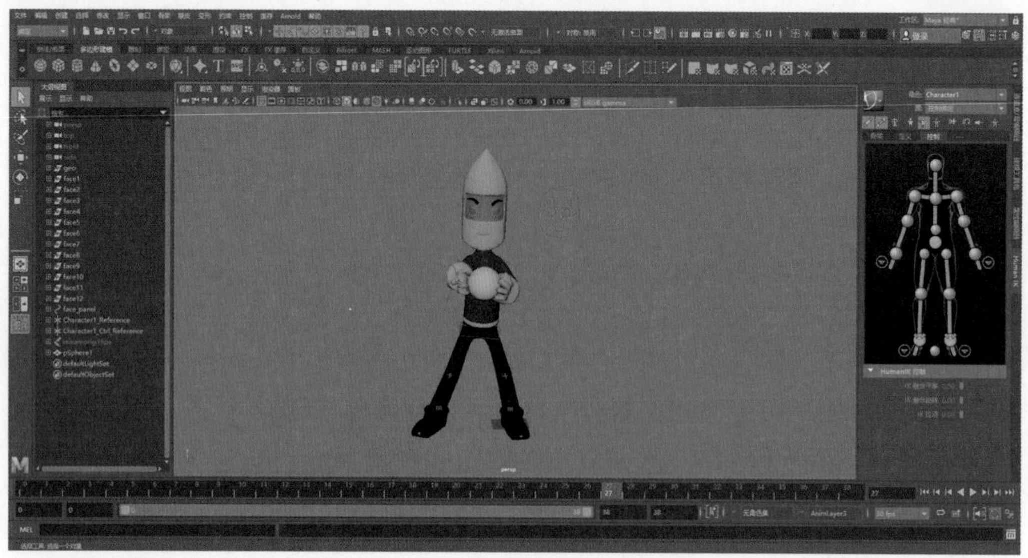

图 9-2　角色肢体绑定后的动作效果

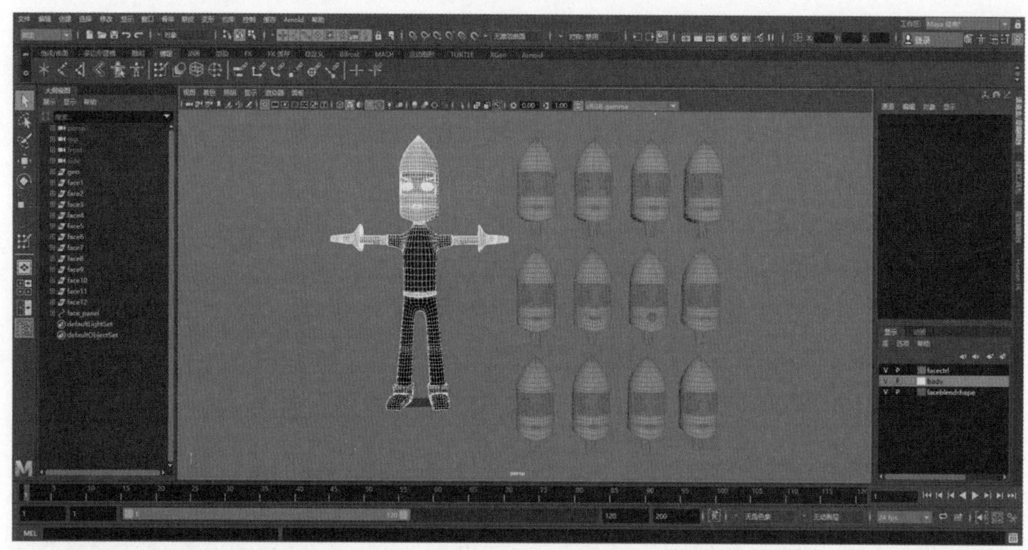

图 9-3　打开 001_body.ma 文件

在此文档中已经将面部表情控制器、将要进行绑定的模型、融合变形的目标物体放置在不同的层中。在【层编辑器】中将 facectrl 和 faceblendshape 层的可显示功能关闭，然后将 body 层设置为模板模式，如图 9-4 所示。

图 9-4　设置【层编辑器】中选项

步骤 2：将【状态栏】设置为【绑定】，选择【骨架】→ Human IK 命令，此时 Human IK 面板被调出。在 Human IK 面板中选择【创建】→【创建骨架】命令，创建 Human IK 骨架，如图 9-5 所示。

步骤 3：调整骨架。调整【比例和骨骼】→【角色比例】的参数值，将创建的骨架和角色模型的高度匹配。角色比例调整完成后效果如图 9-6 所示。

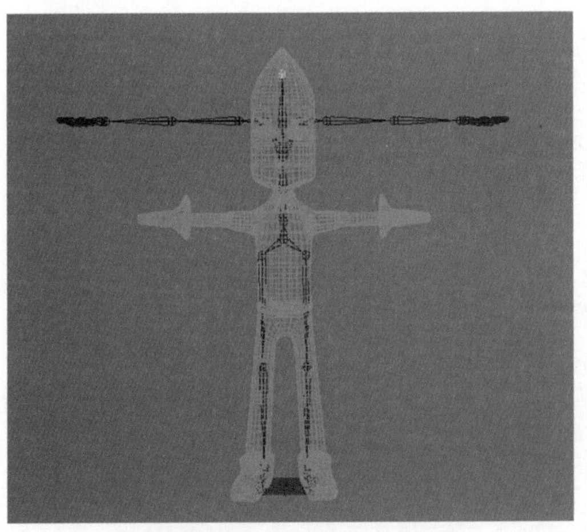
图 9-5　Human IK 骨架

图 9-6　角色比例调整完成后效果

【脚趾骨骼】的设置如图 9-7 所示，勾选【中间】选项，同时将【脚趾骨骼】→【骨骼数量】设置为 1，取消勾选【趾根】选项。

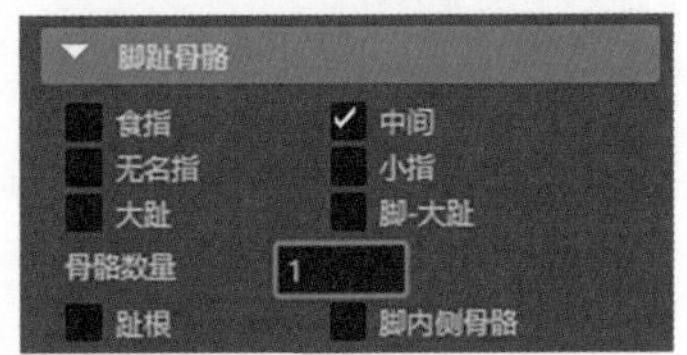

图 9-7　设置【脚趾骨骼】选项区中选项

根据模型调整骨骼位置。在此需要说明的是，骨骼位置可使用移动工具或者在移动工具选择状态下按 D 键进行调整，不要使用旋转工具。腿部骨骼调整后效果如图 9-8 所示，脊椎骨骼调整后效果如图 9-9 所示，锁骨、手臂及手指骨骼调整后效果如图 9-10 所示，颈部与头部骨骼调整后效果如图 9-11 所示。在调整时注意，膝盖关节、肘关节、脊椎关节链需要有一定的弯曲。

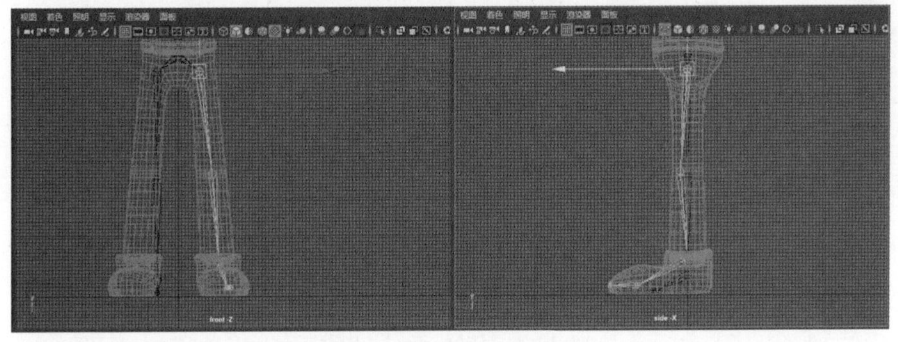
图 9-8　腿部骨骼调整后效果

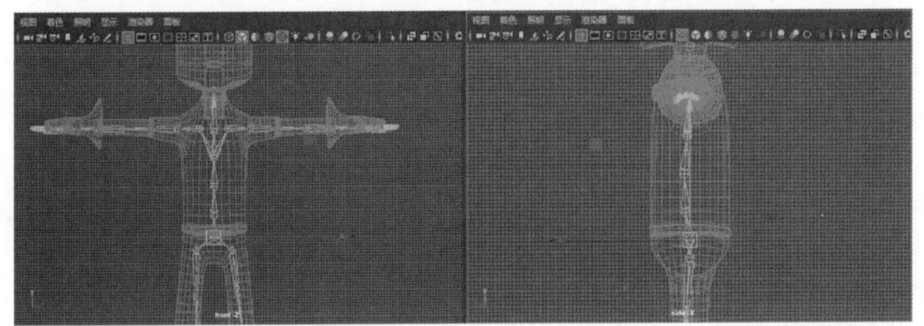
图 9-9　脊椎骨骼调整后效果

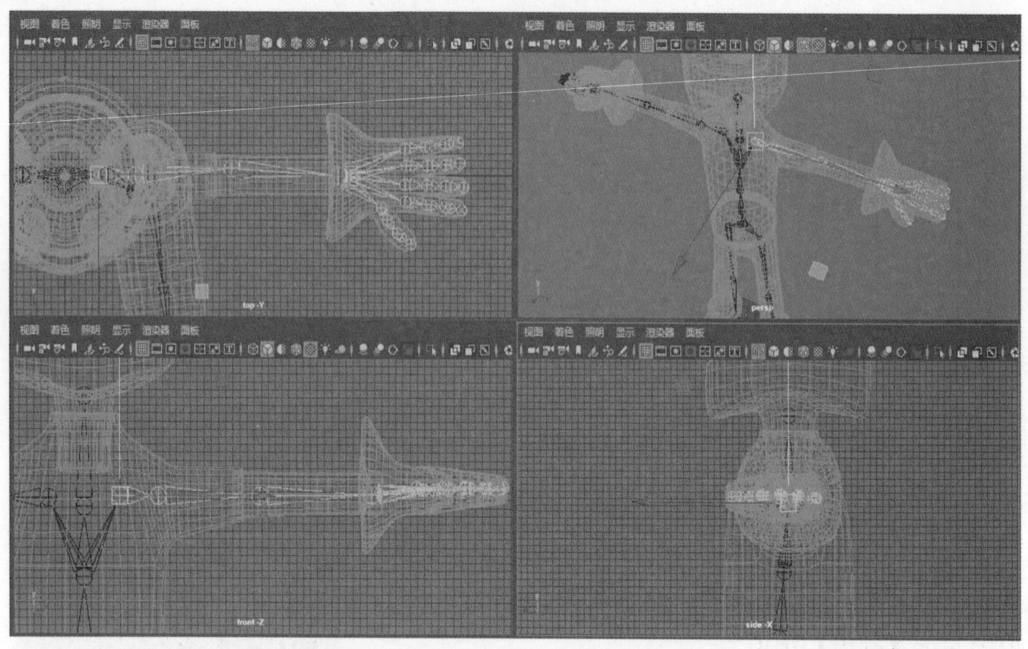


图 9-10　锁骨、手臂及手指骨骼调整后效果

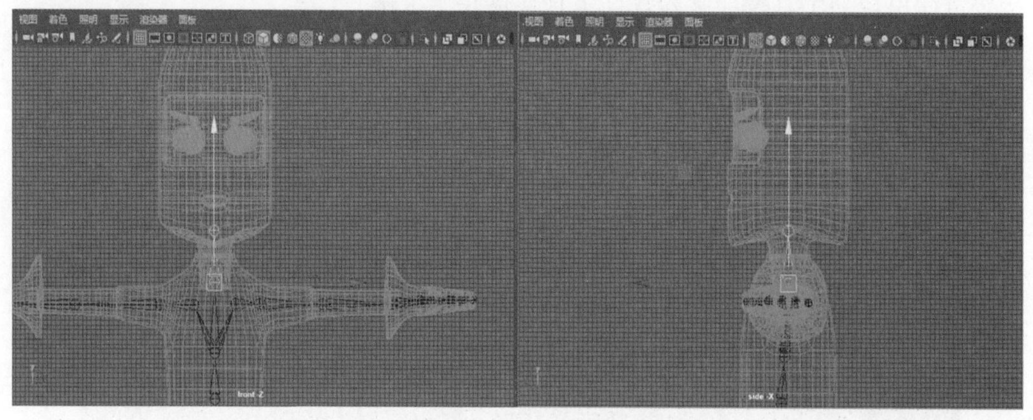


图 9-11　颈部与头部骨骼调整后效果

步骤 4：添加头部骨骼及下颌骨骼。将视图切换至 side 视图，选择【骨架】→【创建关节】命令，之后单击 Character1_Head 关节，再单击角色头顶部，添加头部骨骼，之后按 Enter 键完成头部骨骼的添加，如图 9-12 所示。

在【大纲视图】中找到刚才添加的头部骨骼，将其重命名为 Character1_HeadEnd，如图 9-13 所示。

使用相同的方法创建下颌骨骼。切换至 side 视图，选择【骨架】→【创建关节】命令，之后单击 Character1_Head 关节，再创建两个关节制作下颌骨骼，并分别重命名为 Characterl_Jaw 和 Characterl_JawEnd。添加完成后的下颌骨骼及重命名后效果如图 9-14 所示。

步骤 5：骨骼镜像。选择 Character1_Hips 关节，在 Human IK 面板中单击骨骼镜像按钮，镜像骨骼，如图 9-15 所示。

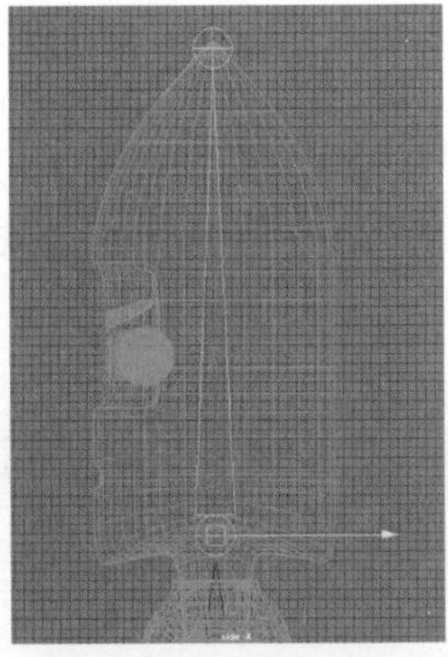

图 9-12　添加完成后的头部骨骼

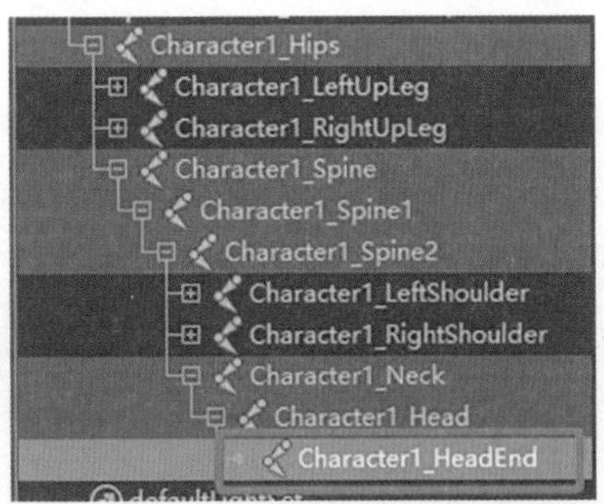


图 9-13　在【大纲视图】中命名 Character1_HeadEnd

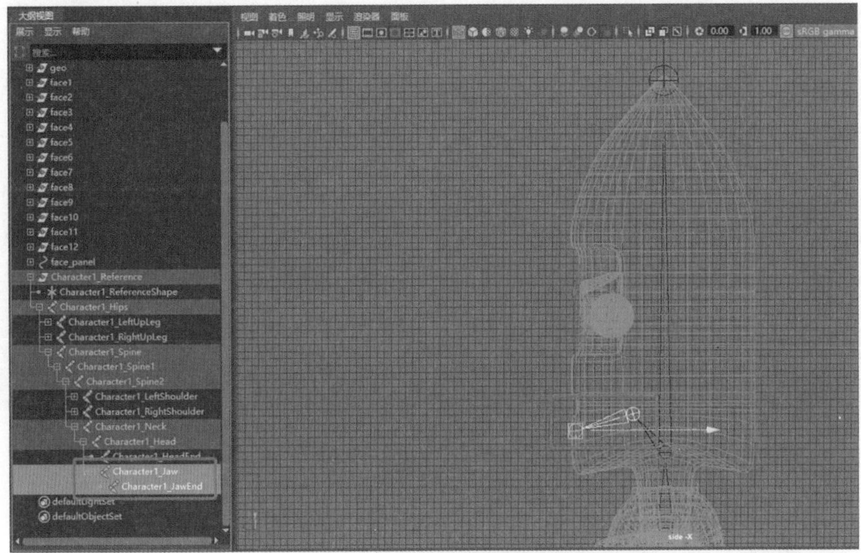

图 9-14　添加完成后的下颌骨骼及重命名

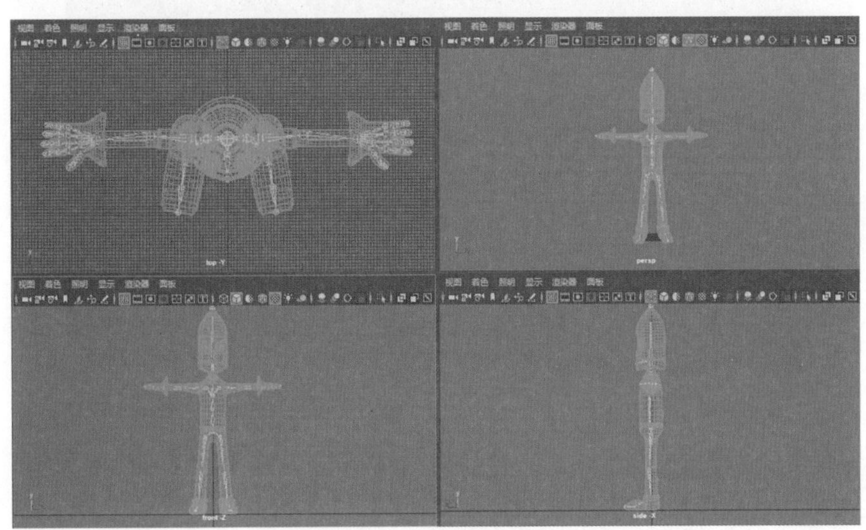

图 9-15　镜像后骨骼

步骤 6：身体蒙皮。在【大纲视图】中按住 Ctrl 键不放，在 geo 组中分别选择 youshou、youjiao、youshoubi、kuzi、yifu、zuoshoubi、yaodai、zuojiao 和 zuoshou 模型，然后松开 Ctrl 键，在透视图中按 Shift 键加选 Character1_Hips 关节，如图 9-16 所示。之后单击【蒙皮】→【绑定蒙皮】命令后的方框■，将【绑定蒙皮选项】面板调出，在该面板中设置参数，如图 9-17 所示。

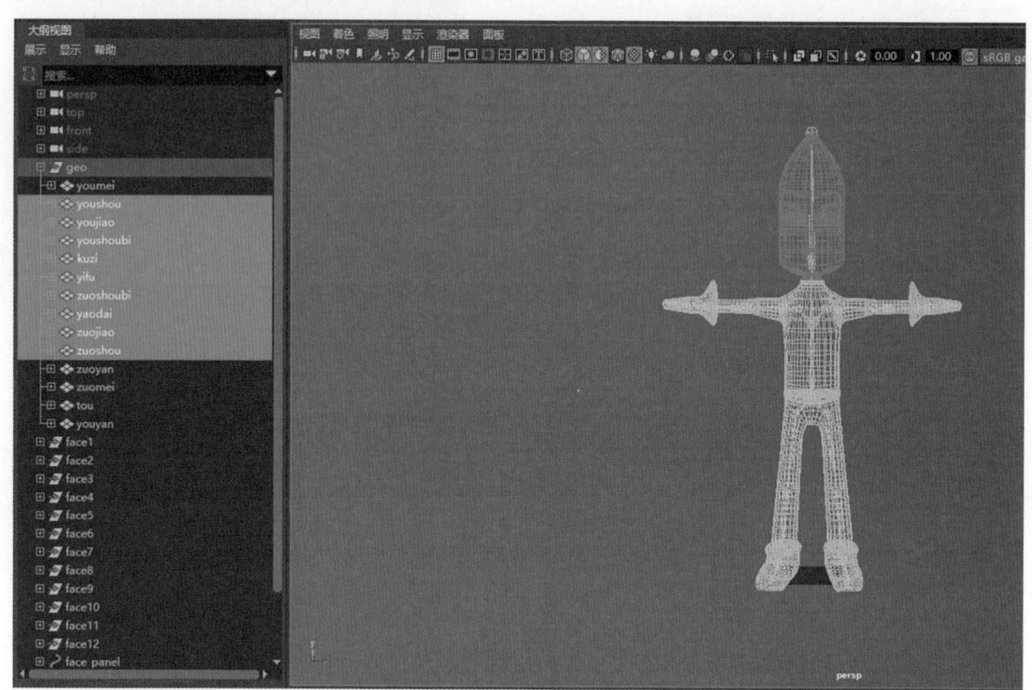


图 9-16　选择身体模型及骨骼

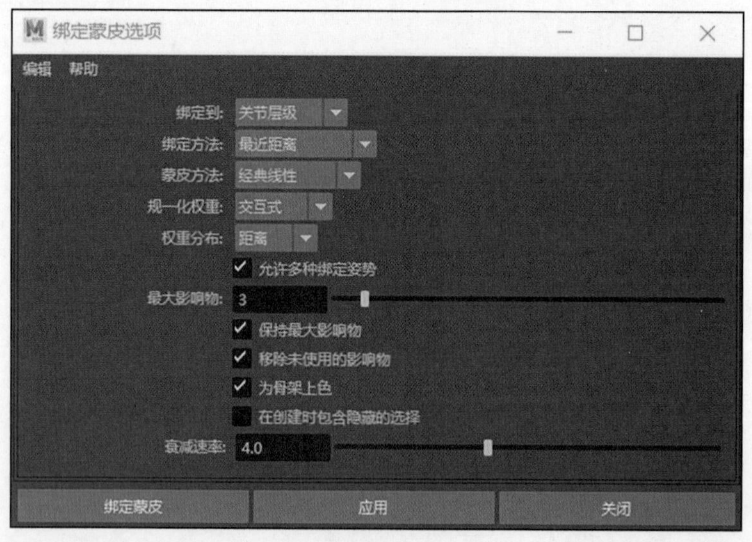


图 9-17　设置【绑定蒙皮选项】面板参数

之后单击【应用】按钮，完成身体蒙皮。

步骤 7：头部蒙皮。在【大纲视图】中选择 geo 组中的 tou 模型，然后在透视图中按 Shift 键加选 Character1_Spine2 关节，选择【蒙皮】→【绑定蒙皮】命令，完成头部蒙皮。头部及骨骼选择如图 9-18 所示。

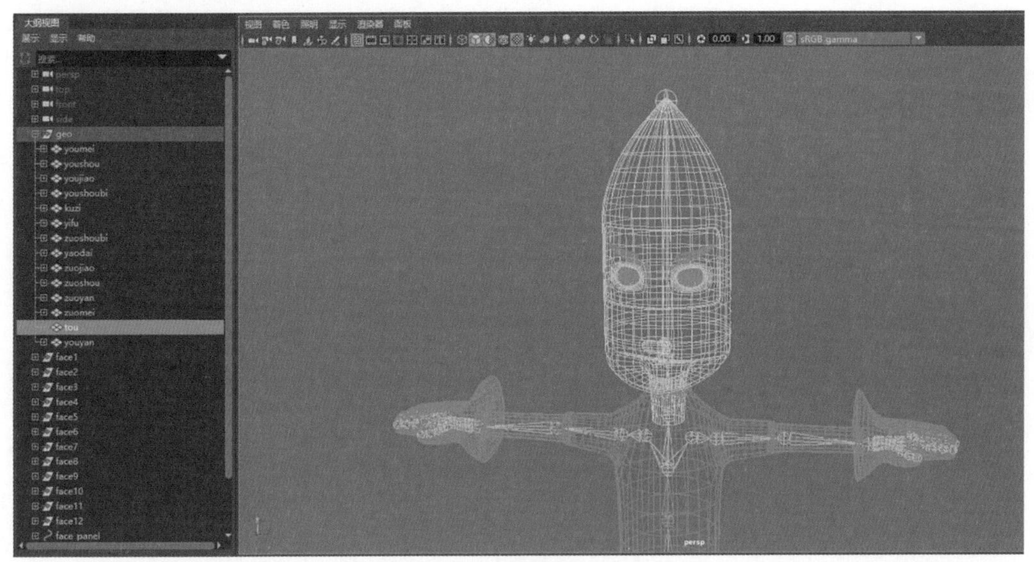


图 9-18 头部及骨骼选择

步骤 8：设置眼球和眉毛。因为在绑定蒙皮中未将眼球和眉毛进行绑定，所以选择 Character1_Neck 关节，使用旋转工具对此关节进行旋转，发现眼球和眉毛未跟随头部运动而出现穿帮，如图 9-19 所示。

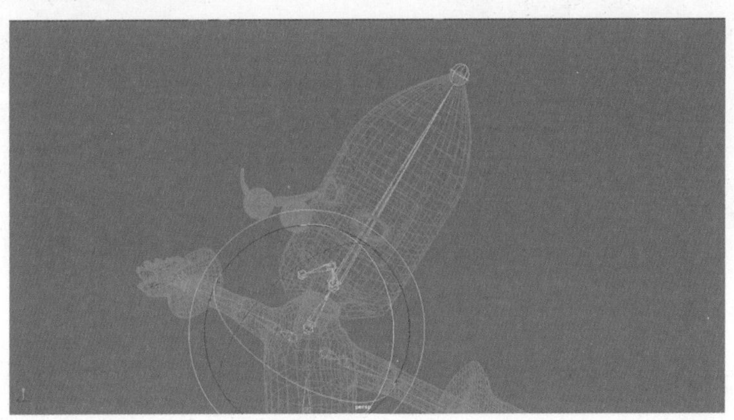

图 9-19 眼球和眉毛穿帮

为了解决此问题，在【大纲视图】中按住 Ctrl 键不放，在 geo 组中分别选择 youmei、zuoyan、zuomei 和 youyan 模型，然后在透视图中按住 Shift 键加选 Character1_HeadEnd 关节，之后按 P 键建立父子关系。

再选择 Character1_Neck 关节，使用旋转工具旋转此关节，此时发现眼球和眉毛跟随头部旋转，未出现穿帮问题。眼球和眉毛与 Character1_HeadEnd 关节建立父子关系后的效果如图 9-20 所示。

步骤 9：绘制蒙皮权重。选择需要绘制蒙皮权重的模型，选择【蒙皮】→【绘制蒙皮权重】命令，使用笔刷进行权重绘制。或者选择需要调整蒙皮权重的顶点，选择

【窗口】→【常规编辑器】→【组件编辑器】命令，在【组件编辑器】的【平滑蒙皮】选项卡中调整顶点蒙皮权重值。绘制蒙皮权重过程之一如图 9-21 所示，绘制蒙皮权重过程之二如图 9-22 所示。当一边的蒙皮权重绘制完成后，可以选择【蒙皮】→【镜像蒙皮权重】命令，将蒙皮权重镜像到另一边。需要强调的是，在镜像蒙皮权重时注意参数的设置。

图 9-20　眼球和眉毛与 Character1_HeadEnd 关节建立父子关系后效果

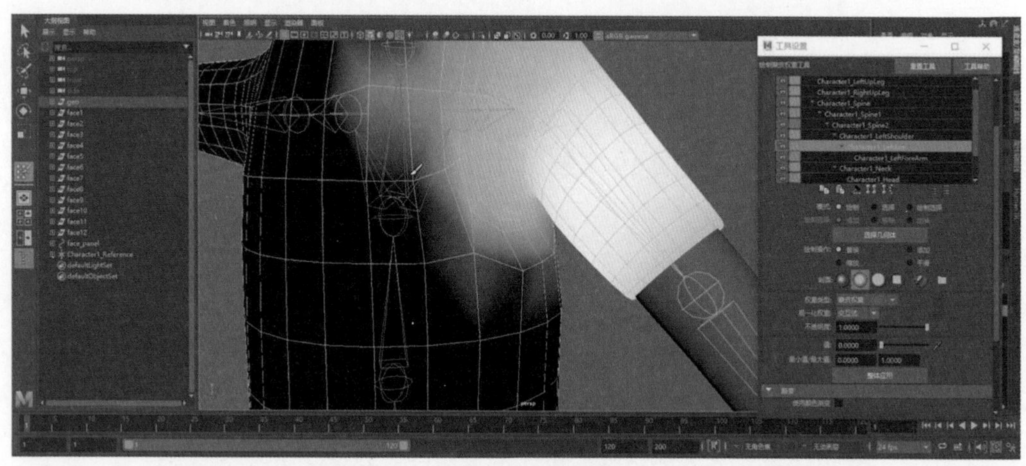

图 9-21　绘制蒙皮权重过程之一

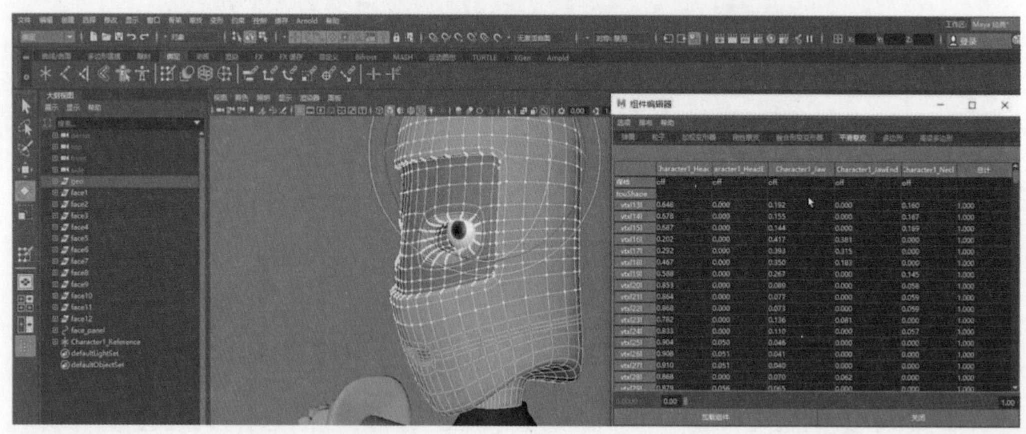

图 9-22　绘制蒙皮权重过程之二

图 9-23　蒙皮权重绘制完成的效果

蒙皮权重绘制完成的效果如图 9-23 所示。

步骤 10：下颌驱动关键帧设置。在【层编辑器】中开启 facectrl 层的可见性。选择 mouth_ctrl 曲线控制器，在【通道盒】中选择【编辑】→【添加属性】命令，在弹出的【添加属性】面板中，设置【长名称】为 Jaw_Down，设置【创建属性】为“可设置关键帧”，设置【数据类型】为“浮点型”，设置【属性类型】为“标量”，设置【数值属性的特性】中的【最小】为 0、【最大】为 10、【默认】为 0，然后单击【添加】按钮。mouth_ctrl 曲线控制器的 Jaw_Down 属性设置如图 9-24 所示。

同理，选择 mouth_ctrl 曲线控制器，在【通道盒】中选择【编辑】→【添加属性】命令，在弹出的【添加属性】面板中，设置【长名称】为 Jaw_Left_Right，设置【创建属性】为“可设置关键帧”，设置【数据类型】为“浮点型”，设置【属性类型】为“标量”，设置【数值属性的特性】中的【最小】为 -10、【最大】为 10、【默认】为 0，然后单击【添加】按钮。mouth_ctrl 曲线控制器的 Jaw_Left_Right 属性设置如图 9-25 所示。

图 9-24　mouth_ctrl 曲线控制器的 Jaw_Down 属性设置

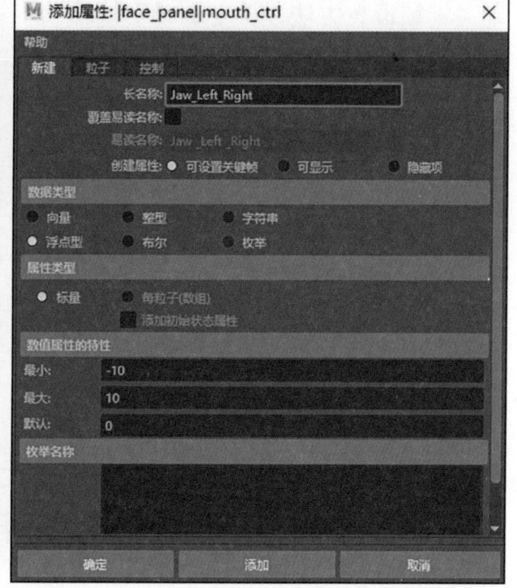


图 9-25　mouth_ctrl 曲线控制器的 Jaw_Left_Right 属性设置

在【通道盒】中选择 mouth_ctrl 曲线控制器的 Jaw_Down 属性，选择【编辑】→【设置受驱动关键帧 ...】命令，将【设置受驱动关键帧】面板调出。选择 mouth_ctrl 曲线控制器，然后在该面板中单击【加载驱动者】按钮，将 mouth_ctrl 设置为驱动者。之后选择 Character1_Jaw 关节，在【设置受驱动关键帧】面板中单击【加载受驱动项】按钮，将 Character1_Jaw 关节设置为受驱动。此时【设置受驱动关键帧】面板状态如图 9-26 所示。

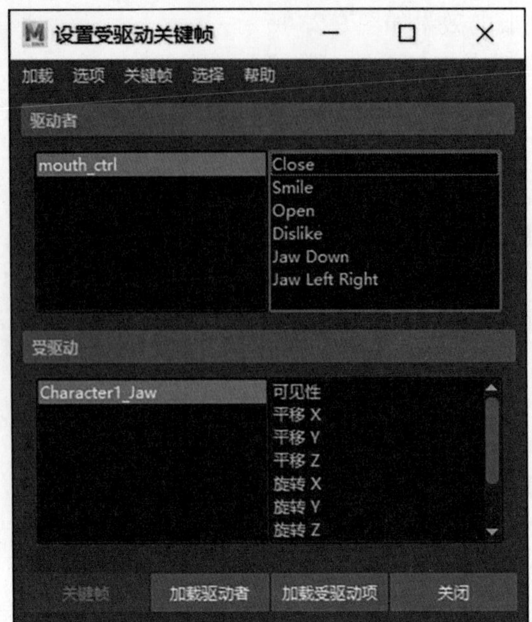


图 9-26 【设置受驱动关键帧】面板的状态

下颌驱动关键帧对应参数如表 9-1 所示。之后根据表 9-1 中的对应关系，运用驱动关键帧设置方法设置受驱动关键帧。

**表 9-1 下颌驱动关键帧对应参数表**

| 驱动者 / 受驱动者 | | 属　性 | 最小值 | 最大值 |
|---|---|---|---|---|
| 驱动者 | mouth_ctrl | Jaw_Down | 0 | 10 |
| 受驱动者 | Character1_Jaw | 旋转 Z | 0 | -15 |
| 驱动者 | mouth_ctrl | Jaw_Left_Right | 0 | 10 |
| 受驱动者 | Character1_Jaw | 旋转 Y | 0 | 10 |
| 驱动者 | mouth_ctrl | Jaw_Left_Right | －10 | 0 |
| 受驱动者 | Character1_Jaw | 旋转 Y | －10 | 0 |

下颌驱动关键帧设置完成后，整体绑定完成。

# 第10章 角色动画制作

通过第 8 章和第 9 章的学习，完成了角色面部和肢体的绑定。在本章中使用绑定好的模型开始进行动画制作。在本章中首先讲解手动 K 帧制作动画的方法，然后讲解动作捕捉数据的应用，之后使用 Maya 中的【时间编辑器】制作非线性动画。

**知识点：**

- 掌握手动 K 帧动画制作方法；
- 掌握动作捕捉数据应用方法；
- 掌握非线性动画制作方法。

## 10.1 角色动画制作快速入门

在本章中通过手动 K 帧的方式制作一段循环走路动画，如图 10-1 所示。

角色动画制作 .mp4

图 10-1 走路动画效果

手动 K 帧制作角色动画的步骤如下。

步骤 1：启动 Maya。选择【文件】→【设置项目】命令，在弹出的【设置项目】对话框中选择“案例工程文件 \ 第 10 章 \walking_cyclic”文件夹，之后单击【设置】按钮。然后打开“案例工程文件 \ 第 10 章 \walking_cyclic\scenes\001_base.ma”文件。

步骤 2：设置第 1 帧姿态和第 30 帧姿态。在【范围滑块】面板中将帧速率设置为 30 帧 / 秒，并将播放范围开始时间设置为 1，播放范围结束时间设置为 30。将【状态栏】设置为【绑定】，选择【骨架】→ Human IK 命令，调出 Human IK 面板。在 Human IK 面板中将【源】设置为“控制绑定”，并单击全身按钮，选择对应控制

绑定器，使用旋转工具、移动工具调整角色姿势。

将第 1 帧姿态设置为走路的接触点状态。调整过程之一如图 10-2 所示，调整过程之二如图 10-3 所示，调整过程之三如图 10-4 所示。

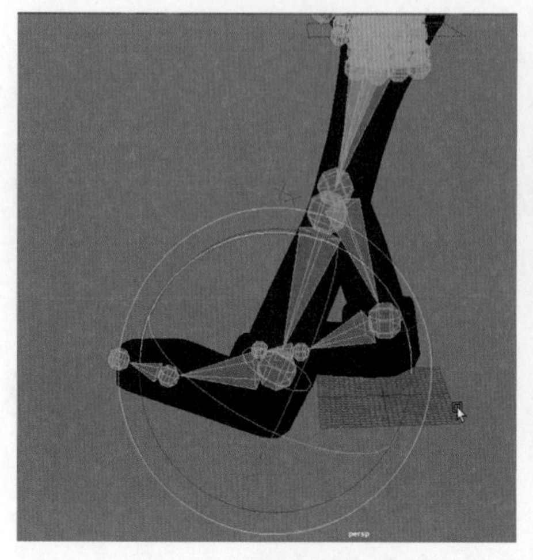

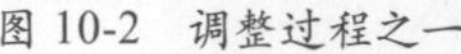

图 10-2　调整过程之一

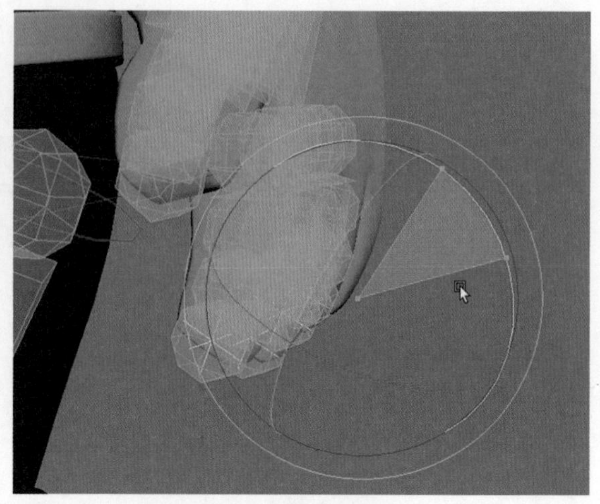

图 10-3　调整过程之二

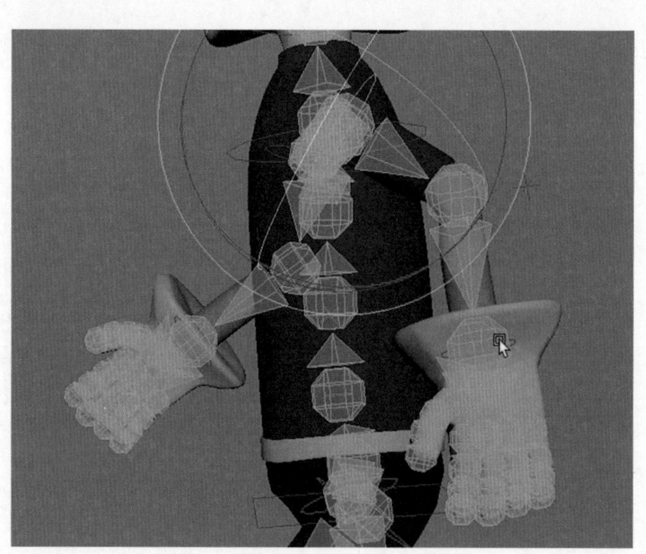

图 10-4　调整过程之三

第 1 帧姿态如图 10-5 所示。

在透视图中框选角色所有的控制器，然后将时间滑块设置在第 1 帧，按 S 键设置第 1 帧为关键帧。之后将时间滑块设置在第 30 帧，按 S 键，以相同姿态在第 30 帧设置关键帧。

步骤 3：设置第 15 帧姿态。使用步骤 2 的方法，使用旋转工具、移动工具调整控制绑定器，将第 15 帧姿态调整为第 1 帧姿态的镜像效果。第 15 帧姿态如图 10-6 所示。

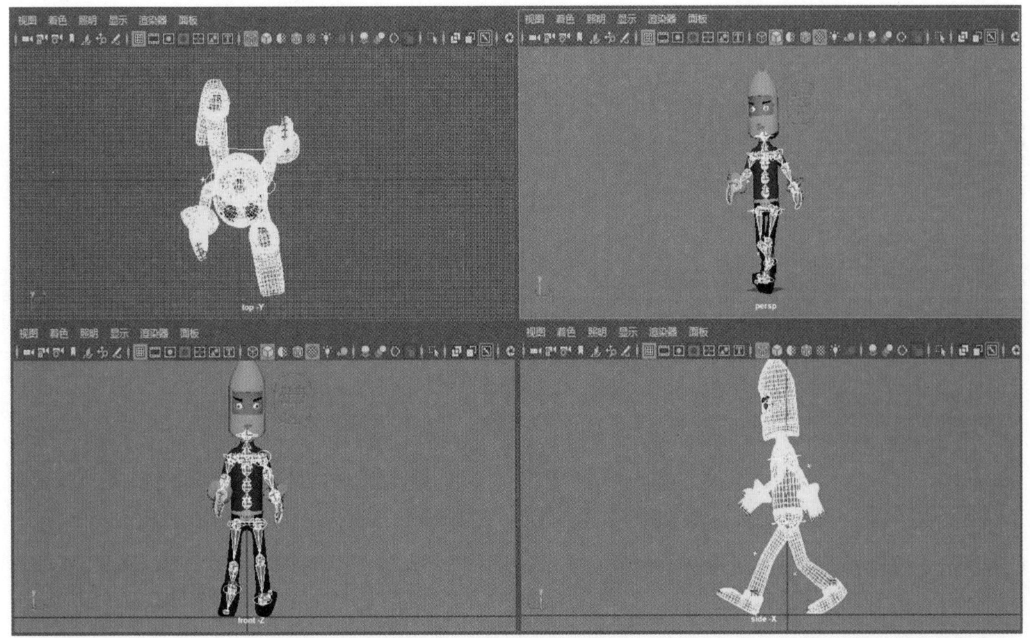

图 10-5　第 1 帧姿态

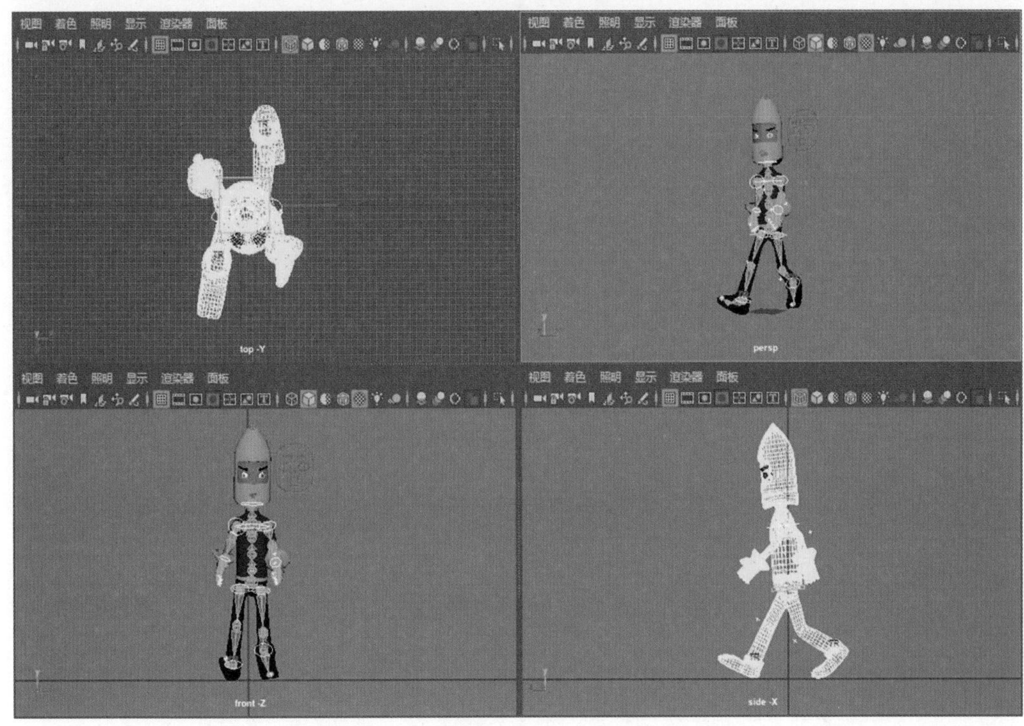

图 10-6　第 15 帧姿态

步骤 4：设置第 8 帧姿态和第 22 帧姿态。在第 8 帧中左脚完全落地作为支撑脚，右脚向前跨越过去，成为一个 4 的状态，同时右脚自然下垂，然后微调手臂部分控制器。第 8 帧姿态如图 10-7 所示。

图 10-7　第 8 帧姿态

第 22 帧是第 8 帧的镜像，即在第 22 帧中右脚完全落地作为支撑脚，左脚向前跨越过去，成为一个 4 的状态，同时左脚自然下垂，手臂部分动作状态也进行镜像。第 22 帧姿态如图 10-8 所示（此处因为是手动调整，所以镜像效果有部分出入）。

图 10-8　第 22 帧姿态

步骤 5：设置第 4 帧姿态和第 18 帧姿态。第 4 帧设置为最低点，左脚完全落地作为支撑脚，右脚抬起刚离开地面，并适当调整手臂位置。第 4 帧姿态如图 10-9 所示。

图 10-9　第 4 帧姿态

使用相同方法制作第 18 帧。第 18 帧为第 4 帧的镜像，也为最低点，右脚完全落地作为支撑脚，左脚抬起刚离开地面，手臂部分动作状态也进行镜像。第 18 帧姿态如图 10-10 所示。

图 10-10 第 18 帧姿态

步骤 6：设置第 11 帧姿态和第 25 帧姿态。第 11 帧设置为最高点，左脚完全落地作为支撑脚，右脚跨过左脚向前迈，并适当调整手臂位置。第 11 帧姿态如图 10-11 所示。

图 10-11 第 11 帧姿态

使用相同方法制作第 25 帧。第 25 帧为第 11 帧镜像，也为最高点，右脚完全落地作为支撑脚，左脚跨过右脚向前迈，手臂部分动作状态也镜像。第 25 帧姿态如图 10-12 所示。

图 10-12 第 25 帧姿态

步骤 7：修正手臂动画。在 Human IK 面板中单击身体部分按钮，选择 Character1_Ctrl_LeftShoulderEffector 和 Character1_Ctrl_RightShoulderEffector，选择【窗口】→【动画编辑器】→【曲线图编辑器】命令，在弹出的【曲线图编辑器】面板中将 Character1_Ctrl_LeftShoulderEffector 和 Character1_Ctrl_RightShoulderEffector 的第 4 帧、第 8 帧、第 11 帧、第 15 帧、第 18 帧、第 22 帧和第 25 帧删除。Character1_Ctrl_LeftShoulderEffector 删除关键帧前后效果如图 10-13 所示。

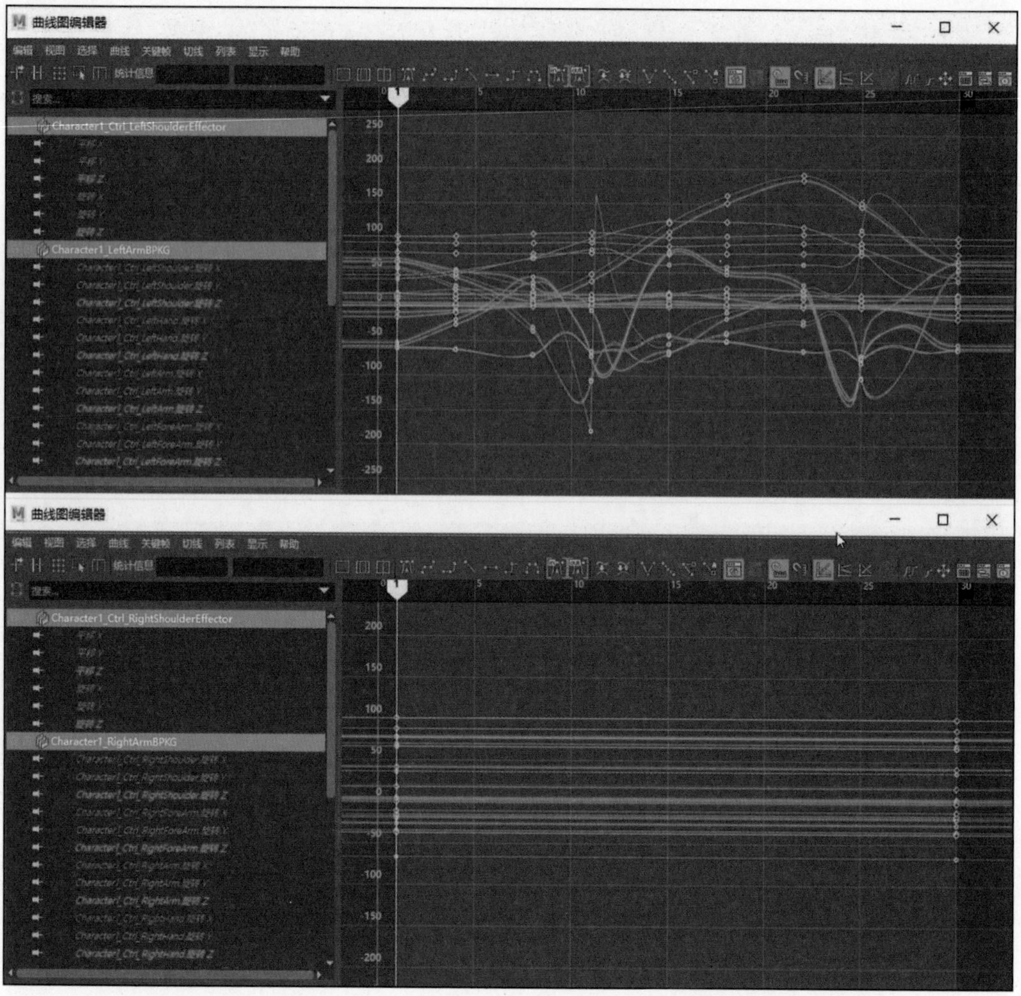

图 10-13　Character1_Ctrl_LeftShoulderEffector 删除关键帧前后效果

选择 Character1_Ctrl_RightArm 和 Character1_Ctrl_LeftArm，使用旋转工具调整第 15 帧手臂姿态，如图 10-14 所示。

图 10-14　第 15 帧手臂姿态

此时播放动画，发现手臂还是穿帮，如图 10-15 所示。

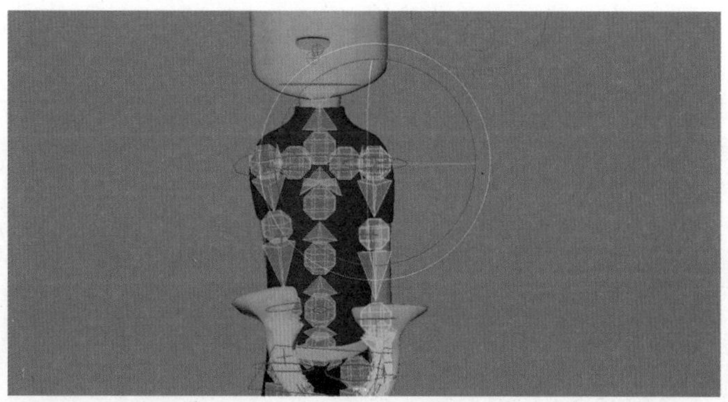

图 10-15　手臂穿帮

在第 8 帧选择 Character1_Ctrl_LeftShoulder、Character1_Ctrl_RightShoulder，使用旋转工具修改穿帮位置。第 8 帧修改穿帮后效果如图 10-16 所示。

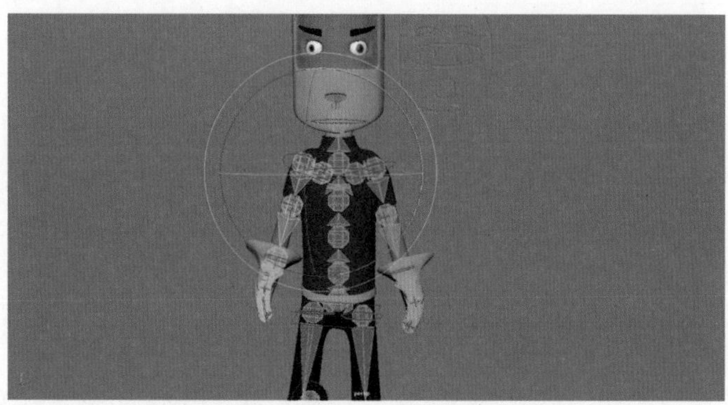

图 10-16　第 8 帧修改穿帮后效果

同理，在第 22 帧选择 Character1_Ctrl_LeftShoulder、Character1_Ctrl_RightShoulder，使用旋转工具修改穿帮位置。

之后根据运动规律细调姿态。

步骤 8：制作走路循环动画。在透视图中框选角色所有的控制器，选择【窗口】→【动画编辑器】→【时间编辑器】命令，在弹出的【时间编辑器】面板中选择【从场景添加选定内容】命令，生成 anim_Clip1 动画片段，如图 10-17 所示。

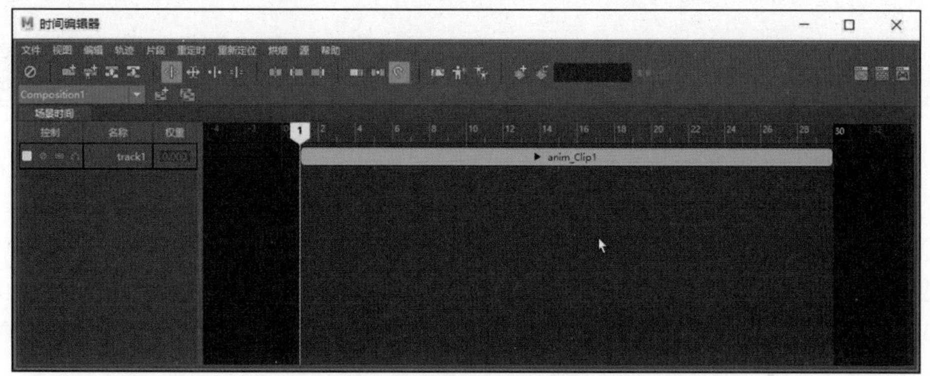


图 10-17　anim_Clip1 动画片段

将播放结束时间设置为 300 帧，在【时间编辑器】面板中单击循环按钮，然后将 anim_Clip1 动画片段拉至 300 帧位置，完成 anim_Clip1 动画片段循环动画制作，如图 10-18 所示。

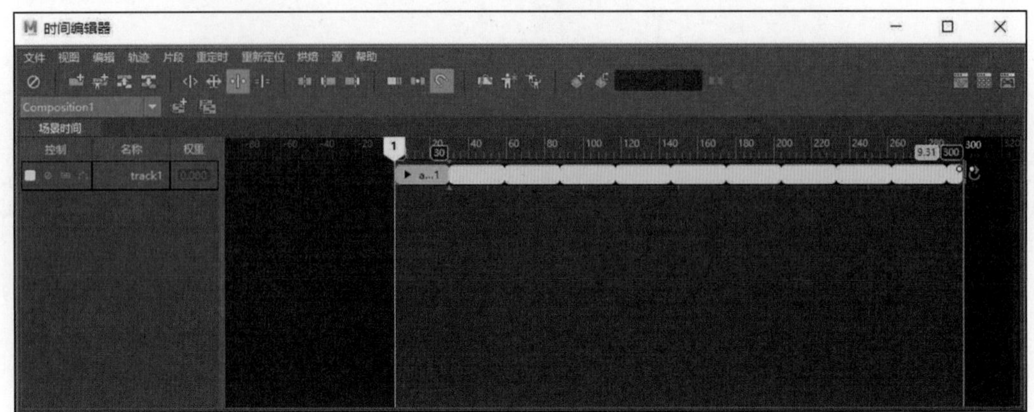


图 10-18　anim_Clip1 动画片段循环

此时预览动画，角色在循环走路。

步骤 9：制作闭眼动画及闭眼循环动画。选择 eyes_ctrl 曲线控制器，在第 1 帧、第 10 帧、第 20 帧、第 30 帧处将 eyes_ctrl 的 Close 属性设置为 0，并对此属性设置关键帧。在第 15 帧处将 eyes_ctrl 曲线控制器的 Close 属性设置为 10，并对此属性设置关键帧。选择【窗口】→【动画编辑器】→【曲线图编辑器】命令，eyes_ctrl 的 Close 曲线图如图 10-19 所示。

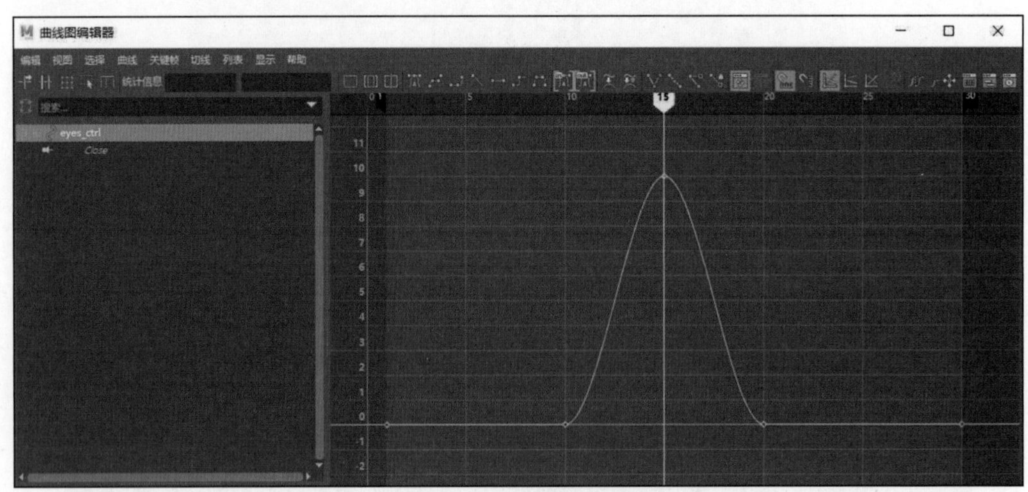


图 10-19　eyes_ctrl 的 Close 属性曲线图

选择 eyes_ctrl 曲线控制器，选择【窗口】→【动画编辑器】→【时间编辑器】命令，在【时间编辑器】面板中选择【文件】→【从场景选择中添加动画】命令，生成 anim_Clip2 动画片段。在【时间编辑器】面板中单击循环按钮，然后将 anim_Clip2 动画片段拉至 300 帧位置，完成 anim_Clip2 动画片段循环动画制作，如图 10-20 所示。

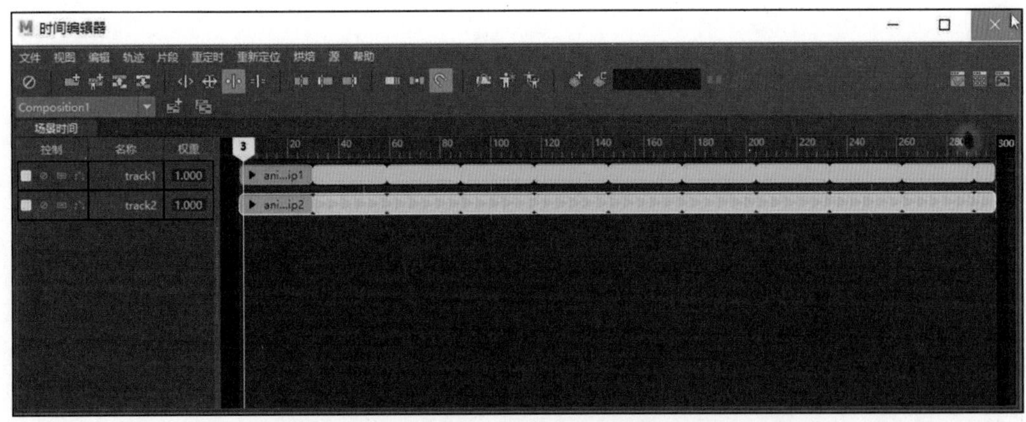

图 10-20　anim_Clip2 循环

至此，完成走路循环动画制作。

## 10.2　动作捕捉数据应用

步骤 1：登录 www.mixamo.com 官网。

步骤2：上传模型。在 www.mixamo.com 界面中单击 UPLOAD CHARACTER 按钮，在弹出的 UPLOAD A CHARACTER 对话框中将"案例工程文件\第 10 章\Motion Capture\data\char.obj"文件拖曳到该对话框虚线内。UPLOAD CHARACTER 按钮及其对话框如图 10-21 所示。在此需要说明的是，上传的 char.obj 文件没有眼球模型和眉毛模型，这是因为在之前的绑定中，眼球模型和眉毛模型未和 Human IK 进行绑定，而是作为新建关节的子级。

动作捕捉数据应用 .mp4

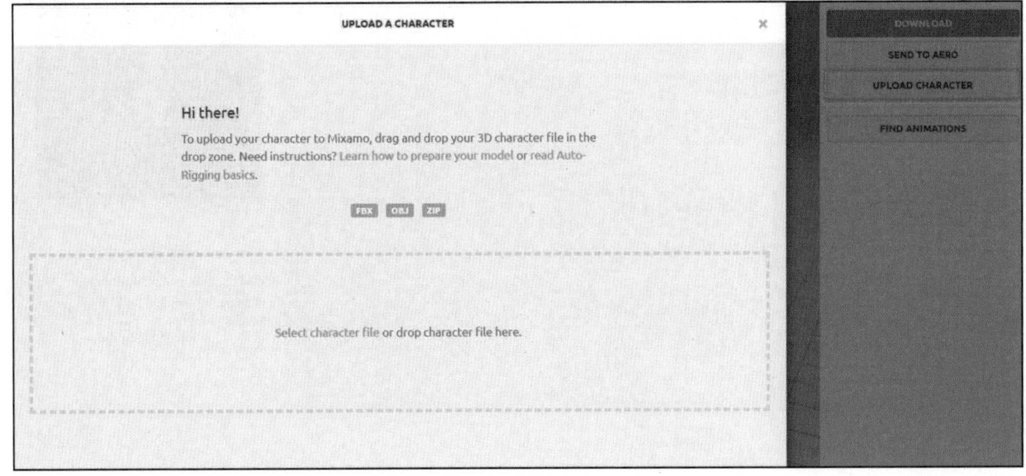


图 10-21　UPLOAD CHARACTER 按钮及其对话框

模型上传完后，出现 AUTO-RIGGER 对话框，如图 10-22 所示，在该对话框中单击 NEXT 按钮。

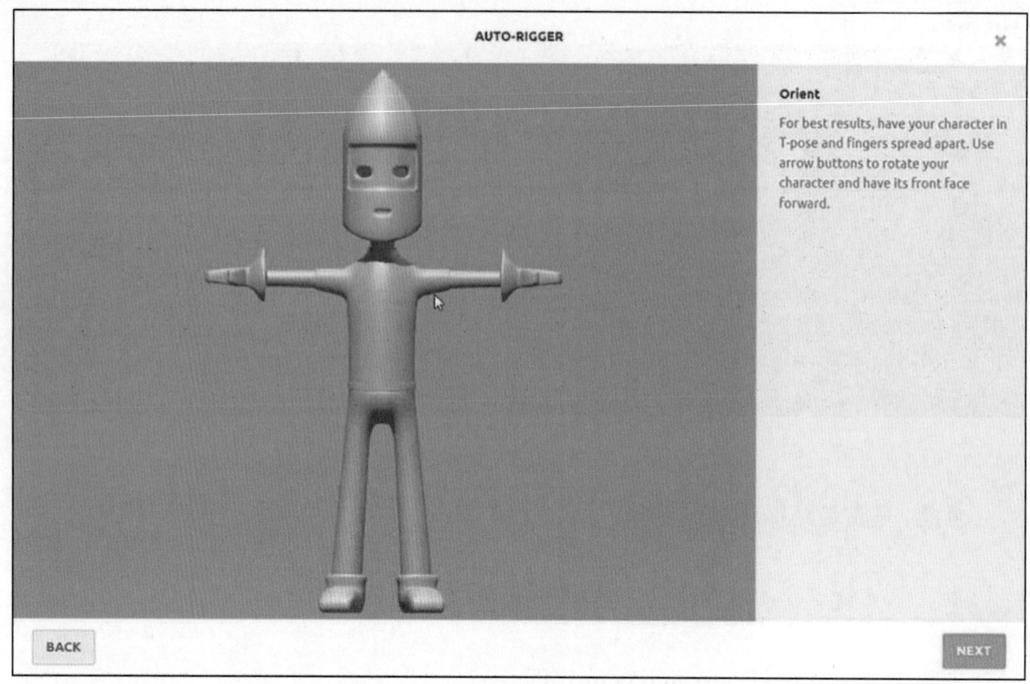


图 10-22 AUTO-RIGGER 对话框

根据提示放置标识，如图 10-23 所示，然后单击 NEXT 按钮。

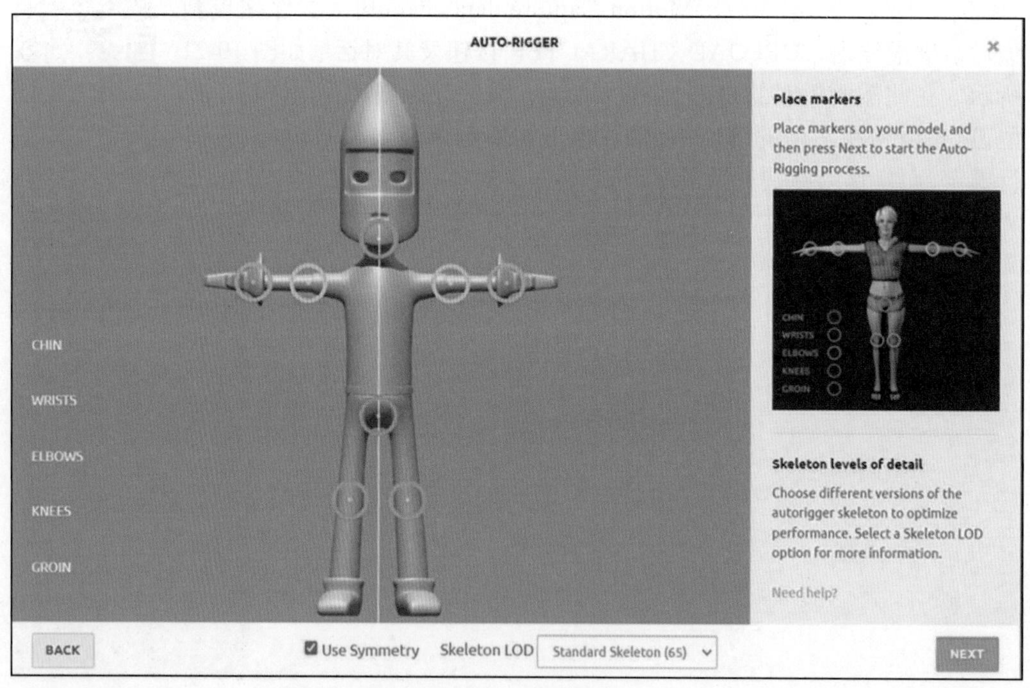


图 10-23 标识放置

预览绑定效果如图 10-24 所示。

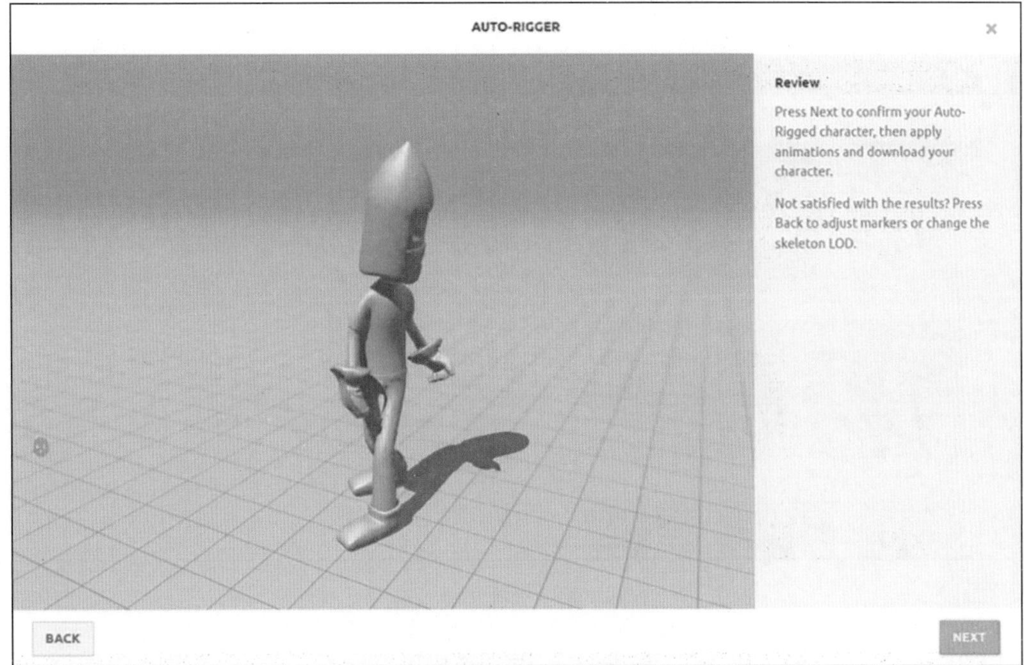


图 10-24　预览绑定效果

如果之前已经上传过模型，重新上传新模型时会弹出 CHANGE CHARACTER 对话框，如图 10-25 所示，询问是否替换新模型。在此对话框中单击 NEXT 按钮，上传模型。

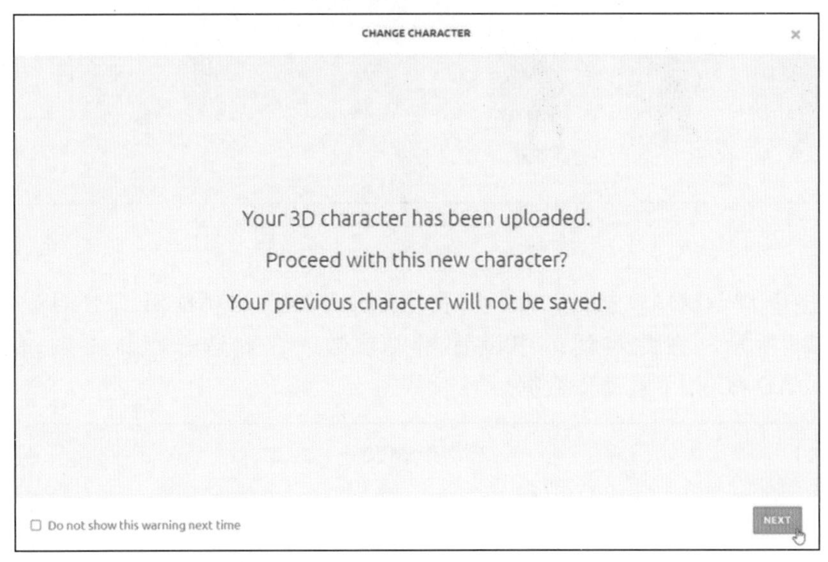


图 10-25　CHANGE CHARACTER 对话框

模型上传完成如图 10-26 所示。

步骤 3：下载动作数据。搜索需要的动作名称，然后调节动作参数，之后单击 DOWNLOAD 按钮，下载动作。动作搜索及下载动作如图 10-27 所示。

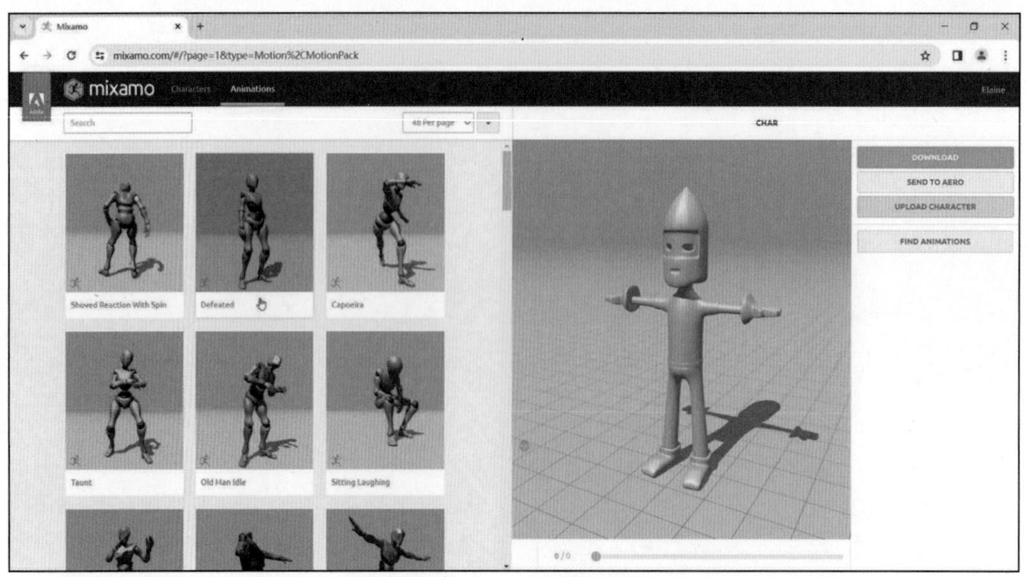


图 10-26　完成模型上传

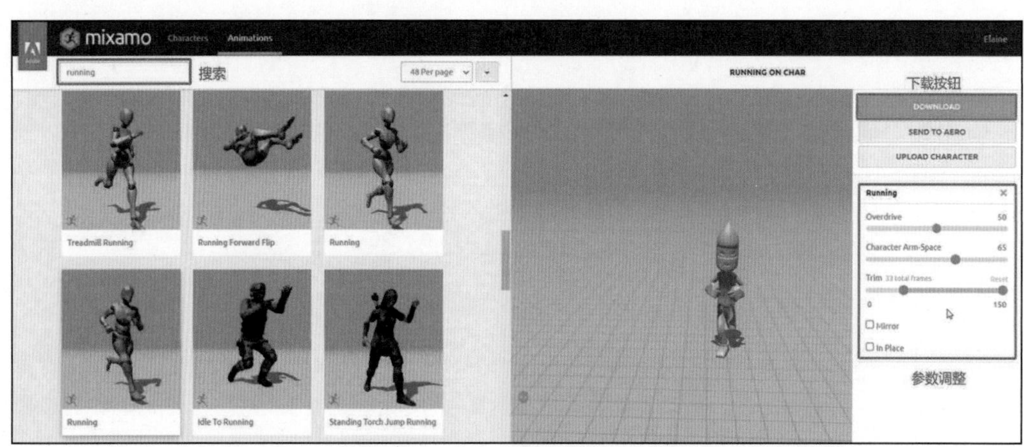


图 10-27　动作搜索及下载动作

单击 DOWNLOAD 按钮后，会弹出的 DOWNLOAD SETTINGS 对话框，如图 10-28 所示。在此对话框中设置相关参数。在此选择默认参数，然后单击 DOWNLOAD 按钮，下载动作数据。

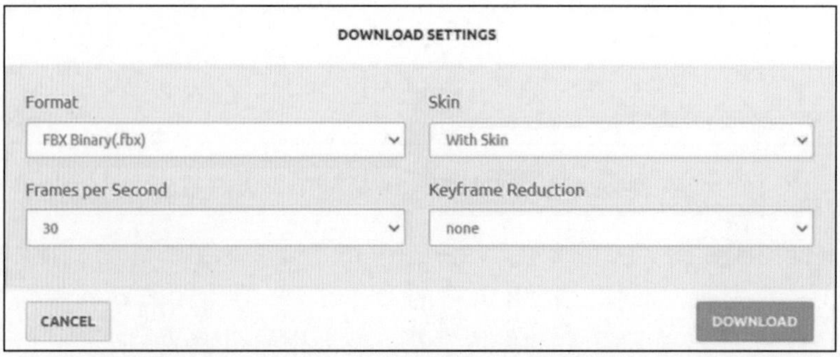

DOWNLOAD SETTINGS

Format: FBX Binary(.fbx)　　Skin: With Skin

Frames per Second: 30　　Keyframe Reduction: none

CANCEL　　DOWNLOAD

图 10-28　DOWNLOAD SETTINGS 对话框的设置

步骤 4：启动 Maya。选择【文件】→【设置项目】命令，在弹出的【设置项目】对话框中选择“案例工程文件 \ 第 10 章 \Motion Capture”文件夹，之后单击【设置】按钮。然后打开“案例工程文件 \ 第 10 章 \Motion Capture\scenes\001_body.ma”文件，如图 10-29 所示。

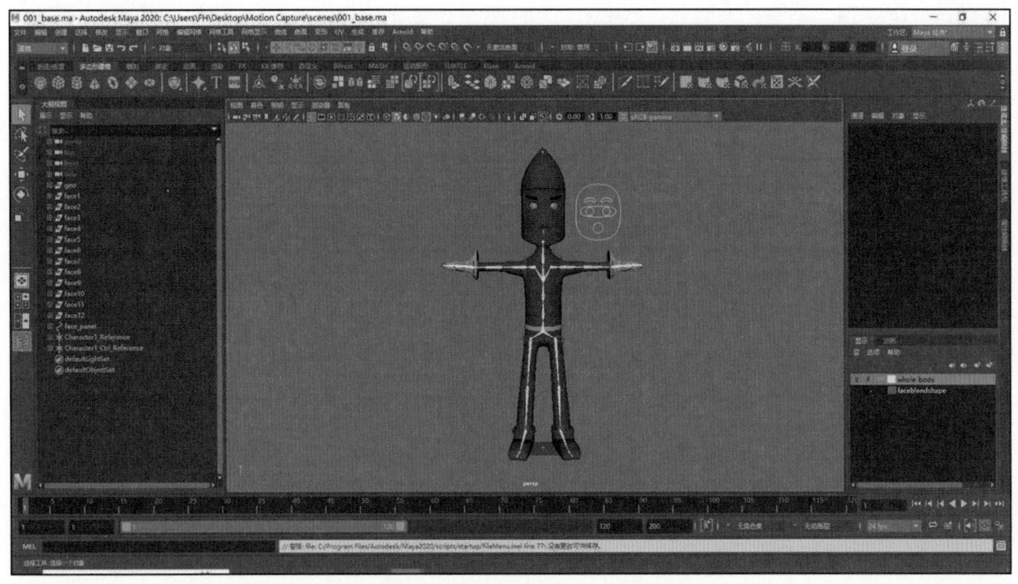

图 10-29　打开 001_body.ma 文件

在此文件中，绑定的骨骼、模型、面部控制器全部在 whole_body 层（黄色）中，制作了面部融合变形的目标物体全部在 faceblendshape 层（蓝色）中。

选择【窗口】→【导入】命令，将“案例工程文件 \ 第 10 章 \Motion Capture\data\Running.fbx 文件”导入，导入后如图 10-30 所示。此时 Maya 界面中有两个角色模型，在【大纲视图】中选择 default1、char:tougeo、char:geozuoshou、char:geozuoshoubi、char:geoyoujiao、char:geokuzi、char:geoyoushou、char:geoyifu、char:geozuojiao、char:geoyaodai、char:geoyoushoubi，如图 10-31 所示，然后按 Delete 键将其删除，只保留 mixamorig:Hips 骨骼数据。

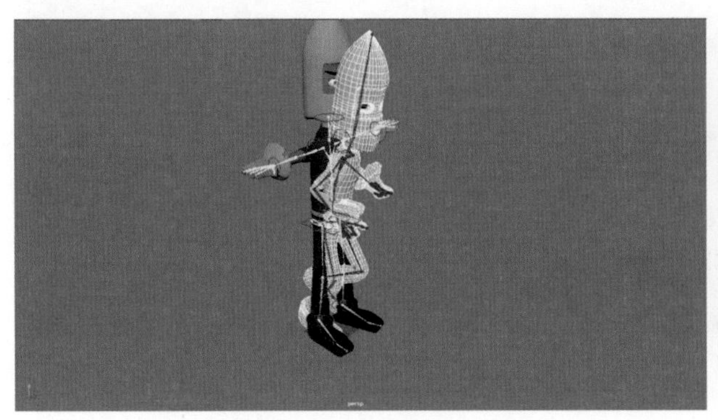

图 10-30　导入 Running.fbx 后

图 10-31　删除导入的模型

步骤 5：动作捕捉数据骨骼初始状态的设置。在【层编辑器】中将 whole_body

层的可显示功能关闭。在【范围滑块】面板中设置帧速率为 30fps，将设置动画的开始时间和播放范围的开始时间设置为 -1 帧，设置动画的结束时间和播放范围的结束时间设置为 32 帧，并将时间滑块移动到 -1 帧，单击自动设置关键帧按钮，开启自动设置关键帧功能。在【大纲视图】中将 mixamorig:Hips 全部展开，之后选择 mixamorig:Hips 关节，然后按住 Shift 键不放，选择 mixamorig:RightToe_End 关节，即全选所有的关节，如图 10-32 所示。

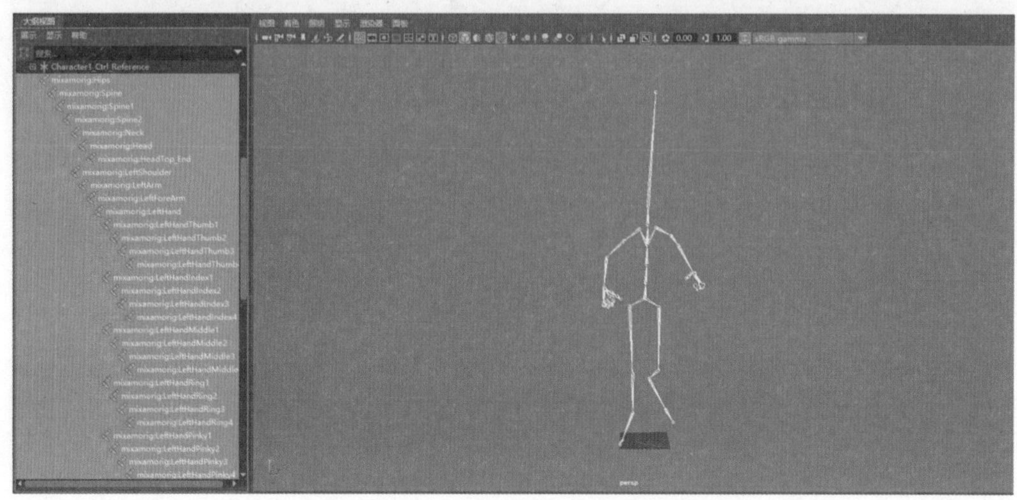

图 10-32　全选关节

之后在【通道盒】中将【旋转 X】、【旋转 Y】、【旋转 Z】属性值设置为 0，并选择【旋转 X】属性、【旋转 Y】属性、【旋转 Z】属性，右击，在弹出的菜单中选择【为选定项设置关键帧】命令，将选择的关节在 -1 帧时设置成初始的 T-Pose 状态，如图 10-33 所示。

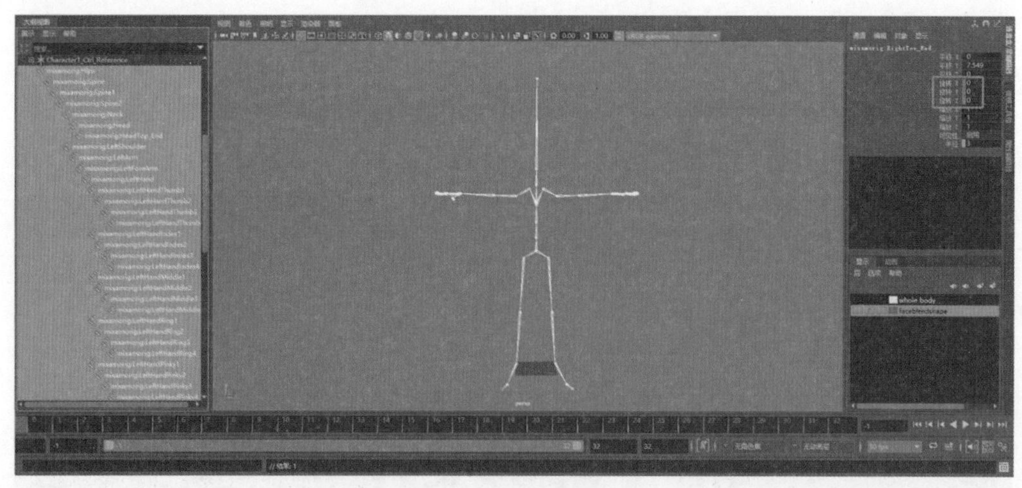

图 10-33　初始姿势

进入前视图，发现左右两边的手臂需要微调。此时的手臂不与地面平行，所以选择 mixamorig:LeftArm，使用旋转工具将其调整至与地面平行。mixamorig:LeftArm 调整前后对比如图 10-34 所示。

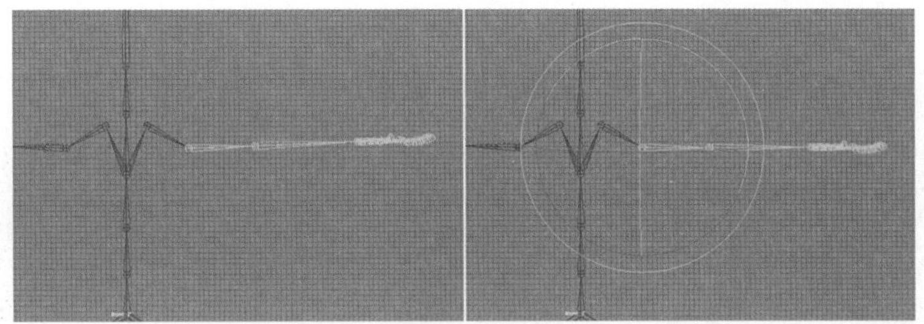

图 10-34　mixamorig:LeftArm 调整前后对比

使用相同方法，选择 mixamorig:RightArm，使用旋转工具将其调整至与地面平行。手臂调整后效果如图 10-35 所示。

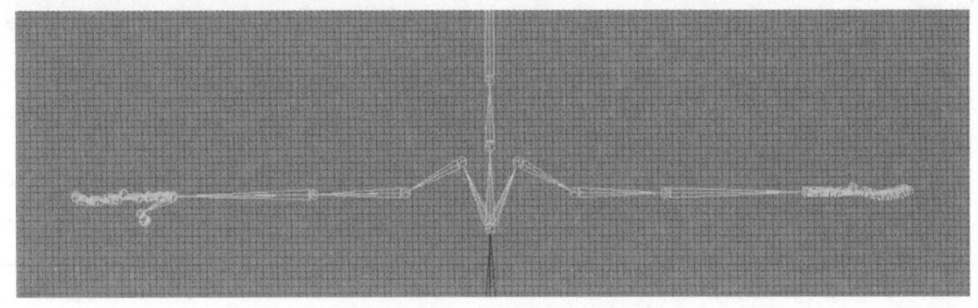

图 10-35　手臂调整后效果

步骤 6：角色化处理。打开 Human IK 面板，在【定义】中单击创建角色按钮，此时创建了 Character2 角色，如图 10-36 所示。

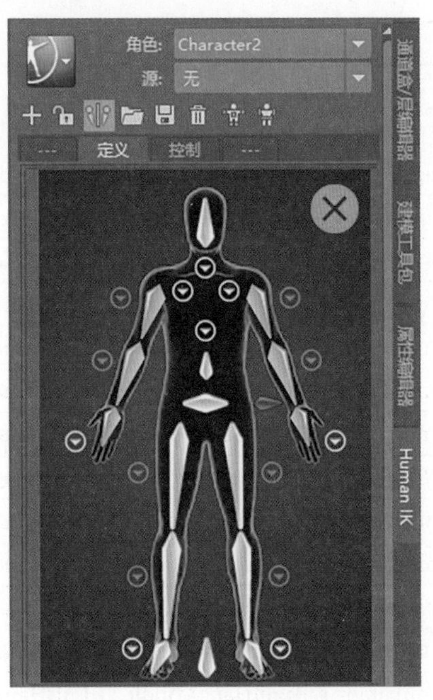


图 10-36　Character2

将 mixamo 关节后与 Character2 中的关节进行一一对应处理，据此完成角色化处理。例如在透视图中选择 mixamo:Hips 关节，然后将光标移动到 Human IK 面板中的定义标签内的 Hips 关节上，右击，在弹出的菜单中执行 Assign Selected Bone 命令，如

图 10-37 所示，至此完成 mixamo:Hips 关节与 Hips 关节的对应。

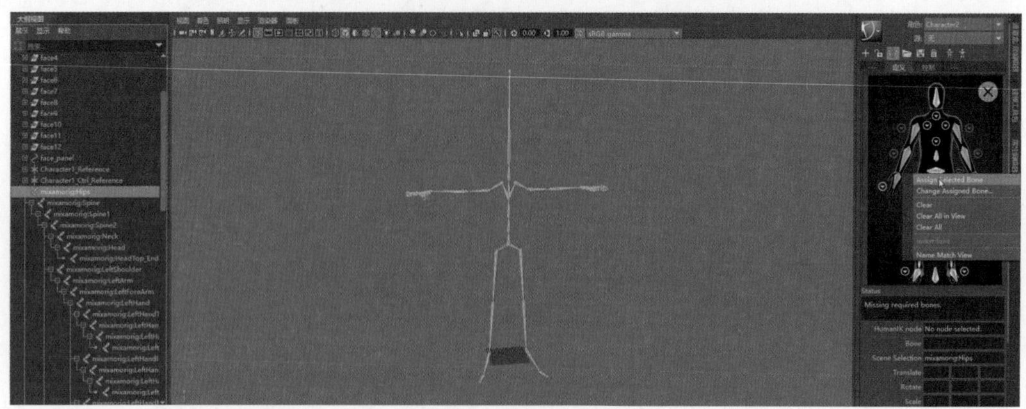

图 10-37 mixamo:Hips 关节与 Hips 关节的对应

角色化对应表如表 10-1 所示。

表 10-1 角色化对应表

| mixamo 关节 | Human IK 定义 |
|---|---|
| mixamorig:Hips | Hips |
| mixamorig:Spine | Spine |
| mixamorig:Spine1 | Spine1 |
| mixamorig:Spine2 | Spine2 |
| mixamorig:Neck | Neck |
| mixamorig:Head | Head |
| mixamorig:LeftShoulder/mixamorig:RightShoulder | LeftShoulder/RightShoulder |
| mixamorig:LeftArm/mixamorig:RightArm | LeftArm/RightArm |
| mixamorig:LeftForeArm/mixamorig:RightForeArm | LeftForeArm/RightForeArm |
| mixamorig:LeftHand/mixamorig:RightHand | LeftHand/RightHand |
| mixamorig:LeftHandThumb1/mixamorig:RightHandThumb1 | LeftHandThumb1/RightHandThumb1 |
| mixamorig:LeftHandThumb2/mixamorig:RightHandThumb2 | LeftHandThumb2/RightHandThumb2 |
| mixamorig:LeftHandThumb3/mixamorig:RightHandThumb3 | LeftHandThumb3/RightHandThumb3 |
| mixamorig:LeftHandThumb4/mixamorig:RightHandThumb4 | LeftHandThumb4/RightHandThumb4 |
| mixamorig:LeftHandIndex1/mixamorig:RightHandIndex1 | LeftHandIndex1/RightHandIndex1 |
| mixamorig:LeftHandIndex2/mixamorig:RightHandIndex2 | LeftHandIndex2/RightHandIndex2 |
| mixamorig:LeftHandIndex3/mixamorig:RightHandIndex3 | LeftHandIndex3/RightHandIndex3 |
| mixamorig:LeftHandIndex4/mixamorig:RightHandIndex4 | LeftHandIndex4/RightHandIndex4 |
| mixamorig:LeftHandMiddle1/mixamorig:RightHandMiddle1 | LeftHandMiddle1/RightHandMiddle1 |
| mixamorig:LeftHandMiddle2/mixamorig:RightHandMiddle2 | LeftHandMiddle2/RightHandMiddle2 |
| mixamorig:LeftHandMiddle3/mixamorig:RightHandMiddle3 | LeftHandMiddle3/RightHandMiddle3 |
| mixamorig:LeftHandMiddle4/mixamorig:RightHandMiddle4 | LeftHandMiddle4/RightHandMiddle4 |
| mixamorig:LeftHandRing1/mixamorig:RightHandRing1 | LeftHandRing1/RightHandRing1 |
| mixamorig:LeftHandRing2/mixamorig:RightHandRing2 | LeftHandRing2/RightHandRing2 |

续表

| mixamo 关节 | Human IK 定义 |
|---|---|
| mixamorig:LeftHandRing3/mixamorig:RightHandRing3 | LeftHandRing3/RightHandRing3 |
| mixamorig:LeftHandRing4/mixamorig:RightHandRing4 | LeftHandRing4/RightHandRing4 |
| mixamorig:LeftHandPinky1/mixamorig:RightHandPinky1 | LeftHandPinky1/RightHandPinky1 |
| mixamorig:LeftHandPinky2/mixamorig:RightHandPinky2 | LeftHandPinky2/RightHandPinky2 |
| mixamorig:LeftHandPinky3/mixamorig:RightHandPinky3 | LeftHandPinky3/RightHandPinky3 |
| mixamorig:LeftHandPinky4/mixamorig:RightHandPinky4 | LeftHandPinky4/RightHandPinky4 |
| mixamorig:LeftUpLeg/mixamorig:RightUpLeg | LeftUpLeg/RightUpLeg |
| mixamorig:LeftLeg/mixamorig:RightLeg | LeftLeg/RightLeg |
| mixamorig:LeftFoot/mixamorig:RightFoot | LeftFoot/RightFoot |
| mixamorig:LeftToeBase/mixamorig:RightToeBase | LeftFootMiddle1/RightFootMiddle1 |
| mixamorig:LeftToe_End/mixamorig:RightToe_End | LeftFootMiddle2/RightFootMiddle2 |

角色化处理后效果如图 10-38 所示。

步骤 7：数据套用。在 Human IK 面板中将【角色】设置为 Character1，【源】设置为 Character2，如图 10-39 所示。

在【层编辑器】中将 whole_body 层的可显示开启。在【时间滑块】中单击播放按钮▶，此时角色具有了 Character2 的动画效果，如图 10-40 所示。

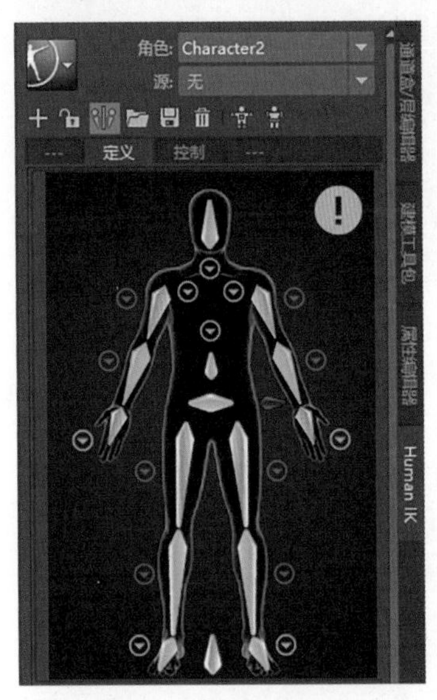


图 10-38　角色化处理后效果

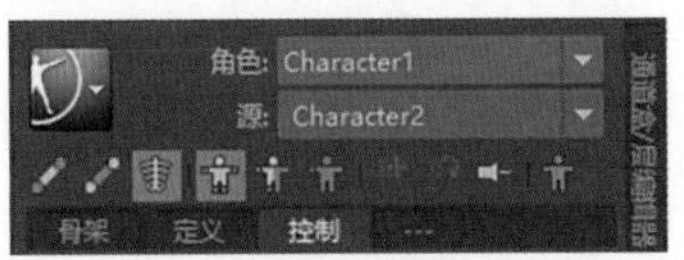


图 10-39　参数设置

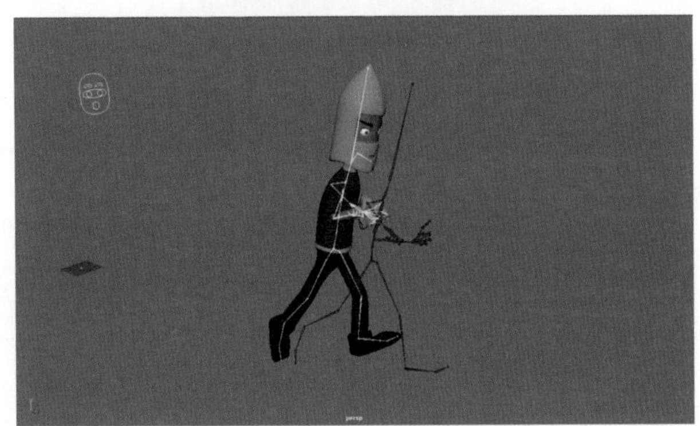

图 10-40　角色动作效果

步骤 8：烘焙。将光标移动至 Human IK 面板，单击 Human IK 图标向下三角形，选择【烘焙】→【烘焙到控制绑定】命令，如图 10-41 所示。

在【大纲视图】中选择 mixamorig:Hips，然后按 Delete 键将其删除。

步骤 9：手部调整。播放动画后发现，两只手的手部动作出现穿帮问题，如图 10-42 所示。

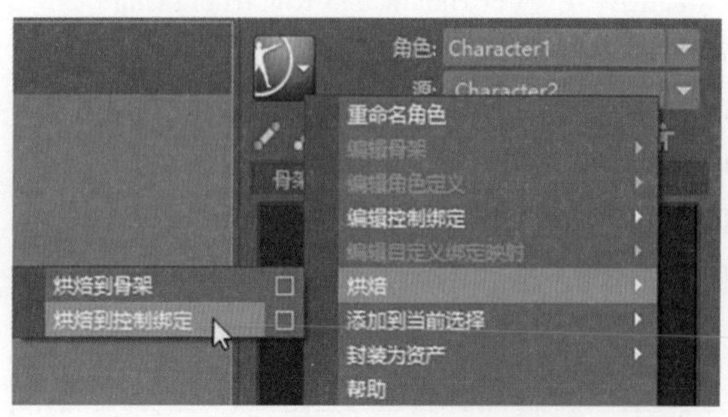


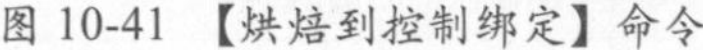
图 10-41 【烘焙到控制绑定】命令

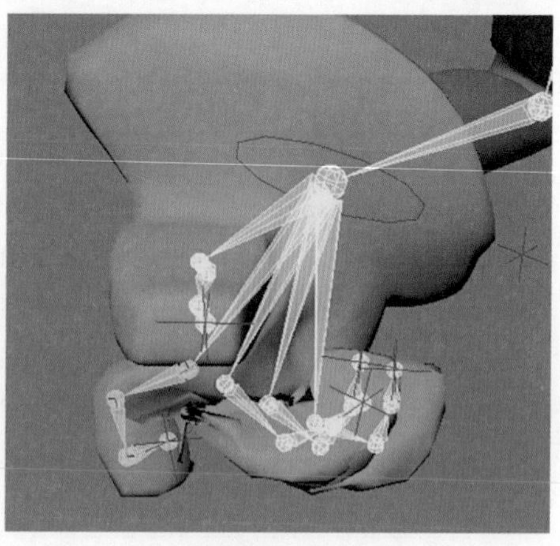

图 10-42 手部穿帮

选择 Character1_Ctrl_RightHand、Character1_Ctrl_RightHandThumb1、Character1_Ctrl_RightHandIndex1、Character1_Ctrl_RightHandMiddle1、Character1_Ctrl_RightHandRing1、Character1_Ctrl_RightHandPinky1、Character1_Ctrl_LeftHand、Character1_Ctrl_LeftHandThumb1、Character1_Ctrl_LeftHandIndex1、Character1_Ctrl_LeftHandMiddle1、Character1_Ctrl_LeftHandRing1、Character1_Ctrl_LeftHandPinky1，将其【旋转 X】、【旋转 Y】、【旋转 Z】属性值全部设置为 0，并且在【曲线图编辑器】面板中将第 0 ～第 32 帧的关键帧全部删除。

下面以 Character1_Ctrl_RightHandThumb1 为例进行讲解。

选择 Character1_Ctrl_RightHandThumb1，在【通道盒】中将其【旋转 X】、【旋转 Y】、【旋转 Z】属性全部设置为 0，如图 10-43 所示。

删除 Character1_Ctrl_RightHandThumb1 在【曲线编辑器】面板中的关键帧，如图 10-44 所示。

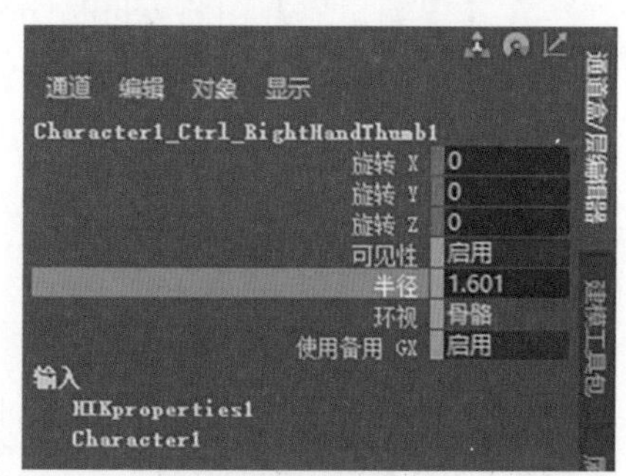


图 10-43 调整 Character1_Ctrl_RightHandThumb1 的旋转属性

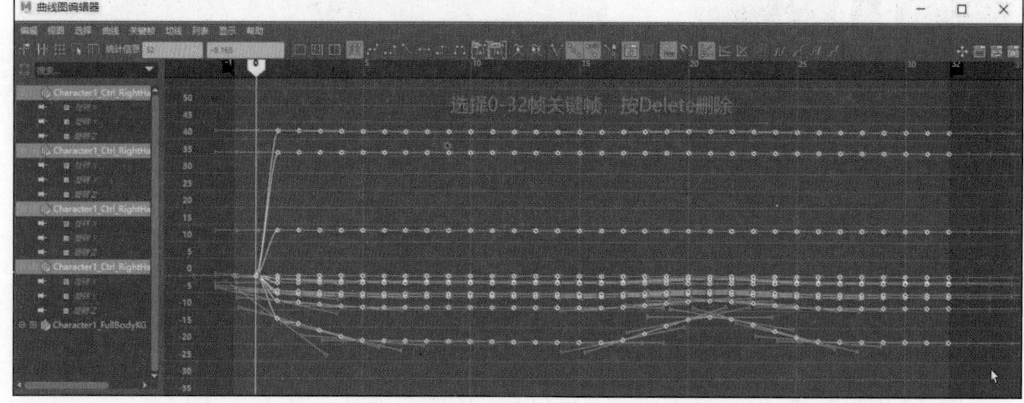


图 10-44 删除 Character1_Ctrl_RightHandThumb1 在【曲线编辑器】面板中的关键帧

两只手的手腕及手掌调整后如图 10-45 所示。

将时间滑块调到第 0 帧，选择 Character1_Ctrl_LeftHandThumbEffector、Character1_Ctrl_LeftHandIndexEffector、Character1_Ctrl_LeftHandMiddleEffector、Character1_Ctrl_LeftHandRingEffector、Character1_Ctrl_LeftHandPinkyEffector、Character1_Ctrl_RightHandThumbEffector、Character1_Ctrl_RightHandIndexEffector、Character1_Ctrl_RightHandMiddleEffector、Character1_Ctrl_RightHandRingEffector、Character1_Ctrl_RightHandPinkyEffector，使用旋转工具调整好手指姿势，如图 10-46 所示。

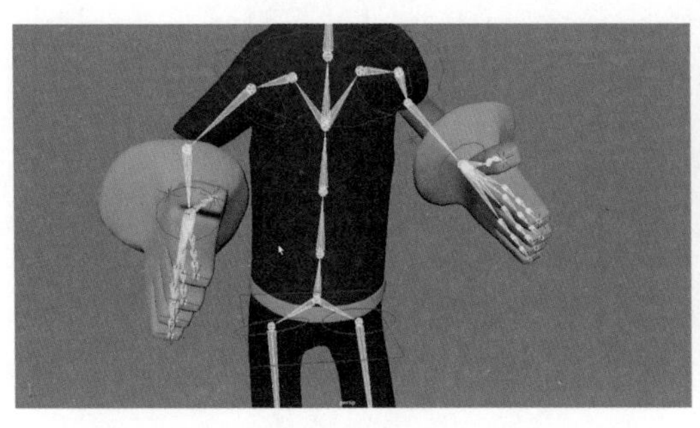

图 10-45 两只手的手腕和手掌调整后

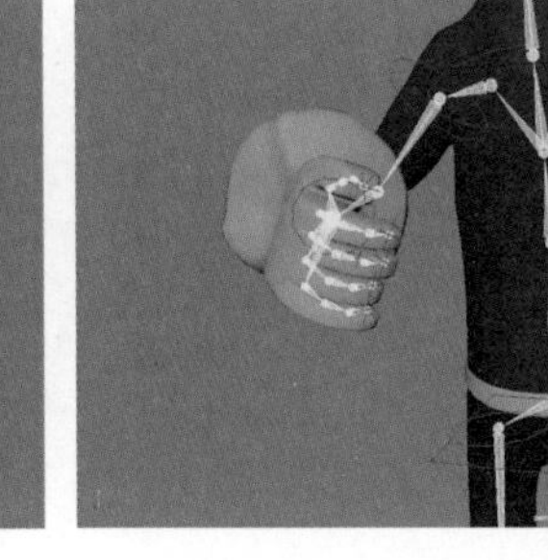

图 10-46 调整好手指姿势

选择 Character1_Ctrl_RightWristEffector、Character1_Ctrl_LeftWristEffector，使用旋转工具微调手腕状态。

步骤 10：眨眼效果制作。选择 eyes_ctrl 曲线控制器，在第 0 帧、第 10 帧、第 20 帧、第 32 帧处将 Close 属性值设置为 0，并在第 0 帧、第 10 帧、第 20 帧、第 32 帧处对该属性设置关键帧。在第 15 帧处将 Close 属性值设置为 10，并在第 15 帧处对该属性设置关键帧。

播放动画观看效果，至此完成此案例制作。

## 10.3 非线性动画制作

步骤 1：启动 Maya。选择【文件】→【设置项目】命令，在弹出的【设置项目】对话框中选择“案例工程文件 \ 第 10 章 \Non-linear Animation”文件夹，之后单击【设置】按钮。然后打开“案例工程文件 \ 第 10 章 \Non-linear Animation\scenes\Kicking.ma”文件。

非线性动画制作 .mp4

步骤 2：动画片段制作。选择角色模型身上的所有控制器，如图 10-47 所示。选择【窗口】→【动画编辑器】→【时间编辑器】命令，在弹出的【时间编辑器】面板中选择【从场景添加选定内容】命令，如图 10-48 所示。之后生成 anim_Clip1 动画片段，如图 10-49 所示。

在【时间编辑器】面板中选择 anim_Clip1 动画片段，右击，在弹出的菜单中执行【导出选定对象】命令，如图 10-50 所示。之后在弹出的【导出选定的文件】对话框中将此动画片段存放到该工程文件夹的 Clip Exports 文件夹内，此动画片段命名为 kicking.fbx，如图 10-51 所示。动画片段导出后，将该文件关闭。

步骤 3：打开“案例工程文件 \ 第 10 章 \Non-linear Animation\scenes\Running.ma”

文件。选择角色模型所有的控制器，选择【窗口】→【动画编辑器】→【时间编辑器】命令，在弹出的【时间编辑器】面板中单击【从场景添加选定内容】命令，生成 anim_Clip1 动画片段，此时 anim_Clip1 在 track1 轨迹上。

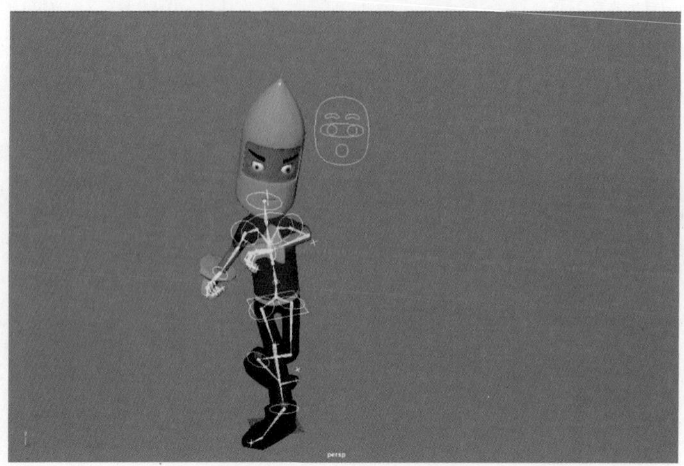

图 10-47　选框控制器

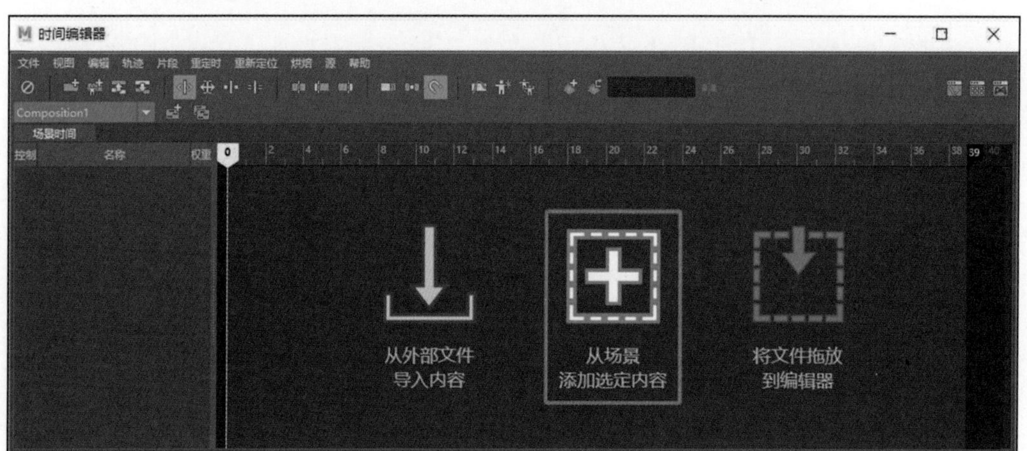


图 10-48　单击【从场景添加选定内容】命令

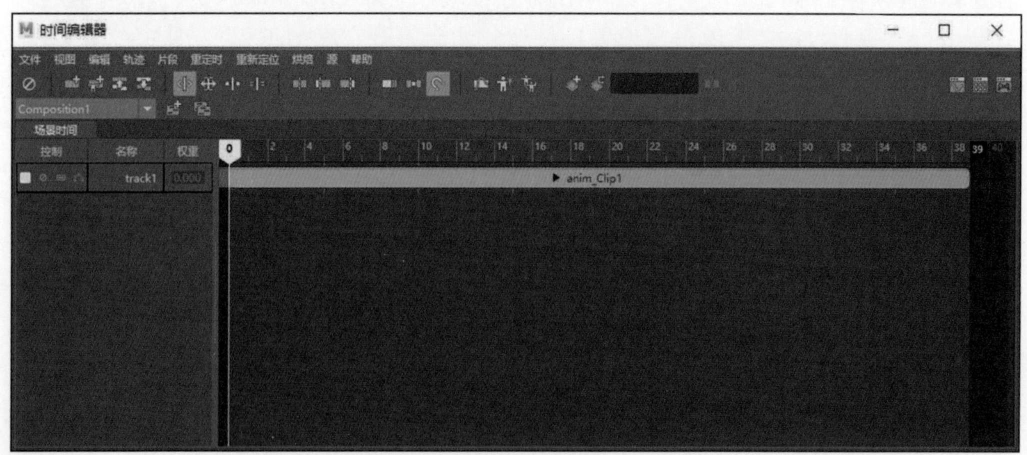


图 10-49　生成 anim_Clip1 动画片段

图 10-50　选择【导出选定对象】命令

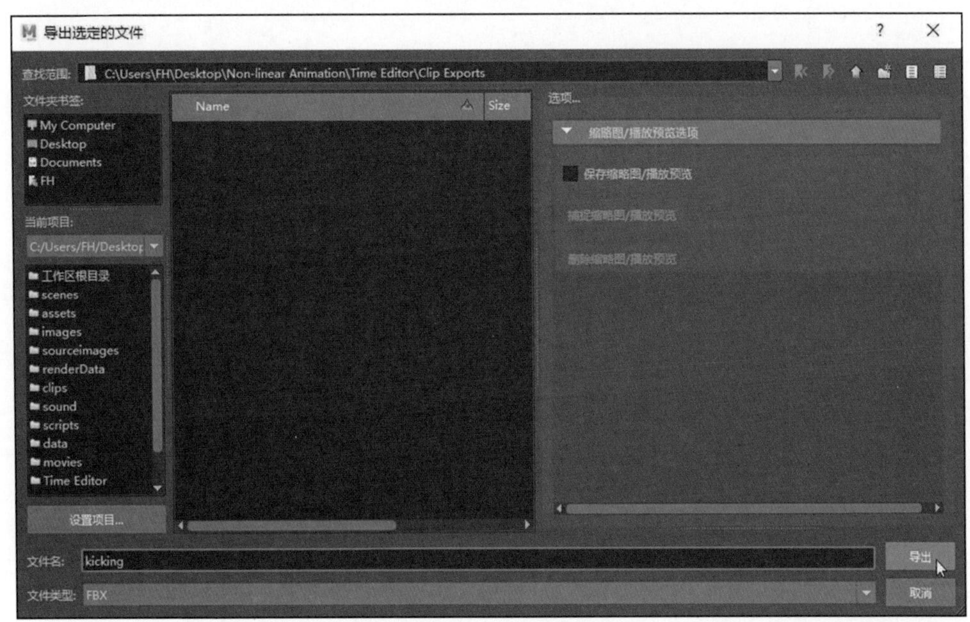

图 10-51　导出动画片段

步骤 4：在【时间编辑器】面板中选择【文件】→【导入动画片段】命令，如图 10-52 所示，将 kicking.fbx 动画片段导入。之后在弹出的【选择动画文件】对话框选择 kicking.fbx 文件，然后单击【打开】按钮。此时导入的 kicking.fbx 动画片段在 track2 轨迹上，如图 10-53 所示。

在【范围滑块】中将播放范围结束时间设置到 100 帧。选择 anim_Clip1 动画片段，右击，在弹出的菜单中选择【复制】命令，然后再次右击，在弹出的菜单中选择【粘贴】命令，此时将 anim_Clip1 动画片段复制出了一个新的 track3 轨迹，名字为 anim_Clip2，如图 10-54 所示。之后单击 track3 轨迹上的禁用轨迹按钮⊘。

图 10-52　【导入动画片段】命令

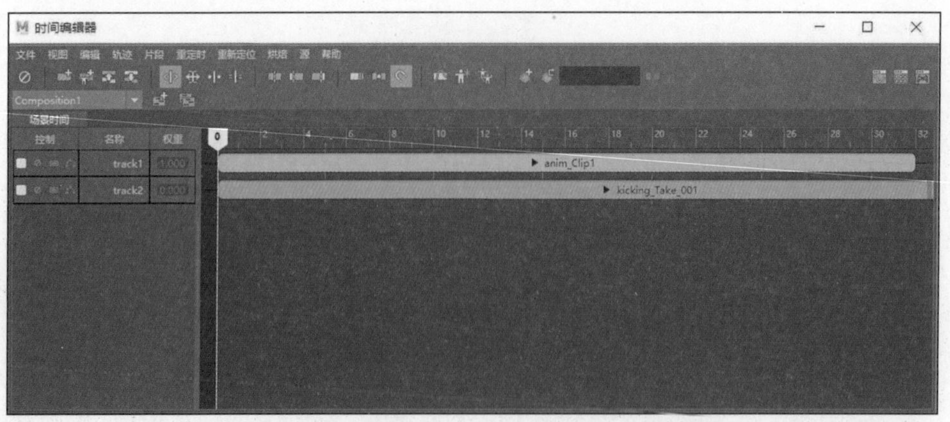


图 10-53　导入动画片段后【时间编辑器】

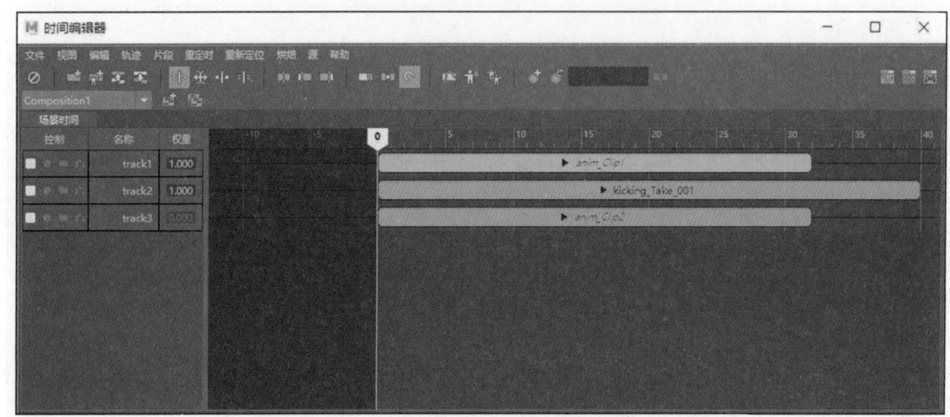


图 10-54　复制后 track3 轨迹

步骤 5：在【时间编辑器】面板中选择 track1 轨迹中的 anim_Clip1 动画片段，将时间滑块移动到第 18 帧，单击减去后方按钮，将 anim_Clip1 动画片段第 18 帧后的部分删除，如图 10-55 所示。

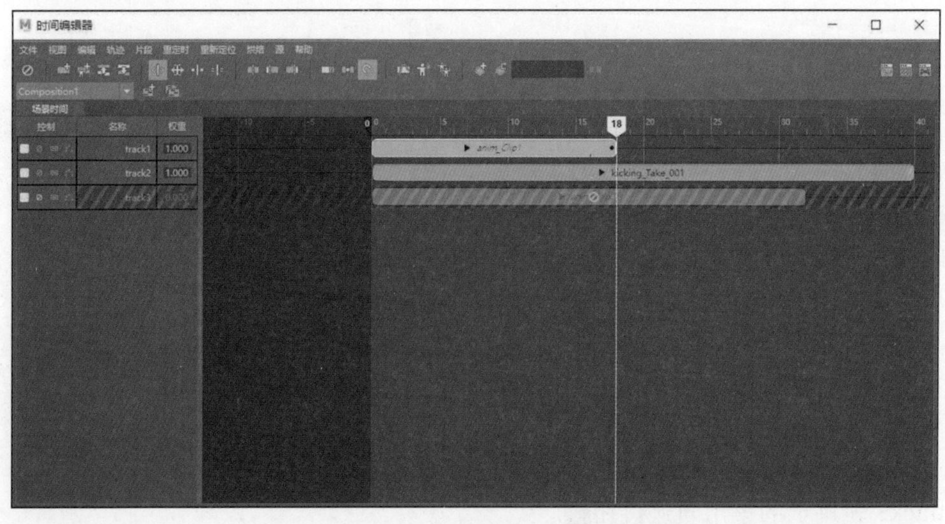


图 10-55　anim_Clip1 减去后方

同理，选择 track2 轨迹中的 kicking_Take_001 动画片段，将时间滑块移动到第 1 帧，单击减去前方按钮，将 kicking_Take_001 动画片段的第 0 帧删除。将时间滑块移动到第 35 帧，单击减去后方按钮，将 kicking_Take_001 动画片段中第 35 帧后的部分删除。减去前后动作部分的 track2 轨迹如图 10-56 所示。

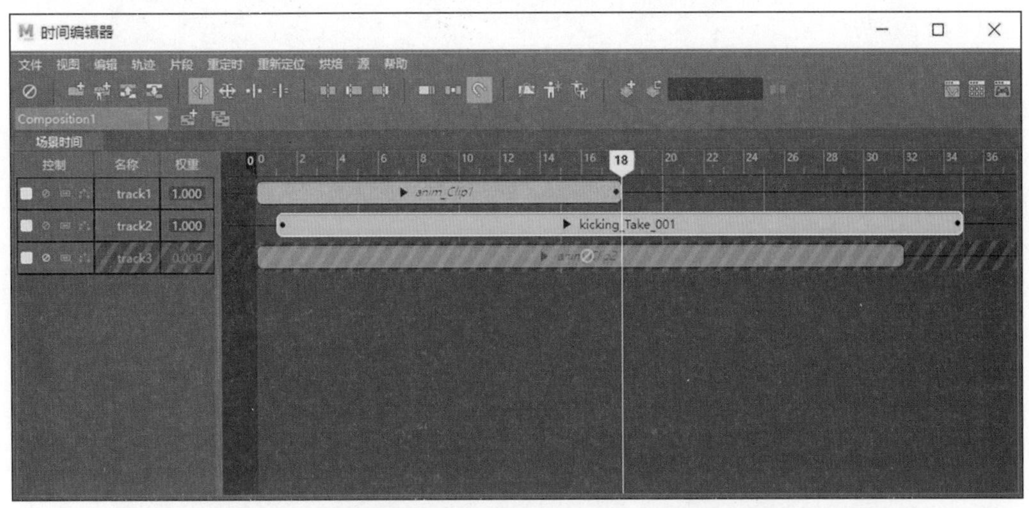

图 10-56　减去前后动作部分的 track2 轨迹

选择 track2 轨迹中的 kicking_Take_001 动画片段，将其移动到第 18 帧位置处，如图 10-57 所示。

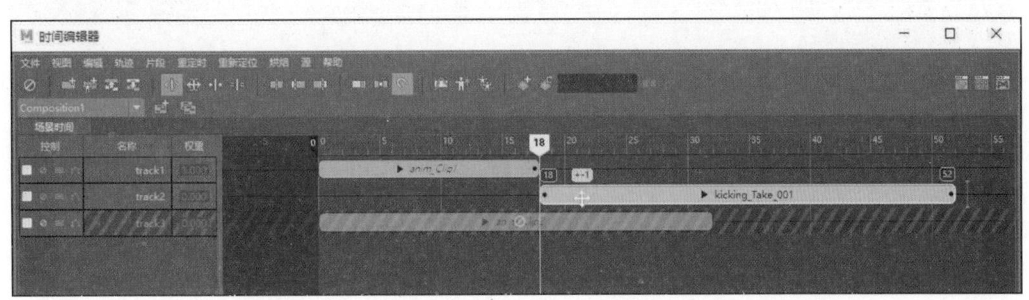

图 10-57　kicking_Take_001 动画片段移动到第 18 帧

步骤 6：重定位。anim_Clip1 动画片段是角色沿直线跑步动画，kicking_Take_001 动画片段是角色在原地踢腿的动画。当角色跑步到第 18 帧时，角色不在跑步的起始位置，所以需要对 kicking_Take_001 动画片段的起始位置进行设置，这样在角色跑步完后，能够和踢腿动作在同一位置做动画。第 17 帧和第 18 帧两个片段角色不在同一位置，如图 10-58 所示。

选择 track2 轨迹中的 kicking_Take_001 动画片段，在【时间编辑器】面板中选择【重新定位】→【创建重定位器】命令，在【大纲视图】面板中生成 kicking_Take_001_Relocator。在【大纲视图】中选择 kicking_Take_001_Relocator，使用移动工具将 kicking_Take_001 的起始点移动到 anim_Clip1 动画片段在第 18 帧的位置，如图 10-59 所示。

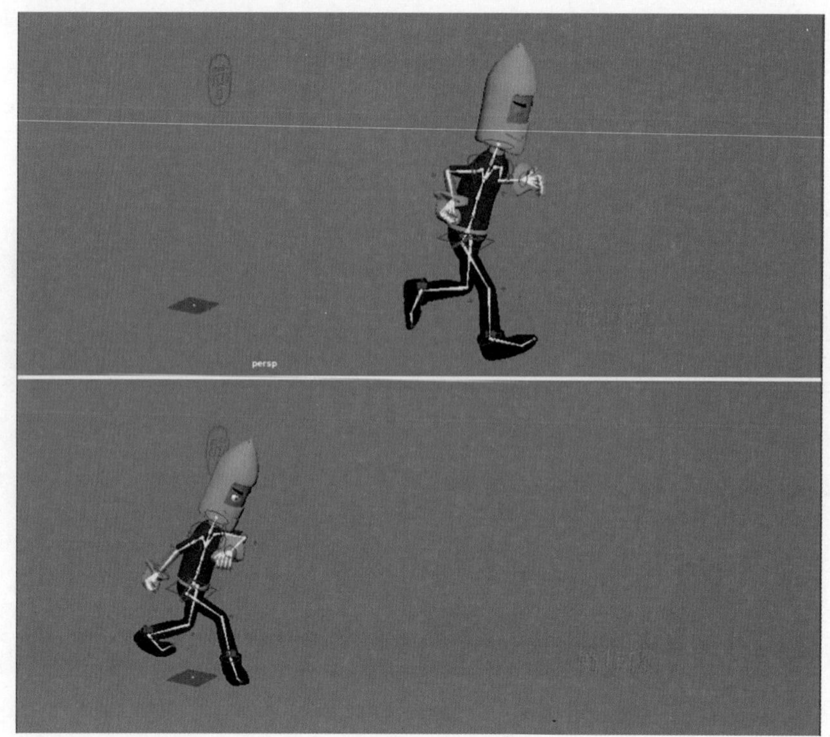

图 10-58　第 17 帧和第 18 帧两个片段角色不在同一位置

图 10-59　移动 kicking_Take_001_Relocator

播放动画后，发现两个动作的融合度不高，所以将 kicking_Take_001 动画片段移动到第 16 帧，完成两个动画片段的融合。

步骤 7：单击禁用轨迹按钮，取消 track3 轨迹的禁用。将 track3 轨迹中的 anim_Clip2 动画片段移动到第 50 帧。选择此动画片段，然后在【时间编辑器】面板中选择【重新定位】→【创建重定位器】命令，在【大纲视图】中生成 anim_Clip2_Relocator。在【大纲视图】面板中选择 anim_Clip2_Relocator，使用移动工具将 anim_Clip2 动画片段的起始点移动到 kicking_Take_001 动画片段在第 50 帧的位置，如图 10-60 所示。

之后选择 anim_Clip2 动画片段，将其移动到第 47 帧处，与 track2 轨迹动作融合，如图 10-61 所示。

至此完成了角色跑步、单脚踢腿、跑步的非线性动画制作。

图 10-60　移动 anim_Clip2_Relocator

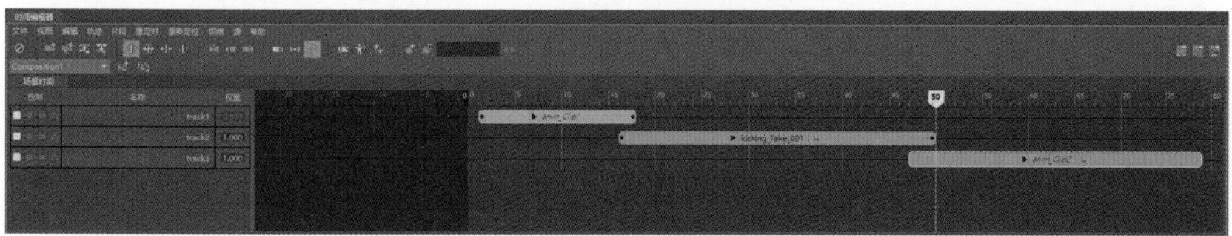

图 10-61　融合后效果

# 参 考 文 献

[1] 铁钟,高昂,方叶 . Maya 8.5 从新手到高手 [M]. 北京：清华大学出版社，2007.

[2] 来阳 . Maya 2020 从新手到高手 [M]. 北京：清华大学出版社，2020.

[3] 余春娜 . Maya 2020 三维动画制作案例教程 [M]. 北京：清华大学出版社，2022.